CORN

トウモロコシ

歴史・文化、特性・栽培、加工・利用

戸澤英男 ― 著

農文協

序

　今から8万年ほど前、地球は最後の氷河期、ビュルム氷期に入っていた。海面は、氷河が進むにつれて徐々に低くなり、3万年から1万年ほど前には、今よりも50〜100mも低くなるほどだった。この時期を挟んでかなりの期間、現在はアジア大陸と北アメリカの間の深さ50mにも満たないベーリング海は、幅数百〜1,000mを悠に超える陸続きとなり、人間も動物も容易に移動することができた。そして、短期間ではあるが、その後も二度ほどこうした時期があったのである。このため、古代モンゴル系の狩猟民はこの陸路を頻繁に往来し、マンモスやトナカイなどを追って狩りをしていた。そして、今から2〜3万年前、ついに人々は小集団で波状的に北アメリカに移住を始めたのである。これにより、人類は意図的でも計画的でもないが、実質的に史上初めて古代アメリカ大陸に生活居住の一歩を踏み出したのである。

　さて、氷河は1万5千年前ごろから衰え始め、やがてロッキー山脈とハドソン河の氷河に隙間ができると、人々は南下を開始した。そして、今から1万年ほど前、1,000年余の間に、あっという間に北アメリカと中米を通過し、南米にまで到達していったのである。後に、これらの人々の後裔は、その後のアメリカ大陸はもとより、今や人類の生存に欠くことのできない多くの作物の成立に関与することになる。

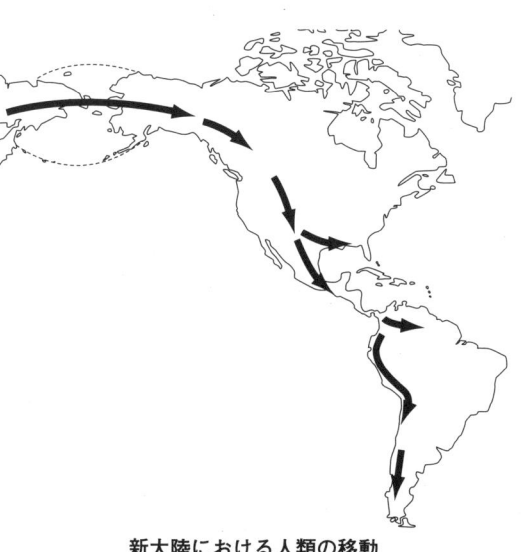

新大陸における人類の移動

(2)

　新大陸に移住後，人々は移動を繰り返しながら，バッファローなどの動物を狩り，サケなどの魚類を捕り，木の実やエノコログサ，ヒユなど多くの植物を採集する生活をしていた。しばらくすると，こうした植物の採集，保存，貯蔵を通して，有用植物とその自生地の保存を試みるようになり，ついには「栽培」を行なうようになっていた。すなわち，「作物」の誕生である。こうして人々は徐々にではあるが，今までになく安定して食糧を確保できるようになり，ここに移住移動生活から定住生活の比重が増していった。それは，今から少なくとも5,000年ほど前のことであった。

　こうした採集から作物・栽培化の中で，トウモロコシの登場は古代のアメリカ大陸のいずれの地においても，人々の生活に重要な役割を果たすようになっていた。その用途は，食用に限らず，祭祀儀礼，工芸，その他の日常生活用品などと多彩であった。

　トウモロコシの世界への普及は迅速で，1492年のコロンブス（C. Columbus）によるアメリカ大陸への上陸後100年にも満たない間に，ほぼ全世界に広まった。現代における用途は，食糧や家畜飼料から車・ラジカセの部品，また飲料や嗜好品から医薬生産まで，現代生活のほぼあらゆる分野に及んでいる。今後の用途拡大も計り知れない。

目次

序……(1)

第1章　作物の起源・利用・文化の変遷

Ⅰ　作物の端緒と呼称……2
　1．起源と成立……2
　　(1) 原産地……2
　　(2) トウモロコシの祖先……4
　　　①テオシント説……5
　　　②トリプサクム説……7
　2．トウモロコシの呼称……8
　　(1) 学名など……8
　　(2) 主な呼称……8
　　(3) その他の呼称かつての呼称
　　　　……9
　　　①世界各地での呼称……9
　　　・アメリカ大陸……9
　　　・ヨーロッパ・アフリカ……9
　　　・中国……9
　　　・朝鮮……9
　　　②日本での呼称……10

Ⅱ　生産，利用，文化の変遷…10
　A　古代＝アメリカ大陸時代…10
　1．生産の発展と農法……11
　　(1) 利用と栽培の始まり……11
　　(2) 生産体系と農法……12
　　　①焼畑農法……12
　　　・焼畑農法の特徴……12
　　　・焼畑農法の方法……12
　　　・焼畑農法のタイプ……14
　　　②階段畑農法……14
　　　③灌漑農法……16
　　　・階段畑の灌漑システム……16
　　　・チチカカ湖の灌漑技術……16
　　　・各地に発達した灌漑技術…17
　　　④積上げ・チナンパス農法…17
　　　⑤「垂直統御」と出作農法……18
　　　⑥混植技術（三姉妹）………19
　　　⑦魚，鳥糞の肥料利用………20
　　　⑧遠距離交易………………20
　　(3) 主な地域での栽培と利用…21
　　　①中米（アステカ，マヤ）…21
　　　・栽培の始まり……………21
　　　・トウモロコシとともに発展
　　　　した文明……………………22
　　　②南米（インカ）……………23
　　　・栽培の始まり……………23
　　　・トウモロコシ酒の製造……24
　　　・インカ帝国での利用と栽培
　　　　………………………………24
　　　③北米（ミシシッピーなど）
　　　　………………………………26

- ・南西部地帯での利用と栽培 …………………………………26
- ・東部森林地帯での利用と栽培 …………………………………28
- ・新大陸発見以降 …………29

2．用途 ……………………………30
- (1) 食料としての利用 …………30
  - ①主な地域での利用と特徴 …30
  - ・中米（メソアメリカ）での利用 …………………………30
  - ・インカでの利用 …………30
  - ・北米での利用 ……………31
  - ・食べ方と主な食品 ………32
- (2) 飲料としての利用 …………36
  - ①チチャ ……………………36
  - ②その他の飲料 ……………37

3．生活文化にみるトウモロコシ …………………………………38
- (1) 神話，伝説 …………………38
  - ①創世と「血」の信仰 ……38
  - ②人類創造 …………………39
  - ③トウモロコシの起源など …40
  - ・アステカの神話 …………40
  - ・アンデス・ケチュア族の神話 …………………………………40
  - ・北米の神話 ………………40
- (2) 農耕儀礼とトウモロコシ …41
  - ①アステカ，マヤ …………41
  - ・作業と農耕儀礼 …………41
  - ・祭礼の中での農耕儀礼 …42
  - ②インカ ……………………44

- ③北米 ………………………45
- ・東部森林地帯のインディオの儀礼 ……………………………45
- ・北米南西部のナバホ族の儀式 …………………………………46
- (3) トウモロコシの神々 ………47
  - ①アステカ …………………47
  - ②マヤ ………………………49
  - ③インカ ……………………50
  - ④北米 ………………………51
- (4) 生活の中で …………………52
  - ①マヤの生誕式 ……………52
  - ②ズニ族の出産 ……………52
  - ③子供のお祓い ……………52
  - ④葬儀・埋葬 ………………53
  - ⑤占い，呪い ………………53
  - ・マヤ ………………………53
  - ・インカ ……………………54
  - ・北米 ………………………54
  - ⑥繁殖儀礼 …………………55
  - ⑦ダンス ……………………55
  - ⑧歌の中で …………………55
  - ⑨建築物，工芸品，装飾など …………………………………55

B 中・近世 ………………………56
1．世界への伝播と生産の広がり …………………………………56
- (1) 主な生産地 …………………56
  - ①アメリカ …………………56
  - ②世界への伝播 ……………57
  - ③日本への伝来と定着 ……58

・最も古い南西経路 ……………58
　　　・明治の北海道経路 ……………59
　　　・戦後の自在経路 ………………61
　　　・最初の利用は子実用 …………61
　　④栽培地域の拡大 ………………62
　(2) 生産方式 …………………………62
　　①小規模から大規模方式へ……62
　　　・コーンベルト地帯の形成 ……62
　　　・日本での栽培方式の展開 ……63
　　②近代栽培技術の成立 …………63
2．用途の多様化と広がり ……64
　(1) アメリカ大陸から世界への
　　　伝播とその多様化 ……………64
　　①アメリカでの利用方法の多
　　　様化 …………………………64
　　②旧大陸での利用の広がり …65
　　③日本での利用 ………………66
　　　・中山間地の主食や準主食と
　　　　して ………………………66
　　　・食べ方のいろいろ …………67
　　　・近年の利用の広がり ………68
　(2) 新しい加工技術と食品の登
　　　場 ………………………………69
　(3) 飼料および工業製品 …………69
　　①飼料用 ………………………70
　　②工業による製品化 …………71

3．生活文化の中で ………………71
　(1) 芸術 ………………………………71
　　①壁画 …………………………71
　　②信心の華 ……………………71
　(2) 祭祀儀礼，まじない，神話・
　　　伝説など ………………………72
　　①雷除け ………………………72
　　②民話など ……………………73
　　③詩歌 …………………………74
　(3) その他の利用 ……………………74
　　①迷路 …………………………74
　　②州名や建築物 ………………75
C　現　代 …………………………75
1．生産の現状 ………………………75
　(1) 世界の生産 ………………………75
　(2) 日本の生産と輸入 ………………76
2．用途の広がり ……………………77
　(1) 新しい工業用途 …………………78
　(2) 機能性物質，薬品の生産 …79
3．文化，生活，政治の中で …80
　(1) 情操教育や癒しへの利用 …80
　(2) 種子戦争と戦略物資として
　　　………………………………80
　　①種子戦争 ……………………80
　　②戦略物資 ……………………81

第2章　作物としての特性と品種改良

I　種類と分類 …………………88
　1．子実粒の胚乳成分による分類 ……………………88
　　(1)　デンプン構成(粒質)による分類 …………………88
　　　①デント種 ………………88
　　　②フリント種 ……………89
　　　③スイート種 ……………89
　　　④ポップ種 ………………90
　　　⑤フラワー種 ……………90
　　　⑥スターチ・スイート種 …90
　　　⑦ワキシー種 ……………91
　　　⑧ポッド種 ………………91
　　(2)　特殊な種類 ………………91
　2．アメリカ大陸での在来種の分布 ……………………91
　3．東南アジアでの在来種の分布 ……………………93
　　(1)　北米型在来種 ……………93
　　(2)　ヨーロッパ型在来種 ……93
　　(3)　カリビア型在来種 ………94
　　(4)　ペルシャ型在来種 ………94
　　(5)　エーゲ型在来種 …………95

II　作物としての特性と生産の基本 …………………………95
　1．形態 ………………………95
　2．生理・生態と機能 ………95
　　(1)　子実(種子)と発芽 ………95
　　　①構造 ……………………95
　　　②発芽の過程と条件 ……97
　　　・発芽の過程 ……………97
　　　・発芽の条件 ……………97
　　　③子実の熟度 ……………98
　　　④子実の生存年限 ………98
　　(2)　葉 …………………………99
　　　①構造 ……………………99
　　　②成長 ……………………99
　　　③機能 ……………………100
　　　④光合成能力 ……………101
　　(3)　茎 …………………………102
　　　①構造 ……………………102
　　　②成長 ……………………103
　　　③機能 ……………………104
　　(4)　根 …………………………104
　　　①構造 ……………………104
　　　②成長 ……………………105
　　　③機能 ……………………106
　　(5)　分げつ ……………………106
　　　①構造 ……………………106
　　　②成長 ……………………106
　　　③機能 ……………………107
　　(6)　雄穂・雌穂 ………………108
　　　①構造 ……………………108
　　　②分化・形成 ……………110
　　　③抽出，開花，受精 ……111
　　　・雄穂 ……………………111

・雌穂（絹糸）……………112
　　　・受粉・受精 ………………112
　　④雌穂・子実の発育と登熟 …114
　　　・胚 …………………………114
　　　・子実・雌穂 ………………114
　　　・乾物量と乾物率 …………114
　　　・成分 ………………………115
　(7) キセニア ……………………116
3．栽培からみた基本特性 ……116
　(1) 生産の基本特性………………117
　　①生産の4つの基本 ………117
　　②適応性の基本 ……………118
　　③生育の基本 ………………119
　(2) 生育・登熟と栽培の要点…120
　　①栄養成長期―1（播種－出
　　　芽）……………………………120
　　②栄養成長期―2（出芽－幼
　　　穂形成期）……………………121
　　③生殖成長期 ………………122
　　　・幼穂形成期（雌穂）………122
　　　・抽出期（雄穂，絹糸＝雌穂）
　　　　………………………………122
　　④登熟期 ……………………123
　　　・水熟期 ……………………123
　　　・乳熟期 ……………………124
　　　・糊熟期 ……………………124
　　　・黄熟期 ……………………124
　　　・成（完）熟期 ……………124
　　　・過熟期 ……………………125
　(3) 品種の早晩性…………………125
　　①相対熟度の導入 …………125
　　②北海道相対熟度 …………126
　　③スイートコーンの相対熟度
　　　　………………………………126
　(4) 栽培地域 ……………………127
　　①世界 ………………………127
　　②日本 ………………………127
　　　・Ⅰ地域（北海道）…………127
　　　・Ⅱ地域（東北から東山地方）
　　　　………………………………129
　　　・Ⅲ地域（関東，東海，北陸
　　　　地方）………………………130
　　　・Ⅳ地域（近畿，中国，四国，
　　　　九州地方）…………………130

Ⅲ　品種改良，採種 ……………131
1．品種改良の歴史 ……………131
　(1) 交雑技術以前…………………131
　(2) 交雑技術の始まり…………133
　　①世界に先がけたわが国の品
　　　種間交雑種の育成 ………133
　　②複交雑品種 ………………134
　　③単交雑品種と三交雑品種 …136
　(3) 遺伝子組換え技術の利用 …137
2．交雑技術の利用 ……………139
　(1) 自殖退化と雑種強勢 ……139
　　①雑種強勢の利用 …………139
　　②雑種強勢が起こる原因 …140
　　　・優性遺伝子連鎖説 ………140
　　　・複対立遺伝子説 …………141
　　　・超優性説 …………………141
　　　・生理説 ……………………141

・遺伝子ファミリー説 ……141
　(2) 組合わせ能力と雑種強勢 …142
　　　①組合わせ能力の表示 ……142
　　　②高能力母本の育成 ………142
　　　③高能力交配品種の組合わせ
　　　　推定 ………………………142
　(3) 品種区分 ……………………143
3．品種改良の目標 …………………144
　(1) 熟期（早生化）……………144
　(2) 多収性 ………………………145
　(3) 登熟性 ………………………146
　(4) 成分 …………………………146
　　　①高リジン, 高トリプトファン
　　　　………………………………146
　　　②高メチオニン ……………146
　　　③高アミロース ……………147
　　　④高油分 ……………………147
　　　⑤高糖含量 …………………147
　　　⑥抗酸化性機能 ……………147
　(5) 品質 …………………………148
　(6) 倒伏性 ………………………148
　　　①品種改良の最重要課題 …148
　　　②耐倒伏性の評価方法 ……149
　(7) 耐病性 ………………………150
　　　①すす紋病 …………………150

　　　②ごま葉枯病 ………………150
　　　③すじ萎縮病 ………………151
　　　④黒穂病 ……………………151
　　　⑤紋枯病 ……………………151
　　　⑥さび病 ……………………151
　(8) 耐虫性 ………………………152
　(9) 耐干・耐湿性 ………………153
　(10) 耐冷性 ………………………153
　(11) 耐暑性 ………………………154
　(12) 除草剤耐性 …………………154
　(13) その他 ………………………155
4．遺伝資源の将来 …………………155
　(1) 遺伝資源の重要性…………155
　(2) 探索, 収集, 保存, 利用 …156
　(3) CIMMYT（シミット, 国
　　　際小麦・トウモロコシ改良セ
　　　ンター）……………………158
5．採種 ………………………………159
　(1) 自殖系統の採種……………159
　(2) 在来種の採種………………159
　(3) 交雑品種の採種……………159
　　　①採種性 ……………………160
　　　②細胞質雄性不稔の利用 …160
　(4) 採種組織……………………162

第3章　環境条件と生育

I　気象条件 ……………………166

　1．光 …………………………166

　(1) 日射量 ……………………166
　(2) 日長 ………………………167
　2．温度 ………………………167

目　次　(9)

- (1) 温度と生育反応……167
  - ①生育適温　……167
  - ②最低温度と低温障害　……167
  - ③生育遅延程度の推定　……169
  - ④最高温度と高温障害　……170
- (2) 霜害……171
  - ①晩霜害　……171
  - ②初霜害　……171
- 3. 水……173
- 4. 風……174
  - (1) 発芽，稚苗時の風害　……174
  - (2) 倒伏……174

II　土壌条件……175

- 1. 物理的条件……175
  - (1) 三相分布……175
  - (2) 固相……176
  - (3) 液相……176
  - (4) 気相……177
- 2. 化学的条件……177
  - (1) 土壌pH……177
  - (2) 土壌要素……178
    - ①養分吸収の特性　……178
    - ②窒素　……179
    - ・窒素と生育　……179
    - ・窒素の施用方法　……180
    - ③リン酸　……180
    - ・リン酸と生育　……180
    - ・地力リン酸の利用　……181
    - ・リン酸の施用方法　……181
    - ④カリ　……182
    - ・カリと生育　……182
    - ・カリの施用方法　……182
    - ⑤石灰（カルシウム）……183
    - ⑥苦土（マグネシウム）……183
    - ⑦亜鉛（チンク）……183
- 3. 生物的条件……184

III　生物環境……184

- 1. 病害……184
  - (1) 主な病気と対策の基本　……184
  - (2) すす紋病……185
  - (3) ごま葉枯病……186
  - (4) 黒穂病（おばけ）……187
  - (5) 褐斑病……188
  - (6) すじ萎縮病……189
  - (7) 紋枯病……190
- 2. 虫害……190
  - (1) 主な害虫と対策の基本　……190
  - (2) アワヨトウ……191
  - (3) アワノメイガ……192
  - (4) ショウブヨトウ類……193
  - (5) イネヨトウ（ダイメイチュウ）……194
  - (6) コウモリガ……194
  - (7) ハリガネムシ類（コメツキ類）……195
  - (8) アブラムシ類……196
- 3. 鳥獣害……197
  - (1) 鳥害……197
    - ①発芽および稚苗時　……197
    - ②登熟期　……198

（2）獣害 …………………199
4．雑草害…………………………199
　（1）雑草の発生と生態…………199
　　①種類と繁殖 ……………199
　　②種子の寿命および休眠 …201
　　③発生条件 ………………201
　　④分布 ……………………202
　　⑤強害雑草 ………………203
　　・イチビ …………………203
　　・ワルナスビ ……………203

　（2）雑草の被害………………204
　　①土壌成分 ………………204
　　②光 ………………………205
　　③水分 ……………………205
　（3）雑草防除の基本…………206
　（4）除草剤の利用……………206
　　①利用体系 ………………207
　　②利用上の留意点 ………207
　　③遺伝子組換え品種と除草剤
　　　の組合わせ ……………208

第4章　栽培の基本技術

Ⅰ　主要な技術の要点 …………212

1．品種の選定 …………………212
2．土地利用と連・輪作 ………212
　（1）土地利用からみた位置 …212
　　①連・輪作特性 …………212
　　・乾物生産特性 …………212
　　・根系分布特性 …………212
　　・養分吸収特性 …………212
　　・非共生的窒素固定 ……213
　　・土壌病虫害特性 ………213
　　②連・輪作効果 …………214
　（2）耕地別の連・輪作………215
　　①畑地跡 …………………215
　　②草地跡 …………………215
　　③水田跡 …………………217
　　④野菜作跡 ………………217
3．作期・作型と栽培型 ………219

　（1）普通栽培 …………………220
　（2）マルチ栽培 ………………220
　　①マルチの種類,作業手順…220
　　②マルチの効果 …………221
　　③マルチ除去の時期と方法 …222
　　・除去時期 ………………222
　　・除去の方法 ……………222
　　④サイレージ用への利用 …223
　（3）施設（トンネル,ハウス）
　　栽培 ……………………224
　　①資材と施設 ……………224
　　②施設栽培の効果 ………224
　　③管理作業 ………………224
　（4）簡易耕（部分耕,不耕起栽
　　培）……………………226
　　①乾燥地帯では一般技術 …226
　　②日本での普及と課題 ……226
　（5）移植栽培 …………………227

目次 (*11*)

- 4．耕起，整地 ……………228
  - (1) 耕起 ………………228
    - ①目的 ……………228
    - ②作業時期 ………228
    - ③作業方法と要点 …228
  - (2) 整地 ………………230
    - ①目的 ……………230
    - ②作業時期 ………230
    - ③作業の方法と要点 …230
- 5．栽植密度と成長，倒伏 ……231
  - (1) 栽植密度と成長 ………231
    - ①個体の成長への影響 …231
    - ②適正栽植密度とは ……231
    - ③栽植密度の決定に当たって …………………232
  - (2) 栽植密度と施肥量 ………232
  - (3) 栽植密度と栽植様式 ……233
  - (4) 栽植密度と欠株 …………235
    - ①欠株の発生と対策 …235
    - ②補植の方法 ………236
  - (5) 間引き ………………237
  - (6) 倒伏と対策 ……………237
    - ①倒伏の要因 ………237
    - ②倒伏の防止対策 ……238
    - ③トッピングによる防止対策 …………………238
- 6．施　肥 ………………239
  - (1) 有機質肥料の利用 ………239
    - ①堆厩肥 ……………240
    - ②家畜のふん尿 ………241
    - ③施用方法 …………242
  - (2) 化学肥料の利用 …………242
    - ①肥料の選択と利用 …242
    - ②施肥量の決定 ………243
    - ・施肥量の考え方 ……243
    - ・施肥量の決め方と計算方法 …………………244
    - ③肥料焼けと分施 ……245
    - ・肥料焼けと原因 ……245
    - ・分施の必要性 ………246
    - ④基肥の量と施用方法 …246
    - ⑤分施の方法 …………249
  - (3) 基肥作業 ………………249
    - ①側条（両側）施肥 …250
    - ・施肥機材と調節 ……250
    - ・生育ムラを出さない作業の要点 ……………250
    - ②全面全層施肥 ………251
    - ③溝底施肥，帯条施肥 …252
- 7．播種 ……………………252
  - (1) 目的 …………………252
  - (2) 時期と作業 ……………252
- 8．中耕・培土 ……………253
  - (1) 目的 …………………253
  - (2) 時期と作業 ……………253
- 9．除げつ，除房 …………255
- 10．灌漑，排水 ……………256

II 用途別栽培技術 ……………257

A．サイレージ用 ……………257

- 1．サイレージの種類 …………257
  - (1) ホールクロップサイレージ

　　　　　……………………………257
　(2) 雌穂サイレージ（イヤコー
　　　ンサイレージ）………………258
　(3) 穀実サイレージ（グレイン
　　　サイレージ）…………………258
　(4) スイートコーン茎葉・工場
　　　残渣サイレージ………………259
　　　①茎葉残渣サイレージ ……259
　　　②工場残渣サイレージ ……259
　(5) 未成熟サイレージ（青刈り
　　　サイレージ）…………………259
2．飼料特性 ……………………………260
3．栽培目標 ……………………………261
　(1) 利用の変遷 ……………………261
　(2) 栽培目標と技術の要点 ………263
　　　①ホールクロップサイレージ
　　　　用 ………………………263
　　　②雌穂および穀実サイレージ
　　　　用 ………………………263
　(3) 熟期と収量の推移……………264
　　　①乾総重の推移 ……………264
　　　・子実と芯 …………………265
　　　・その他の栄養体 …………265
　　　・分げつ ……………………265
　　　②TDN収量の変化 …………265
　(4) 熟期と飼料価値の推移 …266
　　　①栄養価 ……………………266
　　　②発酵品質 …………………266
　　　③ホールクロップの乾物率と
　　　　乾物回収率 ………………267
　(5) 栄養収量の推定………………268

4．品種の選定 ………………268
　(1) 地域，作期と品種の早晩性
　　　……………………………268
　　　①早晩性品種の配合 ………268
　　　②播種時期 …………………268
　　　③刈取り時期 ………………269
　　　④前後作と二期作 …………270
　(2) 品種選定のポイント …………271
　　　・北海道 ……………………271
　　　・都府県 ……………………272
5．施肥と栽植密度 ………………272
　(1) 施肥量 …………………………272
　(2) 施肥量と栽植密度の関係 …274
　　　①栽植密度と施肥量 ………274
　　　②播種粒数 …………………275
6．収穫・埋蔵体系 …………………275
　(1) 刈取り適期の判定 ………275
　　　①適期は黄熟期 ……………275
　　　②初霜までに黄熟期に達しな
　　　　い場合 ………………276
　　　③スタックサイロ，トレンチ
　　　　サイロ利用での適期 ……276
　(2) 作業体系の種類 ………………276
　　　①Ⅰ型（モーア型）…………276
　　　②Ⅱ型 ………………………276
　　　③Ⅲ型 ………………………277
　　　④Ⅳ型 ………………………277
　　　⑤Ⅴ型（ロールベーラ型）…278
　(3) 倒伏したトウモロコシの
　　　収穫 ……………………………278
　　　①刈取り方向 ………………278

②ハーベスタの運行速度 …278
　　　③切断長 …………………278
　　　④収穫期 …………………279
　　(4) 過熟トウモロコシの埋蔵
　　　　　…………………………279
　　(5) 埋蔵作業とサイレージ品質
　　　　　…………………………280
　　(6) 添加物など ……………280
7. サイレージ品質と給与 ……282
　　(1) サイレージの飼料価値と
　　　栽培条件 …………………282
　　(2) サイレージの発酵と品質
　　　　　…………………………282
　　(3) 取出しと二次発酵 ………284
　　　①二次発酵の原因 ………284
　　　②対策 ……………………284
　　(4) 給与方法 ………………285
8. バンカーサイロと細断型ラ
　　ップサイロ …………………286
　　(1) バンカーサイロ ………286
　　　①ねらいと特徴 …………286
　　　②作業体系 ………………286
　　　③貯蔵と取出し …………287
　　　④サイレージ品質 ………288
　　(2) 細断型ラップサイロ ……288
　　　①ねらいと特徴 …………288
　　　②作業体系 ………………288
　　　③貯蔵と解体 ……………289
　　　④サイレージ品質 ………291
B　生食・加工用 …………………291
1. 利用特性 ……………………291

(1) 生食用 ……………………291
　　①高糖型スイート種 ………291
　　②普通型スイート種 ………292
　　③フリント種 ………………292
(2) 加工用 ……………………292
　　①缶詰用 ……………………292
　　・缶詰加工の歴史 …………292
　　・缶詰用品種の特徴 ………293
　　・長い収穫適期 ……………293
　　②その他の加工用 …………295
2. 栽培目標 ……………………295
　(1) 収量 ……………………295
　(2) 栽培型 …………………296
　(3) 輪作作物としての利用 …297
3. 品種選定 ……………………298
　(1) 地域，作期と品種の早晩
　　　性 …………………………298
　(2) 品種選定 ………………298
　　①生食用 ……………………298
　　②加工用など ………………299
4. 施肥と栽植密度 ……………300
　(1) 施肥量 …………………300
　　①肥料要素の吸収特性 ……300
　　②施肥法と施肥量 …………300
　(2) 栽植密度と施肥量との関
　　　係 …………………………300
　　①栽植密度 …………………300
　　②播種粒数 …………………301
5. 収穫体系 ……………………302
　(1) 収穫期の決定 …………302
　　①収穫適期 …………………302

②適期の判定法 ……………303
　（2）収穫作業 …………………303
　　　①手もぎ ……………………303
　　　②ハーベスター利用 ………303
　（3）収穫残渣の整理 …………304
C　子実用 ………………………………305
1．利用特性 …………………………305
　（1）用途 ………………………305
　（2）登熟特性 …………………305
　　　①子実水分が指標 …………305
　　　②雌穂部の含水率を左右する
　　　　要因 ……………………306
2．栽培目標 …………………………308
　（1）収量 ………………………308
　（2）栽培型，輪作 ……………309
3．品種選定 …………………………309
　（1）北海道 ……………………309
　　　①作期と品種群 ……………310
　　　②品種の選定 ………………310
　（2）都府県 ……………………310
　　　①東北，東山地方 …………310
　　　②関東，東海，北陸地方 …310
　　　③近畿，中国，四国，九州地

　　方 ……………………………311
4．施肥と栽植密度 …………………311
　（1）施肥量 ……………………311
　　　①要素の吸収特性 …………311
　　　②施肥法と施肥量 …………313
　（2）施肥量と栽植密度の関係
　　　……………………………………313
　　　①栽植密度と施肥量 ………313
　　　②播種粒数 …………………314
5．収穫体系 …………………………314
　（1）収穫期の決定 ……………314
　（2）収穫作業 …………………314
　　　①機械収穫 …………………314
　　　②人力収穫 …………………315
　（3）乾燥，脱粒，調製 ………316
　　　①乾燥方法 …………………316
　　　・自然乾燥 …………………316
　　　・火力乾燥 …………………317
　　　②脱粒，調製 ………………317
　（4）収穫後残渣の整理 ………317
D　その他（ポップコーン，ヤン
　グコーン） ……………………318

第5章　利用・加工

I　貯蔵・輸送，加工 ……………322
1．輸入，貯蔵，輸送 ………………322
2．製粉工業と製品 …………………323
　（1）原料の品質 ………………323
　（2）製粉方式と製品 …………323
　　　①湿式製粉 …………………323
　　　②乾式製粉 …………………325
　（3）デンプン（コーンスターチ）
　　の特性 ………………………327

①粒径と成分 ……………327
　　　②糊化特性 ………………327
　　　③トウモロコシデンプンの種
　　　　類 ………………………328
　　（4）油（コーンオイル）の特性
　　　　……………………………328
　3．缶詰加工 …………………329
　　（1）原料と品種 ……………329
　　（2）用途と加工工程 ………329
　　（3）用途と原料の品質 ……329
　　　①ホール用（缶詰，冷凍）…330
　　　②クリーム用 ……………330
　　　③軸付きコーン …………331
　　　④スープ，粉末用 ………331
　　　⑤ヤングコーン …………331
　4．生食用と輸送 ……………331
　　（1）収穫後の品質低下 ……331
　　（2）品質保持対策 …………332

II　栄　養 ………………………332
　1．子実の栄養 ………………332
　2．缶詰の栄養 ………………334

III　利　用 ………………………335
　1．食品としての利用 ………335
　　（1）食糧・食料 ……………335
　　　①デンプン製品，缶詰の利用
　　　　……………………………335
　　　②家庭での雌穂利用 ……335
　　　・もぎ取り ………………336
　　　・加熱 ……………………336

　　　・軸付きで食べる ………337
　　　・ほぐして料理へ ………337
　　　・貯蔵 ……………………337
　　　③ヤングコーン …………338
　　　④ポップコーンおよびドン …338
　　　⑤あられ …………………338
　　（2）アルコール飲料 ………339
　　　①チチャ …………………339
　　　②バーボンウイスキー ……339
　　　③わが国での利用 ………340
　　　④その他 …………………341
　　（3）醸造用 …………………341
　　（4）その他 …………………342
　2．新素材，新エネルギーとし
　　ての利用 …………………342
　　（1）生分解性プラスチック …342
　　（2）バイオマス・エタノール
　　　　……………………………344
　3．機能・薬理性，嗜好品とし
　　ての利用 …………………345
　　（1）機能・薬理性の利用 ……345
　　　①子実 ……………………345
　　　・通常の利用 ……………345
　　　・薬膳利用 ………………346
　　　②種皮など（食物繊維を対象）
　　　　……………………………346
　　　③絹糸 ……………………347
　　　・生薬としての効果 ……347
　　　・民間薬として混合利用例
　　　　……………………………348
　　　④穂芯・茎・根など ……349

⑤黒穂病の患部 …………349
（2）機能性物質，薬品の生産
　…………………………350
　①抽出・分離製品 ………350
　・コーンファイバー（不溶性
　　コーンファイバー）………350
　・水溶性コーンファイバー
　　…………………………350
　・難消化性デキストリン …351
　・キシロオリゴ糖 …………351
　・キシリトール ……………351
　・ジェランガム ……………351
　・紫色素（アントシアニン）
　　…………………………351
　・コーンオイル ……………352

　・その他 ……………352
　②薬品の生産 ……………353
（3）嗜好料としての利用 ……353
4．装飾，鑑賞用 ……………353
（1）生け花など ……………354
（2）人形 ……………………354
　①トウモロコシ人形 ………354
　②レースドール ……………355
（3）ブローチ ………………356
（4）その他 …………………358
5．その他の利用 ………………358

年表 ………………………………361
索引 ………………………………383
あとがき …………………………395

第1章　作物の起源・利用・文化の変遷

I 作物の端緒と呼称

1. 起源と成立

トウモロコシについてのはじめての記録は,コロンブス(C. Columbus)がアメリカ大陸に上陸した1492年のものである。その後しばらくして,この作物の原産地や起源は,多くの人々の関心事であり,1800年代に入ってからは興味ある事実や説が発表されている。しかしながら,現在でも決定的な結論には達していない。その主な原因は,仮説に登場する「始原種」が現存していないからである。

(1) 原産地

トウモロコシの原産地が新大陸と旧大陸のどちらであるかについて,かつては真剣に検討されたが,現在は,ド・カンドル(A. De Candolle)およびそのほかの研究者の新大陸説で一致している。問題は新大陸のどこかということである。

1929年にブカソフ(S. Bukasov)らのロシア中南米調査隊が収集したトウモロコシをクレショフ(Z. A. Kuleshov)が分析し,起源の中心地をボゴタからペルーまでの高原とした。そして1950年,ロシアのバビロフ(N. I. Vavilov)は,古いトウモロコシほど粒列が不規則であること,列数が多いこと,粒の尖端が尖っていること,粒が小さいこと,また穂軸が太いことに重点において検討し,起源の中心地を中央アメリカとメキシコ南部とし,副中心地をペルー,エクアドル,ボリビアと推定した。

その後,いくつかの考古学的な探索・発掘調査が進められ,以下のような重要な発見があった。

1954年,カナダ国立博物館のマクネイシュ(R. S. Macneish)の調査隊は,メキシコの南東にあるテワカンの谷で,紀元前7000年ごろから人々が住ん

いた洞窟とその中にトウモロコシの穂軸の遺物を発見した。その遺物の年代を測定したところ，紀元前5000年ごろのものは長さ約2～3cmで野生種と考えられた。その大きさはその後1,000年以上続くが，紀元前3400年ごろになると5～7cmと大きくなって栽培型化していた。そして，今から500年ほど前は，長さも形も現代のメキシコ品種に近づいていたことが解明されたのである。

図1－1　テオシントの一種
メキシコ，チャピンゴ農科大学のカトウ博士

図1－2　トリプサクムの一種
（メキシコのトラリテサパンで）

こうした洞窟は，ほかの場所でも見つかっており，かつてこの地域周辺には，最も古いトウモロコシの野生種が自生し，その後に栽培種がつくられていたと考えられている。一方，農業先進地である隣のタマウリパス州では，紀元前4000年ごろから野生種が現われ始めたとみられるが，紀元前2500年ごろになって，ようやく作物化した小型の穂軸が現われるのである。そして，紀元前2000年には中央アメリカ全域で栽培されたとみられている。

南米ペルーには，紀元前2500～3000年になって，ようやく小型のトウモロコシが現われ，また紀元前2000年ごろにはメキシコとは異なる形態のものが現われる。海岸には，紀元前1400～1200年の小型のものが出現したとみられ，その後に大型になっていった。

北米ニューメキシコ州のバットケイブ（洞窟）からは，紀元前3000年ごろ

にはポド・ポップコーン（ポップ型のサヤトウモロコシ），紀元前2300年ごろにはメキシコ品種に似たもの，そして紀元前500年ごろには現在のアンデスの品種によく似たものなどが現われている。また，メキシコとニューメキシコの国境付近では，紀元前1000年ごろに小型の栽培種が栽培されていた痕跡が多い。ずっと遅れて，カナダのオンタリオ州では，1360年ごろのトウモロコシの痕跡が発見されている。そして，1400年ごろのミズーリ川とオハイオ川の流域一帯では大型の雌穂をもつものが現われている。

こうしてコロンブスが上陸したとき，北はカナダから南はチリー中部まで，200〜300の在来的な品種が存在していたといわれている。

さて，1950年代末にマクリントック女史（B. McClintock）は，染色体瘤の研究から，トウモロコシの原産地が複数であることを主張していた。これを含めて，現在では，栽培種の原産地は1か所ではなく少なくともメキシコとペルー，ボリビア，グアテマラ地域の2か所以上であるとする説が有力である。

トウモロコシの起源に関して最も重要なのは，出現場所によって年代が大きく異なること，個々の場所における栽培初期の雌穂が小型のものから始まっていること，そして古代の人々がすでに異系の混植や人工交配を行なう術を得ていたということであろう。これらを踏まえた今後の新たな研究展開が期待される。2003年，ドイツのマックス・プランク進化人類学研究所の研究チームは，発掘された遺物のDNA研究から，今から4,400年前にすでに人為的な選抜が行なわれていたとする説を発表している。

なお，旧大陸説の発端となった糯質種（ワキシー種）は，1908年に中国に派遣されていた宣教師コリンズ（G. N. Collins）が中国の在来種の中から発見したもので，新大陸から伝播後に派生したものと見なされている。

(2) トウモロコシの祖先

トウモロコシの祖先すなわち植物学的起源に関しては，ビードル（G. W. Beadle，1989没）に代表されるテオシント説と，マンゲルドルフ（P. C. Mangelsdorf）に率いられるトリプサクム説の主要な2説がある。両説間には長期にわたる論争があり，また近年はDNA分析の分野からも検討されている

が，依然として祖先種は確定されていない。

①テオシント説

今も現地人によってテオシントリ（トウモロコシの母）と呼ばれている植物，つまりテオシント（*Euchlaena mexicana*）を改良したか，その突然変異または他のイネ科との交雑の結果できたとする説である。

この説は，1875年のアシャーソン（P. Ascherson）によって初めて提唱された。その後，ハーシュバーガー（J. W. Harshberger）やコリンズ（G. N. Collins）らが続いた。この説はしばらくは支持されていたが，マンゲルドルフとリーブス（R. G. Reeves）によるトリプサクム説が発表さ

図1－3　ポド種の雌穂
（農生研機構・北農研センター保存，2004）

れた1930年代末からはあまり支持されなくなっていた。マンゲルドルフは，テオシントは野生のポッド種（図1－3）の一種から進化した新しい植物であり，またテオシントは遺伝的にあまりにトウモロコシとは異なるので，祖先にはなりえないとしたのである。

この当時，テオシント説を支持し，トリプサクム説に激しい反論を加えていたアメリカの生物学者ビードルは，その後ショウジョウバエやアカパンカビの研究に転向し，テータム（E. L. Tatum）との共同研究「一遺伝子一酵素」説で，生化学的遺伝学に新分野を開いたことにより，1958年度のノーベル賞（生理学医学部門）を受けている。そして1970年ごろ，彼は再びテオシント説の研究に着手し，1980年に新たに植物学的，考古学的，民族学的証拠から新たなテオシント説をうちだし，一躍注目をあびだした。

彼によれば，図1－4のような過程で，テオシントからトウモロコシへの進化の過程が再現されたという。テオシント（a）の花序は，トウモロコシの雌穂に相当し，貝殻のような硬い殻をもつ種子が1列に交互に並んでいる。この

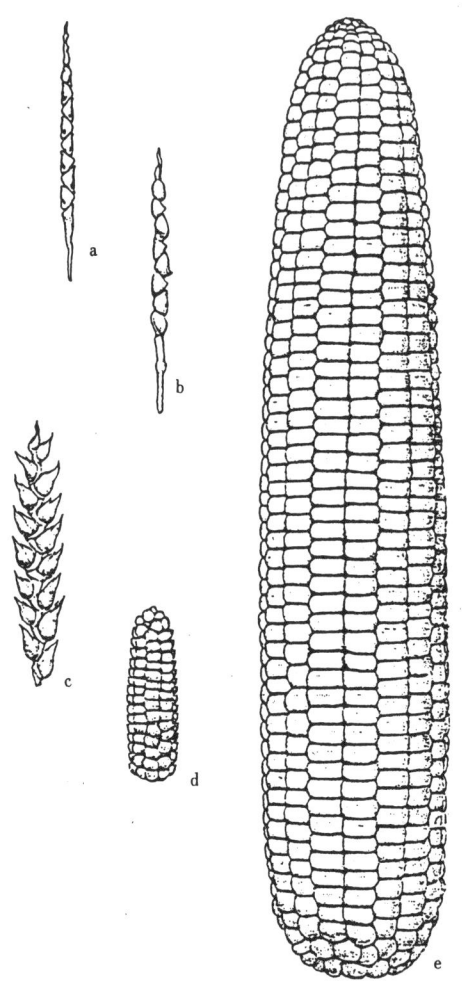

図1-4 テオシントからトウモロコシの雌穂
(ビードル, 1980)
a：テオシント, b：変形型テオシント,
c：有稃テオシント, d：原始トウモロコシ,
e：現代トウモロコシ

種子は成熟するとばらばらに落下する。テオシントとトウモロコシの雑種は変形型テオシント (b) となる。これを古い時代のテオシントからトウモロコシへの移行型と同じ型と考えている。そして、テオシントの遺伝子突然変異によりポッド系統 (c) が生ずる。その場合、硬い種子の殻は脱穀されやすい軟らかい殻に変わる。この突然変異はテオシントの栽培型への第一歩となる。テオシントと現代のトウモロコシの雑種は小さく、原始的な雌穂 (d) を生ずる。この型はアメリカ合衆国北西部とメキシコで発見された7,000年前の出土標本と同じであり、現代のトウモロコシ (e) はこの原始的なトウモロコシ (d) を長年の栽培によって改良してきたものであるという。

その後、ドブレィ (J. Doebley)、ガリネート (W. C. Galinat)、カトー (Y. Kato) らの関連研究が発表されている。そして1986年、

長年,トリプサクム説を唱えてきたマンゲルドルフは,自説を大幅に修正した新しい考え方を発表した。その内容は,4,000年ほど前に,野生種トウモロコシから進化した栽培種と多年生テオシントから現在のトウモロコシになったとするものである。

このテオシント説の問題点は,2列の雌穂をもつテオシントがどのようにして多列の雌穂のトウモロコシに進化できたのかということである。

なお,テオシントは,1780年にスペインの植物探検家ヘルナンデス(F. Hernandez)によって発見された。その後いくつかの種類が発見され,現在では3つに分類されることが多い。プロモロコシと呼ぶこともある。1つ目は,形態的にトウモロコシと最も近い *Zea mexicana* (Schrader) Kuntze($2n = 20$)で,メキシコ,グアテマラ,ホンジュラスおよびこれらの周辺に広く分布する1年生の2倍体で,6つの系統に分けられている。現地では,飼料としても栽培されることもある。密生した群生をつくり,草丈は3〜4mになる。葉は,トウモロコシより狭く長い。子実は硬い殻で包まれ,脱落しやすく,加熱すると爆裂する。また,現地ではトウモロコシ畑の随伴雑草として生える。2つ目は1910年にメキシコ南部のハリスコ州の山奥にあるシウダドグズマンで発見された *Zea perennis* (Hitchcock) Reeves et Mangelsdorf($4n = 40$)で,数が少なく絶滅が心配されている。3つ目は,1978年に同じハリスコ州エルチャンテで発見された *Zea diploperennis* Iltis, Doebley et Guzman($2n = 20$)で,最も原始的なテオシントと考えられている。

②トリプサクム説(三部説または三元説を含む)

1935年のウェザーワックス(P. Weatherwax)および1939年のマンゲルドルフとリーブスにより提唱された説で,トリプサクム(Tripsacum)が関与していたとする説である。特にマンゲルドルフとリーブスによる説は,長期にわたって最も支持されてきた。この説では,ある共通の始原種から野生トウモロコシとトリプサクム(多年生)が分化し,両者の交雑によってテオシントが誕生し,これに野生のトウモロコシが戻し交雑を繰り返している間に,突然変異なども加わって栽培型が成立したとするものである。

これについてビードルは，トウモロコシとテオシントの染色体数は2n = 20であるが，トリプサクムでは18であること，またテオシントの種子が7,000年前の地層から発見されていることから，テオシントが野生ポッド種から進化したとするのは当たらず，したがってトリプサクムよりテオシントがトウモロコシの成立に関与したとするのが正しいとした。さらに，トリプサクムの硬い殻はトウモロコシのものとまったく異質で，むしろテオシントの殻に近いことにより，トリプサクムとの関係は成立しないと反論している。また，同様に反対してきたガリネート（Galinat）とド・ウェ（de Wet）は，1971年にはトウモロコシの野生種が先に分化し，それとその後に発生したテオシントが交雑を繰り返し，栽培型が進化したとしている。

このトリプサクム説の問題点は，野生種または始原種が現存していないことである。

2. トウモロコシの呼称

(1) 学名など

学名は，*Zea mays* L.（Zeaは穀物の意，maysは現地でトウモロコシの意）である。

イネ科—キビ亜科—トウモロコシ類—トウモロコシ属に属する1年生草本である。

(2) 主な呼称

主な呼び方には，Corn（コーン；米），Maize（メーズ；英，米），玉蜀黍（トウモロコシ；日本），玉蜀黍または玉米（ユイシューシューまたはユイミー；中国），Kukuruza（ククルーザ；ロシア），Mais（マイス；独），Mais（マイス；仏），Maiz（マイツ；スペイン，ポルトガル），Dhurah shamiyah（ズゥラ・シャーミア；アラビア），Korn（コーン；オランダ，ノルウェー）などがある。

(3) その他の呼称　かつての呼称

部族，国・地域および年代によって異なり，以下がある。

①世界各地での呼称

・アメリカ大陸

図1－5　いろいろなトウモロコシ

Maize（マイス；アラワク語），Centli（セントリ＝雌穂；ナワ語），Sala（サラ；アンデス・インカ），Tlaulli（トロウリ＝粒または子実；ナワ語），Tloctli（トロクトリ＝出穂前のトウモロコシの草姿全体，ナワ語），Tawa（タワ；ズーニー族），など，部族によって多くの呼び方がある。

・ヨーロッパ・アフリカ

地域により時代によって異なるが，以下がある。

トルコ小麦（Trigo turco），インド小麦または新世界小麦（Trigo indeo），スペイン小麦（Blé d'Espagne），ローマ小麦（Blé de Rome），インド小麦（Blé d'Inde），エジプト小麦（Blé d'Egypt），シシリー麦（Blé de sicile），シリアのモロコシ（Dourah de Syrie），バルバリまたはギネア麦（Blé de Barbarieまたは Blé de Guinee）などがあり，これらはいずれも導入した国または地方が，導入もとの地名を入れて呼んだものである。また，ミーリ（粟の意味）と呼ばれることもあった。

・中国

玉蜀黍や玉米のほかに，玉蜀秫，玉高黍，玉黍，唐諸越，番麦，高麦，珍珠米，包栗，包米，苞穀，榛子，玉米，棒子，玉珄，苞豆，包芦，玉米花儿，稑玆がある。

・朝鮮

玉高粱，玉蜀黍，玉秫が普通に使われる。

②日本での呼称

日本でも以下のように方言を含めると，多数の呼び方がある。

玉蜀黍（とうもろこしのほかに，きび，たまきびを当てることもある。また，唐唐土，唐もろこしと書くこともある），トーモロゴシ，トームルグシ・トームルクス・トーモクス・トーミグス・トーモックシ・トーモロクシ，トンモロコシ，トモロコッと発音ないしは発言されることもある。以下，カタカナ文字は同じ）。

黍（きび。チョキビ，チョッキビ）。きみ（チミ）。高麗黍（こうらいきび。コウライ，コウレー）。さつまきび。砂糖蜀黍（さとうもろこし）。たかきみ（ターギミ，タガキミ）。玉黍（たまきび）。玉豆（たままめ）。唐黍（とうきび，トキビ，トビキ，トキミ，トウギミ，トーキン，トービキ，トギン，トーギン，トギミ，トッキビ，トミギ，トンキミ，トノキビ，トウキブ，トウキンブ，トキッ，トッキュビ）。とうきみ（トウギミ，トッキミ，トウミギ）。とうきん。唐豆（とうまめ。トァーマメ）。唐麦（とうむぎ）。ときびかんしょ。南蛮黍（なんばんきび。ナンバキビ，ナンバギン，ナンバン，ナンバントウグミ，ナンバンノトウキビ，ナンマイ，ナンマン，ナンマンキビ）。豆黍（まめきび）。蜀黍（もろこし。モロゴシ）。

このほかに，うるきみ，もちきみ，かし（菓子）きび，たかきび，となわ，とはな，なまぎん，はちぼく，まきび，まんまんきび，よめじょときっ，むかしきびなどの呼び方がある。

Ⅱ　生産，利用，文化の変遷

A　古代＝アメリカ大陸時代

ここでは，ヨーロッパ人の移住前後までの時期を扱うことにする。しかし，

多くは今に続いている。新大陸におけるトウモロコシの文化圏は，北米，南米，および中米の3つの地域に分けることができる。以下には，これらの区分に従い述べる。

1. 生産の発展と農法

(1) 利用と栽培の始まり

　植物の実や根を採集し，カボチャ，バレイショ，トウガラシを利用していた先住民は今から7,000年ほど前，大陸誕生後しばらくして現われたトウモロコシの祖先植物を採集植物の1つとして知った。そしてしばらくして，それが食糧として貯蔵性や利便性など，格段に高い価値をもつことを見抜き，同時にその植物のもつ他家受粉性を利用して，それを改良してきた。しばらくは，その収量性は現在からみると桁違いに低く，食糧の中で占める比重は1割にも満たない時期が続いたが，今から3,000〜3,500年前，収量性が格段に改良されて，食糧としての主役の座を窺うようになる。

　初期のトウモロコシの栽培は，肥沃で，土壌水分の多い谷間で始められた。そして，収量性が改良され，食糧としての比重が増すに伴い，それまでの農耕技術にも改良・進歩がもたらされた。こうして広大な大陸には地域性を踏まえた高度な農業技術が生まれ，人々は潤沢な食糧に満たされた。また，これらの方法でも栽培できない部族は遠距離交易によって，トウモロコシを得ることができた。こうしてアメリカ大陸の先住民は，あまねくトウモロコシを利用することができるようになったのである。

　しかし，現在のコーンベルトを形成しているアメリカ南部や，アルゼンチンのパンパス大草原など，広大な面積をもつ草原だけはほとんど利用されることがなかった。その理由は，当時の人々が，地下の根群を処理できる技術をもっていなかったからだといわれている。

(2) 生産体系と農法

古代のアメリカ大陸で確立された特徴的な農法には，おおまかには，森林地帯では焼畑農法が，乾燥地帯では灌漑農法が，傾斜地では階段畑農法が，低地・低湿地では積上農法が，高地では垂直統御・出作農法が，そして高度の混植技術として三姉妹がある。また，旧大陸と同様に，肥料として魚などを利用する技術もあった。

①焼畑農法
・焼畑農法の特徴

この農法の基本は，森林の一区画を伐採し乾燥させた後，雨期直前に火入れを行ない，地表を整理し，そこに作物を1～3年栽培することである。栽培後の土地はそのまま放置して，他の土地に移り，同じような手順で作物を栽培する。移動式農耕といわれる所以である。放置された跡地は10年後ごろには回復しているので，また伐採し，焼畑を行なって，作物を栽培する。これらを繰り返して，食糧の生産と森林全体の自然管理が進められる。

この農法の特徴としては，①火入れ後の木灰や草木の根が肥料として利用されること，②栽培1年の場合には雑草の繁茂が少ないので，管理はほとんど行なわれず播種と収穫以外は行なわれないこと，③栽培年数が1～3年なのは，自然災害による畑の崩壊防止，雑草繁茂による栽培管理の困難と収量低下，地力の低下のためであること，④栽培2～3年目の春には雑木が繁茂してくるので，播種前の畑つくりには焼払いなどかなりの時間と多労を要すること，⑤休耕期間の長さは森林面積が多いと長くなる傾向にあること，などがある。

・焼畑農法の方法

焼畑農業は，低緯度の熱帯地方ではどこでも行なわれていた農法であり，いくつかのタイプがある。ミルパ（milpa，ミルハとも呼ぶ）と呼ばれる焼畑農業は主に熱帯雨林の低緯度・低地に発達した粗放的農業で，ユカタン半島のマヤ族が一般的に行なっていた。多くはトウモロコシを栽培するので，ミルパはトウモロコシ畑と訳されることが多い。

←種まき用の長い棒を持つ農民

↓棒の先で穴を開けそこに種子を播く

図1－6　現在も行なわれている棒による種播き

　トウモロコシ畑は2年間栽培し，その後10年間休閑する方式が多い。具体的な作業順序は，前年の8月の林地区画の選定と伐採→2～3月の乾期を利用した伐採樹木の自然乾燥→4月の火入れ・焼払い→雨期に入る5月の播種→夏期の雑草管理→9～10月の茎折り→11月の収穫・搬入→乾燥・貯蔵となる。林地区画の選定は樹木の成長状況から判断され，伐採には数十日を要する。火入れ・焼払いの日取りは，神官が太陽の運航を判断することによって決められ，またいくつかの祭祀儀礼が行なわれる。

　種播き作業には2週間ほどを要し，長い棒の先で地面に深さ5～10cmほどの穴を開け，そこに3粒ほどを入れて足で土をかける（図1－6）。トウモロコシには，早晩性の異なるいくつかの品種があり，それらがうまく組み合わされて播かれる。そして作業後には，多収を祈る祭祀儀礼が行なわれる。除草はすべて手作業で，初年目は夏期の1回ほどでよいが，2，3年目は年とともに雑草の繁茂が増すので数回の除草を行なう。秋期の茎折りは，雌穂への雨滴侵入防止と乾燥促進の目的があり，成熟期に達した株の雌穂の着生節の直下を手で折り曲げる。この作業は，畑全体では数か月を要する。その後の収穫は1か月ほ

図1-7 ティピーナ

ど経てから始まり，必要に応じて延々と4月ごろまで続けられる。剥皮はティピーナ（図1-7）などの簡単な道具で行なわれる。搬送・乾燥・貯蔵方法は多様である。おおまかには人力で背負って村に搬送後に，家の屋根などに広げて乾燥し貯蔵するか，畑の小屋とその周辺で自然乾燥後に搬入する。いずれの場合も雌穂のままで乾燥・貯蔵されることが多い。

　以上の生産方式はマヤ，アステカもインカも基本的にはほとんど変わらないが，インカでは地力が高いために収量水準は高かったといわれる。また，北米では，休耕期間が15～20年であることのほか，後述のように栽培から乾燥・貯蔵のやり方にはいくつかの点で地域性に応じた異なる技術が生まれている。

・焼畑農法のタイプ

　トラコロル（tlacolol）と呼ばれる焼畑農業は，メキシコ中央高原やグアテマラ高地周辺部などの半乾燥の山腹斜面に発達した焼畑農業で，年1回の収穫である。また，二期作型の焼畑農業は，温暖なメキシコ湾岸平野や山腹斜面で行なわれ，雨期と温暖な冬期（乾期）の気候を利用したものである。メキシコ湾岸周辺では普通に二期作が行なわれていたという記載があり，またユカターンやサンサルバドールでは二期作のほかに，作期に大きな移動幅があることにより，作期が重複する重複栽培が行なわれていた。この重複栽培は，中米および南米の古代でかなりの地域で行なわれていた可能性がある。

　さらに，スウェッデンと呼ばれる焼畑農業は，コロンビアのチョコ地域で行なわれており，播種と収穫以外の作業は一切行なわれない。北米のイロコイ族，ヒューロン族，ナガランセット族もこうした農法で食糧を生産していた。

②階段畑農法

　階段畑農業は，ペルー農業最大の特徴であり，農業国インカの代表的農法で

もある。なお，階段畑という語は段々畑とも呼ばれる。また，地名のアンデスは，階段畑を意味するアンデネスに由来する。

アンデスでは，平地が高原地帯の上に位置する。気象条件が厳しいため，バレイショやその他の根菜類はさておき，トウモロコシは栽培できない。そこで

図1－8　アンデスの階段畑

(義井豊，1988)

トウモロコシは，後述の垂直統御の考え方に則り，温和で風・霜害の少ない標高3,000～3,500m以下の盆地の斜面の階段畑で栽培される。この階段畑はインカ時代の前にすでに存在していたが，それを管理・補修し，階段畑として発展させ，確立したのはインカ時代である。

階段畑は斜面に数百から数千mの完璧な等高線状に連続的につくられた畑で，ほとんどはインカ族の長期にわたる組織的な労働によって仕上げられている。等高線上の階段畑は精巧な石積みの小壁で構築され，その高さは主として斜面の角度によって異なる。クスコ周辺には，谷底から山頂まで巨大な階段のようにつくられた階段畑がみられる。通常，階段畑は灌漑技術と密接な関係にあり，後述のように多くの階段畑では，精緻に配置された灌漑システムが配備され，これによって斜面でのトウモロコシの栽培が可能になった。

こうしたトウモロコシの基本的な栽培法は，海岸の砂漠地帯でも変わらない。階段畑農法について詳細な研究結果を発表したクック(O. F. Cook)は，「信じられないことだが，ヨーロッパが裸の狩猟生活の時代，ペルー地方では農耕文化の社会にあった」と述べている。

③灌漑農法

　乾燥地帯でトウモロコシ栽培が始まった初期のころ，栽培する場所は窪んだところを選ぶか，湿りが現われるまで掘って播種し，栽培していた。しかし，トウモロコシの生産能力が増し，また祭祀儀礼用や食糧としての需要が高まるのに伴い，山腹斜面や乾燥地を利用する必要性が増していった。その結果，アメリカ大陸には，それぞれの地域性を踏まえた灌漑システムが発達していた。

・階段畑の灌漑システム

　階段畑の灌漑システムは，山などの集水域，河川，地下を含む各種の水路，貯水のためのマンホールなどで構成されている。そして灌漑水は，まず山の稜線や段丘の頂上から河川に，次いで河川より緩やかな斜面の水路，さらに下位の水路という順路で引き込まれる。

　ここで，斜面の水路の勾配は河川より少し緩やかに配置されている。その下流の水路は河川の水面との距離が開くので，ほかの相当高い傾斜地まで灌漑できる仕組みになっている。また，灌漑方向の決定は，水路に置いた平たい一枚岩の開閉で自在かつ簡便に行なわれる。インカについて多くの記録を残したレオン（P. C. Leon）は，その巧みさを「まるで魔法をみるような状景だった」と述べている。

・チチカカ湖の灌漑技術

　チチカカ湖では，現地でワル・ワアルと呼ばれている灌漑技術が太古に完成し，現在も続けられている。この技術は，水が引いたときに，湖岸の湿原ないしは浅瀬に，高さ1m，長さ10〜100m，幅3〜10mで，これと隣接する同じくらいの面積の湖底の泥を盛り上げてつくる。盛り上げた部分は畑に，また掘り出した部分は水路にし，したがって，これらの畑と水路は交互に並んで，灌漑が常時行なわれる仕組みになっている。畑には必要に応じて水路の沈泥や藻類が入れられる。こうしてできた畑地の生産力は，畑地自体が肥沃になったばかりではなく，水路によりつくり出された十分な土壌湿度および温暖な湿潤小気候が乾期における作物の栽培を可能とし，また降霜害をも防止し，格段に高い生産をもたらした。この技術の応用には世界の関係機関が注目し，現在も検討されている。

第1章　作物の起源・利用・文化の変遷　17

チナンパスで代表される積上農法は，チチカカ湖のワル・ワアルと同じく基本的に常時灌漑であり，これについては次項で述べる。

・各地に発達した灌漑技術

　アンデス高地のプレ・インカ時代の諸王国における独自の高度な文化生活は，灌漑技術を伴う階段畑なしにはあり得なかった。紀元前10世紀には水路式の灌漑が行なわれていた。その後，インカ時代に入り，海岸地方も含めて人々は，これらの技術をさらに改良して組織的かつ大規模に利用した。そしてその利用は階級，貧富の差などを問わず，いかなる人も平等に利用できたといわれている。

　これとは別に，マヤ低地の中部や北部の焼き畑農業では水路を引き，また西部メキシコのリオ・バルサス周辺の乾燥地帯では大規模工事による運河を造っていた。紀元前終期の北米南西部のホホカム族は，水路と小さなダムからなる原始的な灌漑を行なうようになっていたが，その後，蒸発防止をも考慮した進んだ灌漑法を後の民族に引き継いでいる。その方法は，すでに1,000年も前に中央アメリカで開発されたものを学んだものといわれている。また，北米北部のコロラド河渓谷のハヴァスーペイ族は渓谷の川床に沿って灌漑用水路を造り，水を畑地に引いて利用した。

④積上げ・チナンパス農法

　チナンパスは，積上げ農法の代表的なものである。この農法は，今のメキシコ市の地下に当たる古代アステカの首都，テノチティトランが存在したテスココ湖の湖畔の湿地帯で行なわれていた。この面影は，今もメキシコ市近くのショチミルコ湖でみることができる。アステカ族が先住部族のもっていた埋立地の造成技術を用いて，人工的につくり出した畑に作物を栽培する特有の農法である。この畑は湖面に浮かんでいる小さな島を思わせることから「浮島」または「浮遊菜園」とも訳されるが，非浮揚式で定置状の畑である。

　チナンパスの造成は，まず湖岸の沼沢地に3方向の溝を掘って水路（カヌーが通れる幅で，運河とも訳される）とし，水路と水路の間（多くは幅5～10m×長さ100mくらい）には掘った葦や腐植土を積み重ね，さらに土を盛っ

```
        トウモロコシ        花類
                                    柵としての
                                    樹木
     ←5〜10m→                    水
         図1-9  チナンパスの構造
```

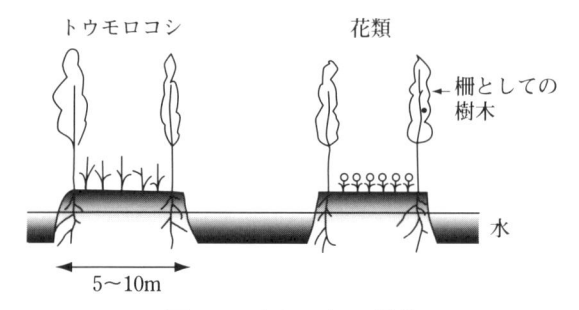

て畑とするものである。その周囲はヤナギの立木が垣根状になって造成地を固定している。作業はすべて人手による。1軒の家には，6〜8個のチナンパスが備わっていたといわれている（図1-9）。

　栽培される作物は，トウモロコシなどの穀類のほか，トウガラシ，カボチャ，その他の野菜類，花類と多彩であった。それぞれの作物の収穫時期はかなり厳密に決められていたといわれ，これによってチナンパスの周年利用や合理的輪作体系を可能にし，また育苗・移植栽培法を発展させた。畑には，定期的に水路の底からすくった肥沃な泥土を入れることのほか，肥料として人糞を入れ，肥沃性を保った。なお，育苗は乾期に行なわれることが多いので，その場合の灌水は，ヒシャク状容器で行なわれた。

　紀元600年ごろのマヤ低地でも，すでに積上農法が行なわれている。チナンパスと同様，低湿地や浅い湖沼の藻や泥土を積み上げて水路と畑地を造成して，利用するもので，常に肥沃な土を補給でき，生産性が高い集約的農耕といえる。これも，マヤ低地の食糧生産基地の役割を果たしていた。

⑤「垂直統御」と出作農法

　中央アンデスでは低地から高地に至る多様な地形的条件を抱えている。アンデスの土地利用を主に関（1997）の記述にしたがって述べると，以下のようになる。

　一般に標高2,000m以下の高温の熱帯低地（チャラ）では果物などの熱帯性作物，2,000〜2,300mの温暖な海岸や山間の谷間（ユンガ）や2,300〜3,500mの斜面や山間盆地（ケチュア）ではトウモロコシやその他の穀類，3,500〜4,000mの斜面上部や源流地帯の冷涼気候のところ（スニあるいはハルカ）で

はバレイショ，そして4,000
～4,800mの高所（プナ）
では放牧や塩田が行なわれて
いる。いわゆる農牧複合社会
を形成している。居住地は
2,000～3,000m以下の場所に
設けられることが多い。主要
作物であるバレイショとトウ
モロコシ畑は日帰りの範囲の距離であるが，生活居住から遠く離れた畑には宿
泊できる管理小屋が設けらる。

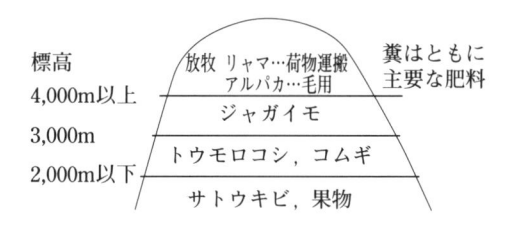

標高
4,000m以上　放牧　リャマ…荷物運搬　糞はともに
　　　　　　　　　アルパカ…毛用　主要な肥料
3,000m　　　ジャガイモ
2,000m以下　トウモロコシ，コムギ
　　　　　　サトウキビ，果物

図1-10　アンデス高地の土地利用

このような，土地の標高差に巧みに対応した，アンデス地域全体の生態系利用による豊かな食糧自給レベルを解明したアメリカの歴史人類学者ジョン・ムラ（J. V. Murra）は，1975年にこの土地利用を「垂直統御（バーチカル・コントロール）」と名付けた。この典型がチチカカ湖畔に住むルパカ族にみられることから，この土地利用は「ルパカ」とも呼ばれる。

この垂直統御はインカ時代以前から発達し，これによって生産物の種類が増加し，また気象災害などによる被害を軽減する効果があったといわれる。こうして，アンデス全体は，他の地域との交易なしに，必要な食糧を生産，享受する自給自足経済をとることができたのである。

⑥混植技術（三姉妹）

これは「共生」とも訳される。北米の東部森林地帯，今のニューヨーク州の内陸部に定住するイロコイ族は，トウモロコシ，マメ類，カボチャの主要作物を「三姉妹」と呼び，これらを合理的に混植栽培した。まず，畑に1m弱の間隔で盛り土をいくつもつくり，トウモロコシの種子を播く。トウモロコシが伸び始めたら，同じ盛り土にマメやカボチャの種子を播いて栽培するのである。

この混植の効果には，①トウモロコシにとっては，カボチャやマメ類の葉が強い日照や雑草繁茂を抑制するので生育条件が改善されること，②マメ類にとっては，トウモロコシに巻き付くので必要な日射を浴びて成長し，収穫が容易

となること，③カボチャにとっては，トウモロコシとそれにからみついたマメ類が強い風から守ってくれること，④マメ類の固定した窒素はトウモロコシとカボチャの栄養となること，また⑤カボチャの繁茂は土壌水分を保持するが，いずれの作物の成長をも助けること，などがある。

　このように3作物が一緒に育つ様子から，イロコイ族はこれらを「三姉妹」と呼び，また「共生」とも訳される所以である。この栽培方法の確立が北米のインディアンの食糧供給に果たした役割は大きく，その後ヨーロッパでも見られるようになる。

⑦魚，鳥糞の肥料利用

　多くの地域では，魚を肥料代わりに用いた。海岸地方での播種法は，イワシなどの魚の顎の中に種子を入れ，それを畑に置くというものである。それ以外の地方では，種子と魚全体や，頭部などを畑に一緒に埋める方法をとった。

　高地ではアルパカなどの家畜の糞が用いられた。ペルーの島々に蓄積された鳥類の糞グアノは，海岸の低地だけでなく，高地にまで運ばれ利用された。グアノの利用は先史時代から行なわれ，インカ時代には帝國の管理下に置かれていた。戦後のわが国でも広く利用された。

⑧遠距離交易

　広大で多様な気候的および地形的な変化をもつアメリカ大陸の各地域では，すでに述べた農法を駆使しても，すべての食糧を同じように生産できなかったことはいうまでもない。しかし，採集狩猟民族の発意によって始められた地域間の交易がその役割を果たした。

　たとえば，北米では遊牧民のコマンチ族などは狩りで得た毛皮をプエブロ族のトウモロコシと，またメーン地方では北部部族が定期的に毛布や皮革を南部部族のトウモロコシやマメ類と交換した。

(3) 主な地域での栽培と利用

①中米（アステカ，マヤ）

キルヒホフ（P. Kirchhoff）により命名された中米の「メソアメリカ」は，トウモロコシ，トマト，マメ類，アボガド，カカオなどを基盤とする，メキシコからホンジュラス，ニカラグアにかけての農耕文化圏をいう。その中で，文化要素としてのトウモロコシの占める比重が大きいことにより，トウモロコシ文化圏ともいわれる。この文化は，その後のアメリカ大陸のほぼ全域に影響を与えていく。

図1-11 アメリカ大陸の古代文明圏

・栽培の始まり

氷期のころ，メキシコ市南東部のテワカンの盆地や北部のタマウリパス山地などに到達した古代の人々の小さい集団は，紀元前7500年ごろからシカ，ウサギなど，中小動物の狩猟活動をしながら移動生活をしていた。しばらくして，野生植物の採集も行なうようになり，石臼や擦り石なども利用し始めた。紀元前5200年ごろから，カボチャ，インゲンマメ，少し遅れて原始的なトウモロコシの始原種の採集が始まり，その後この状態は1,000年ほど続いた。

そして，紀元前2500年ごろからトウモロコシのいわゆる栽培種が現われ，紀元前2300～1500年（先古典期の前期ごろ）には急激に改良が進み，雌穂の長さは十数cmから20cmに達し，生産量は増して主食の座を占めるようになった。この時期になると，竪穴住居の定住生活が出現し，紀元前1500年の少し前には土器が広く使われ始め，それが高原地帯およびその周辺地域の農耕生活の中に取り入れられるようになった。トウモロコシの生産と食糧に占める比

重はますます増し，地域性を踏まえたいくつかの農法が生まれ，その後発展していった。

紀元前1500年から同900年には，トウモロコシを中心とする農耕定住生活を営む村落社会が形成されるようになった。特に紀元前1200～1000年ごろ，メキシコ湾岸南部の熱帯低地に特徴的な太陽信仰をもつオルメカ文化が出現し，間もなくメソアメリカ地域全体に影響を与えるようになる。このような文化の誕生はトウモロコシ栽培の興隆時期と重なる。こうしてメソアメリカ全域は，アメリカ大陸で最初の高度の農耕文化圏，すなわちトウモロコシ文化圏を形成するようになった。

・トウモロコシとともに発展した文明

一方では，しばらくしてアンデス高原にチャビン文化が出現している。そして，メソアメリカとアンデスに挟まれたコロンビアおよびエクアドルに至る地域には，両文化の影響を受けつつも独自の農耕文化圏が創られた。

紀元前500年，メキシコ中央高原にはアメリカ大陸最初の都市文明テオティワカン文明が誕生し，またユカターン半島の熱帯雨林にはオルメカ文明後のマヤ王国が成立しつつあった。トウモロコシの食糧に占める比重はますます増し，これらの王国におけるデンプン源食料はほとんどがトウモロコシであったといわれている。間もなく，テオティワカン文明はトルテカ帝国へ，さらに強大な軍事集団，アステカ帝国へと移行していった。アステカ帝国ではそれまでの階段農法と灌漑技術をさらに発達させて大規模な集約農耕が行なわれ，また帝国には各地から徴収されたトウモロコシ，宝石，金銀，衣類など貢ぎ物で満ちあふれていたという。

一方で，紀元300年ごろから焼畑農法によるトウモロコシを主食とし，熱帯雨林低地に栄えていたマヤ王国は，現在のグレゴリオ暦よりも正確な暦をつくり，多くの神殿を建てるなど高度の文化を生んだ。

これらの国々の富と文化は，間違いなく豊富なトウモロコシの生産によるものであった。各州からアステカの首都に献納されるトウモロコシ（乾燥子実）は，年間7,000トンに達していたといわれる。

しかし，これらの帝国や王国全体は，紀元800年ごろになると衰退期に入っ

ていった。そして1521年，アステカ帝国は，スペインのエルナン・コルテス (H. Cortes) によって征服され，続いてすでに衰退しつつあったマヤ文明も滅ぼされた。ここに，トウモロコシを基盤として成立していたメソアメリカ文明は終焉を迎えることになる。しかしながら，ほかの地域と同様に，文明の育んだトウモロコシとその利用法は，その後の人類の生存に深く関わっていくことになる。

②南米（インカ）
・栽培の始まり

紀元前7000～5000年ごろ，採集狩猟で生活していた人々は中央アンデスの標高5,000mに達する高地から海岸に至る低地の一帯で生活していた。初期の農耕は海岸地方で始められた。紀元前4000年ごろ以降，海岸地方に定住する漁労生活者が増え，人々は温暖な低地の谷間でマメ類，カボチャ，ピーナッツ，カンナ，サツマイモなどを栽培することもあった。これらの作物は食糧として比重を増していくが，当時はトウモロコシが栽培されることはなかった。紀元前3000年ごろ，高原のアヤクーチョにトウモロコシが現われたといわれるが，その明確な証拠はない。ペルーの首都リマの北方にある紀元前2500年ごろの砂漠のカラル遺跡には，わずかながらトウモロコシの遺物らしいものが見つかっている。紀元前2000年ごろ，海岸地方に祭祀神殿をもついくつかの王国が誕生するに及んでも，食物は魚介類が主で，作物が補助的な食品であることに変わりはなかった。しかしながら間もなく，高原の谷間にはトウモロコシがみられるようになる。

紀元前1150年ごろになって，アンデス東斜面と山間地帯に土器とトウモロコシが初めて現われるが，祭祀儀礼時の供物としては重視されるものの，食糧としてはあまり重視されなかったとみられる。しかし，この後に続く諸文化には，トウモロコシがあまねく登場し，作物としての重要性を増していった。紀元前800年ごろの北部高原に生まれたペルー最初の本格的な神殿文化，チャビン文化では，食糧に占める狩猟採集，漁労の比重が薄れ，それまでのマメ類やカボチャに代わってトウモロコシが増加していくが，バレイショの優位性を凌

ぐことはなかった。また，紀元前500年以前のコロンビアやエクアドルでも，トウモロコシの栽培が始まっていた。

・トウモロコシ酒の製造

　こうした中で，生産のための灌漑技術や食品の貯蔵技術も工夫され，トウモロコシを原料とするチチャ（チチャ酒，アズーア）がつくられるようになった。このチチャは，以後祭祀儀礼上で不可欠な要素となり，また人々の生活に欠くことのできない飲料として後の世界に展開されていくことになる。一方，海岸地帯としては初めて，パラカス文化にトウモロコシが出現するようになる。

　紀元前600年前後，中央海岸および北部海岸に至る一帯は，異常で巨大な地殻変動によって破壊されたといわれ，そのため人々は，高地や南へと移動していった。こうしたことも加わって，高地では多くの王国が生まれ，食糧増産の必要性も高く，灌漑技術など農作物生産のための工夫が行なわれた。しばらくして，紀元前300年ごろになると，中央海岸および北部海岸の人口は再び増え，いくつかの文化，王国が生まれた。こうして，海岸地方も含めてアンデス一帯には巨大文化が発展した。その1つ，北部海岸に発展したモチーカ文化では，トウモロコシはバレイショに次ぐ最重要作物に位置づけられ，チチャは広く飲まれるようになった。紀元後の800年前後，海岸地帯にはチムー帝国やカハマルカ王国が発展していった。また，早くから（200〜300年）チチカカ湖周辺を中心に発展していたティアワナコ連合王国はアンデスのほぼ全域に影響を与え，アンデス西斜面の谷間に人々を送り込んでは，トウモロコシの生産に従事させた。

・インカ帝国での利用と栽培

　1200年ごろに高原地帯に発祥し，しばらくしてクスコに移動したインカ族は，1450年ごろには強大なチムー帝国をはじめとする諸王国に勝利し，16世紀初頭にはエクアドルからチリ，ボリビアに至る南北5,000kmに達する領土を獲得し，ついには複雑かつ巧妙な行政組織をもつインカ大帝国を形成する。

　こうした過程で，インカ族は早くから，トウモロコシが他の作物よりも簡単に貯蔵でき，保存期間の長いことに注目していた。そして帝国の拡大とそれに

伴う需要増加に応えるために，全領土で組織的に大規模かつ広範な生産促進に努めた。すでに述べた階段農法や灌漑技術の発展はこうした背景でもたらされた。歴代のインカ王は，専門家を各地に派遣して指導させ，農地の拡大と生産性の向上に努めたという。しかしながら，収穫されたトウモロコシは標高3,400mに位置するクスコ王室を中心とする巧みな行政機構を通じて吸い上げられ，農民の食生活にはほとん

図1－12　トウモロコシの進化
（マンゲルドルフ，1974）

ど影響を与えることはなかった。ただ，王国では権力者による再分配経済の体制がとられ，クスコに集められたトウモロコシは他の物産・財宝などと同様に有力貴族や地方の支配者たちに分配された。そして他方では，権力者の人心掌握のねらいもあり，余剰の多くはチチャとして毎月のように催される国家的祭祀儀礼の際に惜しみなく人々に振る舞われた。

　インカの中枢は，ミティマエス（ケチュア語のミトマクナがスペイン語化した語）という植民制度をつくっていた。この制度にはいくつかのねらいがあったが，その1つにトウモロコシの生産がある。ミティマエスに登録された人々は，首都から離れた場所で，家族単位でトウモロコシを生産しながら生涯を過ごしたという。その生産量は，そのつど，首都のキープ（結縄文字）に記録されていくのである。ただし，ミティマエスの人々は奴隷ではなく，いくつかの特権を与えられ，また優遇されたという。

インカのトウモロコシ栽培は，8月の耕作始めの王妃による儀式に始まって，9月の女性による播種，芽を守るための鳥獣類の警戒，11月までの数回の灌漑，2，3月の登熟期のトウモロコシ盗難と鳥獣害の警戒，4月の成熟したトウモロコシ盗難の警戒，そして5月の収穫乾燥となる。鳥獣害の警戒には子供たちが投石機や棒などを用いて活躍したという。

インカ帝国を含むアンデス一帯では，マヤ，アステカおよび次に述べる北米諸文化と異なり，トウモロコシがバレイショ以上に主食の座を占めることは少なかった。にもかかわらず，トウモロコシが祭祀儀礼上や神話の中で飛び抜けて重視されたことは興味深い。

さて，1532年11月6日，スペインのフランシスコ・ピサロ（F. Pizarro）はアンデス山中の町カハマルカで，インカ皇帝アタワルパを捕らえ，翌年11月15日に首都クスコを陥れた。ここにインカ大帝国は幕を閉じ，アンデス一帯は新たな歩みを続けることになる。

③北米（ミシシッピーなど）

北米の古代におけるトウモロコシ生産拠点には，ニューメキシコ州を含む南西部と，ミシシッピー州を含む東部森林地帯の2か所がある。ヨーロッパ人が移住する直前のこれらの地域における人々のエネルギーは，3分の2がトウモロコシからであったといわれている。

・南西部地帯での利用と栽培

北米における農耕は，紀元前3000年ごろ，南西部のアリゾナ州からニューメキシコ州にかけて興った。これらの地域のほとんどは，寒暖の差の激しい砂漠地帯で，河川も少なく，農耕に適しているとはいえない地域性を備えていた。にもかかわらず，最初の農耕が興った要因としては，鳥獣害の原因となる大小動物がいないことと，採集できる木の実が少なかったことなどがあげられている。

ニューメキシコ州の南西部にあるバットケイブといわれる洞窟に住んでいたコチセ文化の人々は，このころ，原始的なトウモロコシを栽培していた。トウモロコシの大きさは，雌穂の長さは2〜3cmほどで，成熟期の粒は露出し，鳥獣害の被害が絶えなかったに違いない。そして，食糧としての位置づけはごく

低かった。紀元前2000年ごろ，栽培地域は広がり，また収量も増すが，トウモロコシの位置づけは依然としてそれほど高くなかった。しかし，紀元前1000年ごろ，トウモロコシは広く主要な食糧として用いられるようになった。紀元前後，アリゾナ州とニューメキシコに興ったアナサジ人はその後南西部の広い地域で肥沃で農耕に適した土地を選び，時には灌漑技術をも用いてメソアメリカの影響を受けた農耕を行ない，定住の度合いを強め，住居の周りにはトウモロコシやカボチャを栽培するようになった。この時代は，バスケット・メーカー文化といわれる。

そして，紀元700年ごろからはアナサジ人の最盛期といわれる高度の農耕文化，プエブロ文化を建設し，紀

図1－13 古代のメキシコ品種
(田場；CIMMYT，2004)
左の3本の小さい穂はNal-Tel
右の2本の大きい穂はTepecintle
いずれも，1952年のメキシコ品種でウェルハウゼンらによって収集された

図1－14 現在のボリビアの在来種
(大塚真琴，2004)

元900～1200年ごろに最盛期を迎える。今や農耕の中心はトウモロコシであった。一方で彼らは，建築技術にも優れ，断崖を背にしたプエブロ・ボニートと呼ばれるアパート様住居を建設し，その最大のものは800の部屋をもつ4階建てに住んでいた。この大集落を養う食糧生産のために，「三姉妹」という混植

技術,階段畑,川やダムを利用する灌漑システムが応用・工夫されたのである。しかしながら,この文化は1300年ごろ,突然終焉を迎え,コロラド州およびユタ州の全部と,アリゾナ州の北部の多くが放棄されてしまった。

　これらの地域では,以前から居住していた民族や,新たに入り込んだ砂漠の採集民が徐々に勢力を増していった。その中で,トウモロコシを主要作物として栽培していたのが,ナバホやピマ,プエブロ族であった。また,紀元1000年少し前,同じ南西部のコロラド州の西部からユタ州やネヴァダ州の東にかけて農耕に重点をおくフレモント文化が興り,トウモロコシを栽培していた。フレモント文化のトウモロコシ品種は,メキシコ中央部と同じものとされ,13世紀のアナサジ人の文化圏の東部と北部で栽培されていた品種の元になっているといわれている。

・東部森林地帯での利用と栽培

　ミシシッピー州を含む東部森林地帯では,紀元前600年ごろのオハイオでは埋葬用のマウンド（基壇）を造るアデナ人が文化を築き,紀元前200年ごろまで続くが,紀元前500～紀元100年ごろからオハイオとイリノイを中心にホープウェル文化が発達する。しかし,これらの文化は狩猟採集品目の交易を中心として栄え,農業の占める比重は小さく,トウモロコシはごく限定的に栽培されるに過ぎなかった。

　トウモロコシが主食の座を覗うようになるのは紀元500年ごろである。ホープウェル文化の後を受けたミシシッピー人は紀元800年ごろから勢力を増し,1100～1200年ごろには,人口はますます増えていった。そして,ミシシッピー川中流部から下流部にかけてはメソアメリカの影響を受けたとみられる巨大なマウンド群や多くの人手を要する神殿基壇が造られ,古代の北アメリカで最も注目され,最も文化レベルの高いミシシッピー文化圏を創っていた。こうした文化を支えたのは,やはりトウモロコシを主作物とする農耕であった。そして,そこで栽培されるトウモロコシは明らかにメソアメリカの改良種を起源にしていたといわれている。こうした中で建設されたイリノイ州南部の集落カホキアの文化レベルは,インドのモヘンジョダロにも比肩するといわれるが,文化全体はメソアメリカ文明を凌ぐことはなく,16,17世紀には廃墟となって

いった。このころ，栽培されたトウモロコシの品種は，生育日数が200日の晩生から120日の早生に変化していたといわれる。やがて，栽培技術が生まれ，ヒマワリ，カボチャ，インゲン豆，そしてトウモロコシ栽培が本格化すると，人口は増大し，社会の階層化が進んだ。

一方，大平原に住むアリカラ，ダコダ，マンダンなど多くの平原種族は，狩猟と同じくトウモロコシ，マメ，小型カボチャを栽培する農業をも行なっていた。16世紀に成立したイロコイ連盟種族（セネカ，カユーガ，オノンダーガ，オネイダ，モホーク族，後にタスカローラ族が加わった）は果樹もつくっていたのである。しかし，北米の農耕技術は，南西部を越えてロッキー山脈の西に広がることはほぼなかった。そして，トウモロコシをつくらない南西部のコマンチ族やウート族は，すでに述べたように広域交易によってトウモロコシを得ていた。

・新大陸発見以降

1492年のコロンブスの新大陸への上陸後，16世紀に入るとヨーロッパ人が頻繁にアメリカ大陸に現われるようになった。1584年には，失敗には終わるものの，エリザベス女王から派遣されたイギリスのウオーター・ローリー卿（W. Raleigh）が，バージニア州で最初の植民地化を実行した。1607年にはロンドン・バージニア株式会社が105人をバージニア州に，1609にはオランダの東インド会社が今のニューヨークへ，また1621年には102名の清教徒を乗せたメーフラワー号がマサチューセッツ州のプリマスに上陸した。その中で，バージニア州に上陸したヨーロッパの人たちは，食糧不足などから次々と倒れていったが，インディアンの提供したトウモロコシで生き延び，植民地化を進めることができた。

こうして北米各地では，次々とヨーロッパー列強による植民地化が進められ，その後植民者同士の戦争も行なわれるが，1788年の合衆国憲法成立を経て，1865年には南北戦争が終結し，後に50州からなるアメリカ合衆国が成立する。こうした過程を経て，その後のトウモロコシの生産はまったく新しい段階に入る。

2. 用　途

(1) 食料としての利用

①主な地域での利用と特徴

　アメリカ大陸では，旧大陸のムギ類，コメ，キビ類，ヒエ類などのイネ科植物が存在しなかったが，同じ炭水化物源としてエネルギー価の高いトウモロコシが存在した。トウモロコシはコムギと違ってグルテンを含まないため，酵母によって発酵しないのでパンにはできなかったものの，必然的に食材およびアルコール飲料として広く利用され，多くの地域で主食の座を占めていった。

・中米（メソアメリカ）での利用

　この地域では，農耕が定着した時期からトウモロコシを主に，マメ類，トウガラシが3大食材の地位を占めていた。トウモロコシの利用は，粗挽きかゆにするほか，トルティーヤのように粉を練ったものを煎餅状あるいは塊状にして焼く食べ方が広く行なわれた。この粉をつくるメタテとマノ（図1-15）は，トウモロコシ栽培が始まる以前からのもので，今も変わらない道具である（図1-16）。また，メトラトルという挽き臼も使われた。

　このほかに，トウモロコシ粉はかゆ，蒸しパン，茹で粒，炒り粒，ケーキなどに調理された。さらに，トウモロコシ粉にトウガラシと塩を混ぜたパルパもつくられた。アステカ時代には，トウモロコシの茎から砂糖をつくることも知っていたという。黒穂病にかかった患部（ウイツラコチェ）は，タコスなどの料理に使われ，現在に至っている。

・インカでの利用

　ペルー，ボリビア，チリなどのインカ文明圏では，粒状のまま煮た粒がゆにして食べるのが一般的で，モテ（粒茹で）とカンチャ（粒煎り）の利用も多かった。また，パン，チチャ，蜜，酢をつくっていた。トルティーヤはなかったが，タマーレス（蒸しパン）がつくられた。また，アンデス地方では，収穫期の穂をもぎながら，甘さの残る茎（ウイロ）を時々しがみ，楽しんだという。

品種が多く，用途によって使い分けていた。

・北米での利用

中米と同様に，粗挽きかゆにするほか，トルティーヤのようにして焼く食べ方が広く行なわれた。雌穂をそのまま茹でて食べることも，広く用いられた方法であった。また，雌穂だけでなく，雄穂の药も食用にし，花粉からはスープをつくったという。

南西部ではフリント，デント，ポップ，スィート種などの種類があり，アナサジ族は紀元前10世紀ごろ，すでにタコスをつくっていた。そのほかいろいろな粗さに挽いたり，生で食べたり，干す，茹でる，焼く，蒸す，炒るなど多彩に利用していた。特にホピ族は色の異なる4種類の品種を計画的に栽培し，白色種はパンやホミニー用，黄色種は甘味が強いので生のままか蒸焼き用に，黒と赤色種は干して粉にしてピキ・ブレッド用にと，用途はほぼ決まっていた。ナバホ族は，そのまま茹でたり，パンにして食べることが多かったが，20種類ほどの料理をつくっていたという。プエブロ族は不作に備えて3年間分も，乾燥した子実を地下に貯蔵することにしていた。

東部の基本食はトウモロコシのかゆだった。ミシシッピーからミズーリにか

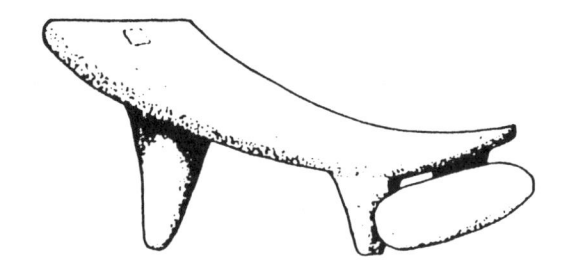

図1－15　メタテとマノ
（高山智博，1995）

図1－16　今でも同じ方法でトルティーヤをつくる
（写真：貝沼圭二所蔵，2004）

けての部族たちは，皮付きのまま焚き火に入れて蒸焼きにしたりもした。それから，パン風のもの，炒ったもの，プディング（プリン），茹で団子，シチュー，そして薄い糊のような飲料もつくっている。イロコイ族（連盟）は，40種類以上の料理をつくることができたといわれている。粉挽きには，木の道具と，石の道具が使われた。スープは古くからつくられ，また，ポップ種も食べていた。

・食べ方と主な食品

　以下には，古代の食品について述べる。多くは，ヨーロッパ人が上陸後に油と肉などを利用する工夫を経て現代に伝えられている。名称は，部族や時代によって異なることが多いが，ここでは代表的でよく利用されるものに絞った。なお，粒を一晩石灰水に浸して柔らかくしクッキングしたものをニシタマール（またはニクスタマール），それをすりつぶして糊状にこねたものをマサ（錬り粉）といい，こられはさまざまな料理に使われる。

　トルティーヤ（またはトルティージャ，薄焼きパン）　ナワトル語のトラスカリ（焼いたものという意味）がなまったスペイン語（小さなパンの意）で，小さな薄焼きのパンを意味する。一般的なつくり方は①乾燥した粒を石灰を加えた水に浸して一晩おく。一晩おくのは粒を柔らかくするためで，石灰を加えるのは皮をとりやすくするのと特有の香りを出すためである。この状態のものをマヤ語でクームという。②この粒をすりつぶした後，よく練る。③この練り粉を適当な大きさ，厚さの薄い円盤状にして，④両面を陶板（コマール）で軽く焼いてできあがる。大きさ，厚さは地方によって異なり，直径数cmのものから30cmに近い大きさのものまである。メソアメリカでは常食されていた。パンのようにちぎって食べられるが，普通はトウガラシや塩で味付けしたり，スープに浸して食べる。また，ほかの多くの食物と組み合わせることが多く，その代表的なものがタコスである。冷めるとまずいので，通常は1日に2回つくって，温かい状態で食べていた。

　タコス（トルティーヤ巻き）　この名称は，征服後にスペイン人によって付けられたもので，軽食を意味する。トルティーヤをお皿代わりにして，その上に肉や野菜その他のさまざまなものをのせ，巻いて食べる。紀元前10世紀の

アナサジ人は，すでにこの原型に近いものをつくっていた。多くの種類がある。

タマーレス（蒸しパン）　タマーレスはナワ語のタマリルまたはタマルがなまったスペイン語。マヤ族やアステカ族では，マサをトウモロコシの皮や植物の葉の上に広げ，その上にマメやカボチャの種子のような具をのせ，それから皮や葉ごとマサをたたんで小さな包みをつくり，蒸したり，熾火の上で焼いてつくった。コルテスがテノチチトランでみた記録では，「多種類のタマーレスがあり，肉の入らない空っぽのタマル，フリホル豆入りのタマル，肉入りタマルがある」と記されている。マヤの『チラム・バラムの書』には木の葉チャヤ（キャベツと同じようにして食べられていた）でくるんだ卵入りのものが出ているが，ランダ（Diego de Landa）は，ユカターンで木の葉で包まれていたのをみている。グアテマラでは，バナナの葉に包んで蒸すのが基本で，バナナがないときは芭蕉の葉を使うという。いずれにしても多くの種類があり，携帯に便利でアンデスの伝統食ではあるが，古代では，日常には用いられることはなく，祭りや祭祀儀礼用だった。

ピーキー（堅パン）　後に，ピキ・ブレッドと呼ばれるようになる。トルティーヤにごく近いつくり方で，石で焼き，葉巻のように巻いたごく薄いパリパリしたトウモロコシパンである。トウモロコシのビスケットといわれ，北米の南西部におけるホピ族が常食としていたが，現在の利用はさらに拡大している。

ビスコチュエロ（堅パン）　アンデスでつくられていたもので，トウモロコシの粉に蜂蜜などを混ぜてつくった堅パンである。

アレーパス（ケーキ）　石灰を用いないで，粉に挽き，マサをつくり，それをパン状に象（かたど）って火にかけ，長持ちする味付けをして食べる。通常，熱いうちに食べる。

ガレット（ケーキ）　粒をメタテで擦りつぶして粉にし，石灰水で溶いてこね，焼いたもので，パンケーキの一種で，北米の人々が好んでつくった。この中に，インゲン豆，すりつぶしたトウガラシ，魚などを詰めるが，土地によっては他の野菜類や，パパイヤ，マンゴー，グワバ，柑橘類，バナナ，ココナッツ，サボテンの実などを詰めることもある。なお，インカの祭りで神官が食べるものは，人間の血でこねられた特殊なものである。

ポーン（トウモロコシパン）　北アメリカのアルゴンキン語が語源。つくり方は，まず乾燥した粒を水に浸け，それを石臼でごく粗く挽きつぶす。挽きつぶしたものに水を入れてかき混ぜ，粒の皮やそのほかの夾雑物を取り除く。これを再度挽いてペースト状にし，トウモロコシの苞皮やバナナの葉に包んで土鍋で煮るか蒸してつくるパン。糊熟期から黄熟期の前・中期のものを用いるときには，"直接挽きつぶし→粒の皮を除く→ペースト状にする"の行程が入る。冷めると固くなって美味しくなくなる。アンデスのプエブロのラドリージョ，コロンビアのカルタヘナ周辺のボーリョ，グアテマラのチュチョやタマリンダ，その他の地域のウミンタはこれと同類のものと思われる。

パルパ（団子）　アンデスでつくられる。トウモロコシの粉にトウガラシと塩を混ぜてつくる。

ミシュカタッシュ（シチュー）　ナガランセット語。一般的には，サコタッシュという。トウモロコシとマメとカボチャを煮込んでつくる。後のアメリカ料理に広く利用されている。もともとは，そぎ落とした粒とマメを一緒に煮ていた。これに用いるために，北米南東部のチョクトー族は，未熟粒を乾燥・保存していたといわれる。

エツァリ（かゆ）　トウモロコシと豆の入った煮物のかゆ。アステカで，祭りのときにつくる。アステカで行なわれる6月のエツァルクァリストリという雨の神々のための祭りの初日には，人々はこの料理をもらいに歩くのが習わしで，施しをした家は豊かな実りが与えられると信じられていた。

カピア（粉がゆ）　インカ語。現在のメキシコ語ではアトレという。マヤ語ではサという。ポリッジの一種で，石灰を使わず，マサを水で延ばし，加熱した粉がゆのようなもの。もともとは，ルチという木の碗大の実の殻に入れて溶かしたものである。朝食で残ったものは，昼間には水で薄めて水代わりに飲んだという。

カフ（飲料用のかゆ）　マヤ語。スペイン語ではピル。石灰を使わない。焼いたトウモロコシを粉にし，それを水に溶かしただけのもの。このままで飲むこともあるが，トウガラシとカカオを少し加えると，清涼飲料になる。現在では，焼いたトウモロコシにニッケ，アニス，トウガラシなどを混ぜて砕き，水

に溶かす。

ケイエム（またはコイエム，かゆ）　マヤ語。泡立つの意味がある。粒を石灰水の中に一晩浸けておき，翌朝，皮や夾雑物を取り除き，石の上で粗い粉にする。これを塊上の団子にしたものである。この団子は，少し酸っぱくなるだけで，数か月はもつので，遠くの出作や旅へ出るとき，また船乗りたちが重宝した。この塊から小さな玉をつくり，容器に入れて水や湯でどろどろに溶かしたかゆ状にしたものをマヤ語でサ，後のメキシコ語ではアトレともいう。現在のメキシコでは，多くのバラエティーを生み，専門店もある。

ポソレ（かゆ）　メキシコ語。トウモロコシは，干したものを1粒ずつ手で掻き取り，一晩水に浸しておいて，翌日石灰を少し入れて火にかけ，煮えたら皮と下の汚いところを取り除いて水でよく洗う。これに肉その他のものを入れ味付けをしてでき上がる。これは，トルティーヤ，タマーレスとともに，トウモロコシ料理の原型になったとされている。

ポリッジ（薄いかゆ）　石灰を使わないで，薄い木灰を使うことが多い。粒を水に浸けて柔らかくし，それを擦りつぶしたものを水に混ぜるだけである。これに，粉末のトウガラシ，インゲン豆，蜂蜜，チョコレートなどを入れたものは，マヤやアステカ族の常食だった。後のアトレもほぼ同じ。なお，後の北イタリアではポレンタ，ルーマニアではママリガ，ハンガリーではプリッカといっている。

ラワ（かゆ）　アンデス地帯の塩で味付けしたかゆ料理のこと。穂軸に着いた柔らかい粒（チョクロ）をはずし，つぶして入れたチョクロ・ラワ，乾燥した粒（モテ）を半煎りにしてつぶして入れたサラ・ラワなどがある。紫トウモロコシを用い砂糖で味付けしたものは，マサムラと呼ぶ。現在はこれに肉類などの具や香辛料が使われている。

モテ（茹で粒）　モーテともいう。マヤおよびインカ語。穂軸ごと，あるいははずした粒を，粒が割れるまで熱湯で茹でたもの。茹でて粒のまま，あるいは皮をはがして熱いうちに食べる。アルゴンキン語のロカホモニエは，木の灰を入れた熱湯でトウモロコシを茹で，粒の外皮を取り除いた柔らかい粒のこと。これに肉や他の材料を加えてシチューとする。また，すりつぶしたり挽いたり

していろいろの料理に使う。携帯に便利である。

カンチャ（煎り粒）　トウモロコシの粒を浅い土鍋で炒ったもの。携帯に便利なので，アンデスではモテと同様に日常はもちろん，旅や畑仕事，家畜の番などのときに用いた。

チョチョカ（乾燥花粒）　クスコ周辺で採れるパライカ（大きな白トウモロコシ）を茹でて，日陰で霜に当て，変色させないために布などをかぶせて乾燥させた保存食。食べるときには皮が破裂したように裂けている。スープの中に入れても柔らかく，トウモロコシの風味は弱いが，ほかの材料とよくなじむという。

ウイツラコチェ　黒穂病にかかった患部のこと。収穫期に売り出される。缶詰としても販売され，タコスなどに使う。粒をそいで鶏のコンソメでエパソーテ（香草）と一緒に煮込んだものは，不老長寿の高級料理とされている。

ポップコーン　器に入れた砂を焼けるように熱し，その砂にトウモロコシを混ぜ，さらに加熱し，はじけさせてでき上がる。北米北東部のイロコイ族がよく食べていた。その後の利用は世界中に広まっている。

　ユカターンの農民の食生活の85％は，トルティーヤ，アトレ，タマル，ポソレ，カフ（後のピノレ）で占めていたといわれる。

(2) 飲料としての利用

①チチャ

　もともとはカリブ諸島のアラワク語で，スペイン人によってトウモロコシの酒という意味で世界に広められた。ケチュア語ではアスーア，アズーアまたはアシュアという。ワカ（後述の自然神）に捧げられるものは，特にヤレといった。つくられ始めたのはキャッサバに次いで古く，紀元前1500年以前といわれている。ソラという特殊なつくり方でできる強いものもあるが，通常，アルコールは10〜15％である。

　つくり方には2つの方法がある。1つ目の方法は人の唾液を利用する唾液法ともいうべきもので，これによっていわゆる噛み酒ができる。唾液を利用する

第1章　作物の起源・利用・文化の変遷　37

初期の方法は，茹でた粒を口の中で噛み砕きながら唾液と混ぜて壺に吐き出し，一晩温めて発酵させる。これが後には，粉でつくった団子に口中で唾をつけ，これを乾燥し，チチャをつくるときにはこれをスターターとして粉に混ぜて発酵させる方法に発展していったといわれている。

2つ目は，モヤシまたは穀芽の糖化作用を利用するモヤシ法ともいうべき方法である。

1〜3cmに発芽した子実を天日乾燥させ（これをホラまたはウイニャプーと呼ぶ），粉に挽き，煮込み，陶磁器の壺（ラキ）に入れて2，3日間かけて発酵させる。

図1−17　チチャ用コップ，アキリャ
（『ペルー王国史』ペドロ・ピナロほか著　旦敬介・増田義郎訳・注　1984 岩波書店より）

以上の2つのつくり方は，大陸発見時，ヨーロッパではまったく知られていなかったといわれている。

アンデスの古代では，チチャは祭祀儀礼上で利用されることが多く，太陽の祭りでは，祭壇の前でインカ皇帝がチチャを入れたアキリャを太陽に向かって捧げる儀式が行なわれた。

②その他の飲料

テクティ　噛んだトウモロコシの粉に砂糖や蜜などを混ぜてつくったといわれる。チチャの一種。

強化チチャ　チチャにマメ科植物ビリュカを煮たときに出る蒸気を入れたもの。酔いが強いといわれ，呪術儀式などにも用いられる。

チチャモラーダ　紫トウモロコシからつくられる煮汁。インカの時代から今日のペルーで飲まれ，瓶詰めや缶詰にして売られている。この機能性が注目されている（第5章を参照）。アンデスの中腹にあるマラスで生産される塩にはヨードが含まれていないため甲状腺障害を招くが，チチャモラーダは甲状腺障

害に対し効果的であることを，インカ時代にすでに知っていたという。

3. 生活文化にみるトウモロコシ

　古代アメリカ大陸の生活・文化を知るには，絵文書（コデックスまたはコディセ）などの考古学的な資料，遺跡，民話，またヨーロッパ人による見聞録・旅行記などが手がかりとなるが，現状は必ずしも十分ではない。その点で，1562年に，ユカターン地方で絵文書の焼却など激しい異教徒弾圧を行なったランダの行為は残念でならない。

　さて，アメリカ大陸の各地には，トウモロコシが関係する多くの神話，伝説，民話がある。これらの根底には，人類の祖先がトウモロコシから生まれたこと，また人類の生存にはトウモロコシが欠かせないという，古代の人々の考え方が横たわっている。

　1967年に「民族性とインディオの伝統に深く根ざした創作活動」によってノーベル文学賞を受賞したグアテマラ生まれの詩人，アストゥリアス（M. A. Asturias, 1974没）は，1949年の作品『トウモロコシの人々』の中で，「トウモロコシから生まれたと信じている人々は，トウモロコシをどれほど神聖なものと見なしていたことか。トウモロコシは人間が生きるために植えられたものである」と記している。また，1992年に「先住民の声を訴え続けてきた」ことにより，女性初のノーベル平和賞を受賞したグアテマラの民族革命家で作家でもある，メンチュー（R. Menchu）は，「トウモロコシは私の命だ。私たちはトウモロコシの人間である」と言い，生まれた赤ん坊には，「おまえはトウモロコシで育つのだ」と言い聞かせるのである。

(1) 神話，伝説

①創世と「血」の信仰

　メソアメリカでは，彼ら人類以前の世界の創造について，いくつかの記録が残っている。そこでは，世界が永続的なものでなく，創造主によって破壊と創造が繰り返されるものだと考えられていた。当時の世界（現世）は，アステカ

やマヤでは5回目に創造された世界とされている。この世界は太陽を中心とする世界であり，現世の維持には太陽が輝き続ける必要があった。

人身供儀では，後で述べる「トラカシペワリストリの祭り」も含めて，アステカ族の最大の義務である現世の維持，すなわち太陽が輝き続けるために，太陽の栄養となる血を捧げ続ける必要があった。一方で，最初の人間はトウモロコシから創造されたとされ，その人間の血こそが，神々に栄養を与えるのに最も相応しいと考えられ，もしその栄養である「血」が途切れれば太陽は死に，世界は終末を迎えると考えられたのである。こうした考え方は，旧大陸の多くの宗教の目的が救霊にあるのとは，基本的に異なる。

②人類創造

マヤ，アステカのいずれの神話においても，最初の人間はトウモロコシの生地（マサ，こね玉）からつくられたとされている。マヤの神話では，第4回目の試作人間は，白と黄色のトウモロコシでつくられたが，その能力が神々と同じくらいに素晴らしかったので，神々は「彼らは単なる人間でなくてはならない」と，人間の目に霧を吹き込んで近くしか見えないようにし，現在の人類の祖をつくったとしている。

同じように，北米のナバホ族の人類創造にも次のようにトウモロコシが深く関わっている。はるか昔，母神エスタナトレーヒは，白色トウモロコシから挽いた粉を盛った籠と，黄色トウモロコシから挽いた粉を盛った籠を持って，乳房を振った。すると右の乳房からは白い粉の中へ，左の乳房からは黄色い粉の中へ塵が落ちた。それから彼女は水で粉をこねて，固い糊をつくった。白い糊からは男の形を，黄色い糊からは女の形をつくった。それらを温めて，暖かい毛布の下に置き一晩中それらを見守った。朝がくると，それらは生きている人間になったのである。エスタナトレーヒはすぐさまその2人に，成人になる子供たちを4日間でつくるような特殊な力を与えた。すると，新しい人間とその子供たちは，4日ごとに子供をつくり続け，ナバホ族の社会が生まれるようになったという。

③トウモロコシの起源など

・アステカの神話

　アステカの神話では，ケツァルコアトルがトナカテペトル山（穀物の山）からトウモロコシの種子を盗んできたのが現世におけるトウモロコシの始まりとされるが，その所有者は雨の神トラロックであるという。別の神話では，男神シンテオトルの子が埋葬された後，その死体の爪からトウモロコシが生まれたという。また，アマゾン流域の森林地帯に住むアピナエ族の神話では，人間は生きていくために，自分たちの老衰や死の運命と引替えにトウモロコシを手にしたという。

・アンデス・ケチュア族の神話

　アンデスのケチュア族は，コンドルに連れられて天界で満腹にトウモロコシを食べたキツネが，地上へ降りる途中に，インコをからかったために綱を切られて地上に墜落し，そのためお腹が破裂し，中から飛び散ったトウモロコシが，トウモロコシ栽培の始まりと信じていた。また別の神話では，インカの初代の王マンコ・カパックは，タンボトッコの洞窟から持ってきたトウモロコシの種子を，クスコ盆地につくった最初の畑に播き，人々にそのつくり方を指導したという。このことから古代の現地では，トウモロコシを「洞窟の種子」と呼んだという。

・北米の神話

　北米の東北部に住むアリカラ族やダコタ族の神話では，創造主が下界に派遣した「トウモロコシの母なる女神」によってトウモロコシは誕生した。

　南東部に住むナッチェズ族，クリーク族，チョクトー族，チェロキー族などの神話では，地母神と考えられる老婆の創造的な魔力によって彼女の体からトウモロコシが生まれ，これによって大地はトウモロコシで覆われることになったが，そのときの畑の状況から，その後の人々はトウモロコシの種子が芽をふくように土の小さな縁取りをするようになったという。

　南西部のパパゴ族の神話では，モンテスマという神がやってきて，彼らに狩りとトウモロコシの栽培を教えて，南へ去ったといわれる。ズニ族の神話では，魔法使いたちが踵（かかと）で地面を打つと，穂の色の異なる6本の植物が現われ，その

穂を受け取った6人の娘は，トウモロコシの豊穣を左右すると考えられてきた。ナバホ族やイロコイ族（連盟）では，創世紀に巨大な七面鳥が空を横切りながら青色のトウモロコシの粒を落としていき，それがもとになってトウモロコシ栽培が始まったと信じられている。別の場所に居住するイロコイ族（連盟）は，「聖なる女」が平原に残した足跡からトウモロコシやカボチャが育っていったという。また，アルゴンキン族やオジブウェー族では，民族の勇敢な若い英雄の願いに対し，思慮深い神の賜物として人々がトウモロコシを手に入れることができたと信じられている。なお，ズーニー族の女性の化粧の始まりは，女神が臼石でつくったトウモロコシの粉をおもしろ半分に顔や体に塗りつけたことによるという。

そのほか，新大陸のほとんどの部族には，トウモロコシに関するの多くの民話，伝説がある。

(2) 農耕儀礼とトウモロコシ

トウモロコシ農耕を基盤として形成された古代のアメリカ大陸の諸文化では，トウモロコシの豊作が人々にとって最も大事なことであり，トウモロコシに関連したさまざまな農耕儀礼が，王国や部族ごとに行なわれた。

①アステカ，マヤ
・作業と農耕儀礼

トウモロコシに関する農耕儀礼には，次のようなものがあるが，時には人身供儀をも伴った。

①播種前—大地に向かい，コア（掘棒）で大地に傷をつけるお許しを請い，農耕の神ケツァルコアトルの加護を祈る。

②播種時—畑に行き，鳥獣害から播種されたトウモロコシの種子を守ってくれるように，精霊に祈る。部落によっては村の長老が代表して，天地創造の神にトウモロコシのつつがない生育を祈る。

③発芽後—播種後7，8日経つと，畑でロウソクを灯し，コパル（香）を焚いて，今一度，鳥獣害から畑を守ってくれるように精霊に祈る。

④最初の除草時期─除草の前に，畑でロウソクを灯し，生け贄の鳥とタマーレスを女神チコメコアトルに捧げる。また，香を焚いてケツァルコアトルの加護を祈る。除草の後は，トウモロコシが稔るまで，1枚の葉も採ってはならなかった。

⑤初物への祈り─トウモロコシの初物に祈りを捧げ，かなり盛大な儀式を行なう。一連の儀式が終わると，トウモロコシやその他の供物を食べ，プルケ（リュウゼツランからつくった酒）を飲んで，新しい稔りに感謝する。

以上のような儀礼は，必ず村人がトウモロコシ畑に集まって行なわれるが，他の作物をつくる場合は農夫が単独で行なうこともある。

・祭礼の中での農耕儀礼

またアステカでは，以上のほかに，1年の18か月間には，月ごとに重要な祭祀儀礼が行なわれた。これでは，儀礼暦の専門家，祭司たちが行なう祭礼のみが，宇宙や神々の存続やトウモロコシの成長などを保証していると考えられていた。毎月のように行なわれる収穫への祈願・感謝のほとんどの行事ではトウモロコシが登場する。以下には代表的な例をあげる。

①4番目の月はウエイ・トソストリ（「大徹夜会」の意味）と呼ばれ，雨乞いのほか，農耕儀礼に関するいろいろな行事が行なわれる。その中で最も重要なのは，前年のトウモロコシの雌穂を1人当たり7本ほどを背負った少女たちが，その雌穂をトウモロコシの男神シンテオトルと女神チコメコアトルの神殿に供え，祝福してもらうことであった。祝福された雌穂からは翌年の種子がとられ，家々に持ち帰られ，翌年に播種されるのである。雨乞いを兼ねるこの祭りでは，人身供儀も行なわれた。

②5番目の月はトシュカトル（「乾いたもの」または「鏡」の意味）と呼ばれ，神の中の神テスカトリポカのための大祭を行ない，テスカトリポカの化身とされた若者が人身供儀された。この若者は4人の化身となった娘たち，すなわち植物再生の女神ショチケツケル，若いトウモロコシの女神シローネン，大地母神アトラトナン，塩の女神ウイシュトシワトリと名付けられた女神たちと結婚し，トウモロコシのつつがない発芽を祈るのである。そしていくつかの行事を経て，20日後には生け贄となる。

③ 8番目の月はウエイ・テクイルウイトル（貴人の大祭）と呼ばれ，若いトウモロコシの女神シローネンのための祭りが行なわれる。この時期は食糧が不足しがちであったが，この祭りの前半では，タマーレスなどの食物が老若男女，貴賤に関係なく大盤振舞いされた。そして，シローネンの化身となった女性は，世界の存続と豊饒の招来のために神殿の上で生け贄にされるのである。

④ 9から14回目の月は，シワトランパ（「女の方角」の意味）と呼ばれる。この時期はトウモロコシの登熟期にあたり，豊作を祈願する祭りが行なわれる。祭りでは，部族神ウィツィロポチトリの巫女がトウモロコシのこね玉を植物再生の女神ショチケツァルに供え，トウモロコシの男神シンテオトルの誕生を祈願する。20日後，女神ショチケツァルの化身として盛装した2人の娘が，神官の準備した4色のトウモロコシの種子を，黒色は北，白色は西，黄色は東，そして紫色は南の方へ，それぞれ播種の仕種を真似て投げる。集まった人々はこれらの粒を幸福と豊穣のお守りとして集め，後でそれぞれの家で保存しておいた種子に混ぜて畑に播いた。女神ショチケツァルの2人の化身は，太陽の栄養として生け贄にされた。

⑤ 以上のほかに，トウモロコシに直接の関係はないが，2番目の月に行なわれるトラカシペワリストリ（「人の皮剥祭り」の意味）の祭りが行なわれる。この祭りでも多くの奴隷や捕虜が生け贄にされ，生皮が剥がされ，生皮をまとった踊りが奉納された。遺体の一部は王に届けられ，一部はトウモロコシと一緒に煮てスープにし，小さなお椀に少量のスープをトウモロコシとともに盛って，各人に配られた。この煮物は"トラカトローリまたはトラカトラオリ"と呼ばれ，食べた後には酒宴が続いた。

⑥ 上述の②のトシュカトルでテスカトリポカの大祭と同じ時期に行なわれるウィツィロポチトリ（別名，ビツィリプストリ）大祭では，祭りの数日前に神殿内に住む尼僧のような乙女たちが，焼いたトウモロコシと小ビユを挽いた粒と蜜でこね玉（マサ）をつくり，これでトウモロコシの粒を歯に模してつけた大きい人形をつくり，豪奢な着物を着せて，輿の上に載せた。そして祭りの朝，人々は焼いたポップ種でつくった冠をかぶり，首には同じ材料でつくった太い数珠状のものを腰の下あたりまで垂らし，祭りに向かったのである。

②インカ

　インカにおいても，農耕儀礼の重要性は変わらず，アステカ同様に，毎月のように農耕儀礼が行なわれた。以下には，サン・マルコス大学のバルカルセル (L. E. Valcarcel) によるまとめから，トウモロコシに関連したものを述べる。

　①4月はアイリワイ（またはアリワキス。豊かな稔りの祭り）で，トウモロコシやジャガイモの畑で，農産物の成長を祝う祭りである。

　②5月はアイマ・ライミ（アイムライまたはアトゥン・クスキともいう。「収穫の歌」の意味）で，人々が太陽の神に豊穣を感謝する。クスコの太陽の神殿では，皇帝と司祭は，太陽の処女たちがこの日のために醸(かも)したチチャを聖火に注ぐのを見守った。贅沢な料理が広場に集まった貴族，庶民に配られ，この月だけは，農民たちも自由にチチャに酔い，歌い踊った。

　③6月はインカ帝国最大の祭り，インティ・ライミ（太陽の祭り）が行なわれる。祭りでは，王が侍女たちの捧げるチチャの杯を太陽と大地に供え，自分も飲み干し，またジャガイモとトウモロコシを盛った器を捧げ，稔りを感謝する。

　④7月はアンタ・シトゥワ（チャワ・ワルキス。「土地の浄化祭」の意味）で，畑の割り当てが決定される。乾期の終わるこの時期，村民が総出で灌漑水路の清掃を行なう。人々は，赤と白のトウモロコシやスポンディルス貝を神に捧げて，灌漑の水の使用許可を神に願う。このときに出される料理は，結婚式のものと同じである。

　⑤8月はカパック・シトゥワ（ヤパキス。「浄化と供儀の祭り」の意味）で，農作業開始の月である。太陽神殿に隣接した土地を初代の王マンコが黄金の杖で耕し，畝をつくり，故郷の洞窟から持ってきたトウモロコシの播種を模した儀式で始まる。1年の収穫を祈る重要な儀式であったから，代々のインカ王は例外なく出席したといわれ，これによって帝国全体の農作業の開始を告げたのである。

　⑥9月はウマ・ライミ（コヤ・ライミ。「皇妃の祭り」の意味）で，トウモロコシを播種する月である。この時期に雨が降らないと発芽状態が悪くなるので，各地で盛んに雨乞いの儀式が行なわれた。犠牲にはリャマ（羊の一種）が

捧げられ，それでも効果がないと，人間が捧げられた。また，アンデスの人々はインカ以前の時代から，播種のときにチチャを畑に撒き，播種の作業を妻にやらせた。その理由は，女性は素晴らしい収穫を保証する力をもっていると信じられたからである。王室の播種に際しての儀式には，王の第一皇妃がチチャを畑へ注ぎ，また儀式にかかわる諸作業はすべて女性でなくてはならなかった。

⑦12月はカパック・ライミ（「壮麗の大祭」の意味）で，何日にもわたって大規模な犠牲奉納と儀式が行なわれる。この祭りでは，生け贄に捧げられたリャーマの血でトウモロコシの粉をこね上げ，ヤワール・サンコ（血の団子）と呼ぶ小さな団子をつくり，金と銀のお皿に載せる。それを人々は太陽に大きな感謝の言葉を捧げながら食べ，満足と献身の意を身振りで表わすのである

⑧以上のほかに，播種のときにはいつも，チチャや，自分または邪術師が挽いたトウモロコシを撒き，豊かな収穫を念じる。地域によっては，さらに白いトウモロコシを畑に投げ入れ，それを何日か後に拾って畑に播くと，良い収穫が得られるという。また，トウモロコシを収穫するときはいつも全員で，いろいろなトウモロコシの雌穂を焼いてワカ（自然の一種，後述53ページの⑤占い，呪い）に捧げ，感謝する。なお，インカにおいては，1年の4分の3の日数は帝国のために働くことが義務づけられ，それによる収穫物はすべて国家のものとなった。自家の労働は4分の1で，与えられた畑からの収穫はその家族のものとなった。

③北　米
・東部森林地帯のインディオの儀礼
　北米の人々にとっても，トウモロコシを栽培することは宗教的な意味をも伴っていた。東部森林地帯のインディアンはおおむね，以下のように年に6回ほどの農耕儀礼を行なっている。①カエデの樹液（重要な食品）の上昇を祝って春に催されるカエデ祭り，②神への恵みを求める種播き祭り，③最初の野生果実に感謝を捧げる野イチゴ祭り，④トウモロコシ，マメ，カボチャの成熟を祝う緑穀祭，⑤収穫祭，⑥真冬祭りあるいは年祭である。
　特にナッチェス族は，3月の「鹿の祭り」とともに，④の「トウモロコシの

図1-18 トウモロコシの女神
（高橋敏，1969）

祭り」は特別に重視され，原始林を新しく開墾した畑で行なわれた。クリーク族は，バスク（収穫の祭り）の儀礼的な「踊り」をトウモロコシの成熟する8月に催した。これには多くの楽器が使われ，曲も踊りも多彩であった。祭りは8日間続き，最後に川で体を清め，巫女の言葉を聞き，人々は新しい気持ちになるのである。また，北米の多くの部族は，その年の初めての未成熟の柔らかいトウモロコシを炒ったり茹でたりして食べるが，この時期がくると，グリーンコーン祭りを祝った。特に，プエブロ・インディアンのトウモロコシの播種と収穫時に行なわれる「グリーンコーン・ダンス」は雨乞いを兼ねており，その内容はダンサーの霊と先祖の霊が合体して天に昇り，自ら雨となって降ってくることを意味していた。

・北米南西部のナバホ族の儀式

　北米の南西部ナバホ族の儀式や神話の多くは，現世と精霊の間の調和が不可欠であり，この関係が崩れると，自然災害や飢餓，病気，破局が起こるという内容である。そして，これらを防ぐには，それぞれにうまく対応した儀式が必要であった。

　この儀式に不可欠なのが，砂絵（サンド・ペインティング）である（図1-19）。砂絵はシャーマンによって地面に描かれ，それには，岩を削ってつくったさまざまな色の砂，消し炭の粉，トウモロコシの挽割りや花粉などが用いられる。砂絵の内容は，祭祀儀礼や病気治療の呪いの種類などの儀式の内容によって異なるものの，現在の第5番目の世界に至る多くの創世神話の精霊たち，大地の母なるトウモロコシの精霊のほか，動物，昆虫類，稲妻等々と多彩で，

約1,000種類はあるといわれている。こうして儀式中に描かれた砂絵は，儀式が終わる日没前には消されなければならないが，織物や絵に複製される場合もあった。

(3) トウモロコシの神々

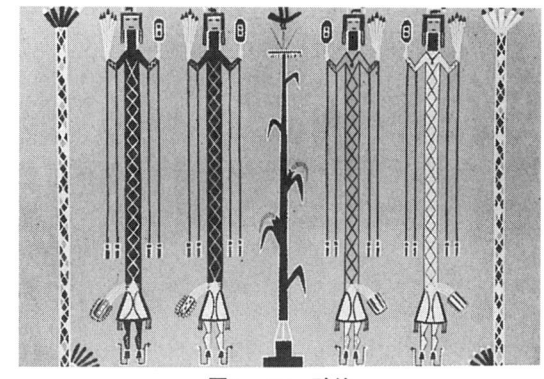

図1−19　砂絵
(『アメリカン・インディアン神話』C. バーラント著　松田幸雄訳　1990　青土社より)

すでに述べたように，古代の新大陸におけるトウモロコシは，創世および人類の創造と生存など，現世と将来に至るすべての過程に関わっていると考えられている。したがって，トウモロコシの擬人化，擬神化は多い。その中で，名前が明確になっていない神々も多い。

①アステカ

アステカの神々は，数が多いこと，それぞれの神々が多くの化身をもつことがあること，また他の部族（トルテカ族など）から移入されたものもあることなどで，神々の構成は非常に複雑である。その中から，トウモロコシに関係する代表的な神々について述べる。

ケツァルコアトル（翼のある蛇）　アステカ第3位の神で，テオテワカン族では"翼のある蛇"として祀られ，アステカ族はこれをテスカポリテカ（テスココの主祭神）に次ぐ神として崇めた。トウモロコシの栽培のほか，彫刻，羽毛のマントの織り方，時や天体観測の方法，暦法などの技術を教えた神である。

チコメコアトル（トウモロコシの女神または豊穣の女神）　ケツァルコアトルの下位にいて，トウモロコシの全期間の成長および植物全般の生育を司る神。アステカではトウモロコシの神を総称してセンテオトルというが，その中で最も重要な神である。チコメ「7」とコアトル「蛇」に由来し，別称のチコモロ

図1－20 トウモロコシの男神
(マンゲルドルフ，1974)

図1－21 トウモロコシの若い男神
(義井豊，2003)

ツィンは，「7つのメイズの穂（オロトル）」を字義として，人間の増殖の女神ともなる。コディックス（絵文書）に描かれた容姿は，通常身体と顔が赤く，花冠状の頭飾りをつけている。彫刻では両手にトウモロコシの植物体と雌穂を持っている。豊穣の女神として，チャルチウートリクエとシローネンを化身とする。ユカターンのチチェン・イッツァでは，輸入された神となっている。

シローネン（若い双葉のトウモロコシの女神）　別名は，シコメコアトル。容姿は，若々しい女神で，トウモロコシの双葉で表わされるのが特徴である。儀式・祭礼では，化身とされたうら若い娘が首を刎ねられるが，それは茎から穂が離れることを意味した。人々はトトンパリというこの茎を持って踊りながら，シンテオパンという「トウモロコシの神殿」へと赴き，化身を生け贄として捧げたのである。

センテオトル（トウモロコシの男神）　シンテオトルともいう。熟したトウモロコシを象徴する（図1－20，21）。いく通りかの女神の形をとることがある。次ページに記すショチピリの姿になるときもある。

人々は，春になると人間の血を葦に付けて，玄関に飾り，この神に捧げたという。

センテオワシトル（トウモロコシの女神）　グアテマラのキチェー族が伝える創造神話の中に出てくるトウモロコシの女神である。

イラマテクートリ（大地と天空の女神）　中米における大地とトウモロコシの女神。乾燥したトウモロコシの穂の女神でもあり，ティティトル（「縮んだ，萎れた，しわのある」の意）の祭儀で祀られた。13人の昼の神々の最後の神。

ショチピリ（トウモロコシの花の王子）　アステカの娯楽と美術の守護神。トウモロコシの神も兼ねている。官能の神アウィアテオトルはショチピリの化身の1つである。センテオトルとも密接な関係にある。後述のタシュカリの助力を受けていた。

ピタオ・コソビ（トウモロコシの男神，別称はドゥブド）　高地サポテカのトウモロコシの神。ベタオ・ヨソビまたはロククイとも呼ばれる。アステカのセンテオトルに相当する。塑像では，トウモロコシの穂軸を頭飾りにしている。

シペトテク（皮を剥がれた支配者）　"皮剥ぎ祭り"にみられるように，皮を脱ぎ捨て，人々の食べ物になるという意から，主に2つの性格をもつ神となっている。1つは，種子の皮が剥がれて芽を出すことを想定して，トウモロコシなどの農耕や栽培の神である。もう1つは，自身の皮を脱ぎ捨てるという意から，儀礼として悔悟など魂の解放を司る神である。

② マ ヤ

マヤの神々は特に複雑である。以下には，代表的なものについて述べる。

E神（マヤの若々しい男性の神）　ユカターン半島に栄えたマヤ文明では，トウモロコシの神は美しい青年の姿として表わされる。名前は，たぶんアハ・ムンまたはユン（ユム）・カーシュといわれている。農業一般の神でもある。数字の8で象徴されることもある。成長や豊饒を擬人化しており，頭部にはトウモロコシの植物体またはトウモロコシの穂飾りを付けている。絵文書では，頭が傾斜するか額が平らに変形した姿で描かれている。なお，マヤ神話の神々は，いくつかの役割をもつものが多く，しかもその多くは名前のないままに伝わったものが多い。そこでそうした神々を現在は，便宜的にアルファベットで

呼ぶことにし，トウモロコシの神は，E神にまとめられている。

ソブ（トウモロコシの母）　マヤ族にはトウモロコシを擬人化したとする女神の明確な証拠はないが，強いてあげれば，これが最も女神らしい。彼女は，夫のもっているミルパのトウモロコシを増やしていったと信じられている。

フン・ナル　マヤのトウモロコシの神。後古典期の名称は解明されていない。

イツァムナー（大空の首長）　宇宙の創造神フナブ・クーの息子で，天界および昼と夜の神。人間にトウモロコシやカカオなどの栽培技術，また文字や暦による時間の記録方法を教えた。歯がなく，頬がこけているが，立派な鼻をもつやさしい老人として表現されている。マヤの中で最も活動的とされる。

タシュカリ（トウモロコシのパンの神）　マヤパンの首長フナク・ケエルが3都市（チチェン・イツァ，ウシュマル，マヤパン）同盟中，最強のチチェン・イツァを奪ったときに雇った傭兵の1人とされている。

ススステナル・グラシア（恩寵，後に付けられた名前）　「恵みの食物の家」の意味で，トウモロコシに対する儀式上の名と考えられている。

ユム・カーシュ（森の神）　マヤの農耕の神。後に若く美しいトウモロコシの神（E神？）と合体する。中央高原のセントオトルと同じものか，同じ性格を有するとされる。

③インカ

概して創世などの神々は残されているが，トウモロコシに関して残されたものはごく少ない。文字をもたない文明の宿命かもしれない。しかし，チャビン文化が始まってしばらくしてから以降，16世紀ごろまで建築物やあらゆる道具類に刻まれているものに，杖を持つ神像（男神ないし女神）を表現したものがある。その像は，正面を向き，伸ばした腕で2本の杖ないしトウモロコシの穂を持つ姿とされるが，性格などは解明されていない。

インカの王は13代まで続いたことが認められているものの，8代のビラコチャまでは，実在が疑わしく神話上の人物とされている。その中で，初代のマンコ・カパック（Manco Capac）は，タンボトッコの洞窟からトウモロコシの種子を持ち出し，太陽神殿に隣接してつくった畑にそれを播き，これによってク

スコの谷の住民にトウモロコシの栽培を教えた。これがもとになって，その後，代々のインカ王はクスコの太陽の神殿の隣にあるトウモロコシ畑の土を鋤で突き刺し，象徴的に帝国全体の農作業の開始を告げたと伝えられている。しかし，いずれにしても，ほかの地域のように表現されている神々は明らかでない。ただしインカでは，後で述べるワカ，コノパ，サラママなど多くの呪物がある。

④北米

イヤティク（トウモロコシの女神）　ニューメキシコ州西部のプエブロの部族に伝わる女神。この女神の住む国から，最初の人間が現われたという。

ガ・ガアー（賢いカラス）　イロコイ族に伝わる。この鳥が太陽の国から飛んできたとき，創造神が大地の女神の体内に播いておいたトウモロコシの中から1粒の種子を耳の中に入れて持ってきた。人々はこれをありがたい贈り物として受け取り，増やして主食としたとされる。

コーン・マザー（トウモロコシの母）　後に付けられた名前。多くの部族に信じられている。部族により，信じられている性格は異なるが，トウモロコシの発祥，生育など耕作全般にかかわるトウモロコシの女神の総称。プエブロ族では，シンキング・ウーマンの次に位の高い女神，タティックのことを指すとされる部族もある。チェロキー族ではセルと呼ばれる。

ニシャヌ・ナチタック（人類の創造主）　アリカラ族に伝わる人類の創造主で，天上界に住んでいる。彼が最初に地上につくった巨人が乱暴者だったので，彼は小さな人々をトウモロコシ（メイズ）の粒に変え洞窟に隠してから，巨人たちやトウモロコシ以外の穀粒を滅ぼした。この後，トウモロコシの一部を天国にも植え，できたトウモロコシの雌穂を1人の女性に変えた。その女性は「トウモロコシの母」と呼ばれ，地上に行って，後のアリカラ族の祖となる小さい人々を洞窟から導いた。

イェイ（大地の精霊）　ナバホ族が崇めている母なるトウモロコシのこと。砂絵に描かれることが多い。

チェンジング・ウーマン（後に付けられた名前。別名はタティック）　この女神は，トウモロコシの白い穂と黄色い穂から最初の男と女をつくりだした。

シンキング・ウーマンの次に位の高い女神。

(4) 生活の中で

これまで述べてきたように，古代のアメリカ大陸におけるトウモロコシは食糧としてだけでなく，あらゆる神事・宗教上にも不可欠かつ神聖な存在であった。したがって，トウモロコシは，日常の生活全体の中にも深く浸透していた。以下には，いくつかの事例を紹介する。

①マヤの生誕式

マヤのある地域では，子供を幸せにするために，次のような儀式が行なわれる。

まず，多色トウモロコシの雌穂の上に子供の臍の緒を置いて，真新しい黒曜石のナイフで切る。このナイフは川に捨てられる。次に，血まみれになった雌穂を煙でいぶした後，ほぐし取った粒が子供の名前を念じながら畑に撒かれる。トウモロコシが発芽し，成長した後，新たに収穫された粒はまた播種される。この収穫された雌穂の粒は，一部は司祭に分け前として渡され，残りは集まった人々に振る舞われて，子供がトウモロコシを栽培できる若者になるまで養ってくれるように祈念するのである。

②ズニ族の出産

北米のズニ族の産婆は，叔母が務めることになっている。叔母は浄めのときに形の良い1本のトウモロコシを赤ちゃんの側に置き，一生食べ物に困らないようにと祈る。これと似たやり方は，ほかの部族でも行なわれる。

③子供のお祓い

マヤでは，イシュ・チェルというお祓いを，以下のように行なう。神官が行儀良く並んだ子供たちの手に次々と少量のトウモロコシの挽割りと香を渡し，受け取った子供たちはそれを火鉢にくべていく。次に男子の1人が火鉢と，酒を少し入れた容器を一緒に受け取り，町の外に出て，そのままの状態でまたも

とのところに戻ってくる。これで子供の悪霊が追い払われたと見なされる。

④葬儀・埋葬
メソアメリカではどこでも毎年死者を偲ぶときには，大量のチチャを用いる。ユカターンでは，死人に帷子を着せ，冥界への途中で食べ物に困らないようにと，その口にトウモロコシの粉でつくったコイエムまたはケイエム（トウモロコシのかゆ）を詰め，また彼らが貨幣としている石を，数個入れてやる。

北米のズニ族は，葬式は4日間喪に服するだけの簡単なものであるが，その間は，嘔吐剤を飲んだり，黒いトウモロコシの粉を振りまいて死体を浄めた。

⑤占い，呪い
アステカ族は，神話の由来から，水の中にトウモロコシの粒を入れ，その浮沈みで病気を占う。そのほかの部分が使われることも多い。

・マ ヤ

マヤ地域では，臍の緒を切ったときの血を付けた粒を畑に撒き，生えた苗の状態によって，子供の将来を占う。そして成長して収穫されたトウモロコシは家族全員で一緒に食べ，これによって絆を強める。女性が鍋にくっ付いたタマーレスを食べると，その女に宿った子供は，タマーレスと同じように子宮にくっ付いて死ぬとか，子供が産まれるときに母親がトウモロコシの穂芯を燃やしたら，その子供の顔にはあばたの跡が残るとも信じられている。赤ん坊と一緒に黄色のトウモロコシを置くと，その赤ちゃんの魂はしっかり守られるとか，子供が何らかの理由でひとりぼっちにされるときには，両脇にトウモロコシを置くと，子供が守られるという。

グアテマラのマヤ地域では，二股穂または二段穂のうち1つの雌穂の粒を播種用とし，もう一方の雌穂は家族を守ってくれる神への感謝の生け贄として奉納する。同じグアテマラの別の高地では，畑の最も大きい雌穂をキバナスズシロ（雑草の一種）のできるだけ高い部位にしっかりと結わえ付けると，その高さに応じて良いことが起きるとされている。なお，メソアメリカでは，どこでも二段穂や二股穂は多産のシンボルであると信じられ，またトウモロコシの穂を寝

室に吊すと子供が授かり，台所にたくさん吊すと幸運が訪れるとされている。

・インカ

インカでは，病人が出ると，呪術師は白いトウモロコシを王道に撒き，通行人に病気を持って行かせるようにする。また，病人の体をチチャで洗ったり，白いトウモロコシでこすって，病後の回復を念じる。旅人は到着した場所の大きな石などに，トウモロコシ，その他のものを吐きかけ，道中の無事を感謝し，また旅路の疲れを癒してくれるよう祈る。トウモロコシで占いをする易者をソクヤクといい，この語は，"心を手当てする者"という意味であるという。

インカの公的な偶像崇拝の1つにワカ（グアカともいい，自然神のひとつ）という語がある。これは，ケチュア語の"聖なる場所"の意味で，具体的には広く信仰の対象となる神殿，礼拝所，人や動物の聖像，木，岩，山，石などである。それぞれのワカには名前が付けられ，トウモロコシに関するワカも多い。たとえば，「ある村の広場にあるワンカルキルカというワカには，チェナコトという別のワカが護衛として置かれ，トウモロコシを増やしてくれる」という具合である。トウモロコシを育てるリャウカパというワカもある。揺りかごにもワカの名前が付けられ，中に眠る子供の安泰を祈願する。

ワカとは別にコノパ（場所のよってはチャンカ，モルピ，ワシカマヨクといわれ，後にはイリャ，ワカなどといった）という個人的に所有するものもある。そうした中で，石を精巧にトウモロコシに象った「サラ（トウモロコシの意味）・コノパ」は，持ち主が母親として生殖能力をもつようにとの意味が込められている。

ワカやコノパほどではないが，サラママ（ママは「女神，母，女性」の意味）という身に付ける呪物もあり，トウモロコシの茎そのものや，茎を用いた人形，青色，白色など色鮮やかな雌穂，渦巻き，二股，二段になった雌穂などがあり，子宝やトウモロコシ多収の願いを込めている。

・北 米

北米では，すでに述べたようにナバホ族の砂絵がいろいろな祭祀儀礼に使われるが，新しく建てた彼らの住居「ホーガン」に初めて入るときには，トウモロコシの粉か花粉を柱にかけて浄める。このほか，子宝や豊作の祈願にトウモ

ロコシの花粉が使われる。

⑥繁殖儀礼

インカの牧民は，リャマの繁殖儀礼を毎年行なう。この儀礼では，チチャ酒とサンクというトウモロコシ粉の団子が使われる。特に儀礼途中でリャマに飲ませるチチャは，香の煙とともに浄めの意味を持ち，そのため特にチュヤ（澄みきった意味）と呼ばれる。またアルパカを飼う牧民はトウモロコシと物々交換をするときに，持参したアルパカの生肉を「私の柔らかいトウモロコシ」と称して，話を進めるという。

図1－22　トウモロコシの飾りの付いた土器
（マンゲルドルフ，1974）

⑦ダンス

マヤの村々では，トウモロコシの豊穣と収穫を祈願・感謝して，娘たちによって行なわれる「トウモロコシ雌穂踊り」というダンスがある。このダンスの中では，トウモロコシの雌穂，苞皮（オニ皮），雄穂でつくられたトウモロコシ人形が祭壇に祀られる。ズーニー族をはじめとする北米の多くの部族も，トウモロコシを擬人化し崇めるトウモロコシ・ダンスを盛んに行なった。

⑧歌の中で

北米の農耕部族，ヒダーツァ族はトウモロコシの世話をしながらよく歌を唱う。その理由を現地人は，子供が母親の歌を聴きたいように，トウモロコシも歌を聴きたがっているからだ，という。

⑨建築物，工芸品，装飾など

コムギによる富がエジプトのピラミッドを，コメによる富が万里の長城を生

んだとすれば，トウモロコシによる富はメソアメリカのテオティワカンなどの多くの神殿やアンデスの遺跡群を生んだ。

メソアメリカでは，トウモロコシ自体を象った金銀細工，土器，石彫などだけでなく，神々の像や瓶などに雌穂を象ったものが多い（図1-22）。クスコにあるインカの王宮のコリカンチャ（金の大広場）には，等身大のビクーニャやアルパカ（ともに羊の一種），コンドル，牧童などとともに，トウモロコシ畑が純金で精巧に鋳造され，しかもそのトウモロコシ1本1本の葉，茎，雌穂などすべてが本物そっくりに象られていたという。ナスカの織物の図案の中には，トウモロコシの植物体や雌穂が描かれているものがいくつかある。

アステカ族の女性は，ポップコーンをつなげて花輪のようにした頭飾りなど，祭祀儀礼以外の装飾にも用いたらしい。

B 中・近世

1. 世界への伝播と生産の広がり

(1) 主な生産地

コロンブスの大陸上陸後，トウモロコシはアメリカ大陸をくまなく巡り，ヨーロッパ全土へは約40年，アジアを含む世界全体へは90年にも満たない速度で伝播した。そして，各地の不良条件を克服して，栽培地域は北緯60度近くから南緯40度に至る世界各地に広く分布するようになった。

①アメリカ

1492年にコロンブスが新大陸に上陸した当時，トウモロコシは北はカナダ南部から南はチリ中部で栽培され，人々の主食はおおまかにはトウモロコシを主に，インゲン豆，およびカボチャであった。

しかし入植後の当初，ヨーロッパの人々はトウモロコシをあまり重視してい

なかった。たとえばスペイン人は，血なまぐさい人身供儀と結びつくトウモロコシを恐ろしい異教の象徴と捉え，カルロス一世は入植者の食糧確保の一環として自国から持参するコムギ種子に奨励金を出したほどであった。

にもかかわらず，トウモロコシは先住民，入植者を問わず，人々にとって不可欠な穀物となっていった。一方で，トウモロコシのもつ多収性，広い栽培適性，高い貯蔵性，そして高いエネルギー価が認識されるにつれ，栽培はむしろ拡大していった。特に北米の東部では，畜力利用の大規模生産の機運が生まれつつあった。これに拍車をかけたのが，耕起・整地から収穫に至る作業の機械化の進展である。さらに，雑種強勢を利用した改良品種の利用が加わって，北米には，コーンベルト（トウモロコシ地帯。イリノイ，アイオワ，インディアナ，オハイオ，ミズーリの5州を中心に，ミシガン，ウィスコンシン，ミネソタ，ネブラスカを含む）と呼ばれる世界最大の生産地が生まれ，アメリカの経済的繁栄を支えてきた。また，シカゴにはコムギと並んでトウモロコシの世界的取引所があり，トウモロコシの相場を決めている。生産のほとんどは飼料用であり，最大の輸入国は日本である。第二次世界大戦後における日本の畜産業の盛衰は，このコーンベルトのトウモロコシの作柄と取引価格に影響されてきた。

合衆国の初代大統領ジョージ・ワシントンは，トウモロコシの農場主を生涯の本務と考え，トウモロコシを常食とし，トウモロコシへの感謝の念を忘れなかったという。

②世界への伝播

トウモロコシの旧大陸への最初の持込み先は，1493年のコロンブスによるスペインであった。はじめは，王宮の庭に鑑賞用として植えられたという。ムギ類やその他のイネ科植物とはまったく異なる草姿全体，長い束になって抽出する絹糸，頂部の雄穂，巨大な雌穂と粒等々は，どれをとっても，人々の目には奇異に映ったに違いない。

1494年，西インド諸島のフリント種がスペインへ伝えられ，セビリヤで旧大陸初めての栽培が行なわれた。その後，旧大陸への伝播は続いていったが，

16世紀に入って間もなく，シリア，レバノン，エジプトでの栽培が確認され，また16世紀中ごろには，イタリアから地中海を通って黒海沿岸・中東・北アフリカにまで伝播し，地中海地方での栽培は一般的になっていた。17世紀中ごろまでには，西アフリカや南アフリカへスペインやポルトガル人によって導入された。ポルトガル人がアフリカへ導入したのは，奴隷をアフリカから南部アメリカへ送る際の輸送船中の食糧として，貯蔵性の高いトウモロコシを利用するためであったという。17世紀中ごろには南ヨーロッパの農村地帯では広く普及した。なお，ヨーロッパへの導入後から少なくても17世紀終わりごろまでは，多くの国々はトウモロコシを租税の対象としなかったので，貧しい人々の恰好の食糧となっていた。しかし，1650年にルーマニアのカンタクゼノス公が課税を決定して以来，諸外国も徐々にそれに倣っていった。18世紀に入ると，アメリカから早生・多収のコーンベルト・デント種の改良品種がヨーロッパへ導入され，新しい品種分化が促進された。

　アジアへの導入は，16世紀半ばころからである。ユーフラテス川流域や黒海南岸地域にはポルトガル人により，また，フィリピン・インドネシアにはスペイン人によって伝えられた。中国への伝播はインドからチベット経由と，ミャンマーやインドネシア半島経由があった。そして，中国大陸内部，インドのヒマラヤ南麓地帯，ミャンマー，インドシナ半島，インドネシアの高地などで栽培が広がった。(図1-23)

　16世紀中ごろには，明朝の皇帝に貢ぎ物としてトウモロコシが記録されている。

③日本への伝来と定着
・最も古い南西経路
　日本への伝来には，おおまかに3つの経路がある。
　1つは南西経路ともいうべきものである。スイスのド・カンドルは，1573〜1591年ごろにヨーロッパからポルトガル人によって導入されたとしている。また，1579年（天正7）にポルトガル人の宣教師によって長崎に伝えられたとする記載もある。いずれにしても，天正年間に伝えられたことは確かのようで

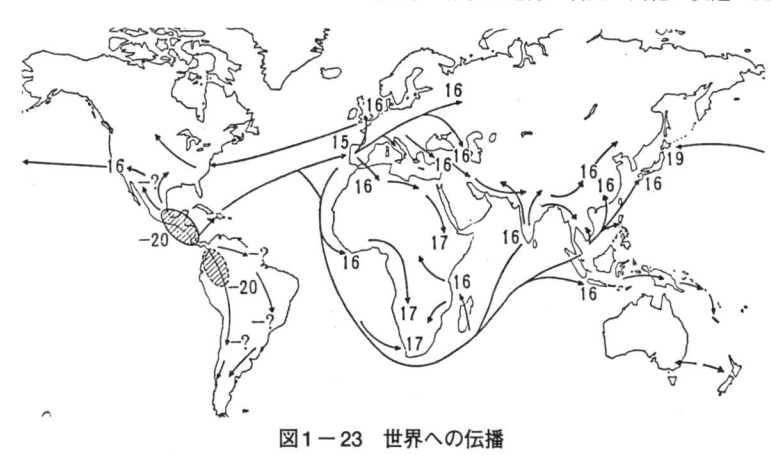

図1-23 世界への伝播
注　図中の数字は伝播の世紀を示す

あるが，1535年（天文4）とする記述もある。また，最初の導入地は九州長崎とするのが一般的であるが，四国とする記載もある。

　導入された品種はカリビア型フリントで，山間部，特に九州の阿蘇山麓や四国の中山間地を中心に定着し，一部は本州に移入されて富士山麓に定着した。そしてその後も東進を続け，東北地方でも栽培された。いずれの場合も，稲作の困難な山間部で栽培されることが多く，九州山地・四国山地・富士山麓などでは長期にわたって主食にされた。この状態は地域によっては第二次世界大戦後まで続いた。1809年（文化6）には，北海道道南の松前でわずかながら栽培され，漁村地帯に少しずつ広まっていったといわれる。また，一般には間食用に利用されることが多かった。明治に入ってしばらくしても，わが国で栽培されるトウモロコシは，ほとんどがこれらの導入品種で占められていた。そして第二次世界大戦後しばらくして，これらの品種は近代育種法の適用によって一代雑種の成立に重要な役割を果たすことになる。

・明治の北海道経路

　2つ目は北海道経路で，明治初年に北海道の開拓使がアメリカから導入した。これらの中で早生のフリント種とデント種は，飼料用，子実用および生食用として定着した。わが国の本格的な栽培，特に北海道での栽培はこの経路から始

60

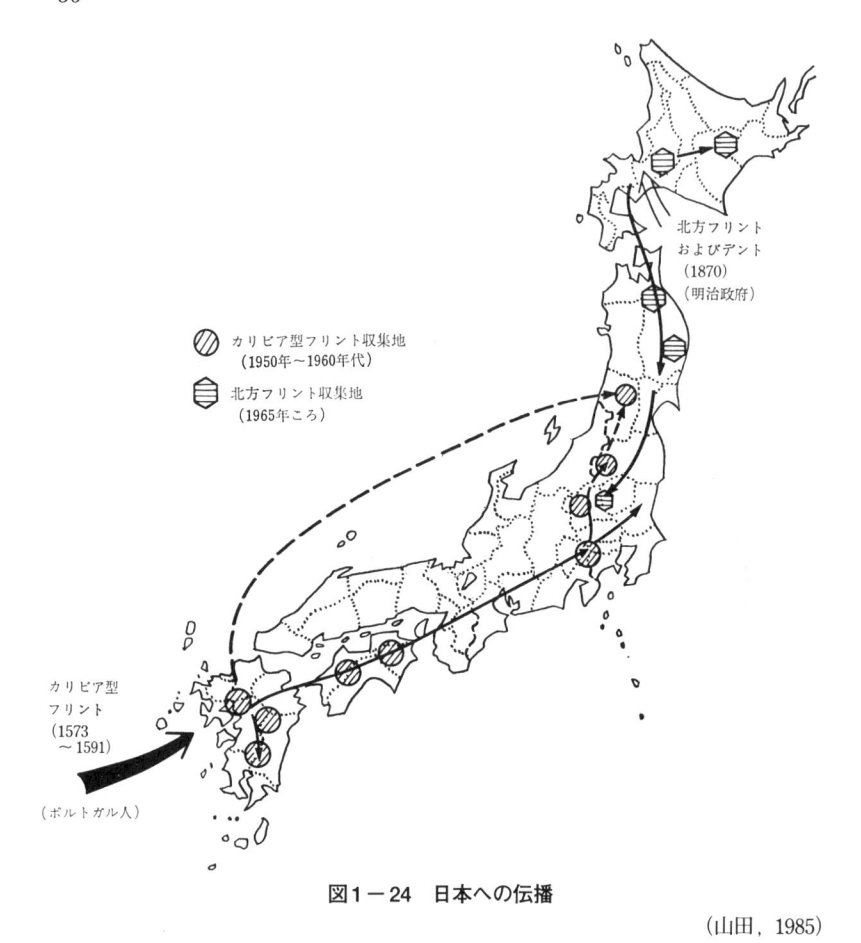

カリビア型フリント収集地
（1950年〜1960年代）

北方フリント収集地
（1965年ころ）

北方フリント
およびデント
（1870）
（明治政府）

カリビア型
フリント
（1573
〜1591）

（ポルトガル人）

図1－24　日本への伝播

(山田, 1985)

まったといってよい。この時期に導入された品種が戦後の高度経済成長期を過ぎる時期に至るまで北海道畑作農業および酪農に貢献した役割は大きい。中生のデント種は東北から関東に至る穀実用や飼料用として定着した。また，スイート種は関東以北に定着したが，わが国全体の生食用の主流は，1900年代後半までフリント種であった（図1－24）。

　以上の2つの経路から導入された品種は，第2次世界大戦中および直後は米不足を補う食料として注目され，ムギや他の穀物と同様に戦後復興に大きな役

割を果たした。

・戦後の自在経路

3つ目は自在経路ともいうべきもので，品種数および回数ともに夥しい数に上り，現在に続いている。この経路にみられた今までにない特徴は，多くが一代雑種であること，また一代雑種の親系統を

図1-25 今も残る導入時の軒下での乾燥
（高知県梼原，2000）

も含んでいることである。その発端となったのは，1950年（昭和25）における農水省北海道農試によるスイート種の交雑品種「ゴールデン クロス バンタム」の導入である。その後，サイレージ用および生食加工用品種ともに，当初は公的研究機関や種子会社などが品種育成の母材として導入していたが，1960年代末からは栽培用の品種の種子自体を導入することに拍車がかかった。1970年代に入ると国内で播種される種子のほとんどは米国やフランスなどの外国品種で占められるようになり，その後もスイート種の一部を除き，現在に至っている。

・最初の利用は子実用

導入の最初はわが国でも武家屋敷の庭で鑑賞用にされたといわれる。これを除けば実質的には子実用が最初の利用で，明治時代に入り本格的な栽培に入っていくのである。これがその後一貫してわが国における利用の大勢を占めた。栽培面積は一時は数万haに達し，食料および家畜の飼料として利用されてきた。しかし，1970年代に入って間もなく，安価な輸入トウモロコシに押されて，わが国での栽培は消滅していった。

サイレージ用では，1918年（大正7）には札幌の真駒内牧場に軟石を使ったタワーサイロが，翌1919年（大正8）には渡島管内八雲町今村牧場にレンガを使ったものが建設され，その後のタワーサイロに先鞭をつけた。

加工用では，1950年（昭和25）に日本缶詰KK（旧日本農産缶KK）が北海道の十勝地方に帯広工場を新設し，日本で初めてのスイートコーン缶詰製造を開始した。

④栽培地域の拡大

さて，第二次世界大戦後，世界のトウモロコシの子実生産は戦前の10倍になった。この増産に対する最も大きな貢献は，品種改良および栽培技術の進歩によって面積当たり収量が約4倍になったことがあげられる。

そしてもう1つの貢献は，旧ソ連邦，中国，カナダなどの新大陸，またわが国北海道に見られる栽培適地の北上による栽培面積の拡大があげられる。記録によると，19世紀後半におけるトウモロコシの栽培北限は北緯50度であったが，21世紀の現在では北緯58度以北に広がっている。

(2) 生産方式

①小規模から大規模方式へ

・コーンベルト地帯の形成

ヨーロッパの人々が移住した後のアメリカ大陸はもとより，その後に伝播していった旧大陸の各地でも，生産方式はしばらくは小規模栽培の範囲にとどまっていた。しかし，トウモロコシの栽培および利用の有利性が認識されるに及んで，アメリカ大陸，特に北米東部では19世紀に入って大規模栽培の機運が高まっていた。これが現実味を帯びてきたのは作業の機械化の進展である。

1834年のマコーミック（MacCormick）によるムギ収穫機に端を発する収穫機の開発，1850年代初期の馬牽引のトウモロコシ専用二条播種機をはじめとする整地から収穫にいたる畜力利用機械化の進展と，それに続く1892年のアイオワ州におけるガソリンを動力源とする25馬力トラクタの開発である。その後，早くからヨーロッパ式農法により先行していたコムギの体系を受け，トウモロコシ農作業の近代的機械化一貫体系の原型がつくられ，発展していった。これに伴い，農家1戸当たりの栽培面積は，入植時の数十aから数haへ，数十haへ，数百haへ，そして数千haへと拡大し，ついには北米東北部には，世

界最大の生産地コーンベルトが形成され,現在に至っている。しかしながら,ラテンアメリカの多くの国は,依然として5ha前後以下の小規模栽培が主流を占めていた。

　その後,こうした大規模生産方式の流れは,新大陸内だけでなく,旧ソ連,ブラジル,アルゼンチン,チリなどへと伝播した。こうした流れが,世界全体の生産性向上に果たした役割は大きい。

・日本での栽培方式の展開

　一方,わが国では,導入当初から第二次世界大戦後まで,多くは中山間地において数aまたは数十aのごく小規模で栽培されてきた。その栽培作業は,鍬,鎌などによるものである。その後,食糧自給の逼迫によって,また畜力利用の農具の発達によって数十a単位の栽培が増えた。

　さて戦後しばらくして,わが国の農業全体は生産性の向上を志向し,規模拡大へ向かった。特に,平坦な地勢と畜力農機具の発展によって,北海道の大規模畑作地帯ではトウモロコシを含めて,ダイズ,アズキ,インゲン豆などのマメ類,バレイショおよびテンサイなどの畑作物が,1区画1～2ha単位で栽培されるようになった。そして,1960年代に入って間もなく,30馬力前後のトラクタ導入が加速し,機械化農業の進展が本格化した。1980年代半ばには,多くは,50馬力の時代になっていた。

　1970年代半ばからの生食加工用およびサイレージ用トウモロコシは,こうした大規模機械化一貫作業体系によって栽培された。しかし,すでに述べたように,子実用は1975年代に入って間もなく安価な輸入トウモロコシに押されて,わが国で大規模栽培されることはなかった。

②近代栽培技術の成立

　新大陸では,ヨーロッパ人の入植後もしばらくは先住民の栽培法が用いられていた。一方,ヨーロッパでは17世紀ごろからすでに「農学研究」が始まっていたが,世界の近代栽培技術の進展は,1800年代の「リービッヒの養分樽」や1900年の「メンデルの遺伝の再発見」等々,農業の基となる科学研究に端を発している。作物の近代栽培技術は,作物の遺伝的・生理生態的特性解明,

および地域の土壌・気象など環境条件の解明を基底にして発展してきた。トウモロコシの生産性も，これらとともに向上してきた。

近代栽培技術の発展には2つのおおまかな潮流がある。1つは，アメリカに代表される大規模作業重点型である。この型では，高馬力動力と大型作業機の利用を前提にして，栽培する品種の選定，栽培・管理法，施肥法などが決められる。もう1つは，日本を代表とする小規模多収重点型であり，限られた小面積で高生産性を上げる必要性から，徹底した栽培地の条件解明と，それに対応した栽培技術が開発されている。

しかし，1970年代からの北海道では大規模畑作地帯を中心にサイレージ用および生食加工用で，また1980年代からは東北以西のサイレージ用で，2つの潮流が合体した栽培技術が利用された。その特徴は，大型作業機の作業性の観点からモンスーン地帯の特徴である倒伏および機械化に適合した施肥法を重視したことである。これらの結果として，耐倒伏性の品種選定，早期播種および適性栽植密度の設定が重要技術となった。

2. 用途の多様化と広がり

(1) アメリカ大陸から世界への伝播とその多様化

①アメリカでの利用方法の多様化

ヨーロッパから初期に移住した人々にとって，トウモロコシはなかなかなじめなかった。その理由は，ムギのようなパンに発酵させることができなかったからである。しかし，コムギが思うように採れなかったことから，間もなく食べるようになった。その1つの工夫にブラマンジェがある。これは，ピルグリム・ファーザーズが本国のイギリスの方法をまねたもので，コムギ粉にトウモロコシの挽割りを混ぜて甘くしたどろどろのお菓子であり，今でもイギリスではこの名で親しまれ，食されているという。

さて，移民が豚，牛および鶏を移入したことによって，それまでの新大陸のトウモロコシ料理は多彩になった。その役割はこれらの家畜の肉ではなく，油

であった。油の利用によって，これまでの焼く，煮るおよび蒸すに，揚げるおよび炒めるという手法が加わったのである。こうして，トルティーヤ自身は油を使うタコシェル，ケサディヤス，そしてトスターダに発展していった。また，タコスの上にのせて巻く肉や野菜の種類も多彩になった。タマーレスの種類は100近くにも及んだ。サコタッシュ（シチュー）には肉が入るようになり，多くのアメリカ料理に応用された。コイエムというかゆは，牛や豚の骨を煮込んでつくられるようになった。移住者たちは移住後まもなく，粗挽きのパン類にムギなどを混ぜたライジャン・ブレッドをつくり，広く食べられるようになった。そして，一部のトルティーヤなどには，トウモロコシの代わりにコムギが使われることもあった。こうして2つ以上の文化の調理法や食材が混じり合った新しい料理，メキシコ料理やエスニック料理なども含めてクレオール料理は夥しい数に上った。ポップコーンは，アメリカ合衆国の老若男女を問わない国民的人気商品となっただけでなく，その利用は世界に拡大した。日本へは第二次世界大戦後に伝えられ，製造は1957年（昭和32）から始まっている。グルジョア地方では，ポップコーンをバーディ・ブーディと呼んで親しんでいる。また，石臼などで挽いていた粗挽き粉は，大規模製造されるコーンミールなどに生まれ変わり，多くの加工品がつくられている。

②旧大陸での利用の広がり

さて，旧大陸での利用は当初はなかなか進まなかった。たとえば，1840年代のアイルランドでは主食糧であるバレイショが葉枯病の大発生で収穫がほとんどなくなり，餓死寸前のときに，初めてトウモロコシを食べたのだった。これを含めて，ヨーロッパでの利用は貧しい人々の食料としてスタートした。そして，ヨーロッパなどへの利用法の伝搬はすでに存在していた雑穀の利用法に溶け込む形で進められた。それまで主穀の地位を占めていたグレインソルガムやミレット類の一部にとって替わったのである。

地中海一帯ではかゆとして広く利用され，コイエム（トウモロコシのかゆ）は16世紀半ばにはイタリアのかゆポレンタ，フランスのミラス，ハンガリーではプリッカ，ルーマニアのママリガとなって定着した。アフリカでは，当初

は奴隷船の貯蔵食糧として持ち込まれたが，18世紀には多くの地域で主食の座を占めるようになった。その多くは挽割りを水と混ぜてかゆとして食べた。地域によって呼び名は異なるが，タンザニア周辺で利用されているウガリというかゆは，挽割りと粒に水を加え，火にかけて濃いかゆ状

図1-26 札幌大通り公園のとうきび売り
(門馬栄秀)

にし，これに香辛料の効いたバラエティに富むソースをつけて食べる。これは，その後ネパールや日本のおねりになる。また，タンザニアやウガンダでは，粉を沸騰した鍋の湯に少しずつ入れてこね上げてつくる硬めの粉がゆファーにして食べている。また，アフリカでは，清涼飲料やアルコール飲料をつくる原料の一部としても用いられた。

インドではウガリ状のかゆジャグー，パルパ状の粉を熱湯で練るか煮るピッタン，粉を油でよく炒り，これに黒砂糖や香料を水に溶いて加え，そのまま加熱しながら練り上げるハルワに利用され，またインドとその周辺ではコムギ粉を混ぜたパン類のチャパティやナーンにも利用されることがあった。中国では粗挽きがゆのほかに，粉を水で練って固め蒸気で蒸してつくられるウオトウにも用いられた。また，北朝鮮では，皮や胚を除いた粒を水洗して挽いた粉で"トウモロコシそば"や餅をつくる。

③日本での利用
・中山間地の主食や準主食として

日本においても，アメリカ大陸のモテ（茹でた雌穂または粒）やカンチャ（炒った粒），特にモテの利用は無意識のうちに行なわれて，現在に至っている。その中で，札幌大通公園の露天「とうきびワゴン」は，1897年（明治30）ご

ろ，平岸村（現在の豊平区平岸）の重延テイが開墾のかたわら家計の足しにと9月に大通りで売った"焼きとうきび"が始まりで，その後いくつかの紆余曲折を経て，現在に至っている。また，すでに江戸時代中ごろには屋台で焼きトウモロコシが売られていたという。戦後の東京で露天に焼きトウモロコシが見られるようになったのは1952年（昭和27）からで，また東京豊島園では1966年（昭和41）には焼きイカとともに販売が始められた。

さてわが国の栽培は，しばらくは稲作のできない中山間地帯で行なわれ，その地帯の主食ないしは準主食となった。平野部で栽培されるようになったのはずっと後になってからである。日本における多くの利用法は，基本的には新大陸で生まれたものとほぼ同類ないしはそのものが発展したといってよい。そして，いくつかの料理法は散在的ながらも現代に引き継がれている。しかし，もともとわが国のまんじゅう類は室町時代（1300年代）から，そして熱灰を利用するお焼きは江戸時代後期（1830年代ごろ）から始まっていることなどを踏まえると，トウモロコシの料理法はすでに定着していたこれらの雑穀の料理法に倣ったのであろう。

元禄時代（1688年ごろ）の記録には，「トウモロコシを食用にするときは，そのままではかゆにも飯にもならない。挽割り粉にしてコメと混ぜて食べる」とあることから，江戸時代中期以降（1681～1683）からそれまでの立ち臼と杵で搗く方法に代わって，能率の良い小型の回転挽き臼が普及するに及んで，粒の大きいトウモロコシの利用も容易だったに違いない。以下は，料理の基本的な概略であるが，それぞれは地方の特色を生かして利用されている。

・食べ方のいろいろ

はったい粉　粒を炒って製粉したもの。水，湯で食べたり，多くの料理に使われる。愛媛では，今でもつくっているところがある。

おねり　カボチャやサツマイモなどを薄く切って水煮したものに，トウモロコシ粉を少しずつ加えながらかき混ぜ，糊状にし，味噌や醤油で味付けする。

団子汁（すいとん）　少量のムギ粉を混ぜたトウモロコシの粉を水で練り，適度の大きさにちぎったものを野菜と一緒に沸騰した湯で煮て，味噌や醤油で味付けする。

とうきびめし（トウモロコシご飯）　コメ不足を補うのがねらいで，挽割りとコメを混炊したもの。その割合は1～5割までいろいろである。北海道では，トウキミメシと呼び，石臼でひいてコメ粒大になったものを飯に炊くことが多かったが，これにササゲ豆やコメを2割ほど入れて炊くこともあったという。

お焼き　トウモロコシ粉に少量の塩と熱湯を加えてよくこね，平らに延ばし表面を焼く。当初は，灰の中に入れて焼いていた。

トウモロコシ雑炊　水に浸した挽割りトウモロコシをかゆ状に炊き調味したもの。挽いた小粒に少量のムギ類を入れて煮たものはトウモロコシがゆという。

トウキビ団子またはトウキビだご　トウモロコシ粉にコメ・高黍の粉を混ぜて水で練ってゆがいたもの。アズキあんを入れて炊くこともある。材料として，コムギ粉，栗あん，イモあんなどを使うこともある。

トウキビ焼き団子　粉を水でこねて手のひらの上で叩いて1～2cmの厚さにし，焼きあげたもの。

タコライス　沖縄生まれの料理で，近年は学校給食としても人気がある。タコライスはタコスとライスの合成語。トウモロコシに直接関係はないが，つくり方は，ご飯の上にタコスの具をのせたもの。多くのバラエティがある。

その他　以上のほか，もろこしもち（トウモロコシの粉，油脂，アズキあんを使う），もろこしまんじゅう（トウモロコシ粉，コムギ粉，アズキあんを使う），ちゃのこ（トウモロコシ粉，コメ粉，ソバ粉，ヨモギ，アズキあん，野沢菜漬，きな粉，味噌を使う），もろこしっちゃがし（トウモロコシ粉，古漬，味噌，塩，アズキあん，栗あん，干しいわし，うるかを使う），もろこしぼたもち（もちゴメ，トウモロコシ粉，あん，きな粉，砂糖を使う），トウモロコシの渦巻き焼き（トウモロコシ粉，砂糖，塩，マーガリン，ふくらし粉，油ネギを使う）などがある。

・近年の利用の広がり

また，近年，トウモロコシ味噌がいくつか製造されている。トウモロコシ味噌は基本的には，コメの代わりにトウモロコシを使うことにあるが，1994年に特許を取得した「トウモロコシ味噌」は，トウモロコシをコメ麹で発酵させ，

ウコンで黄色に染めたものである。

　また，味噌漬は，茹でたスイートコーンに味噌を薄く塗り付け，ラップに包み一～二晩冷蔵庫で寝かせたものである。

　ヤングコーンはパックや缶詰で市販されているが，手づくりのものは，茹でたものを食塩水に入れ，脱気，蒸煮殺菌，密封して保存し，利用する。もぎ取ったものをそのまま乾燥しても使える。

　また，羊羹，くん製，アイスクリームなどにも利用されている。

(2) 新しい加工技術と食品の登場

　トウモロコシとその利用法が新大陸の先住民から世界に伝播して以来，2つの大きな変化が起こった。1つ目は，既成食品の加工技術の開発であり，2つ目は新食品の開発である。前者では，たとえば先住民はトルティーヤをつくるための挽割り（コーンミールまたはインディアンミールという）はメタテとマノでつくっていたが，近世に入って大規模製造システムの中で生産されるようになった。また，先住民はポップ種を熱した砂に混ぜてつくっていたが，その後ポッパー（ポン菓子機）で大量に素早くつくられるようになった。また，スイート種の缶詰は，かつてのカンチャやモテそのままではないが，ホール，クリーム，その他のいずれも，トウモロコシの通年利用を可能にした。そのほか，多かれ少なかれ，すべての加工技術には革新的な進展があったのである。

　後者の新食品の開発で最も典型的なものは，多くは後述のように新大陸で生まれた製粉工業で生産される各種の粉類やコーンスターチなどの第一次加工品である。これによる食品への利用は家畜の飼料とともに，トウモロコシの利用を世界的なものにした。また，バーボンウイスキーに代表されるアルコール飲料，缶詰・パック製品，食用油などへの利用がある。これらについては，第5章で詳述する。

(3) 飼料および工業製品

　ヨーロッパ人の入植直後，トウモロコシの用途はすでに多様であった。子実ないしは雌穂はウシ，ブタ，ニワトリなどの家畜の飼料に，稈は馬糧や燃料に，

葉や苞皮（オニ皮）は家畜の敷料や人間の寝具（マットレス）に，苞皮は編んでマットや籠になり，そのほかいろいろなものがつくられた。穂芯を燃やした灰はベーキングパウダー代わりにし，ハムやくん製をつくるときにはくん煙材料となり，また人形をつくったり，糸巻きや瓶の栓，トイレットペーパー代わりにも用いていた。しかし，その後の飼料用と工業用への利用は，トウモロコシの用途を一変させた。

トウモロコシの飼料用および工業用への利用は，穀物の中で圧倒的に多い。その最大の理由は原料価格が安いこと，単位面積当たりの収量が多いこと，エネルギー効率が良いことである。

①飼料用

ヨーロッパ人の入植直後，飼料用としてトウモロコシの用途は大きかった。こうした中で子実は，高い飼料価値が認識され，配合飼料の原料として新大陸はもとより，世界の畜産業に不可欠のものとなった。この当時の世界の子実生産量は5〜6億t程度/年であるが，そのほとんどが飼料用である。

新大陸にトウモロコシが伝わって以降，トウモロコシの利用はますます多様性を増していったが，サイレージ調製技術の発展は，寒地・寒冷地の酪農振興に多大な貢献をした。サイレージ自体は，すでにローマ時代にまで遡ってみられるが，確固とした科学的理論に基づいた技術成立は近世に入ってからで，今なお発展を続けている。その基礎は，フィンランドの生化学の父ともいわれるビルターネン（A. I. Virtanen, 1973没）によっている。

彼の自国を含む北欧の酪農では，冬期の貯蔵飼料の確保が長年の問題であった。彼は30歳でこの問題に取り組み，現在のサイレージ調製技術の基本を確立するのである。埋蔵中の飼料のpHを4またはそれより少し下げると，腐敗することなく嫌気性発酵（漬け物化）が進み，養分の損失なしに良好なサイレージができるというものである。この方法は，自身の名前の頭文字をとって，「AIV法」と名付けられた。本書のトウモロコシ・サイレージに関する記述はこれを原点とする流れの中にある。彼自身はこのほかに，根粒バクテリアと窒素固定の仕組みや非タンパク性アミノ酸（尿素）の利用などで多くの業績を残

した。これらを含め，1945年には，「オキザロ酢酸」の研究によって，ノーベル化学賞を受賞した。

②工業による製品化
製紙，布，外装材，合成樹脂類とこれを利用した製品，工業用アルコール類，塗料，接着剤，石けん，微生物培養液等々，ほとんどあらゆる分野に利用されている。これらについては，第5章で述べる。

3. 生活文化の中で

(1) 芸　術

①壁　画
世界の壁画界に君臨したメキシコ画壇の巨匠，ディエゴ・リベラ（D. Rivera, 1886～1957）は，絵画の大衆化，民族の自立性を強く意識した制作活動を続けた。その中には，トウモロコシと古代の人々の生活を描いた作品も多い（図1-27）。

②信心の華
1845年（弘化2）7月に，江戸の浮世絵師が黒穂病を描いている。そしてその説明の主旨は，「芝新橋南大坂町に田中屋久蔵という米屋がいた。この米屋の庭のトウモロコシに蓮華のような花が咲いた。田中屋さんは築地本願寺宗門の仏法をいつも深く信仰しており，この夏には川口善光寺開帳へ参詣に行ってきた。そのときに持ち帰った種子を播いてできたのがこのトウモロコシであるが，7月15日に突然，蓮華のような花を付けた。娘もまた劣らず信心深かったがその一回忌の新盆に，普段の信心深さのお陰でとうとう極楽の仏果を得るようになった。ああ，なんと尊いことか」である。なお，これが，黒穂病であることは，白井光太郎著『植物妖異考』（白井光太郎，1925）に詳述されている。

図1-27 ディエゴ・リベラの壁画

(写真:貝沼圭二所蔵)

(2) 祭祀儀礼,まじない,神話・伝説など

すでに述べたように,トウモロコシは,古代アメリカ大陸の人々の衣食住と文化の発展に基本的な要素として寄与していただけでなく,祭祀儀礼,神話,伝説,呪いなどの日常生活の中にも不可欠な存在であった。これらの多くは,新しい工夫を盛り込みながら近世に引き継がれてきた。

その中にトウモロコシ人形,ブローチ細工,生け花などがある。これらの具体的な内容等は,第5章Ⅲ-4で述べる。

①雷除け

江戸時代,赤いトウモロコシは浅草名物だった。赤いトウモロコシは,初めはほとんど売れなかった。そこで一計を案じ,浅草寺のホオズキ市で,赤いトウモロコシを煎じて身体を洗うと雷除けになると宣伝したところ売れ出したのが名物になったきっかけだった。また,雷でやけどをしたら,トウモロコシを火にくべて,その煙に手をあてると知らないうちに治ると喧伝されたともいわ

第1章 作物の起源・利用・文化の変遷 73

れている。

②民話など

新大陸，旧大陸を問わず，世界にはトウモロコシに関連した民話，神話が多い。以下には日本のいくつかを述べる。

東京都足立区には，おもしろい話がある。環状7号線と旧日光街道の交差点から，鹿浜方面へ向けて進むと，東武線陸橋にさしかかる少し手前の右側に"荒神様"という屋号の馬場家がある。馬場家の始祖，馬場美濃守は，天正の武田家の家臣24将の1人に数えられ，武勇にたけた豪の者だっ

図1－28 「芝新橋南大坂町にてとうもろこしに蓮花如き花咲く」

(胡蝶園画, 1845)
(中央区京橋図書館蔵)

た。しかし，1575年（天正3）に三河長篠城を攻めたものの，長篠城に味方した家康と信長軍の激しい抵抗に遭った。そして，畑の中での交戦中に，足下にあったトウモロコシの刈り株につまずいて倒れて敵方に襲われ，ついに討死にした。主を失った遺族は，帰農のために淵江領島根村（現足立区）に住みついたが，主人の死因がトウモロコシに原因があったことから，以来，28代目に至る今日まで子孫代々は，島根村に移り住んでからも，トウモロコシだけはつくらなかったという。

群馬県勢田郡赤城村溝呂木では，南雲姓を名乗るほとんどの家が，トウモロコシを栽培しなかった。その理由は，大坂夏の陣に参加した祖先が，トウモロ

コシ畑に隠れて九死に一生を得たので，そのお礼からだという。

これとは逆に，足立の佐野新田（現東京都足立区佐野町）でトウモロコシを栽培しなかった理由は，農民が，トウモロコシ畑で次のような悲惨な状況を目にしたからだという。それは，永禄のころの安達郡淵江郷の領主，千葉次郎勝胤が国府台の合戦北条軍に敗れて討死にし，家臣は主君と袂をわかって三々五々落ち延びていった。そのうちの一部は，ついに佐野新田に逃れ，畑に立てかけてあったトウモロコシの茎の束の中に身を隠した。察知した落人狩りの北条軍のつき出した刀に脇腹を刺された家臣たちが次々と血しぶきを上げて束から転がり出てきたのである。

また，別の民話もある。昔，村一番の力持ちの若者が，トウモロコシを栽培しないことを条件に日本一の力持ちになる願をかけた。願が成就したので，若者は直ちに武蔵野の荒野から石を運び出し，りっぱな畑をつくった。約束を守って，若者とその一族は以後トウモロコシをつくるのを止めたという。

③詩　歌

古くは，江戸時代の俳諧師，与謝蕪村（1716〜1783）が，次のように詠んでいる。秋の古寺で，落ち葉でもいぶして焼いていたのだろうか。香ばしい香りと煙の漂う平和な情景が浮かんでくる。

　　古寺に　唐黍を焚く　薄暮かな

また，明治の詩人，石川啄木（1886〜1912）は，22歳のころ，札幌の秋をつぎのように詠っている。若い詩人の研ぎすまされた詩情の中に，深く食い込んだトウモロコシの香は，現代の喧噪とした人々の心を打ち，和ませる。

　　しんとして幅広き街の　秋の夜の　玉蜀黍の焼くるにほひよ

トウモロコシが，こうした詩歌の世界に登場するのは数知れず，現代も続いている。

(3) その他の利用

①迷　路

1980年代の後半，北海道十勝地方の本別町では，町ぐるみの相談で，「トウ

モロコシ3万坪迷路」がつくられた。10haの飼料用トウモロコシの中に幅3m，延長7～8kmの迷路をつくり，トウモロコシが2mになる8月半ばの10日間ほど，子供たちに開放する。いくつかのイベントも工夫され，楽しく，遊びながら農業を考えさせるという趣旨である。畑の広さは，東京ドームと同じである。この迷路は，その後本州でも行なわれるようになり，今日ではヒマワリでも見られるようになった。

②州名や建築物

アメリカ合州国のイリノイ州やアイオワ州はトウモロコシの巨大産地であることからトウモロコシ州と呼ばれ，ネブラスカ州は「トウモロコシの皮剥き人の州」という名までついている。そして，サウスダコタ州にはコーンパレスというたくさんのトウモロコシ雌穂様の屋根で覆われたモスク風カジノが，またシカゴやクレテーユではトウモロコシを象った「雌穂」様のビルが建てられている。

C 現　代

トウモロコシがコムギ，コメとともに世界の3大穀物と呼ばれて久しい。世界の年間生産量は5～6億t，第二次世界大戦時の十数倍の生産量となり，ついには世界の複雑な政治情勢を左右する戦略食糧となった。そして一方では，新たな用途が展開されている。

1. 生産の現状

（1）世界の生産

世界のトウモロコシの生産は，ここ15年の間に1.5倍に伸び，2003年の生産量は6億3,570万9,000tである（表1-1）。国別にみると，世界の栽培面積の20％を有するアメリカが世界の生産量の4割を占めている。次いで生産量の多いのは，中国，ブラジル，メキシコである。また，主要生産国の中では，フラ

表1-1 世界の子実用トウモロコシの生産

(億t, 億ha)

国 名	年 次			
	1988	1993	1998	2003 (面積)
アメリカ	1.25	1.61	2.48	2.57 (0.29)
中 国	0.74	1.03	1.25	1.14 (0.24)
ブラジル	0.25	0.30	0.29	0.47 (0.13)
メキシコ	0.12	0.19	0.18	0.20 (0.08)
アルゼンチン	0.09	0.11	0.19	0.16 (0.02)
インド	0.08	0.10	0.10	0.15 (0.07)
フランス	0.14	0.15	0.14	0.12 (0.02)
インドネシア	—	0.07	0.10	0.11 (0.03)
イタリア	0.06	0.08	0.09	0.10 (0.001)
日 本	—	—	—	— (—)
合 計	4.05	4.71	6.04	6.36 (1.41)

「ポケット農林水産統計」より

ンスを除き軒並み生産量を増し,アメリカに至っては,2倍を超えている。これらの伸びは,各国ともに,栽培面積の拡大のほかに,品種改良など,技術開発の占める役割が大きい。こうした増産は,コムギやコメにはみられない現象であり,トウモロコシがいかにこの期間に用途を拡大していったかという証左でもある。

なお,アメリカで輸出するトウモロコシの規格には5段階(No.1〜5)が設定され,No.1が最も品質がよい。わが国のコーンスターチ用には,通常No.2が用いられる。

(2) 日本の生産と輸入

一方,わが国の子実としての生産量はない。消費量の100％は輸入品で,年間2,000万t(子実)弱を輸入している。この量は,世界の総生産量のほぼ3％,流通量のほぼ25％に相当する。輸入量の3分の2は飼料用であり,3分の1はデンプン製造用である。以上とは別に,加工製品として,コーンミールが1,000万t,コーンスターチが1,000t,コーン油脂が100tほど輸入されている。これらの輸入先は,従来は80％以上がアメリカであった。これは,安定した品質,安定した供給,安価な輸送コストによるものであった。しかし,2000年末から変化が現われ始め,輸入先に南アフリカ,中国,アルゼンチン,ブラジルが加わることによって,一時期アメリカからの輸入量は50％ほどに落ち込んだ。その理由は,アメリカにおける遺伝子組換え品種の作付けによるものである。遺伝子組換えに対して,今後の安全性の評価や正しい認識が進むこと

よって，遺伝子組換えが輸出入を決める根拠にならないことが期待されている。

スイート種の生産は，アメリカが最も多く年間900t，次いでナイジェリア，フランス，ペルー，日本である。日本の生産量は30万tである。缶詰のわが国の消費量は年間ほぼ8万t（汁気を除いた固形量に換算）で，そのうちの3分の1を自給している。自給生産はすべて北海道で行なわれている。また，輸入先を国別にみると，アメリカからが80％余で最も多く，残りがタイ，ニュージーランド，カナダ，オーストラリア，フランスなどで占めている。

ポップコーンの原料は，主にアメリカとタイから輸入されている。

表1-2 わが国のトウモロコシの輸入量
（億t）

種　類	年　次		
	2001	2002	2003
穀実　飼料用	0.12	0.12	0.13
その他	0.04	0.04	0.05
コーンミール	0.12	0.10	0.08

注　ほかに，コーンスターチが1,000t，油脂が100tほど輸入されている
「ポケット農林水産統計」より

表1-3 日本のスイートコーン缶詰の生産と輸出入
（固形量・t，100万円）

年次	生産量	輸出量	輸入	
			量	金額
1999	28,554	17	55,605	7,779
2001	26,071	18	53,228	8,924
2003	25,374	11	51,711	7,590

缶詰時報，Vol.38, No.8, 2004

ヤングコーンの年間消費量は3,500tで，ほぼ全量が輸入されている。そのうち99％（4.4億円）をタイから，残り1％を中国から輸入している。

以上のわが国のトウモロコシ全体の輸入量は，少なくとも世界の生産量の5％余に達する。

2. 用途の広がり

すでに述べたように，トウモロコシを利用したアメリカ大陸生まれの伝統的食品は多い。これらの食品は，中・近世以後に発展してきた製粉および化学工業により多様性を増して現代に引き継がれている。さらには，食品以外の新たな展開が興り，その動きは留まることがない。これらを含めて，現代における

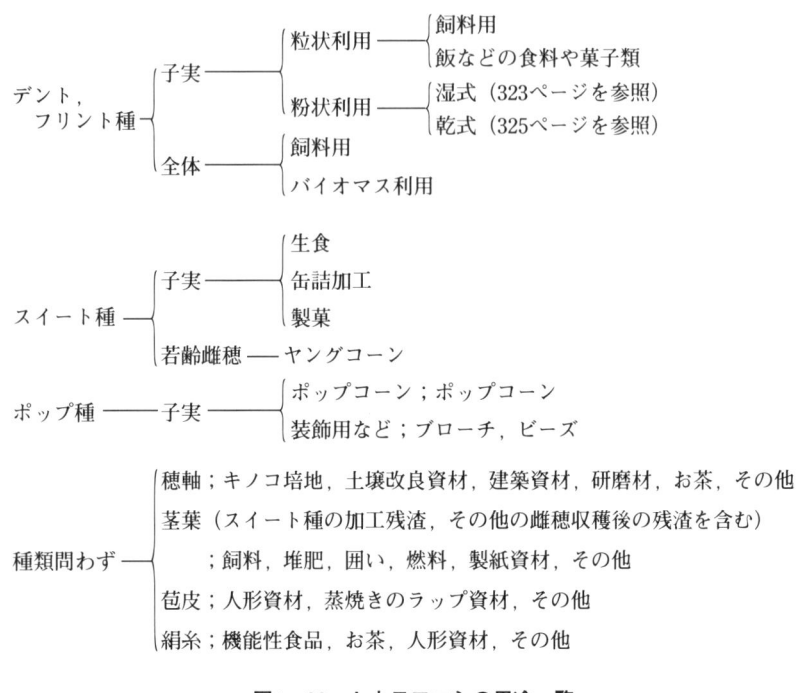

```
デント，     ┌ 子実 ┬ 粒状利用 ┬ 飼料用
フリント種 ─┤      │          └ 飯などの食料や菓子類
            │      └ 粉状利用 ┬ 湿式（323ページを参照）
            │                  └ 乾式（325ページを参照）
            └ 全体 ┬ 飼料用
                   └ バイオマス利用

            ┌ 子実 ┬ 生食
スイート種 ─┤      ├ 缶詰加工
            │      └ 製菓
            └ 若齢雌穂 ── ヤングコーン

ポップ種 ── 子実 ┬ ポップコーン；ポップコーン
                  └ 装飾用など；ブローチ，ビーズ

              ┌ 穂軸；キノコ培地，土壌改良資材，建築資材，研磨材，お茶，その他
              │ 茎葉（スイート種の加工残渣，その他の雌穂収穫後の残渣を含む）
種類問わず ──┤    ；飼料，堆肥，囲い，燃料，製紙資材，その他
              │ 苞皮；人形資材，蒸焼きのラップ資材，その他
              └ 絹糸；機能性食品，お茶，人形資材，その他
```

図1-29　トウモロコシの用途一覧

トウモロコシの利用をまとめると，図1-29に示すようになる。

以下には，主要な現代の動きについて述べる。

(1) 新しい工業用途

現代に入って，トウモロコシを原料とする生分解性プラスチックやバイオマス・エタノールの生産は世界的規模で脚光を浴び，実用段階に踏み出した。生分解性プラスチックの最大の特徴は無毒状態で分解を終えることである。たとえば土壌中にすき込むと有害ガスを発生することなく土壌菌によって無害の水と炭酸ガスに分解される。この特性から，自然界で分解でき，現状の石油からのプラスチックに代わる環境循環型資材として期待されているのである。

また，バイオマス・エタノールもトウモロコシなどの植物資源を原料とする

ので，温暖化などの環境に影響を与えることなしに燃料資源の循環が永久的にできることから，これも，現状の石油のみの燃料に代わる資源として期待されている。

さらに近年，トウモロコシ子実中に含まれるタンパク質のツェインからは，膨化デンプンの被膜に適し，有機溶媒には溶けるが水に溶けない強いタンパク質被膜つくる技術が開発され，用途開発と実用化が期待されている。

(2) 機能性物質，薬品の生産

機能性ないしは薬理効果については，絹糸の利尿作用など，古くからいくつか知られていた。近代から現代に入って，科学技術の進歩により，トウモロコシの各部位からは，いくつかの有用な成分が抽出ないしは製造されるようになった。子実の種皮などから抽出される整腸作用のあるコーンファイバー，難消化性デキストリンおよびジェランガム，菓子類などに使われるキシロオリゴ糖，糖尿病患者や肥満者への治療に使われるキシリトール，大腸ガンなどに効果があるとされる紫トウモロコシのアントシアニンなどである。以上のほか，スイートコーンの普通型（遺伝子型がS2S2の品種）に約10％含まれるフィトグリコーゲンのガン細胞増殖の抑制，必須アミノ酸のメチオニン含量の高い品種の作出，タンパク質「γ-ゼイン」の加水分解で得られる抗健忘作用のあるペプチドの発見，糖尿病の食餌療法や予防に使われる機能性甘味料「アラビノース」の大量生産技術，胚芽からの健康機能や化粧機能をもつセラミドの精製など，いくつかの重要な発見や開発が相次ぎ，今後の実用化が期待されている。

そして現在，ついに，薬品をトウモロコシにつくらせ，抽出する段階に入ってきた。遺伝子組換え技術によって生まれた品種の利用である。すでにリパーゼ（嚢胞性線維症）などは，実用間近いという。

本項の詳細は，第5章Ⅲで述べる

3. 文化，生活，政治の中で

(1) 情操教育や癒しへの利用

トウモロコシが成立した当初，人々はトウモロコシをまず祭祀儀礼上で重視し，次いで長い間，食糧・生活資材として扱い，ついには機能性物質，薬品生産の役割までを期待するようになった。これらの役割は今後ますますその重要性を増していくものと思われる。さらに，いまひとつ注目されている役割がある。それは，教育や精神医療への利用である。ややもすれば心の健康がとぎれがちになる現代生活において，生きていくことや学ぶことが，必ずしも正しい方向にあるとはいえない。すなわち，精神世界がこれで良いのかという問題である。

そこで，トウモロコシを含む作物を育て，その成長をみることが，脚光を浴び，すでに菜園やコンテナ，袋栽培などを通して全国の小中学校その他で実践されている。こうした点で，トウモロコシを含む作物は，子供の情操教育や，大人の健全な精神性向上のために，今後ますます重要性を増していくものと思われる。

(2) 種子戦争と戦略物資として

すでに世界的規模で進められている重要な2つの動きがある。ひとつは「種子戦争」であり，もうひとつは「戦略物資」である。

①種子戦争

種子戦争（Seed war）という言葉は，1980年代に入って使われ出した。この言葉の直接の意味は"種子を制するものは産業としての農業全体を制する"である。その背景および周辺事情には，穀物メジャー，バイテク関連企業，また多くの多国籍企業が関係し，作物品種とその元になる遺伝資源を獲得する国際間競争，企業間競争が，まるで戦争のように展開されている。種子戦争とい

われる所以である．さらには，農業関連資材・技術を一代雑種などの種子とパッケージ販売することによって，巨大な農業市場を獲得するという戦略まである．トウモロコシでは，交雑品種（一代雑種）の親系統は企業が独占できるので，早くから交雑品種自体が肥料農薬などの関連資材やその利用技術とセットになって販売されていた．しかし，遺伝子組換え技術による除草剤耐性品種の登場によって，"交雑品種と除草剤のセット販売"と，パッケージ販売戦略は決定的なものとなった．

②戦略物資

戦略物資（Strategic goods, Strategic materials）とは，直接的には兵器に関連する原子力関連の情報とか先端的電子機器などがあるが，食糧などの生活必需品も含まれ，国家間の紛争または政治的取引などにおいて，その展開を有利に導くのに利用できる物資をいう．こうした点で，現在のトウモロコシは食糧としてはもちろん，飼料用や工業用など，あらゆる分野で利用されているという特徴から，東西冷戦時代からコムギとともに戦略物資の位置を占め，経済封鎖や戦略的援助物資として利用されてきた．今後その意味合いはますます強くなると予測される．

[主な引用・参考文献]

阿部要介編集．1986．札幌観光協会50年誌，好きです．さっぽろ．札幌観光協会．
荒このみ訳．1992．サミュエル・E・モリスン著．大航海者コロンブス．原書房．
Beadle, G.W.. 1980. The Ancestry of Corn. *Sci. Amer.*, 242 (1).
Burland, C. & Forman, W.. 1975. Feathered Serpent and Smoking Mirror. Orbis Publishing. London.
バイオインダストリー協会　バイオの歴史研究会編．1996．バイオテクノロジーの流れ　過去から未来へ．化学工業日報社．
Eric, J. and Thompson, S.. 1970. Maya History and Religion.Norman.
江藤隆司．2000．"トウモロコシ"から読む世界経済．光文社．
藤井龍彦監修．1998．アンデス，アマゾン・大地の力．求龍堂．

藤本芳男．1988．知られざるコロンビア　新大陸発見500年の軌跡．サイマル出版会．

Galinat, W.C.. 1965. The Revolution of Corn and Culuture in North America. Economic Botany, Vol.19.

浜　洋訳．1968．ハイラム・ビンガム著．インカ黄金帝国．大陸書房．

林屋永吉・野々山ミナコ・長南実・増田義郎．1965．コロンブス，アメリゴ，ガマ，バルボア，マゼラン航海の記録．岩波書店．

林屋永吉訳・増田義郎注．1982．ランダ著．ユカタン事物記．岩波書店．

林家永吉訳．1972．A・レシーノス原訳校注，D・リベラ画挿絵．ポポル・ヴフ　マヤ文明の古代文書．中央公論社．

東　理夫．2000．クックブックに見るアメリカ食の謎．東京創元社．

池田　智訳．2003．マーティン・ギルバート著，アメリカ歴史地図．明石書店．

石田英一郎・泉靖一編．1959．アメリカ・オセアニア（世界考古学大系　第15巻）．平凡社．

石毛直道編．1973．世界の食事文化．ドメス出版．

五十部誠一郎．1998．人や環境にやさしい包装資材の開発．日本包装学会誌，7 (6)．

板橋礼子訳．1979．ジョナサン・N・レオナード著．農耕の起源．タイム・ライフ・ブックス．

伊藤　茂訳．2003．ダナ・R・ガバッチア著．アメリカ食文化．青土社．

泉　靖一．1980．インカ帝国．岩波書店．

泉　靖一日本語版監修．1968．ジョナサン・ノートン・レオナード著．古代アメリカ．タイム　ライフ　インターナショナル出版事業部．

Jaenicke-Despr, V., et al.. 2003. Early Allelic Selection in Maize Ears Revealed by Ancient DNA. Science, 302 (14).

加茂儀一訳．1958．ドゥ・カントル著．栽培植物の起源　下．岩波書店．

狩野千秋．1983．マヤとアステカ．近藤出版社．

勝又茂幸．1958．フォン・ハーゲン著，太陽の道．朋文堂．

木下哲夫訳．1997．ビル・ブライソン著．アメリカ語ものがたり　①②．河出書房新社．

小林一宏訳・注．1979．モトリニーア著．大航海時代叢書，ヌエバ・エスパーニャ

布教史. 岩波書店.
小林致広遍. 1995. メソアメリカ世界. 世界思想社.
小池祐二訳・注. 1980. サアグン編. 征服者と新世界. 岩波書店.
小池佑二訳・注. 1982. ソリタ著. ヌエバ・エスパニャ報告書. 岩波書店.
小池祐二訳. 1984. ワシュテル著. 敗者の想像力. 岩波書店.
小池祐二訳・注. 1997. アンリ・ファーブル著. インカ文明. 白水社.
MacNeish, R.S.. 1964. The Origins of New World Civilizations. *Sci. Amer.*, Vol.211.
Mangelsdorf, P.C.. 1974. Corn：Its Origin, Evolution and Improvement. Harvard Uni. Press.
増田義郎訳・注. 1966. J・アコスタ著. 新大陸自然文化史. 岩波書店.
増田義郎訳・注. 1979. シェサ・デ・レオン著. インカ帝国史. 岩波書店.
増田義郎. 1995. 黄金郷に憑かれた人々. 日本放送協会.
増田義郎訳. 2003. フランシスコ・デ・ヘレス・ペドロ・サンチョ著. インカ帝国遠征記. 中公文庫.
宮脇昭監修. 1988. アンソニー・ハックスリ著. 緑と人間の文化. 東京書籍.
村江志郎. 1980. ビリュガス, ベルナール, トスカノ, ゴンザレス, ブランケール共著. メキシコの歴史. 新潮社.
中尾佐助. 1983. 料理の起源. 日本放送出版協会.
日本農書全集17, 20, 28. 1979 - 1982. 農文協.
農林水産先端技術産業振興センター（STAFF）. 2003. バイオテクノロジー　パブリック・アクセプタンス　ライブラリー（第3報）ISAAA報告書—商品化された遺伝子組換え作物の世界的概観：2002Btトウモロコシ.
農林水産先端技術産業振興センター（STAFF）. 2004. OECDの環境衛生安全に関する出版物　バイオテクノロジーの規制的管理のための調和シリーズ：No.7.
大井邦明. 1996. 都市と文明. 講座文明と環境　第4巻. 朝倉書店.
大久保光夫訳. 1971. エドウアルド・ガレアーノ著. ラテンアメリカ500年　収奪された大地. 新評社.
大貫良夫篇. 1995. モンゴロイドの地球. 5　最初のアメリカ人. 東京大学出版会.
大貫良夫訳. 1977. ロバート・クレイボーン著. 最古のアメリカ人. タイム　ライフ　ブックス.

大村太良ほか編.1994.世界神話事典.角川書店.

大野辰美.1983.種子戦争が始まっている―日米の植物産業実態と将来.東洋経済新報社.

小沢正昭著.1981.食と文明の科学.研成社.

Paterniani, E. and Goodman, M.M.. 1977. Races of Maize in Brazil and Adjacent Areas. CIMMYT.

Production Yearbook. 各年度. FAO.

坂本明美訳.1986.ミロスラフ・スティングル著,ワマン・ポマ・アヤラ絵.大帝国　インカ.佑学社.

坂本寧男編.1991.インド亜大陸の雑穀農牧文化.学会出版センター.

阪本寧男・福田一郎訳.1975.ハーバート・G・ベーカー著.植物と文明.東大出版会.

関　楠生訳.1974.クリスチャン・シュピール著.食人の世界史.講談社.

関　雄二.1997.アンデスの考古学.同成社.

白井光太郎.1925.植物妖異考（復刻版）.有明書房.

杉野ヒロコ.1993..食の文化話題事典.ぎょうせい.

高林則明訳.1991.M・A・アストゥリアス著.トウモロコシの人々.グリオ（2）.平凡社.

高橋均・網野徹哉.1997.ラテンアメリカの文化の興亡.中央公論社.

竹内　均.2002.マヤ文明.ニュートン,2002（5）.ニュートンプレス.

田中正武.1975.栽培植物の起源.日本放送出版協会.

Trade Yearbook. 各年度. FAO

玉村豊男監訳・橋口久子訳.1998.マグロンヌ・トゥーサン・サン＝サマ著.世界食物百科.原書房.

寺崎秀一郎著.1999.図説　古代マヤ文明.河出書房新社.

東京麻布学農社.1876.農業雑誌,第8号.東京麻布学農社.

徳田陽彦訳.1979.L・ギィヨ著.栽培植物の起源.八坂書房.

友枝啓広泰・染田秀藤編.1997.アンデスの文化を学ぶ人々のために.世界思想社.

牛島信明訳・増田義郎注.1991.アントニオ・デ・ウリョーア,ホルヘ・フワン著.南米諸王国紀行.岩波書店.

Von Hagen, V. W. 1961. The Encient Sun Kingdoms of the Americas.World Publishing Co.. New York.
Walden, H. T.. 1966. Native Inheritance – The Story of Corn in America. Harper & Row Publishers. New York.
柳谷杞一郎. 2000. マチュピチュ. 雷鳥社.
吉田秀穂訳. 1993. ワンカール著. 先住民族インカの抵抗500年史. 新泉社.

第2章　作物としての特性と品種改良

I 種類と分類

トウモロコシの作物としての特性は，次の2点により示される。1つは，個々の品種がもつ適性の範囲は必ずしも広くはないが，特性の異なる多くの品種や種類により，作物全体はほかにみられない幅広い地域性や栽培特性をもっていることである。2つには，子実のデンプン構成の種類が多いことにより，他の作物にみられない利用の多様性をもっていることである。これらは，トウモロコシの作物的特性の解明および品種改良上で有効に利用されてきた。

1. 子実粒の胚乳成分による分類

(1) デンプン構成（粒質）による分類

子実粒の炭水化物の種類によって，以下のように分類される（図2-1）。

①**デント種**（馬歯種，はつぶ種，デントコーン）(*Z. m.* L. var. *indentata*, Dent Corn)

粒の頂部がくぼみ（デンティングする），外観は歯状を呈する。これは，硬質（また角質）デンプンが粒の側方に集まり，軟質（または粉質）デンプンが粒の頂部から内部にかけて蓄積し，これが登熟とともに収縮するためである。一般に粒のデンプン中に占める比率は，硬質デンプンが4分の1，軟質デンプン4分の3である。

わが国の在来種では，「ホワイトデントコーン」や「エローデントコーン」が代表的である。一般に晩熟で耐倒伏性であり，分げつはほとんどなく，好条件のもとで多収性を発揮する。世界的には穀物生産の主流を占め，工業原料としても利用されている。アメリカのコーンベルトのほとんどはこの種類である。わが国ではホールクロップとしてサイレージ用として利用されることが多く，デント種（デントコーン）といえばサイレージ用を意味することが多かった。

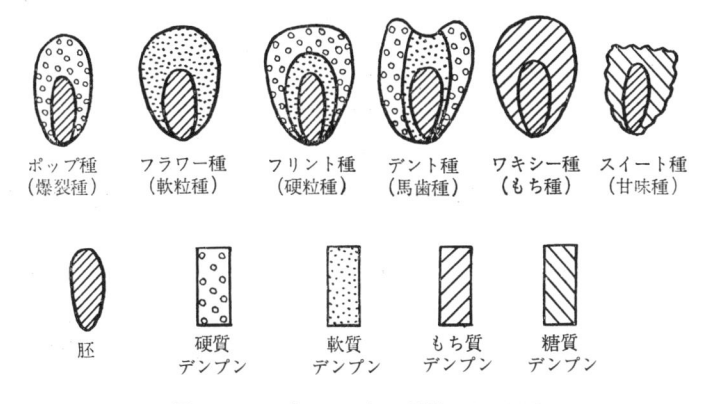

図2−1 トウモロコシの粒質による区分
(ベーカー,坂本・福田訳,1975)

（左から）ポップ種（爆裂種），フラワー種（軟粒種），フリント種（硬粒種），デント種（馬歯種），ワキシー種（もち種），スイート種（甘味種）

胚，硬質デンプン，軟質デンプン，もち質デンプン，糖質デンプン

②**フリント種**（硬粒種，かたつぶ種，フリントコーン）（*Z. m.* L. var. *indurata*, Flint Corn）

粒の頂部は光沢を呈して硬いフリント状で，丸い形状を示している。これは硬質デンプンが粒の側方から頂部にかけて蓄積し，軟質デンプンが内部だけに貯まるからである。フリント種のなかにもいくつかの区分があり，わが国には主として北海道に分布する北方型と本州以南に分布するカリビヤ型（または熱帯型）とがある。前者は耐冷性に富み，在来種として「札幌八行」，「坂下」，「ロングフェロー」，「オノア」などがある。後者は多収性に富み，「甲州」，「須山」，「板妻」，「中玉」，「大玉蜀黍」などがある。

古くは生食用として利用されたが，その後は子実用として，また現在は交雑品種の母本としてサイレージ用で利用されている。

③**スイート種**（甘味種，あまつぶ種，スイートコーン）（*Z. m.* L. var. *saccharata*, Sweet Corn）

粒の胚乳はほとんどは糖分である。これは茎葉から運ばれた同化産物である糖分がデンプンに変化しないで，そのまま粒に蓄積されるからである。スイート種には2つの型があり，1つは従来の普通型（普通型スイート種，スイー

コーンともいう）で，その遺伝子型は，susu である。これには，デント種から派生したと考えられる大粒のものと，フリント種からと思われる中・小粒のものとがある。古くは生食用として，現在は生食用や加工用として使われている。

もう1つは糖分の高い高糖型（高糖型スイート種，スーパースイートコーン，シュランケンコーンともいう）で，その遺伝子型には，sh2sh2 と sususese，その他がある。前者はほとんどがショ糖（シュークロース）であり，後者はこの他に果糖（フラクトース）や麦芽糖（マルトース）を含んでいる。1965年ごろからもっぱら生食用として栽培されていたが，1990年ごろ以降の輸入缶詰には，この高糖型品種が増加している。また，後者の高糖型は，近年，果実のように生で食べることができるので，フルーツコーンなどと称されることがある。

④**ポップ種**（爆裂種，はぜつぶ種，ポップコーン）（Z. m. L. var. *everta*, Pop Corn）

炭水化物の構成からいえばフリント種に属するが，胚乳の大部分が硬質デンプンで，軟質デンプンはわずかに内部に存在する点が異なる。これには，粒の形状によって頂部のとがったライス（米粒）型と丸型のパール（真珠）型とがある。粒の水分が13〜15％のときに加熱すると，軟質デンプンとその部分の水分が膨張し爆裂（ポッピング）して，ハゼができる。

⑤**フラワー種**（軟粒種，粉質種，こなつぶ種，フラワーコーン，ソフトコーン）（Z. m. L. var. *amylacea*, Soft Corn）

丸みのあるフリント型である。胚乳の大部分は軟質デンプンのため，大きさのわりに軽い。胚乳は白色が多いが，メキシコ，中央アメリカ，南アメリカには赤色または赤みがかったものがある。現在でも，アメリカ大陸現地人の食糧となっている。菓子用，工業原料用である。

⑥**スターチ・スイート種**（軟甘種，スターチ・スイートコーン，ソフト・スイートコーン）（Z. m. L. var. *amyrae-saccharata*, Starchy sweet

Corn)

種子の頂部がスイート種，下部が軟質デンプンになっている。中南米にいくつか残っている。

⑦ **ワキシー種**（もち種，もちつぶ種，ワキシーコーン）(*Z. m.* L. var. *seratina*, Waxy Corn)

この種類だけはアメリカ大陸の原産でなく，中国で突然変異によって生まれたとされている。この種類のデンプンはほとんどがアミロペクチンからなり，アミロースはごく少ないので，餅をつくることができる。もち米と同様にヨウ素溶液で赤褐色になる。粒の外観はろう状を呈する。現在の品種はデント種の血が入り改良されている。製菓原料，繊維工業用である。

⑧ **ポッド種**（有稃種，サヤトウモロコシ，ポッドコーン）(*Z. m.* L. var. *tunica*, Pod Corn)

純粋のものは，今はない。粒ごとにムギと同様に穎に包まれている。

(2) 特殊な種類

リジン，トリプトファン，メチオニンなどの必須アミノ酸，消化の良いアミロース，エネルギー価が高い油分や糖分などを多く含むものが存在または開発されている。一部は，すでに実用化されているが，今後の研究に待つものもある（本章Ⅲを参照）。

2. アメリカ大陸での在来種の分布

アメリカ大陸では，世界で最も多くの種類が栽培されている。染色体の形態を含むトウモロコシ作物体各部位の形態や生理的特徴によって，これらの在来種の分布は図2-2のように明らかにされている。主な種類について，山田(1986)の記述を主に概述すると，以下のようになる。

メキシコデント種（南方デント）　もともと中央アメリカで継続されてきた

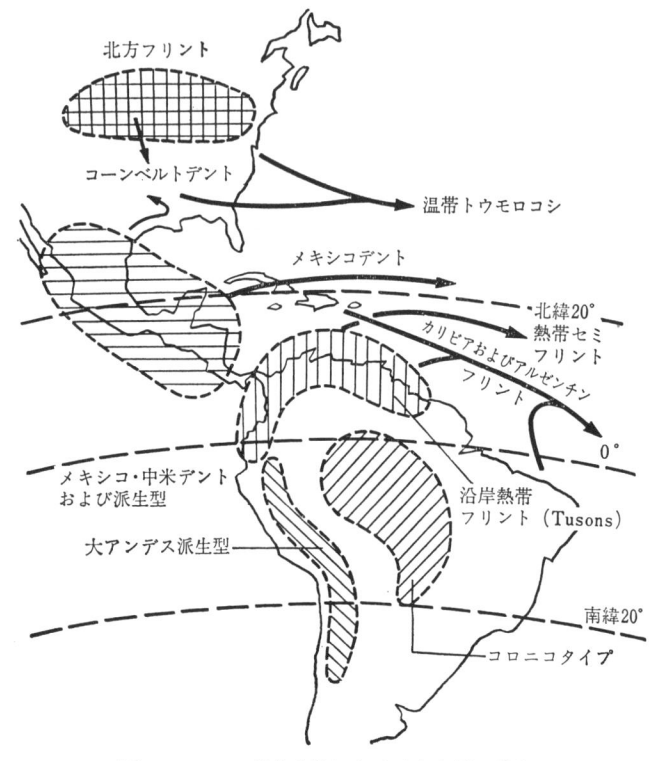

図2−2 アメリカ大陸における在来種の分布
(グッドマンから山田, 1986)

在来種である。

コーンベルトデント種 18世紀半ばにメキシコデントと北方型デントとの交雑によって18世紀半ばに生まれた多収性を追求した種類である。以後、コーンベルトの中心品種となり、現在の世界における最も主要な育種母本となっている。

沿岸熱帯フリント種 形状がメキシコデントに似ているが、デンプンは硬質部分が多い。

カリビア型フリント種 雌穂の形状が円錐型で、硬質部分が圧倒的に多いが、わずかに軟質デンプンを含んでいる。この種類は、天正年間にわが国に導入さ

れた種類である。

北方型フリント種 雌穂は細く長い。硬質デンプンが圧倒的に多い。明治に北海道に導入されたものにこの種類が多い。

アルゼンチン・フリント種 ブラジル以南で分化した種類といわれている。

3. 東南アジアでの在来種の分布

東洋にトウモロコシが導入されて以来450年余,アメリカ大陸で生まれた特徴を残しつつ,日本を含む各地域には特徴ある在来種が分布するようになった(図2-3)。1956年,須藤千春,吉田美夫は,これら東洋地域に分布する多数の品種について104項目の調査を行ない,その特徴などを以下のように述べている。この研究成果は,わが国のトウモロコシ育種研究はもとより,現在のトウモロコシの調査項目と調査方法の基礎ともなった。

(1) 北米型在来種

早生,極早生が多い。稈は低いが,節間が短く,分げつは多い。着雌穂高はごく低く,倒伏に強い。低温に強い。雄穂は長いが,垂れ下がらない。雌穂は1個体に1本で,細長い円筒状で重いが,先端不稔がある。粒列数は8で良く揃う。子実は大きく重くくさび形である。子実の色は,黄色か白色である。日本では北部,すなわち本州北部,北海道,樺太南部に分布する。また,満州や中国北部に点在する。

(2) ヨーロッパ型在来種

カリビア型と北米型に影響された2つの型がある。早生か極早生が多い。稈は長く,細い。着雌穂高は低く,先端部の不稔が多い。雄穂は北米型に同じ。雌穂の形状はエーゲ海型に似るが,細く軽い。粒列数は割合乱れ,通常12である。粒は小さい丸形で,粒質はエーゲ海型と北米型の中間である。日本では北米型の分布する地域に散在する。イタリア,ハンガリーからバルカン半島,ロシア,ドイツ南部地域に限定される。

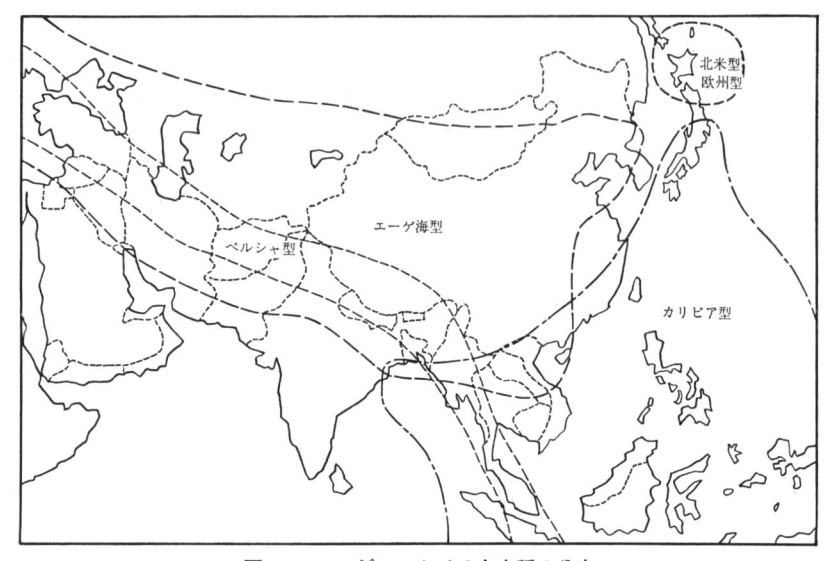

図2-3 アジアにおける在来種の分布
(須藤千春・吉田美夫, 1956から山田, 1986)

(3) カリビア型在来種 (または熱帯フリント型)

中生か晩生が多い。稈の長さや分げつの多少はさまざまで、着雌穂高は比較的高く、痩せ地でも良く育つ。雄穂は、開花中は垂れ下がる。雌穂は円錐型、まれに円筒型で太く、粒列数は12～16である。粒の多くは球状で大きく固く、色はオレンジがかった黄色である。南日本のものがすべて含まれる。ポルトガル人がキューバからスペインにもたらしたものといわれている。グアム、フィリッピン、マレー、ジャワ、中国海岸地帯、ベトナム、タイ、ビルマ、インドネシアなどに分布する。

(4) ペルシャ型在来種 (またはアジア型)

晩生で分げつ少なく、着雌穂高がごく高く、ごく倒伏しやすい。雄穂は上位葉のごく近くに位置し、上位葉に覆われて開花するものが多い。有効雌穂数は多い。まれに1株当たり11本の品種もある。雌穂は円錐型で短く頂部が細い。

粒列数は12〜14，粒は丸形で小さく，馬歯状の凹みはない。中央アジアおよびその周辺地域に分布する。南米アンデスのもともとの在来種に近いといわれる。

(5) エーゲ型在来種

全体の草姿は，ペルシャ型より北米型に近い。早生および極早生で，土壌の乾燥に強い特性をもっている。雄穂は，固くて短い。雌穂および粒の特徴は，ペルシャ型と同じである。満州，モンゴル，中国，ネパールなどの栽培限界地帯に分布する。中国，ネパールのほとんどがこの型である。

II 作物としての特性と生産の基本

1. 形　態

トウモロコシは，イネ科の雌雄同株の作物である。個体の名称は図2-4のとおりである。

2. 生理・生態と機能

(1) 子実（種子）と発芽

①構　造

子実（種子，穀実，粒）は，成熟期には地上部乾物重の50％を占める。大別して，果皮，種皮，胚乳，胚，尖帽部の5つの部分からなる（図2-5）。

成熟した子実では，果皮と種皮が5％を占め，通常透明である。胚乳は糊粉層とデンプン細胞層からなり，糊粉層はタンパク質および脂肪を多量に含む。子実の色はこの層の色素による。胚乳は子実の70〜80％を占め，デント種やフリント種ではほとんどがデンプンであり，スイート種には糖分がかなり含ま

図2−4 個体の部位の名称

（戸澤，1981）

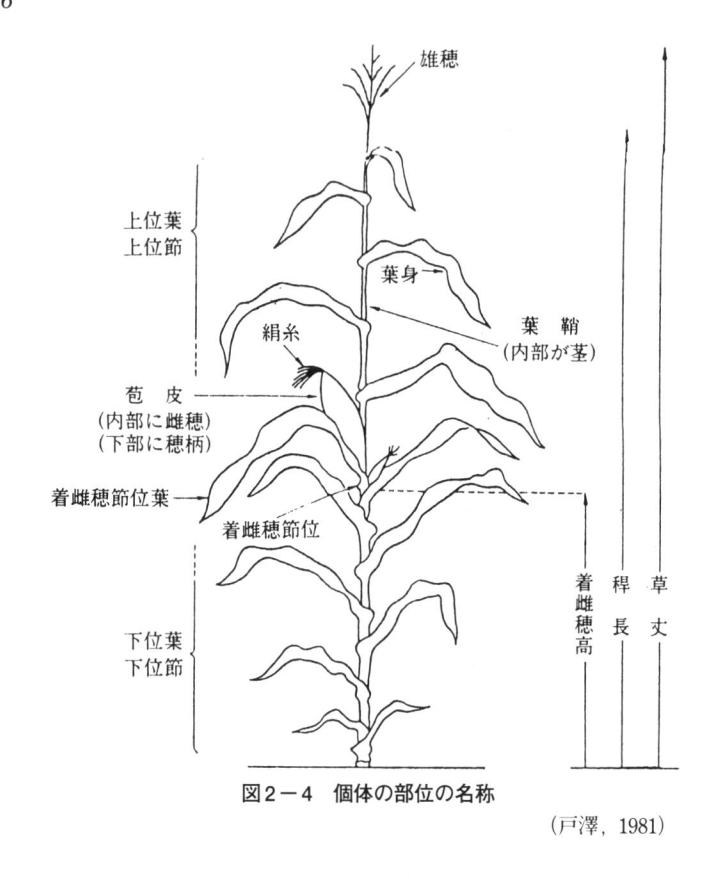

れている。胚は幼芽，中茎，幼根からなり，全体で子実の12〜15％を占め，他のイネ科類に比べてその割合は大きく，また30〜35％の脂肪分を含んでいる（第5章を参照）。幼芽は鞘葉に包まれ，すでに4〜6葉くらいまで形成されている。

　子実全体の成分は，種類および品種による差が大きい。特に，タンパク質や油含量，またアミノ酸の種類と含量には，これまでの品種改良により，驚異的な変異がみられる。

　日本で栽培されている子実は，千粒重が125〜500gの範囲である。一般に，デント種，フリント種は大ないし中粒で，スイート種は中ないし小粒，ポップ

種は小粒が多い。播種後に低温が続く条件下では，子実が大きければ初期生育も旺盛になる。

②発芽の過程と条件
・発芽の過程
　温度と水分が加えられると，尖帽部から吸水が始まり，胚がふくらみはじめる。そして胚盤を通じて転流した養分により胚の成長が盛んになる。その後，3～4葉期までは養分のほとんどは子実に由来する。

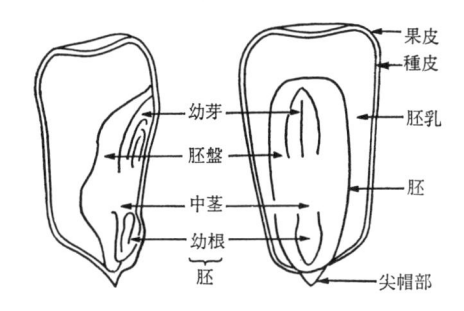

図2－5　トウモロコシ子実の構成
(戸澤，1981)

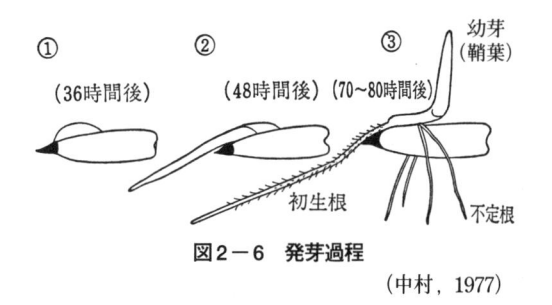

図2－6　発芽過程
(中村，1977)

　吸水により種子重が乾燥重の1.6～2.0倍になったときに幼根（初生根または種子根）が抽出し，子実発芽となる。ついで，幼芽（鞘葉）が土中に抽出し，しばらくして不定根が現われる。幼芽はやがて鞘葉に包まれて地上に現われ，出芽となる。鞘葉は内包している本葉を守り地上に抽出する。そして地上に出た後，鞘葉は直ちに裂開して第1葉が展開し，第2，第3本葉が順次展開する（図2－6）。

・発芽の条件
　発芽を左右する一般的条件は，子実自体の品質，子実周囲の温度および水分である。

　子実の品質　登熟が十分で，よく乾燥し，損傷のない状態で脱粒調製され，しかもよく貯蔵された交雑品種の健全な種子は，殺菌剤で種子粉衣されていれば，低温多湿の条件下で少なくとも25日以上は生存が可能である。寒地においても，25日以上の発芽日数を要することはほとんどない。しかし，登熟不

良，乾燥不十分，脱粒調製上における損傷などは発芽力の低下，病原菌の侵入を容易にして，土壌中の生存期間を短くする。寒地や高冷地において早播きする場合や，春季の低温年には，特に品質の良い子実を選定する。

温度 わが国の栽培品種の発芽温度は，おおむね最低 7～8℃，最適 25～30℃，最高 40℃の範囲にある。通常，寒地では播種から発芽に要する日平均気温 0.1℃以上の単純積算温度は 150～200℃とほぼ一定している。つまり，発芽期間の日平均が 7.5℃では 20～25 日，10℃では 15～20 日，また 12℃では 13～17 日で発芽する。

温度が低いと幼芽，幼根の伸長が鈍化し，子実自体が保有する菌や土壌菌に侵されやすくなる。子実が健全であれば問題となることは少ない。都府県では 13～14℃以上で播種されることが多いので，発芽過程での問題点はないといってよい。

水分 トウモロコシの子実は水中では発芽しないが，過湿には割合強い。また，大粒で吸水部分が大きいので，かなりの乾燥にも耐える。土中発芽から出芽までの間は，特に乾燥の影響が少ない。

発芽阻害条件 第4章で述べるように，発芽を阻害する主要なものは，窒素成分を主とする肥料焼け，不十分な砕土・整地，過度の鎮圧，病虫害である。

③子実の熟度

乳熟期にとった子実の発芽率は20％前後と低いが，糊熟期以降に採種したものであればほとんど発芽する。採種後十分に乾燥した場合，成熟したものの発芽は未成熟のものよりわずかに遅いが，出芽は早く，稚苗の成長もすぐれている。

収穫後まもない子実の発芽不良は，子実中に発芽阻害物質としてアセトアルデヒドが含まれているためである。この物質は未熟子実20g中に0.1mgも含まれているといわれ，子実を乾燥するとなくなる。

④子実の生存年限

子実の生存年限は，主に温度と湿度によって左右され，低温乾燥下では長く，

高温多湿下では短い。長期貯蔵の場合における子実の含水率は8〜15％が適当であるが，5％でも発芽にはほとんど影響はない。生石灰封入により子実の含水率を8％にし，常温下で8年間経過した種子を播いたところ，発芽力はほとんど低下していないという事例もある。

貯蔵温度は凍結しなければできるだけ低いほうがよい。採種した種子を加温して乾燥させる場合，おおむね35℃までは発芽にまったく影響がないが，45℃以上では子実の含水率が高いと発芽力が低下する。70℃以上では5〜10分間でも発芽率は低下する。

(2) 葉

①構　造

葉は葉身，茎を包んでいる葉鞘，およびその接点となる葉舌と葉耳からなっている。葉鞘は托葉が筒状に変化したものである。鞘葉は葉鞘だけからなっている。中肋の長さを葉身長，葉身の幅の最も広い部分の長さを葉幅という。葉面は通常波状であり，これが葉面積を多くして光合成を大きくする。

母稈に着生する全葉数（鞘葉は除く）は早生品種で少なく，晩生品種で多い。わが国の市販品種では13〜25枚であるが，世界全体の品種では8〜48枚と幅がある。

②成　長

葉は各節間部の浅い凹みのある側に互生するので，葉数は節数と同じである。葉位により葉身長と葉幅は異なり，葉身長が最大の葉位は早生品種では着雌穂節位葉あるいはその上位節，晩生品種ではこれより1〜2節下位の葉である。葉幅が最大の葉位は通常これよりも1〜2節上である。

葉身は分化形成された後，包状になり，ついで展開とともに面積を拡大する。着雌穂節位葉の様相は，はじめは円形状であるが，徐々に先端が伸び，伸びきった状態の葉身長は葉幅の約7倍である（図2-7）。

葉面積指数（LAI）は節間伸長後急激に増加する（図2-8）。一般に密植すると，個体当たりの葉面積は低下するが，LAIは増加する。また，LAIは土壌

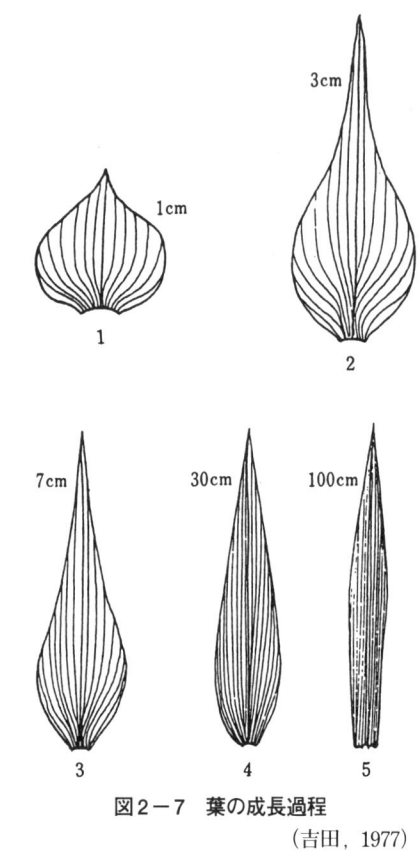

肥沃度の高い場合も増加する。多収のための最適LAIは4〜6の範囲である。サイレージ用では生食加工用や子実用よりも高いLAIで多収となる。

葉鞘の伸長はゆるやかで，葉身よりも節間の伸長速度に近い。

③ **機　能**

鞘葉は土中の発芽から出芽に至る過程で本葉を包んでこれを保護し，また出芽の際に土壌中を突き抜ける役目がある。出芽前に鞘葉が損傷を受けている場合には，異常出芽の原因となる。

葉鞘は葉身から光合成産物を茎へ移動させ，根からの養水分を葉へ輸送し，自身も若干の光合成を行なう。そして茎を包んで保護し，耐倒伏性を強化する。葉舌は茎および葉身を下降する水，害虫などが内部に侵入するのを防ぎ，葉耳には葉舌の働きを助ける役目がある。葉身の光合成能力は葉位によって異なり，多くは着雌穂節位葉から上の葉位で行なわれる。また，葉鞘と葉身の機能は栽培条件によって異なる（図2-9）。

図2-7　葉の成長過程
（吉田, 1977）

図2-8　葉の成長に伴うLAIの変化
（IBP1969，塩尻データから，村田）

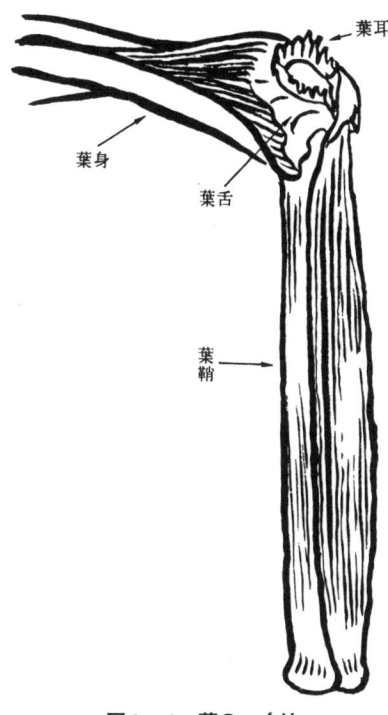

図2-9 葉のつくり
(戸澤, 1985)

トウモロコシ（C₄）

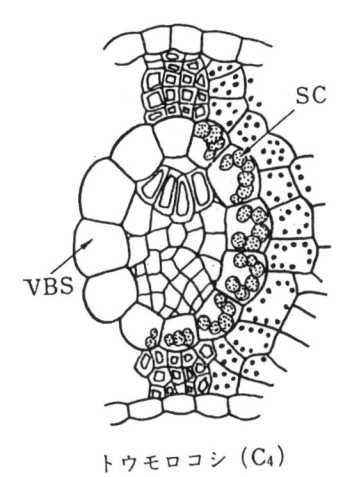

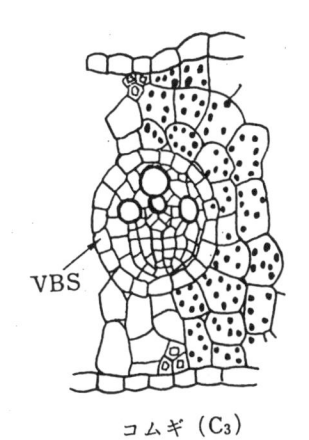

コムギ（C₃）

図2-10 イネ科作物における
維管束鞘の形態
(星川, 1966)

注　VBS：維管束鞘
　　SC：特殊化葉緑体

④光合成能力

　トウモロコシは栽培作物の中でも最も多収の部類に入る。その最大の要因は、光合成の行なわれる初期段階において、イネやマメなどが炭素原子3個の3-ホスホグリセリン酸をつくるのに対して、トウモロコシは炭素原子4個のオキザロ酢酸をつくる効率的なジカルボン酸回路であり、光合成能力はほぼ2倍となり、炭素の蓄積効率が良いからである。このため、トウモロコシはC₄植物といわれる。また、光合成の行

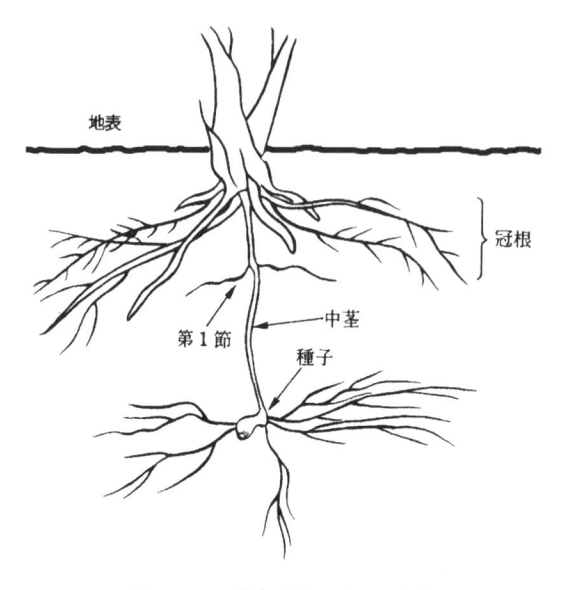

図2−11 生育中期の種子と中茎
(戸澤, 1981)

なわれる葉身の維管束鞘の細胞は大きく, しかも大型の葉緑体 (特殊化葉緑体) をもっており, 光合成能力は高い (図2−10)。葉は互生しており, 個体全体の葉群は光を受容しやすい配置となっている。しかし, 葉幅があまりに広すぎたり条播によって栽培された場合, 葉の配列が不良となって受光態勢が悪化し, 減収の一因となることがある。

C_4植物のトウモロコシは, 光の強さや温度の高低を幅広く利用でき, C_3植物が生存できないような低濃度の炭酸ガス中でも生存でき, 幅広い適応性をもっている。

(3) 茎

①構　造

トウモロコシの茎は節間と節からなり, 節には節板があり, 節間と明確に区分できる。各節からは葉を生じ, 下位節からは根を生じる。通常, 第1節は地中にあり, また種子 (盤状体節) と第1節の間の節間を中茎または地中茎と呼ぶ (図2−11)。

着雌穂節位葉と下位節の付け根には葉腋があり, 側芽を生じる。着雌穂節位またはこれと直下の側芽は雌穂となり, 分げつ型品種では地表付近の側芽が分げつとして成長する。茎の最上部は雄穂である (図2−4)。着雌穂節直下の節

間径は稈径と呼ばれ,図2-12のように測定する。

茎の中心柱の柔組織には維管束が散在し,多量の糖分を含んでいる。この糖分はサイレージの良好な発酵に必要である。

②成　長

各節間の伸長成長は節の直上部で行なわれる。節間伸長の開始は雄穂の分化開始期からすでに認められ,この時期には第3ないし第4節間がほぼ最大値に達するといわれている。雌穂の幼穂が形成されるころから草丈の伸長は急激となり,雄穂抽出直前の最盛期には1日に20～

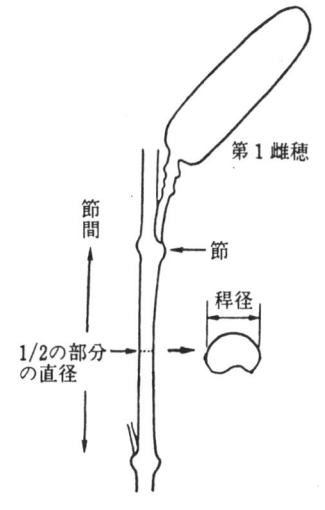

図2-12　節間と稈径の測り方
(戸澤,1981)

30cmにも達することがある。そして,雄穂抽出後はゆるやかとなり,花粉飛散後まもなく停止する。

着雌穂節から2ないし3節上の節間は急に長くなる。また,節間径は下位で太く上位で細いが,下位では地表(図2-12)部の節間径はその上の部位より細く,上位では着雌穂節より1,2節上の節間から急に細くなり,最上位の節間が最も細くなる。適度の環境条件と栽培条件下では,これらの節間と節間径は健全な生育を示し,葉群の配置も適当になり多収をもたらす。しかし,寡照・高温多湿,晩播,過密植下では稈全体は軟弱かつ徒長して,倒伏しやすくなり減収となる。

土壌中の中茎の長さは,覆土が深いほど長くなる。中茎の上端節から地表までの距離は長く,したがって土壌中における成長点の位置は深い(図2-11)。地温が低い場合は中茎は短くなり,この場合も成長点の位置は深い。このため,寒地では覆土が十分であれば,稚苗が晩霜害を受けても成長点が侵されないので,成長は回復する。

背地性は強い。特に登熟初期までは強い背地性を示すので,これらの期間に

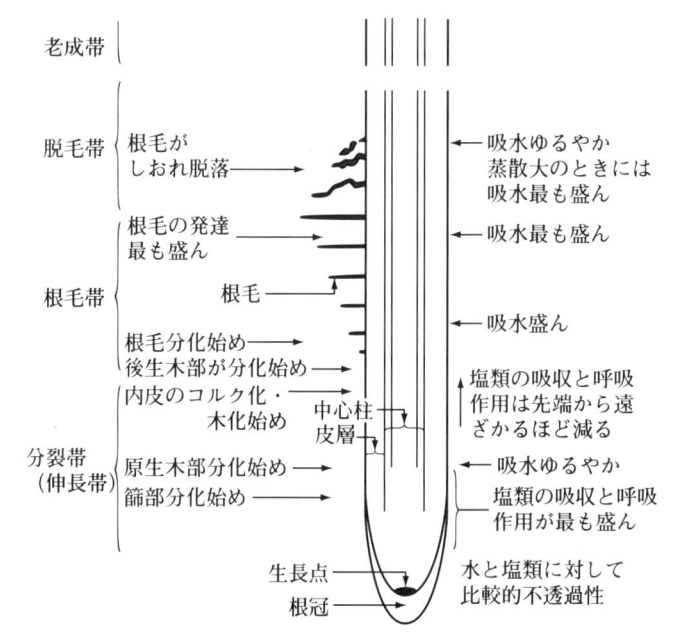

```
老成帯

脱毛帯 ┤ 根毛が
         しおれ脱落 →        ← 吸水ゆるやか
                              蒸散大のときには
                              吸水最も盛ん

         根毛の発達
         最も盛ん          ← 吸水最も盛ん

根毛帯 ┤ 根毛

                          ← 吸水盛ん
         根毛分化始め
         後生木部が分化始め
         内皮のコルク化・          塩類の吸収と呼吸
         木化始め   中心柱       作用は先端から遠
                   皮層         ざかるほど減る
分裂帯
(伸長帯) 原生木部分化始め →    ← 吸水ゆるやか
         篩部分化始め →          塩類の吸収と呼吸
                              作用が最も盛ん

         生長点              水と塩類に対して
         根冠                比較的不透過性
```

図2-13 根の若い部分の仕組み
(クラマーの図を星川が改写, 1972)

おける倒靡(とうび)の回復は著しい。

③機　能

　茎は地上部の諸器官を保持し，葉と葉の間に光がうまく入るように間隙をつくって同化態勢を良好にする。これは，トウモロコシの多収性の主要な要因の1つとなっている。また，茎は養水分と光合成産物を各器官に輸送するとともに，貯蔵もする。生産力の大きさに比して水分が少なくてすむ原因の1つは，茎の貯蔵力が大きいからとされている。

(4) 根

①構　造

　トウモロコシの根はひげ根（または繊維状根や糸状根系）と呼ばれ，マメ類

の樹枝状根と区別される。根は一時根，永久根，支根（気根）の3つに分かれる。永久根は4～5次根まで分岐する。

根には軟らかい根毛があり，微細な土粒子が付着している。根毛の全表面積はその他の根の表面積の6倍に達する。また，根の先端には成長点があり，成長点は根冠に包まれている（図2－13）。根冠の外側の細胞は崩壊しやすく，常に新しい細胞と交代する。

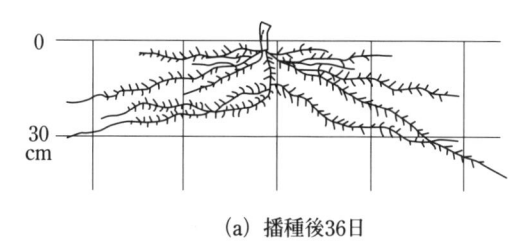

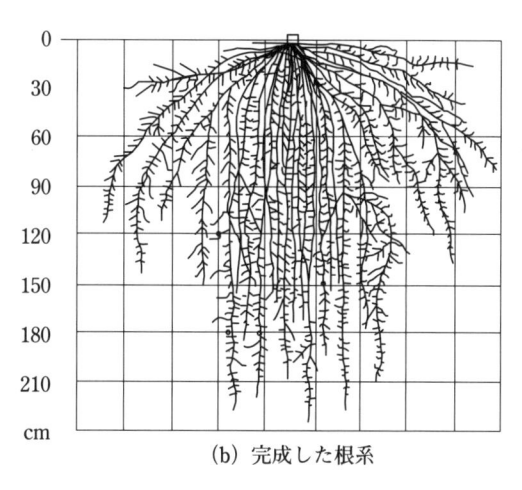

(a) 播種後36日

(b) 完成した根系

図2－14　生育に伴う根茎の成長
（ウエーバー，1926）

② 成　長

一時根は発芽時に出る。まず種子根，ついで2～4本の不定根が出る。一時根は発芽後2～3週間生存し，通常20cmくらいまで伸長して活動する。

幼芽が地表に出てまもなく，葉鞘節から永久根が発生し，ついで第1，2，3，4本葉の節から順次発生する。根の発生と葉の発生との間には関係があり，根の発生は葉より4節おくれる。つまり，6葉抽出のときに第2葉の節から発根する。永久根は順次分岐根を出し，栽培条件が適当であれば成熟期まで生存し活動する。

根系全体は生育初期には地表に浅く分布するが，生育にともない深く分布し，登熟期には地上部全体の広がりにほぼ等しい分布を示す（図2－14）。

支根は地表上の1，2節から発生するが，十分に伸びないままで空中に停止

することが多い。地中に入ったものは分岐して養分吸収などの活動をする。

③機　能

種子根は発芽時から発芽後数日までの間，主に水分を吸収し，不定根は発芽時から発芽後2～3週間の間，水分および土壌成分を吸収する。その後は永久根に役目を引きついで，まもなく自然枯死する。

永久根は地上部を堅持して，各器官の働きを支えている。この働きは主に古い根が行なっている。根が原因で倒伏すると，地上部各器官の働きが著しく低下する。また，トウモロコシ根の再生は緩慢なので，根が切断されると保持力が低くなって倒伏しやすくなる。

永久根による水分および土壌成分の吸収は，主として根の若い部分で行なわれる（図2－13）。

(5) 分げつ

①構　造

下位の葉腋から成長した側芽が雌穂とならないで成長し，茎は鞘葉を含む数枚の葉と，まれに雄穂と雌穂を着生する。このような側芽を分げつという。1葉腋から1本の分げつが出る。分げつには根（分げつ根）がある。分げつの雄穂は子実を着生することが多く，このような雄穂をタッセルシード（Tasel seed）と呼ぶ。この子実の成分は母稈に着生する子実と変わらない。

②成　長

分げつは通常，第1または第2本葉の葉腋から発生し，順次上位節に移動する。発生数は品種によって0～5本と差がある。一般に，スイート種やポップ種で多く，デント種では少ないかほとんどなく，フリント種ではそれらの中間である。

また，疎植，多肥，欠株などの条件下では分げつ発生数は多くなり，分げつ自体の生育も旺盛となる。これらの条件が過度になると，雌穂を着生することがあるが，これは多収の点からは好ましくない。

分げつは早期に除去されると，それより上位の葉腋から発生しやすくなり，また除去すると倒伏を助長することがある（図2-16）。

③機　能

分げつは葉が4枚ぐらい出るまでは自立できず，母稈から転流する養分によって成長する。その後は自立して成長し，雌穂を着生しない場合は，同化した養分を主稈の雌穂に向けて輸送する。このことを最初に指摘したのはローゼンゲスト（Rosen-guist, 1941）であり，わが国でも北海道で1970年以降になり次々とその事実が発表され，1972年には由田宏一・吉田

図2-15　分げつ

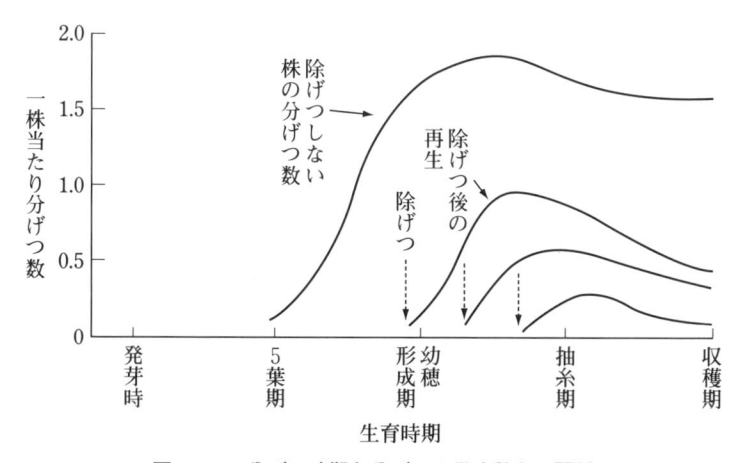

図2-16　分げつ時期と分げつの発生数との関係

（戸澤，1981）

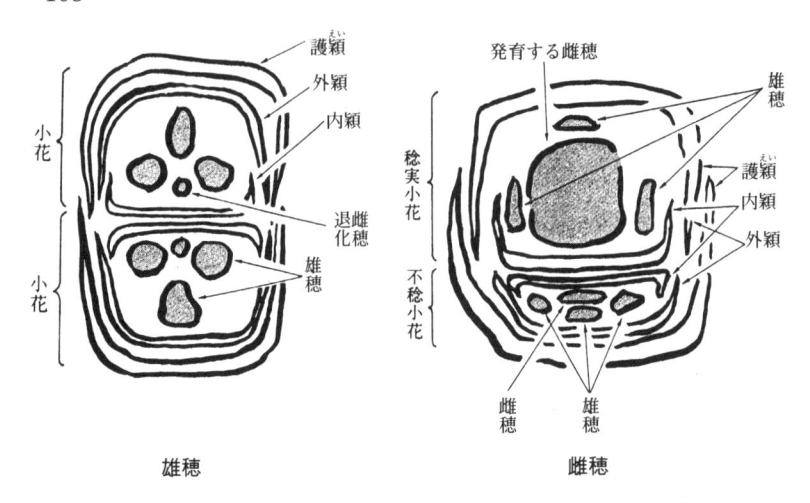

図2-17 小花のつくり（横に切って，上から見た断面）

(戸澤，1985)

稔が放射性同位元素^{14}Cを用いてそれを証明した。したがって，発生した除げつは通常は行なわなくてよい。分げつの雄穂から飛散する花粉は，母稈の雌穂の受精を助けて雌穂先端の稔実を良好にすることがある。

(6) 雄穂・雌穂

①構　造

トウモロコシは雌雄異花である（図2-4）。

雄穂　トウモロコシの雄花は総状花序であり，通常，雄穂は直立した主梗と5～10数本の分枝である枝梗からなる。主梗には4列の小穂，枝梗には2列の小穂が並んでいる。小穂は2個の小花からなっている。小花には3個の葯と1個の退化した雌穂があり，葯には1,000～3,000個の花粉が形成される。退化した雌穂は時として活動し，分げつの雄穂と同様に雌性化して，タッセルシードとなることがある（図2-17）。通常，雌性化は低温・長日によって促進される。

雄穂の形や大きさは品種や栽培条件により異なるが，通常1雄穂には1,000～2,000個の小穂があり，その中から飛散する花粉は2,000万個といわれる（図

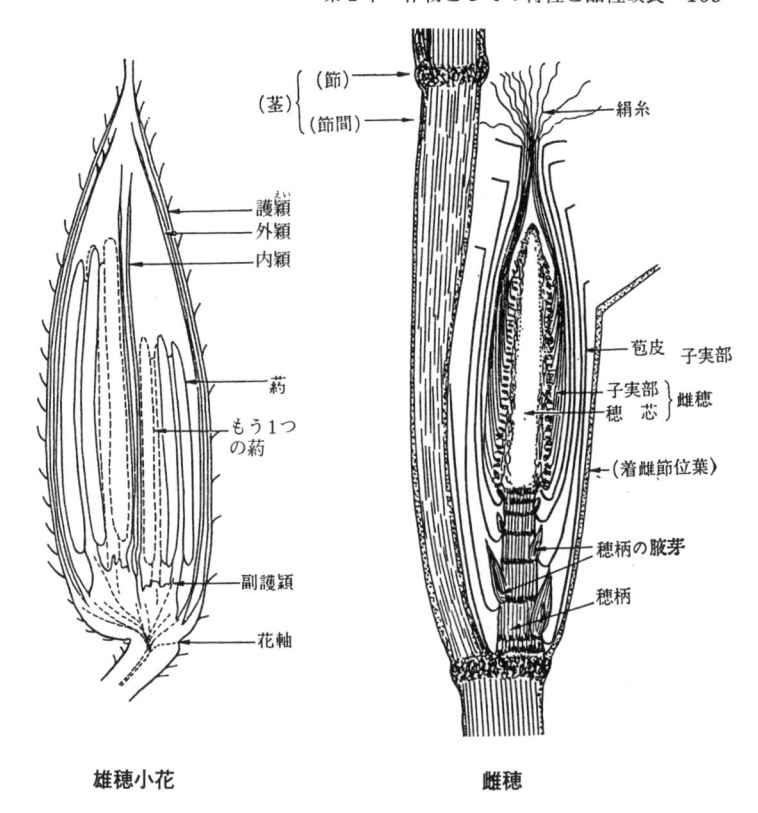

図2－18　雄穂小花の断面図，雌穂の名称
（ウイーザーワックス，1916とボンネット，1940）

注　（　）の用語は母桿の名称

2－18)。

雌穂　雌花の花序は，穂芯（穂軸）および雌性小穂（子実となる部分）からなり，雌穂（穀穂）となる。穂芯の下方にある穂柄，穂柄の葉腋から発生する苞皮（または苞葉と呼ぶ）と腋芽などを含めて，雌穂と呼ぶこともある（図2－18)。

小穂は穂芯の表面に2列ずつ対をなして，通常8～20列に並列する。1小穂は2小花よりなるが，下位の小花は退化して内外頴だけを残す（図2－17)。

上位の小花から子房の上端に花柱と柱頭を伸ばし，受粉・受精して子実となる。この花柱と柱頭は絹糸状であるので絹糸（silk）と呼ばれる。絹糸の色は多様であり，加工用では有色絹糸が混入すると外観を損なうので，透明無色であることが重視される。

苞皮は主に葉鞘の変形したものであるが，葉身部の長いものもある。苞皮全体の締まりの程度，つまり苞皮の緊度には品種間差があり，緊度の弱いものは雌穂の乾燥を早めるので，子実用ではよいが，生食用では鮮度維持期間が短くなったり，また鳥害やアブラムシの侵入を誘起することがある。

②分化・形成

雄穂は発芽25〜40日後から分化を始める。7〜10日後に枝梗が分化し，まもなく伸長を始める。そして，雄穂の分化後2週間ほどで小穂が分化する。ついで1週間前後の間に葯が分化・形成され，減数分裂が起こる。減数分裂が起こるときの雄穂主梗の長さは数cmに達している。雄穂の抽出は分化後35〜45日目である（図2-19）。

雌穂の幼穂は茎部中央の数節に形成される。初期には下位の幼穂が大きいが，しだいに頂芽優勢となり，日時とともに上位の幼芽が大きくなる。この転換時期は6月終わりから7月上旬までである。そして，まもなく最上位の幼芽が最大となり，これが成長して絹糸を抽出する。通常，最上位とその直下1〜2節の幼芽は絹糸を抽出するが，雌穂となるのは最上位または最上位とその下位である。

最上位の雌穂の分化は雄穂よりも10日前後おくれて始まる。まず，苞皮と穂芯が分化し，穂芯には小穂の原基が形成されて，雌穂の分化期となる。そして小穂が分化・形成されて，幼穂形成期となる（図2-19）。この時期は，寒地では6月の終わりごろから7月上旬，本州では7月上・中旬である。このときには草丈50〜100cm，葉数8〜10枚で，雄穂は数cmから十数cmに達している。

雌穂の大きさは，分化・形成過程の環境および栽培条件によって左右される。栽培技術上，最も重要なのは断根による影響であり，中耕・培土の時期と程度が問題となる。

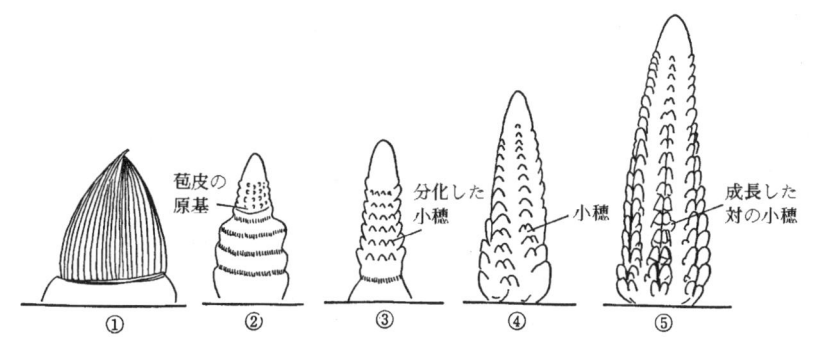

a 雌穂の分化・形成

①雌穂分化初め，②枝梗分化期，③基部枝梗の伸長始め，④主梗の小穂分化始め，⑤分化終了した雌穂

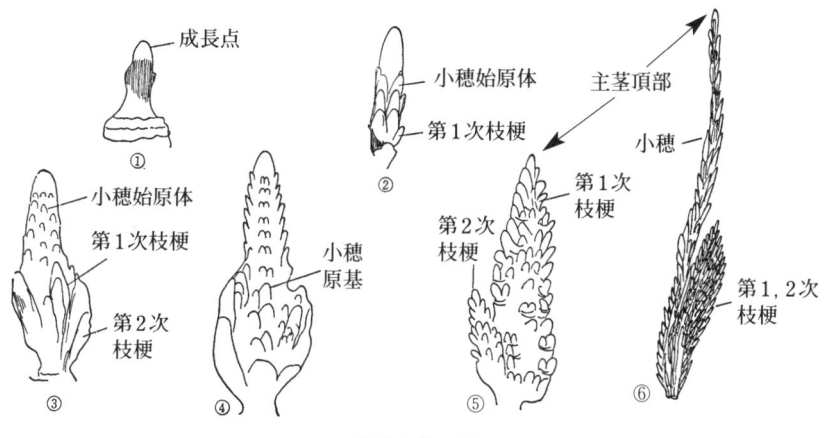

b 雄花小花の断面図

①雄穂分化直前の腋芽，②雄穂の分化，③小穂の原基形成，④小穂の分化，⑤小穂の対生，⑥伸長した雄穂

図2-19 雌穂および雄穂の分化・形成

(ボンネット，1940とウイーザーワックス，1916)

③抽出，開花，受精

・雄 穂

雄穂が確認される時期は品種の早晩性や抽出態様によって異なる。雄穂の抽出する時期により品種の早晩性を判断することがあるが，雄穂の抽出は品種に

より出葉中にかくれたままで行なわれることもあり，同一基準で判断できないことがある。このことから，一般的には絹糸描出の時期により抽出期を判断するのが適当である。

雄穂が抽出し始めてから3～4日で開花し，花粉が飛散する。1本の雄穂の開花期間は約1週間であるが，1品種全体では10日くらいの期間がある。

開花は，寒地では9時から午後2時ごろまで，本州では午後になって行なわれることはあまりない。開花は雨天ではほとんど行なわれず，降雨後の場合は時間をほとんど選ばず，多少の低温でも開花する。

・雌穂（絹糸）

雌穂の絹糸抽出は，雄穂の抽出より5日前後おくれる。また，開花より1～2日おくれることが多いが，稀に早いこともある。

絹糸抽出は苞状の先端で行なわれるので，その確認は容易である。絹糸描出が50％の個体に認められた日を絹糸抽出期という。

絹糸抽出は終日行なわれる。1品種の全個体が抽出するのに要する日数は1週間くらいであるが，栽培技術の良し悪しによって左右される。特に肥料焼け，過度の中耕などによる発芽や初期生育の不揃いがそのまま現われ，著しい場合には2週間以上に及ぶこともある。この期間の長さは収穫時における個体の登熟の揃いの良否にそのまま結びつくので，用途にかかわらず重要であり，特に機械収穫される加工用では製品歩留りにまで大きく影響する。

絹糸の抽出はまず雌穂の中央部より下位で始まり，ついで順次上下に移行し，1雌穂の絹糸が抽出を完了するには2～4日を必要とし，先端部分が最も遅くなる。この時点の苞状先端から出ている絹糸の長さは4～5cm前後である。絹糸は1小花（子実粒となる）に1本ずつである。

・受粉・受精

トウモロコシは雄性先熟であり，すでに風により花粉が飛散しているところに絹糸が抽出する。絹糸の受粉・受精能力は10～15日，花粉は1夜または1昼夜である。1小花には1個の花粉が受精するだけであるが，通常の品種では絹糸数の約2,000倍以上の花粉が長期にわたって飛散するので，受粉する花粉数は多い。したがって，花粉が不足したりタイミングがずれたりすることは基

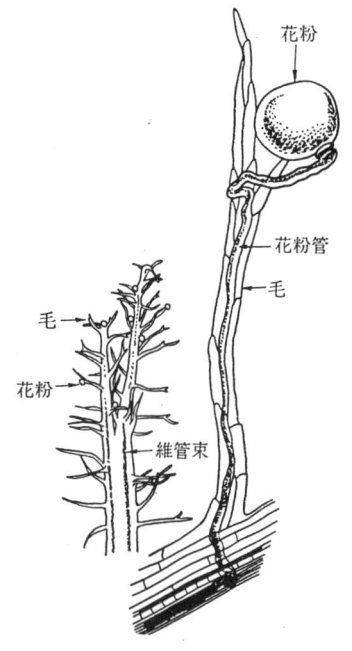

図2－20　受粉中の絹糸　　　図2－21　絹糸の毛と花粉管の伸長
（ミラー，1919）

本的にはないが，干ばつや害虫による絹糸の損傷，アブラムシの雌穂における大発生は受精を妨げることがある。

　絹糸の上部は柱頭であり，表面は湿って多数の毛があり，風によって運ばれてきた花粉が付着（受粉）しやすいようにできている。受粉後まもなく花粉は1本の花粉管を伸ばす（図2－20，21）。そして，ほぼ1昼夜で胚に達して重複受精が行なわれる。受精と同時に絹糸の成長は止まる。降雨が長期にわたる場合は，花粉が飛散しないので，絹糸は長くなる。なお，受粉・受精は，基本的に他家および自家を問わずに行なわれる。

　品種育成のために人工交配を行なう目的で花粉を貯蔵することがあるが，この場合5℃前後の低温下でシリカゲルを入れて封入すると，4～5日間はその能力を失わない。

④雌穂・子実の発育と登熟

・胚

浦野啓司によれば，長野県においては，受精後7〜10日目には組織の分化が始まる。まず鞘葉がみられ，15日には第1，第2本葉および鞘根，20日には第3と鞘葉の節，25日では第4，30日では第5と種子根，40日では第6が形成される。また胚の大きさは，受粉後20〜40日ごろまで増加が著しいが，発芽力は25日ですでに認められる。しかし，健全な胚の働きをもつ種子を得るには，都府県では少なくとも30〜50日，寒地では40〜50日が必要である。

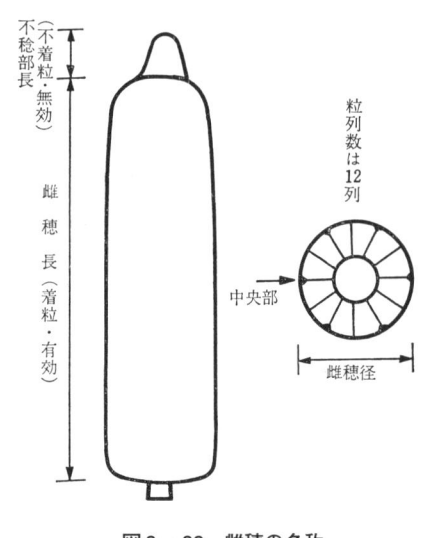

図2－22 雌穂の名称
（戸澤，1981）

・子実・雌穂

子実，雌穂の成長または登熟週程は，種類・品種によって差がある。子実の形状は受精後5日目ごろからふくらみ，2週間目には粒厚，3〜4週間目には粒幅，少しおくれて粒長がほぼ決まる。雌穂長（図2－22）は粒厚の成長にほぼ対応しており，受粉後2週間目で最大値の90％以上に達する。雌穂径は粒幅と粒長にほぼ対応し，受精後3週間目には最大値の90％に達する。

・乾物量と乾物率

まず穂芯の増加が始まり，ついで子実の増加が起こる。雌穂重と子実重は急勾配のS字曲線を描いて乾物を蓄積する（図2－23）。乾物収量の増加が最も著しいのは4〜5週目で，子実乾物率が40〜50％の時期である。

乾物重および乾物率の増加の速さには品種間差異があり，増加のゆるやかな品種は一般に多収型である。しかし，寒地では登熟日数が少ないので，増加の速い品種が好成績を示すことが多い。栽培的にも，ゆるやかに登熟した場合は

多収となるが,寒地ではできるだけ登熟の速度を上げることが多収につながる。

・成　分

子実,雌穂の成熟過程は糖分(単少糖類)とデンプンの増減により特徴づけられる。糖分は生食加工用の食味の良し悪しを左右する主要因であり,デンプンは子実用,サイレージ用の栄養価を左右する主要な成分である。

受粉後まもなく,糖分が水分とともに茎葉から急激に転流する。子実は円形状で透明である。10日目ごろから子実は真珠色に変わりデンプンの蓄積は徐々に行なわれるが,この時期の前後は穂芯に含まれる糖分が多い。2週間目ごろからデンプンの蓄積は急激に増加し,雌穂の糖分は逆に減少していく(図2-24)。

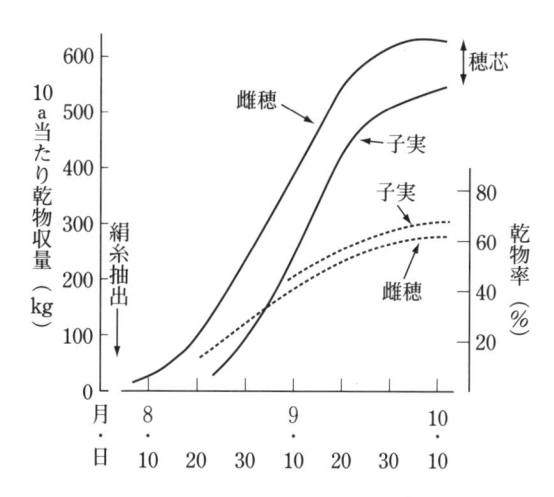

図2-23　子実・雌穂の乾物収量および乾物率
(戸澤,1980)
注　品種:ワセホマレ

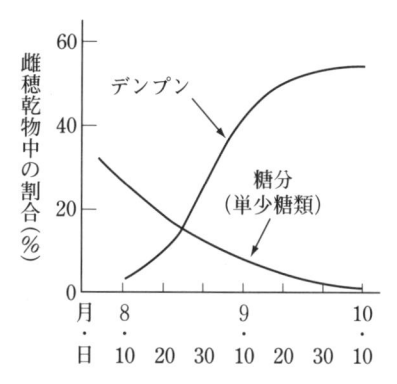

図2-24　雌穂の単少糖類とデンプン含量　(戸澤,1981)
注　品種:ヘイゲンワセ

表2-1 キセニア現象

	花　　粉			
	スーパー スイートコーン	スイートコーン	スーパーとスイートの混血	デントコーンと フリントコーン
雌穂 スーパー スイートコーン	○	×	○	×
スイートコーン	×	○	○	×
スーパーと スイートの混血	○	○	○	×

注　○印は市販可，×印は市販不可

(7) キセニア

　キセニアとは胚乳に及ぼす花粉の直接の影響である。スイート種の絹糸にフリント種の花粉が飛来して受粉すると，その部分だけ成分の異なるフリント種の子実が着生する。この逆では影響がない。また，同じスイート種の仲間でも，普通型の絹糸に高糖型の花粉が受粉されると，子実はフリント種状となり，生食加工用として利用できない。これと逆の場合も同様である（表2-1）。
　したがって，スイート種の栽培では，このキセニア回避の対策が重要である。花粉のほとんどは風によって運ばれるから，風上にあるトウモロコシは風下のものから受ける影響はほとんどなく，50～100mほど離れていればよい。影響を受ける種類が風下にある場合は，遮蔽物にもよるが，300～500m以上離れている必要がある。最も安全な対策は普通型も，高糖型も集落で栽培し，他の種類をつくらないようにするか，隣接畑地では熟期の離れた品種を選定し栽培することである。

3. 栽培からみた基本特性

　トウモロコシの好適栽培条件は，おおまかには播種後の生育期間は降雨が十分で，やや冷涼から温暖よりであること，登熟期は高温で，その後半は乾燥する気候であることである。多収は，これらの生育の進度と栽培法の交絡の向上

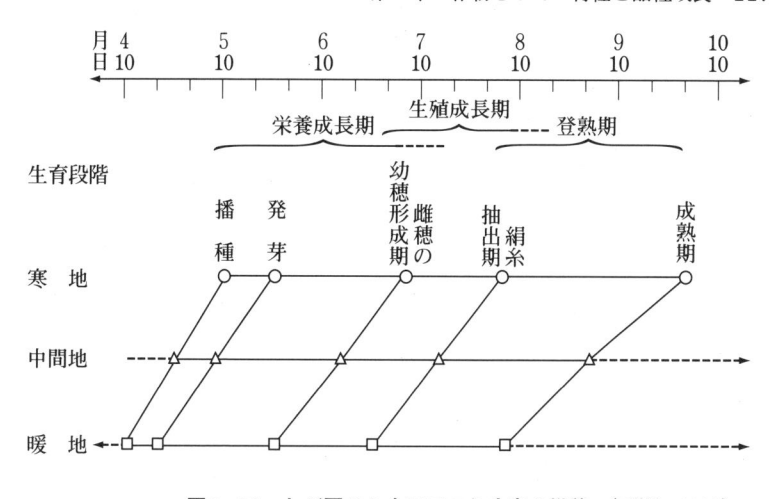

図2-25 わが国のトウモロコシ生育の推移 (戸澤, 1980)
注 ------ は, 作期の可動範囲

によって得られる。

生育は地域,品種,年次,栽培法によって変化する(図2-25)。また,栽培技術の対応は生育時期によって異なる(図2-26)。生育時期を4つに区分して以下に栽培の要点をのべる。

(1) 生産の基本特性

①生産の4つの基本

トウモロコシは長大な多収型作物として特徴づけられる。その要因には基本的に4つある。1つは葉に代表される高い光合成能力である。トウモロコシは,C_4植物として一般に炭水化物の生産効率がすぐれているほかに,光や温度の利用範囲が大きい。そして,長い稈は対称的に配置された個々の葉に光がよく投射して,高い光合成能力を十分発揮できるような役目を果たしている。また,よく発達した根は強い吸肥力をもっており,茎葉の必要とする養分を十分にまかなうことができる。これらの高い光合成能力,良好な葉群配置,強い吸肥力などによってもたらされる高い生産力は,貯蔵器官としての雌穂の大きさ,個

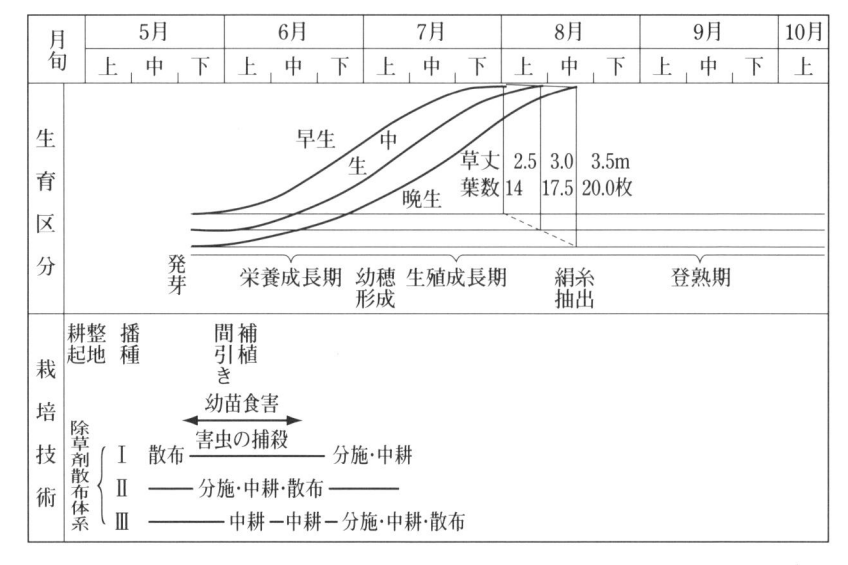

図2−26　生育区分と栽培技術　　　　　　（戸澤，1976）

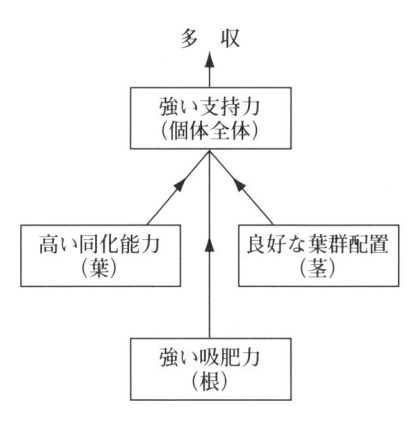

図2−27　トウモロコシ生産の基本的要因　　（戸澤，1981）

体の支柱としての稈の強さなどの個体全体の強い支持力を通じて，作物の中でもきわだった多収性を示すようになっている。トウモロコシ栽培技術の基本は，これら個々の基本要因および相互関係を高めることである（図2−27）。

②適応性の基本

トウモロコシはおおまかには高温性の作物であるために，1970年代半ばまでは寒冷地では不良条件下での栽培は不適当とされる。そのため，わが国の寒・高冷地における生産の

年次的，地域的不安定性は動かしがたいこととして捉えられた。しかし，草姿の構造，成長，機能などは幅広い適応性の素地をもっており，また改良された品種，栽培技術を基礎として適切に栽培されれば，トウモロコシは適応性の高い作物として成立することができる。トウモロコシ全体は遺伝的にきわめて広い変異をもっており，それぞれの多様な地域条件に対応できる多数の品種群がある。このような広い適応性によって，基本的にはわが国を含む世界の農業地帯で栽培することができる。なお，トウモロコシの高い適応性の一例として，後述の晩霜害に対する成長点の位置と覆土深の関係がある。つまり，覆土深を2～3cmくらいにすれば，椎苗時の成長点は地下部にあるので被害をさけることができ，地上部が枯死しても，その後に葉が抽出展開して，最終的な被害はほとんどみられない。このため，1970年代半ば以降，寒地における播種期は1～2週間早めることができ，また，これによる栽培期間の拡大は，これまで栽培できないとされていた地帯にまで栽培を可能にした主要因ともなっている。

③生育の基本

現在世界で栽培されている多くの品種は感温性が高いので，播種から収穫までの生育の条件を規制する環境条件は，温度条件といってよい。

温度と生育進捗との関係については，一般的には，高温年には生育が促進され，幼穂形成，開花・登熟が早まり，低温年には逆に遅れる。これに着目して，気象局の父といわれるアメリカのアッベ（C. Abbe）は，1905年に「積算温度」の概念を提唱した。この利用は，直ちにグリーンピース，次いでスイートコーンの作期幅拡大で試みられ，処理工場の稼働期間の延長に画期的役割を果たした。

その後，有効積算温度などいくつかの概念や算出方法が提案されてきた。岩田文男（1973）によれば播種から絹糸抽出期までは10.1℃から25℃の範囲を積算する有効積算温度が品種によって決まっており，これは年次や場所によってもほとんど変わらないという。しかし，北海道での詳細なデータからは，0.1℃以上の日平均をそのまま積算する単純積算温度がより妥当であるする知見（戸澤，1985）が発表された。そして，この単純積算温度による生育の進み

方，品種別の早晩性，年時間変動等々の予測は，これまで検討されてきた有効積算温度よりも正確に行なうことができた。こうしたことから，単純積算温度は，品種の早晩性の決定，播種期と収穫期の決定，地域ごとの適熟品種の選定，作期ごとの適正品種の選定などに効果的に利用できる。

(2) 生育・登熟と栽培の要点

トウモロコシの一生は，大別して栄養成長期間（播種-発芽，発芽-幼穂形成期），生殖成長期間，登熟期間の3時期に大別できる。

①栄養成長期—1（播種—出芽）

播種から発芽に至る期間である。

北海道の播種期は5月中旬初めから5月末である。日平均気温10℃前後の低温下で播種されので，地上への発芽までに通常10～20日間を要する。頑健な生育のためには，できるだけ早期播種に努めることがたいせつである。本州以南の播種期は4月下旬～6月下旬と幅が広く，日平均気温15℃前後が多いので，発芽までに要する日数は7～10日前後である。

発芽状態は，耕起から整地，播種に至る栽培技術によって左右される。発芽状態を良好にするための技術的な基本は，膨軟斉一に整地され肥料焼けの起こらない状態にある播種床に，発芽能力の高い種子を播くことである（第4章を参照）。寒地では発芽期間が長く，肥料焼けなどの障害が出やすいので，特に重要となる。しかし，市販品種は殺菌剤を粉衣してあり，多くの種子は土壌中で少なくとも25日以上の生存能力があるので，栽培技術に問題がなければ早播きによる障害はほとんどない。

乾燥時の発芽促進を目的とした種子浸漬は，種皮を通してアミノ酸や酵素類が流出し，原形質の透過性を増すので，逆に発芽力は低下し病原菌に侵されやすい。また，殺菌剤が剥脱されるとともに，播種機の播種板から子実が落下しにくくなるなど実用的でない。

②栄養成長期—2（出芽—
　幼穂形成期）

　発芽から幼穂形成期までの時期で，播種—出芽—幼苗期—幼穂形成期を経る。品種の早晩性は，出芽—幼苗期—幼穂形成期の時期の長さによってほぼ決まる。

　芽が地上に出て（出芽，発芽ともいう）から，葉の発生（出葉という，時には葉の展開ということもある）は，2，3，4葉（枚ともいう）……と上位の葉が次々に出葉していく。この出葉には一定の規則性があり，1枚の出葉には，概ね75℃の日平均気温の積算温度が必要である。

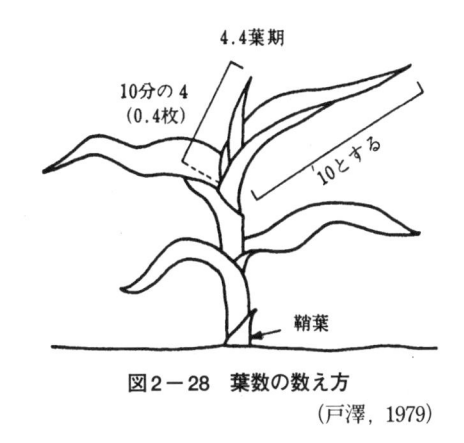

図2-28　葉数の数え方
（戸澤，1979）

　出芽後から4葉期ごろまでを幼苗期といい，種子自体と根から吸収された栄養とによって成長し，成長とともに根からの栄養の比重が増していく。幼穂形成期は，雄穂と雌穂では異なる。

　北海道での幼穂形成期は，全出葉数の約2分の1（7〜8枚前後）が抽出し，草丈が40〜50cm（葉を直立させた状態では60〜80cm）となる6月下旬〜7月上旬である。葉数の簡便かつ実用的な数え方は，葉の展開方向に平行して真横から見て数える（図2-28）。この期間の中期には分げつ型品種では分げつ（側芽）が発生し始める。半ばすぎには，成長点は地表面上に位置し，最終的に抽出する葉の数も決まる。後半には下位節の節間伸長がわずかに始まる。膝高期（ニー・ハイ・ステージ）としてアメリカなどで重視される時期は6月下旬，立毛の草丈が30〜40cmで，幼穂形成期にかなり近くなってからである。この時期の成長量が少ないのは，本州以南と異なり栄養成長と生殖成長の重複が大きいからである。

　本州での膝高期は作期により異なる。しかし，1年1作の地帯では北海道とあまり変わらないが，雌穂の幼穂形成期は7月半ばである。

本州の高冷地や北海道では，この時期の初期に晩霜害に遭遇することがある。少なくとも3葉期までは覆土の厚さが保たれていれば，地上部が枯死しても再生するので，被害はほとんどない（第4章参照）。

本州以南では，この時期にヒメトビウンカやすじ萎縮病の発生，3～4葉期までは肥料焼けや各種害虫の幼虫による稚苗の食害が発生する。4～5葉期からは苦土・亜鉛欠乏症や雑草の発生がみられ，影響も受けやすい。膝高期以降の中耕は，断根による影響を受けやすいので，分施，中耕や根草抑制のための軽培土は早めに完了する。

③生殖成長期

節間伸長期ということもある。生殖成長は，幼穂形成期から絹糸抽出・受粉期までの時期で，幼穂形成期（雌穂）―抽出期（雄穂，絹糸＝雌穂）―受粉期を経る。

・幼穂形成期（雌穂）

成長段階の中で，最も重要な時期の1つで，この時期までの個体の生育，気象条件および栽培条件の良否が，収穫の良し悪しに大きく影響する。ほぼこの時期以降，茎の節間と雄穂は急速に伸長し，生育量は急激に増加していく（図2－29参照）。

・抽出期（雄穂，絹糸＝雌穂）

多くの品種では，雄穂が抽出して花粉が飛散し，その数日後に雌穂の先端から絹糸（シルク，雌穂の花柱と柱頭になる）が抽出する。受粉の多くは，抽出した絹糸に他の株（固体）の雄穂から飛散してきた花粉による風媒の他家受粉である。受粉，受精して間もなく，絹糸は伸長を停止し，徐々に萎れていく。受精しない絹糸は1m近くにまで伸び続けることがある。雌穂上に着生する1穀粒の形成は，1本の絹糸の受粉・受精によって始まる。

この時期は栄養成長期の成長量を基礎にして，登熟期のソース（葉の同化産物生産力）とシンク（雌穂の大きさ）の仕上げ期になる。節間伸長は急速に進み，半ばには1日の伸長が節間で3～5cm，草丈で5～10cmに達する。この時期の葉数展開速度は幼苗期よりも速い。節間伸長ははじめ下位節で著しく，上

位節でゆるやかである。後半には下位節では徐々に伸長が鈍化し，上位節では伸長が加速される。栄養成長期に比べ，個体の生育量は急増する。節間伸長が急激になって，稈長と葉面積の90％が形成される。雌穂の形状と大きさがほぼ決まり，また倒伏に関与する下位節間の強さも決定される。本州ではこの期間が約20日間と短く，この時期の伸長速度は一般に北海道よりも遅い。

この時期の生育は，気象や土壌条件によって影響を受けるが，それまでの生育の様相と管理技術とによって左右される。後期の節間は軟弱なので，風雨などによって倒伏しやすい。

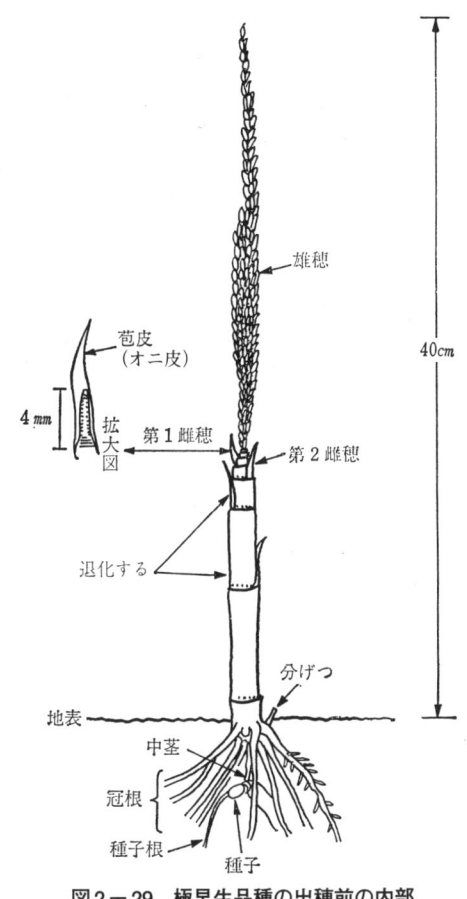

図2－29　極早生品種の出穂前の内部
(戸澤，1985)

④登熟期

登熟の程度は，苞皮を剥いだ子実表面の肉眼観察と子実の胚乳状態から，水（未乳）熟期，乳熟期，糊熟期，これに茎葉の観察を加味した黄熟期，成（完）熟期と進む。これ以降を過熟期という。

・水熟期（または未乳熟期，粒形成期ともいう）

受精から子実が真珠色になる時期をいい，穂芯の急激な伸長，水分と糖分の蓄積が特徴である。粒を指で圧すると，透明から真珠色の水状物が出る。粒は

まだ小さい。

・乳熟期

　子実粒は真珠色から徐々に品種固有の色に変化し，指で圧出すると乳状物が外皮を破って出る。粒の表面は生鮮色，茎葉は濃緑である。スイート種やフリント種では，この時期の後半には雌穂の長さは80％以上にまで伸長し，粒の乾物率は25％になり，生食用または生食加工用として収穫できる。

・糊熟期

　粒色の品種間差が明らかとなり，指で圧出すると乳状物と糊状物（チーズ状）が出る。子実の表面は生食適期特有の生鮮色となり，胚部は固さを増し，デント種では粒の頂部に凹みが見え始める。茎葉は依然として濃緑である。スイート種では乳熟期から糊熟期の期間が長い。この時期の中期には，粒の乾物率が30％を超え，後半には35％前後となる。後半過ぎまで生食加工用として利用できる。サイレージ用としては，ホールクロップの乾物率が20〜25％であるので，まだ不十分である。

・黄熟期

　粒表面の生鮮色が徐々になくなり，デント種では頂部が凹み，フリント種では硬化，スイート種では飴色・硬化・しわ状が進行する。指で圧出しても表面が硬いために内容物は出せない。子実を割ると表面はデンプンが蓄積しているために硬くてもろい。しかし，胚の付近からは乳状・糊状物が出る。苞皮は黄白化または黄紫色を呈し，茎葉の緑色は退色して，後半には黄化または赤黄紫色に変化する。スイート種以外では，初期，中期，後期（乾物重は最高時）に分けられることがある。ホールクロップの乾物率は25〜35％で，サイレージ用としては刈取り適期である（図2-25, 26を参照）。

　寒地では10月に入ると低温の続くことがある。このような場合にはデンプンの蓄積があまりないままに水分が減少し，見かけ上の熟度は進行する。

・成（完）熟期

　養分の移動が停止した時点をいう。子実は完全に品種固有の形状に達して硬化し，子実を割っても胚の付近はわずかに浸潤する程度である。子実重の乾物が最大を示し，苞皮は完全に黄白化し，茎葉は葉鞘部および茎部がわずかに緑

色を残す程度である。子実用としては刈取り適期である。子実の乾物率は，現在の品種と気象条件の関係から理想的な水準80％前後にすることは困難で，通常65～70％（雌穂では55～60％）である。

子実が最大乾物重を示すころ，胚の下部の尖端を除くと黒色になった乳腺が見える。これを黒層（Black layer）と呼び，外国ではこの黒層の現われる時点を成熟期とし，子実用の刈取り適期として判断することが多い。しかし，わが国では，あまりに品種間差異が大きく，実用性に疑問がある。

・過熟期

乾物の蓄積は行なわれず，物理的な水分低下と茎葉乾物の損耗が進む。寒地の子実用では雌穂乾燥のため，この時期に収穫することが多い。この時期に問題となるのが，倒伏および病害の発生である。いずれも，品種の選定，栽植密度の決定，栄養成長期までの諸管理作業によって左右される。最も重要なことは収穫期の決定である。

(3) 品種の早晩性

トウモロコシ品種の早晩性は，播種期から成熟期に至る日数で示すと品種間で差があり，わが国では90～170日の間にある。

わが国では早晩性の指標として絹糸抽出期を用いることが多い。しかし，サイレージ用や生食加工用では，収穫期間との関係で早晩性の異なる数品種を計画的に選定して栽培する必要がある。それには早晩性の的確な表示が必要で，そのため，積算温度や相対熟度が有効に利用されている。

①相対熟度の導入

子実用およびサイレージ用で用いられる相対熟度（Relative maturity, R.M. またはRM）は，一般に発芽から生理的成熟期に至るまでの日数で示される。トウモロコシの生育の進み方は温度の積算量とパラレルであるから，RMの1単位（1日）は日温度量で示される。この1日の温度をヒート・ユニットと呼ぶ。このヒート・ユニットの決め方は地域の条件により異なり，アメリカでは3つの地域に分け，それぞれに基準が決められている。カナダやヨーロッ

パでも独自のヒート・ユニットが利用されている。

1970年ごろからわが国の輸入品種に利用されているRMは，上記のものが入り混じっているので，品種の早晩性の差が区々になり，序列が変わるなどの混乱を生じている。

②北海道相対熟度

北海道ではサイレージ用品種を対象として1979年に発表され，1981年から実用化されていたものに北海道相対熟度 (Hokkaido Relative Maturity = H.R.M. またはHRM) がある。これは，従来のRMの概念と，北海道におけるトウモロコシの生育特性が考慮され，播種翌日からホールクロップ（地上部全体）の乾物率30％に至る期間に必要とされる日平均気温0.1℃以上の積算温度 (SCT) を，ヒート・ユニット17.5℃で除した値で，下記のように日数で示される。

$$\frac{SCT}{ヒート・ユニット (17.5℃)} = HRM （日）$$

ここで，生育期間の始期を発芽からでなく播種翌日からとしたのは，次の理由による。すなわち，北海道では品種の低温発芽性の高低により発芽期に数日の差を生じることがあり，これが品種の生育期間に占める比重は無視できないからである。また，生育期間の終期，ホールクロップ乾物率30％は，ホールクロップサイレージ用としての刈取り適期の乾物率の範囲25～35％（肉眼による熟度判定の黄熟期に当たる）の中央値である。分母のヒート・ユニット，17.5℃は北海道の平均的な作期における日平均気温の平均値である。

具体的な算定方法は，ホールクロップの乾物率と播種翌日から刈取り日までの積算温度との回帰式から，乾物率30％の積算温度を算出し，これを17.5℃で除する。すでに決められた品種があれば，これを標準品種とし，これとの対比で表わすこともできる。なお，これ以外にも検討された方法がある。

③スイートコーンの相対熟度

わが国を含む各国は，スイート種のRMを播種から絹糸抽出期（50％の固体

が絹糸を抽出した日）までの日数で示している。具体的には，慣行的に下記のように指標（標準）品種を設定し，これらとの対比によって決められている。

　　　ピーター235　　　81日
　　　ピーターコーン　87日
　　　ピーター610　　　93日

（4）栽培地域

①世　界

近世に入って，世界のトウモロコシ栽培地域は，品種改良と栽培技術の進歩によって大きく拡大した。すでに述べたように，19世紀半ば過ぎの栽培北限は北緯50度であったが，現在では，北は旧ソ連やカナダの北緯60度近く，また南は南アフリカの南緯40度辺りまで，さらに海岸地帯の低地から3,000mを超えるアンデス高原にまで栽培されている。

すなわち，トウモロコシは世界で最も広く栽培されている作物であり，地球上で作物が栽培されている場所ならばほぼどこでも栽培されている作物といってよい（図2-30を参照）。このことは，2大気象要素，気温と降雨による幅広い地球上の地域性からみて，驚くべきことである。

②日　本

わが国の大まかな気候条件は雨期と乾期が明確でなく，全域が湿潤なモンスーン地域に入るので，基本的にトウモロコシは灌漑なしに全域で栽培することができる。しかし，地域によって温度条件が大きく変わるので，作期・作型は多様である。こうした観点から，わが国は，5～9月の日平均気温によって，おおまかに4つの地域に分けられる（図2-31）。

・I 地域（北海道）

この地域には北海道の全域が入る。日平均気温が17℃以下で，作期は最も短い。作期の特徴は，播種期と収穫期の決定が主に気象条件によって制約されていることである。播種期はできるだけ早いほうがよく，5月10日ごろ，条件の不安定な地帯でも5月20日，遅くとも25日ごろまでに終わることが望まし

図2-30 世界のトウモロコシ栽培地域

各ポイントは、年間75000tのトウモロコシ生産量を示す

(James, C. 2003. Global Review of Commercialized Transgenic Crops. 2002 Feature ; Bt Maize. ISAAA Briefs No.29. ISAAA ; Ithaca, N. Y.)

い。トウモロコシ全体の収穫終期は10月5日ごろ，条件の良い地域でも10月10日ごろが基準となる。

　この地域は，0.1℃以上の日平均気温を積算する単純積算温度により6つの地帯に区分できる（図2-32）。地帯別の特徴は次のとおりである。

　A，B区はほぼ本州並みに生産の安定した多収地帯である。B区の埴壌土や泥炭土壌では，播種後の干ばつや滞水により発芽が阻害され，欠株が多くなって減収する地帯がある。病虫害の発生はB区が最も多い。

　C区は子実用やサイレージ用にとっては，作期の積算温度が必ずしも十分とはいえないが，生食加工用では安定して大規模栽培ができる。早播き効果の高い地帯である。作期の決定，栽培法および品種の選定に誤りがなければ，B区並みに安定した生産の可能な地帯がほぼ3分の1を占める。しかし，D区に隣接して融雪や土壌凍結融解のおくれるところでは，播種期が5月20日ごろとなるので，サイレージ用では早生品種の選定が重要となる。

D区は病害の発生は少ないが，積算温度が少ないうえ，土壌凍結や土壌水分過多などの気象的，土壌的条件によって早期播種のできない地帯が多い。サイレージ用では必ずしも低い収量水準とならないが，最良の原料を安定して生産できるとはいえない。生食加工用は早生および極早生品種の作付けが必要であり，子実用の栽培はむずかしい。

E区では，サイレージ用は早生品種でも，平年で乾物率25％以上の原料を安定して生産することはむずかしい。また，病害の発生はほとんどない。生食加工用では，マルチまたはマルチ・トンネル栽培などによって，早生または極早生品種を栽培する必要があり，家庭用の小規模生産が可能である。子実用の栽培はほとんど不可能である。

・II地域（東北から東山地方）

この地域には東北から東

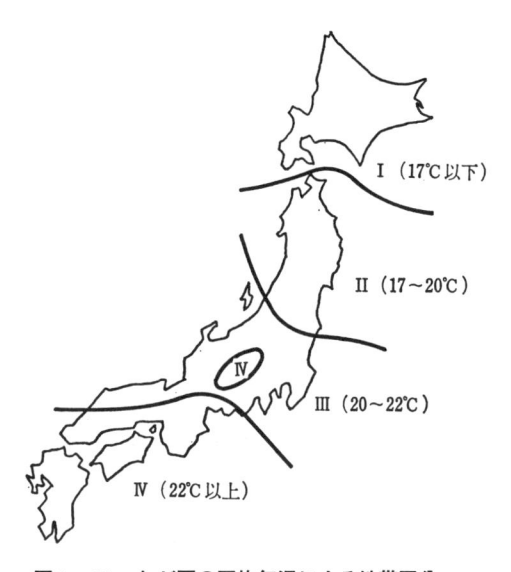

図2－31　わが国の平均気温による地帯区分
（3～9月の平均）

（山崎・石原，1943から）

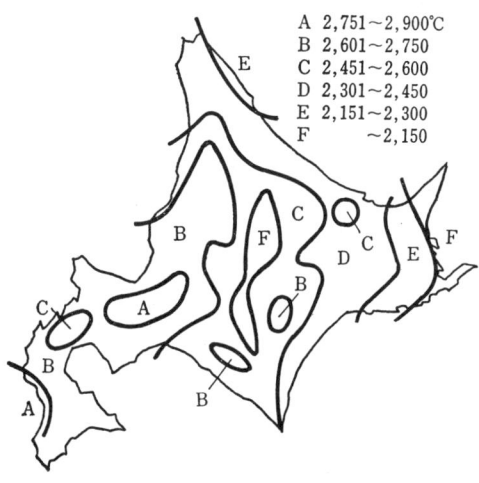

A 2,751～2,900℃
B 2,601～2,750
C 2,451～2,600
D 2,301～2,450
E 2,151～2,300
F ～2,150

図2－32　北海道の単純積算温度による北海道の地帯区分

（戸澤，1979）

山地方までが入る。作期の日平均気温が17〜20℃の地域である。作期は多くは5月上旬または一部4月下旬から10月上旬までであり，無霜期間は150日くらい，作期の有効積算温度は1,300〜1,600℃の範囲にある。1年1作期となる地帯が多い。1作期の有効積算温度が多く，降雨も十分であるので，一部高冷地を除いてわが国で最も安定した多収が得られる。東北の一部および東山地方の野菜作地帯には，生食加工用と野菜または畑作物との年2作が可能なところがある。

　サイレージ用および子実用は，北部の海岸地帯を除き，草丈が伸び，稈が太く強健な生育をする。この地域は台風や病害虫の被害が最も少ない地帯である。子実の登熟は良好で安定した収量が得られる。生食加工用は，高冷地や山麓地帯はもとより，ほとんどの地帯で，夜温が低いことにより，I地域に匹敵する甘味の強い良質の雌穂が生産できる。

・Ⅲ地域（関東，東海，北陸地方）

　この地域には関東，東海，北陸地方が入る。作期の日平均気温は20〜22℃である。多くの作期は4月下旬から11月までで，無霜期間は200日内外，有効積算温度は1,900〜2,300℃の範囲にある。かなりの地帯で野菜や飼料畑作物との二期作が可能である。前後作との関係から作期が短くなること，夜温が高いこと，台風や病害の発生することなどにより，Ⅱ地域よりも収量性は低い。しかし，この地域の高冷地では生食加工用の品質は良く，市場が近いこともあり，施設および簡易施設栽培は経営的にも有利に展開できる地帯である。

・Ⅳ地域（近畿，中国，四国，九州地方）

　Ⅳ地域には近畿，中国，四国，九州地方が入る。作期の日平均気温は22℃以上である。多くの作期は4月上・中旬から11月末までと長く，有効積算温度は2,200〜2,600℃の範囲にある。かなりの地帯で二毛作が行なわれ，三毛作の可能な地帯もある。しかし，作期は前後作との関係で決められることが多いため短い。ほとんどの地帯が台風の常襲地帯であり，望ましい作期の設定には，この台風のほかに梅雨，秋雨，病虫害発生などを考慮する必要がある。1作の収量は必ずしも高くない。

　一期作は4月播きで良好な生育をする。7月下旬播きの二期作では，発芽か

ら生育初・中期にかけて干ばつ害を生ずることがあり，下葉が枯れ上がることもある。また，害虫対策が必要である。

Ⅲ 品種改良，採種

1. 品種改良の歴史

(1) 交雑技術以前

　今から4,000～5,000年前に始まったといわれるトウモロコシの野生種から栽培種への改良は，初期には雌穂の大きさから始まり，次には用途や栽培上の都合から子実や草姿の選び方へと工夫が加えられた。一方では，トウモロコシが本来的にもっている他殖性を理解して異系統の種子を混合播種し，交雑を行なうようになった。こうした技術は，世代間で引き継がれ，いつしか地域のもつ人々の生活および環境条件が反映されて，多様な種類・品種を生むことになったのだろう。

　トウモロコシの他殖性は，花粉が風によって運ばれて絹糸に受粉・受精して子実を付けることをいう。現在のトウモロコシでも，1本の雌穂の子実数の90％はほかの個体からの花粉で受精したものである。つまり，トウモロコシ自身は花粉管理をしないかぎり遺伝的に雑ぱくで，常に変化しやすい性質をもっている。このために，トウモロコシでは常に変化の多様性が保たれ，時には突然変異などによって生じた新たな特性を蓄えつつ，あらゆる条件に対し，作物全体として幅広い適応性を獲得するようになった。トウモロコシが，地球の作物栽培地域全体を覆いつくすほどに伝播した理由の1つは，このためである。

　ヨーロッパ人の移住が始まってまもなく，トウモロコシの重要性は急激に増していったが，当初は"品種改良"はそれほど重視されなかった。それが，18

世紀に入ると,いくつかの試みがなされるようになった。1808年のフェラデルフィア農学会誌によると,ニュージャージー州の農場主が2つの品種を混合して播種し,早生で雌穂の大きい株を選抜した。この方法はその後1世紀近くも用いられ,多くの品種が生まれた。そうした中で,その後のコーンベルトの品種成立に貢献したのは,有名な「レイド・エロー・デント」を初めとして,「ランカスター・スア・クロップ」や「クラグス・エロー・デント」などであった。

20世紀に入ると,アメリカのトウモロコシ栽培地域では,トウモロコシ展示会(コーン・ショー)が開かれるようになった。展示会では,畑で選抜したみごとな雌穂を出品して優劣を競った。グランドチャンピオンとなった人のもつ品種は,破格の値段で取引された。熱心さのあまり,水につけて膨らましたり,縫合手術をしたりするなど,ごまかしも横行したという。

時代が変わって交雑技術を利用する現在のアメリカでは,毎年秋に行なわれる農業祭では,種苗会社の交雑品種の売込みが大規模に行なわれている。こちらは科学的な研究の蓄積によって生み出された品種であり,現在のコーンベルトを初めとする世界のトウモロコシの高生産を支えている。

さて,在来の品種は花粉が自由に飛びかって受粉し,稔実することから自然(または放任,自由)受粉品種(Open-pollinated variety)と呼ばれる。自然受粉品種は,他の品種の花粉さえ飛来しなければ自分の畑で種子が生産できるので便利であった。しかし,遺伝的に雑ぱくで花粉管理が十分にできないため,集団選抜による品種改良の進歩は期待したほどではなかった。このため1897年,アメリカのイリノイ農事試験場では一穂一列法(Ear-to-row method)と呼ばれる集団選抜法が工夫され,広く利用されるとともに,これをさらに改良した方法も発表された。しかし,これらの方法も,あまり実用上の効果をあげなかったといわれている。

わが国における自然受粉品種は,諸外国と同様にアメリカ太陸におけるほど多様性がなかったものの,各地に特徴ある在来種またはその改良品種として定着した。これらについて,農水省農業技術研究所生理遺伝部遺伝科遺伝第2研究室は,1953〜1968年の15年間にわたってわが国における日本産在来種の大

第2章　作物としての特性と品種改良　133

図2-33　収集した2系統，神金と大デッチ
（農業技術研究所生理遺伝部遺伝科遺伝第2研究室，1979）
左：神金，右：大デッチ

規模な収集を行ない，またそれらの詳細な特性調査を行なった。収集した系統数は700に及んだ。これらの中で，北海道の坂下，黄早生，東北地方のエロー・デントコーン，富士山麓の甲州，神金，四国の愛媛大玉蜀黍，九州のオクヅル，デッチ，赤トウキビ，めじろとうきびなどは，次の交雑品種の時代に入って重要な役割を果たすことになる（図2-33を参照）。

これらの自然受粉品種を現在の方法で栽培すると，一般に密植（面積当たり株立本数の多いこと）や肥料の多用によってもあまり増収せず，倒伏しやすい。

(2) 交雑技術の始まり

①世界に先がけたわが国の品種間交雑種の育成

1876年から1882年にかけて，ビール（W. J. Beal）は，アメリカのミシガン州農事試験場において，異なる自然受粉品種間の交雑（配）品種（または一代雑種）がもとの自然受粉品種よりも多収となる傾向を研究し，将来はこのような交雑品種をつくるべきであるとした。これが品種間交雑品種（Varietal cross）である。その後多数の賛否両論が発表されたが，あまり有利でないとする説が強くなって，アメリカでは種子業者に採用されなかった。そして，アメリカは自殖系統間交雑品種の方向に進むが，わが国では長野県農試の山崎義人らが多年の研究により，歴史的な成果をあげるようになる。

　アメリカから導入されたデント種と日本の在来フリント種との品種間交雑品種は，著しい雑種強勢を示して多収となるということであり，1951年（昭和26）には，わが国最初の実用一代雑種「長交161号」（農林交1号）をはじめ多くの優れた品種間交雑品種が発表され，栽培された。アメリカからの導入デント種と国内のフリント種との組合わせによって能力の高い交雑品種をつくり出すことは，その後のわが国はもとよりヨーロッパ諸国を含む世界の交雑品種育成にも影響を与えて現在に至っている。これは，わが国のトウモロコシ育種研究上において得られた世界的業績として評価されよう。

　品種間交雑品種自体はある程度の採種量があり，また環境条件に対してもかなり広い適応性を示すという長所がある。しかし，原種としての親品種の性質は変化する可能性をもち，この変化を最小限に抑えるには大規模な採種栽培が必要になるのが欠点である。

②複交雑品種

　19世紀末から20世紀初頭にかけて胎動していた自殖系統を用いる交雑品種の幕明けは，1908年および1909年のシャル（J. H. Shull）の2つの論文によって始められた。彼の論文は，自殖系統間の交雑品種は高収量で揃いもよかったとするものである。自殖系統（Inbred line）とは，図2-34に示したように，雌穂の着生した同一個体の花粉により受粉し稔実した自殖種子が発芽・成長した個体群をいう。そして，さらにシャルは，トウモロコシの交雑品種育成には2つの手順が必要であり，まず自殖により純系（Pure line）つまり自殖系統をつくり，次に2つの異なる自殖系統を交配し，これによって交雑種子が得られるとした。これが単交雑（Single cross）品種である。

　しかし，これには問題があった。つまり自殖系統は植物体が小型で雌穂が小さいために，単交雑の種子の収量は低く，その価格は通常の15〜20倍となっ

た。スイート種には揃いの良いことが要求され，生産物の価格も割合高かったので利用価値はあったが，サイレージ用や子実用では種子として販売するには高価過ぎた。そこで，1906年にイリノイ大学からコネチカット農事試験場に移ったイースト（E. M. East）は，これを重視して研究を開始

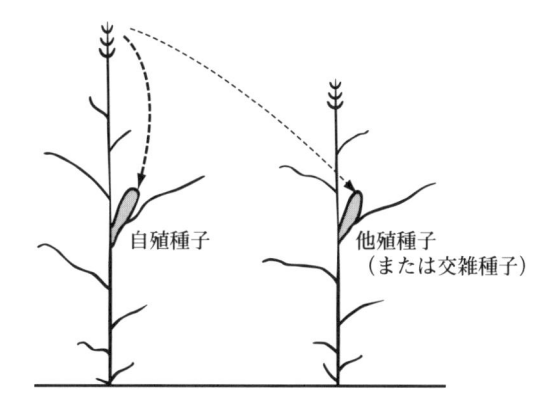

図2-34　自家受粉と他家受粉
（戸澤，1981）

し，それを1915年に弟子のジョーンズ（D. F. Jones）に引き継いだ。そしてジョーンズは，1918年に複交雑（Double cross）品種の考えを発表し，ここに名実ともに交雑品種の時代がおとずれるのである。

　複交雑品種は，図2-35に示すように，1年目に2つの単交雑をつくり，2年目にこれら2つの単交雑をさらに交雑してこれによって得られた種子を複交雑種子として利用するものである。複交雑品種の種子は多収であるので，種子は安価となった。この考えは直ちに種子業者に採用され，その普及は急激であり，アメリカのコーンベルトで栽培された品種は1960年代まではすべて複交雑品種であった。

　わが国最初の育成は，1958年の北海道農業試験場が発表した"交501号"である。そして，1970年代前後には，これに前記山崎の知見が取り入れられて，デント品種とフリント品種に由来する自殖系統間の複交雑品種の育成が目指され，十勝農試は1973年に子実用の「ヘイゲンワセ」（農林交15号）や1978年にサイレージ用の「ワセホマレ」（農林交21号）を，また草地試験場は1995年に「ナスホマレ」（農林交38号）を，九州農試は1996に「ゆめそだち」（農林交46号）を発表し，以後のわが国で育成，栽培される品種のほとんどはこうした考えに基づいている。

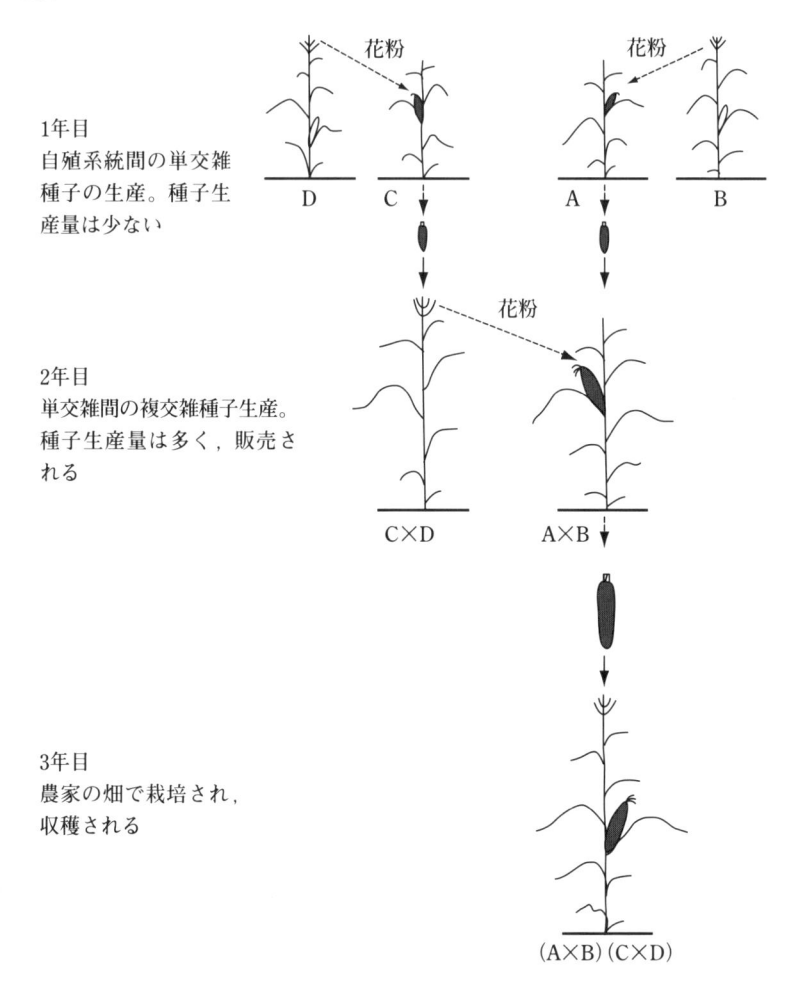

1年目
自殖系統間の単交雑種子の生産。種子生産量は少ない

2年目
単交雑間の複交雑種子生産。種子生産量は多く，販売される

3年目
農家の畑で栽培され，収穫される

図2−35　複交雑品種の生産過程　　　（戸澤，1981）

③単交雑品種と三交雑品種

　複交雑の利用は実用上価値があり，トウモロコシの進歩に大きな貢献をした。しかし，単交雑がもつ多収性と揃いの良さは，依然として高能力交雑品種の育成に必須の特徴であった。このために，研究者たちは2つの方向で努力した。1つは自殖系統の種子生産能力を高能力とし，交雑種子をできるだけ安価にす

る方向である。アメリカでは1980年代にすでにこの高能力系統の開発に成功し，その後も研究は強化され，単交雑の利用は現在は世界的な趨勢となっている。

　もう1つは，交雑種の組合わせを工夫する方向である。すなわち，姉妹系統を用いるか，三系交配とする方法である。ここで姉妹系統を用いる方法は種子の生産力は劣るが雌穂の揃いが良いので，多くは生食加工用に使われる。これに対して，三系交雑は種子の生産力は単交雑品種に近いが揃いの良さは不十分であるので，子実用やサイレージ用に使われることが多い。しかしいずれも，複交雑よりも単交雑に近い高能力を示すという特徴がある。こうした過程を経て，現在の交雑品種は，子実用やサイレージ用では単交雑または三系交雑が，また，生食加工用では単交雑または姉妹系統を用いた単交雑が主流となっている。

　　A×B　　　　　………単交雑
　(A×B)×C　　………三系交雑
　(A×A')(B×B')……姉妹系統の単交雑 (Sister-line single-cross または Modified single cross 改良型または変型単交雑) (A'とB'はそれぞれAとBに近縁関係にある)
　(A×B)(C×D)……複交雑

　自殖系統はそれがつくられる段階で不良な形質を取り除くことが容易であり，また優良な性質をきめ細かく蓄積することが容易であるので，品種改良の進歩を早めやすい。病気や倒伏に対する抵抗性，多収性，不良条件下でも生育する適応性などの著しい進歩は，自殖系統による方法と，トウモロコシが本来もっている多様性によるものである。

(3) 遺伝子組換え技術の利用

　グリフィス (F. Griffith) による1928年の肺炎球菌を用いた形質転換の実験，ハーシェイ (A. D. Hershey) とチェイス (M. Chase) による1952年の遺伝子の本体がDNAであることの実証，そしてワトソンとクリック (J. D. Watson & F. Crick) による1953年のDNA構造の解明などを経て発展してき

表2-2 トウモロコシの遺伝子組換え品種の世界における栽培面積の推移
(James, C. 2003. Global Review of Commercialized Transgenic Crops. 2002 Feature ; Bt Maize. ISAAA Briefs No. 29. ISAAA ; Ithaca, N.Y.)

特性	1996	1997	1998	1999	2000	2001	2002
害虫抵抗性	0.3	3.0	6.7	7.5	6.8	5.9	7.7
害虫・除草剤抵抗性	0.0	0.0	0.0	0.0	1.4	1.8	2.2
計	0.3	3.0	6.7	7.5	8.2	7.7	9.9

注　単位：100万ha

た遺伝子組換え技術は，今や現実のものとなった。

　1994年には，世界最初のトマト品種（日持ちの良い品種）が商品化され，2年後の1996年には害虫に抵抗性をもつ最初のトウモロコシ品種が商品化されている。作付け面積は概ね年々増加し，2002年における世界の作付け面積は，ダイズが3,650万ha（全作付け面積の51％），トウモロコシが1,240万ha（同9％），ワタが680万ha（同20％），ナタネが300万ha（同12％）となっている。これらの栽培は，アメリカ合衆国，アルゼンチン，カナダ，メキシコ，中国，ルーマニア，南アフリカ共和国などが主であるが，ヨーロッパでもすでに栽培の動きが急を告げている（表2-2）。現在，これらの遺伝子組換えの対象形質は，除草剤耐性が半分を超え，次いで害虫抵抗性，病害抵抗性である。

　トウモロコシでは，現在のところ，①害虫抵抗性のBt遺伝子（蛾から分離された細菌 *Bacillus thuringiensis* ＝バチルス・チューリンゲンシスに由来する鱗翅目害虫抵抗性遺伝子をいい，いくつかの種類がある）をもつ品種と，②同じBt遺伝子と除草剤グルホシネート等除草剤抵抗性遺伝子（*Phosphinothricin acetyl transferase* ; PAT）の2つの遺伝子をもつ品種の2つがある。いずれの栽培も増加しており，今後はさらに増加スピードを速めるものと期待されている。また，関連研究の進展による病害抵抗性の向上も期待されている。

　一方，世界の人口増加，生活水準の向上および利用性の拡大などから，2020年の世界のトウモロコシ需要量は現在よりも50％増加して，8億5,000万tになるという予測がある。需要の最も多くなるのは，中国の85％増で，次いでア

フリカの79％増，南東アジアの70％増，そしてラテンアメリカの57％増である。これらの国々は，先進工業国と異なって生産手段や生産技術が十分でなく，また小規模栽培が多いので，生産性は必ずしも高くはない。こうした現状から，上述のように将来の需要増加に応えていくことには無理がある。しかしながら，遺伝子組換えによる害虫抵抗性と除草剤耐性の遺伝子は，それが組み込まれている種子を利用するだけで，農薬散布作業および農薬被爆なしにヨトウムシなどの鱗翅目害虫の防除ができ，またごく少ない除草剤散布回数でほぼ完璧に除草できるというメリットを与えるものである。これらの効果は，大規模栽培地帯ないしは国々においても変わらない。なぜなら，たとえば現時点で最も効果的とみられる殺虫剤の利用についても，大規模栽培の場合は殺虫効果は期待の半分から3分の2ほどにとどまっているからである。

　以上のようなことを含めて，遺伝子組換えによる品種開発は，人類が遭遇するであろう将来の地球規模の飢餓と食糧問題，医療問題，環境問題などに画期的な役割を果たすと期待されている。また，この技術はこれまで研究者が長年の努力によって構築された品種改良技術を否定するものではなく，"相棒"として生まれた技術であることも理解する必要がある。

　しかしながらこの技術には，現実には，"危険性に対する危惧と規制"が伴っている。これら新しい技術の安全性の評価は，厳密な科学的根拠に基づいて行なわれる必要がある。いたずらに危険性や社会不安を煽り立てるものであってはならないのである。

2. 交雑技術の利用

(1) 自殖退化と雑種強勢

①雑種強勢の利用

　自然受粉品種や交雑品種の自殖した種子を播くと，その種子から出た個体の草丈や雌穂は小さくなり，抵抗性なども減退する。これを自殖退化または自殖弱勢（Self deterioration）と呼び，ほとんどの性質が低下する。この自殖退化

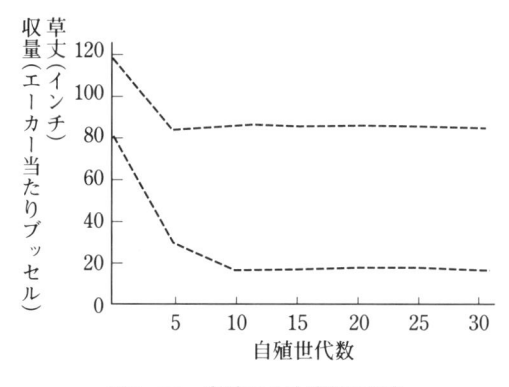

収量(エーカー当たりブッセル) 草丈(インチ)

図2-36　自殖による強勢の退化
（ジョーンズ，1939）

は自殖を繰り返すと図2-36に示すようにしだいに緩やかになり，ついには一定となる。これを自殖極弱と呼ぶ。自殖退化の程度は母材により異なる。また草丈や抵抗性など，形質によって自殖退化の程度と速さは異なるが，5〜10年（世代）自殖したものを実用上は自殖極弱に達したとみなして自殖系統と呼んでいる。この自殖退化の起こる原因は，一般には対立遺伝子のホモ化が進むためであると考えられている。

この自殖系統同士を交雑してできた一代雑種の種子（単交雑）は，自殖系統の親よりも生育が旺盛で生産力も高く，抵抗性も著しく高くなる。この現象を雑種強勢（HeterosisまたはHybrid vigour）と呼ぶ。交雑品種はこれを利用したものである。雑種強勢は，19世紀の中ごろに『種の起源』を著したダーウィン（C. Darwin）やガードナー（C. O. Gardner）により指摘されていたが，1911年にシャル（J. H. shull）によって命名されたものである。雑種強勢は固定されることがないので，交雑品種の種子は毎年購入しなければならない。

雑種強勢の起こる原因については，いくつかの説がある。以下，主要な説をのべる。

②雑種強勢が起こる原因
・優性遺伝子連鎖説

染色体上には形質を左右する多数の優性遺伝子と劣性遺伝子が連鎖している。ここで優性遺伝子は望ましい方向に作用し，劣性遺伝子は不利にはたらくと考える。このため，一代雑種ではメンデル（G. J. Mendel）の法則により両親の優性遺伝子が集積されるために劣性遺伝子の働きが抑えられて，雑種強勢

が起こる。ジョーンズが1917年に発表した説で，遺伝子ファミリー説が発表されるまでは最も支持者が多かった。

この説からすると，雑種強勢の固定が可能となるはずであるが，実証された例はない。

・複対立遺伝子説

一代雑種では両親の性質の違いが大きいほど雑種強勢が大きく現われることから考え出された説である。ある性質に対し，2つ以上の対立関係にある遺伝子，つまり複対立遺伝子があり，これらの間で縁の遠い遺伝子が組み合わされるほど，雑種強勢が大きく現われるとする説で，イースト（E. M. East）が1936年に発表した。この説では，雑種強勢の固定はできない。

・超優性説

対立遺伝子Aとaがある場合，AaはAAやaaよりも働きが大きくなることを超優性とし，一代雑種ではAaの状態にあるとする。ハル（F. H. Hull）が1945年に発表した。この説では雑種強勢の固定はできない。

・生理説

一代雑種の種子の胚がすでに自殖系統より重いことからイギリスのアシュビー（E. Ashby）が1930年に，また発芽直後から生育に雑種強勢が示されることからウォーレイ（W. G. Whaley）が1952年に発表した説で，生育初期の有利性が雑種強勢の原因であるとした。

・遺伝子ファミリー説

遺伝子型の異なる系統には，それぞれ遺伝子配列のまったく異なる遺伝子群（遺伝子ファミリー）があり，また，よく似た働きをし相互に関連の高い遺伝子群は，ゲノムの異なる場所に位置する。これらの遺伝子群は，交雑により同居することによって，雑種強勢を示すというものである。また，同型交配では，遺伝子群の数が減少するので自殖退化が起こるとする。遺伝子地図からも明確に説明できるという。2002年，米国ラトガース大学ワクスマン微生物研究所のフイファ（F. Huihua）とドナー（K. Dooner）により2002年に発表された具体性に富む新しい説である。

(2) 組合わせ能力と雑種強勢

雑種強勢の程度を示す尺度として組合わせ能力がある。多数の自殖系統同士で交雑した場合，どの相手の自殖系統に対してもある程度の雑種強勢を示す自殖系統を一般組合わせ能力（General combining ability）が高いといい，特定の相手の自殖系統に対してだけ高い雑種強勢を示す自殖系統を特定組合わせ能力（Specific combining ability）が高いという。すぐれた交雑品種を育成するには，まず自殖系統や合成系統などの母本自身がすぐれた性質をそなえ，しかも組合わせ能力の高いことが必要であり，次に良い相手となる母本をみつけて組合わせることが重要となる。

①組合わせ能力の表示

通常，一般組合わせ能力は交雑に用いた系統の平均を100として交雑品種の収量の平均を指数で示す。また，特定組合わせ能力は両親の系統の平均値を100として交雑品種の値を指数で示すことが多い。しかし，両親の平均値と交雑品種との差で示すこともある。

②高能力母本の育成

交雑品種時代の初期における自殖系統育成は，自然受粉品種を自殖するだけであったが，自殖系統数が相当数つくられると，これらの自殖系統をもとにして改良が進められるようになってきた。その改良方法には，系統間交雑法，戻し交配法，収れん法，循環選抜法および相反循環選抜法などがある。後者の2方法は自然受粉品種，合成品種，混成品種の改良にも用いられる。

③高能力交配品種の組合わせ推定

交雑品種の能力は栽培してみなければわからないが，あらかじめ予想がつけば便利である。三系交雑や複交雑品種の収量を予測するにはいくつかの方法があるが，簡単な2つの方法を示すと次のとおりである。

いま，用いられる4つの自殖系統をA，B，C，Dとし，AB，ACを単交雑

の値，$(A \times B) \times (C \times D)$ を複交雑とすると，複交雑品種の予想値は，

$$(AC + AD + BC + BD) / 4$$

となる。また，放任受粉品種 a を用いると，下記のようになる。

$$\{(a \times A) + (a \times B) + (a \times C) + (a \times D)\} / 4$$

(3) 品種区分

すでに述べたものを含めて，トウモロコシ品種全体を品種の成立過程と利用の面から区分すると，次のようになる。

a. 自然受粉品種	在来種	札幌八行，板妻など。
	在来改良品種	甲州，坂下など。
b. 交雑品種	品種間交雑品種	自由受粉品種同士，合成品種同士，混成品種同士，またはこれら相互間の交雑品種がある。
	自殖系統間交雑品種	自殖系統間の交雑品種，単交雑（姉妹系統間を含む），三系交雑（前に同じ），複（四系）交雑品種がある。
	品種系統間交雑品種	自殖系統と放任受粉品種，合成品種，または混成品種の交雑品種がある。
c. 合成品種		多数の自殖系統を交雑し，自然受粉させたもの。
d. 混成品種		多数の放任受粉品種を交雑したもの。

自然受粉品種，合成品種および混成品種のほとんどは，品種改良の母本として使われるが，ヒュウガコーン（混成品種）のように実際に栽培されたものもある。また，合成品種や混成品種は採種組織の十分でないところで用いられることが多い。

品種間交雑品種および品種系統間交配（トップ交雑＝Top crossとも呼ぶ）品種は，サイレージ用や子実用で多く利用される。

自殖系統間交雑品種のうち，単交雑品種および三系交雑品種の利用が最も多い。なお，生食加工用では，多くが姉妹間の"複"交雑品種である。

3. 品種改良の目標

品種改良の目標は，アメリカやフランスなどのヨーロッパ諸国では，高エネルギーの飼料用に最重点をおき，ついでエタノール，スターチなどの要するにデンプン工業に関連する形質にねらいをおいている。わが国では，サイレージとしての飼料用，生食加工用に重点をおいている。

具体的な品種改良の目標は，用途や栽培法によって異なる。特に，わが国の地形は南北に細長く伸びて地域ごとの気象条件が異なるため，改良目標には地域差がある。以下には，これらを踏まえた重要目標について述べる。

（1）熟期（早生化）

アメリカ大陸の古代の人々は，はじめは生育日数200日のものを栽培していたが，それが120日に改良することによって栽培地が著しく拡大し，また生産物の利用は大きく拡大していった。以降，人々は品種の早生化を重点にして改良してきたことは疑いがない。現在においても，世界的には用途を問わず，早生化の重要性は変わらない。品種の早生化は，高標高や北部の栽培限界地帯の栽培地の拡大，栽培地における収穫期間の拡大，また，作型や輪作体系の容易な決定に役立っている。

トウモロコシの交雑効果の最大の効果は早生化と多収性にある。とりわけ早生化はトウモロコシでは，一代雑種の熟期は構成する親系統よりも著しく早生化が図れるという特徴をもっている。なお，親系統の早生化は，栽培限界地帯における極早生在来種を母本として使うことが多い。わが国の早生化の進展は，「黄早生」，「坂下」および「札幌八行」などの北方型フリント種に負っている。

(2) 多収性

　用途別品種を問わず，他の作物と同様に重要である。いずれの用途においても品種の多収性の基本は，密植しても倒伏せず，正常な雌穂が着生する性質，つまり高い密植適応性にある。

　サイレージ用では，収穫時に黄熟期に達するような品種が多収であるという黄熟期刈りの考えが，1970年代に北海道で確立された。これは，サイレージは茎葉を主体にするのでなく，茎葉とカロリー価の高い雌穂の両方を利用するという考えに基づいている。これによって，現在のわが国のトウモロコシ品種は10日以上も早生となり，また稈長は逆に1mも低くなり，雌穂の登熟がよいためにサイレージ収量は多く，乳生産量は高くなっている。こうしたことから，サイレージ用交雑品種の多収性の改良は，雌穂と茎葉の両面から行なわれている。

　交雑には，デント種とフリント種が使われ，交配種には次のような特徴がある。

交雑品種	好条件	不良条件	適応性
デント種同士	多収	少収	小
フリント種同士	やや多収	やや多収	高
デント種×フリント種	多収	やや多収	高

　すなわち，条件の異なる場所や年次間で安定して多収を得るにはデント種とフリント種の交雑品種が望ましい。これはすでにのべたように子実用で得られた山崎らの知見であるが，サイレージ用にも適用できる。

　生食加工用では，用途により若干の違いがあるが，基本的には雌穂が長く，粒列を多くすることによって，多収の品種が得られる。そのためには，デント種の血が導入される必要がある。

　植物の構造上から，多収性の要因はソースとして①葉の単位当たり生産能力，葉面積，葉の厚さ，②葉の角度，配置状態，シンクとして③雌穂の大きさに区

分される。一般的に葉の厚いものは薄いものよりも能力が高い。また，葉の角度は，葉面積指数が低く収量水準の低い場合には水平葉がよいが，葉面積指数が大きく収量水準の高い場合には直立葉が能力が高くてよいといわれている。角田公正によれば，作物の多収型の葉群は光が地表まで入りやすい配置になるという。なお，多収のための被度を改善するために，着雌穂節より上位の葉数が通常の品種の2倍以上にする"LFY"遺伝子の研究が進められている。

また，多収性に関連して多穂型および2穂型が論議されることがある。通常の栽培により，1個体に雌穂が2本以上着生する品種があり，これらを程度により2穂型および多穂型に分けている。コーンベルトでは，多くの品種がこうした性質をもっている。しかし，湿潤で日照時間の十分でないわが国の多くの地帯では，ソース－シンクの関係から，適正な栽植密度を前提にして1株1雌穂が適しているとみられる。

(3) 登熟性

子実用では，登熟のスピードが重視される。

(4) 成 分

①高リジン，高トリプトファン

一般にトウモロコシ粒のタンパク質はツェンがほとんどであるので，アミノ酸としての品質はよくない。ヒト，豚など単胃動物はツェンを体内で必須アミノ酸のリジンやトリプトファに再合成できないため，これらの含量を高める必要がある。1964年のメルツ（E. T. Mertz）による"*opaqu-2*"，1965年のネルソン（O. E. Nelson）による"*floury-2*"などの新しく発見された遺伝子がその作用をもっており，しかも品種作出の可能性のあることが発表された。これを受けて，高リジン交配品種をつくるため，アメリカ合衆国，メキシコを中心に世界中で研究が行なわれている。すでにいくつかの実用品種が誕生している。

②高メチオニン

メチオニンも，リジン同様に必須アミノ酸である。2002年，米国は，遺伝

子組換え技術なしに遺伝子の働きを向上させ，この高含量トウモロコシ系統の育成に成功したという。鶏で飼養試験をしたところ，十分な効果を得たといわれている。

③高アミロース
通常の穀物として利用する場合，デンプンの消化率を高めるには，アミロース含量を高くすればよい。この性質をもつ遺伝子がいくつかあるが，通常はデンプン含量が低下する。そこで，デンプン含量を低下させないで，高アミロース品種をつくる試みが行なわれ，いくつかの品種がある。

④高油分
ほとんどのトウモロコシの粒には高級植物油，コーンサラダ油として知られる5∼9％以下の油分が含まれている。この油分にはコレステロールを溶かすというリノール酸が約50％含まれている。用途は，油糧としてだけでなく，高エネルギー価の飼料用として期待が高い。すでに，アメリカ，中国では油分の高い改良品種が栽培され，さらに含有量を高めるための研究が行なわれている。

⑤高糖含量
サイレージ用原料として，消化性とエネルギー価の高い性質を獲得しようというねらいがあり，いくつかの試みがなされている。

⑥抗酸化性機能
近年，長野県中信農試の農水省育種指定試験地では，アントシアニンを多く含むサイレージ用トウモロコシ品種育成を目指した研究を進めている。これによって，泌乳期の肝機能を向上させようというねらいがある。

以上のほかに，品種間のビタミンや無機成分含有量，いくつかの胚乳突然変異体なども検討されている。

(5) 品　質

　用途によって，品質の概念が異なってくる。多くは，複合的要素をもつので，その改善は簡単ではない。

　地上部全体を利用するサイレージ用では，可消化養分量と発酵の良否を左右するいくつかの要素があり，これについては第4章で述べる。また，茎葉の消化性の向上によってサイレージ品質を高める目的で，セルロース含量を低下させる働きをする遺伝子「ブラウン・ミド・リブ－3」が検討されている。この遺伝子の名は，葉身の中肋部が褐色となることから付けられた。

　生食加工用では，生食用（茹で，焼く）では，甘さ，食感などがあり，第4章で述べる。

　子実用では，多くは上述の成分に関することが多い。

(6) 倒伏性

①品種改良の最重要課題

　耐倒伏性は，アジアのモンスーン地帯を中心に重視される。風はもとより降雨と寡日照は茎を徒長ぎみにするので，倒伏を助長する。耐倒伏性は機械収穫適性の主役であるので，品種の特性としては，多収性よりも重要であることが多い。わが国の品種改良目標としては最も重要である。育種母材としては，節間が極端に短くなる矮性遺伝子の利用がしばしば扱われることがあるが，実用段階に至った例はほとんどない。

　トウモロコシの倒伏には挫折型，転び型，湾曲型の3つがある。いずれの型も栽培上は好ましくないが，挫折型の影響が最も大きく，湾曲型の影響は少ない。

　倒伏には品種の茎と根の性質が関係しているので，耐倒伏性の交雑品種育成には，これらの性質をよく反映する検定方法が必要となる。また，交雑品種に表われる程度は両親の平均（中間親）か弱いほうの親に近いことが多く，したがって雑種強勢がほとんど期待できない。このため，耐倒伏性の強い交雑品種の育成には，耐倒伏性の強い親系統をつくる必要がある。育種の母本としては，

強い稈,良好な根系,矮性な稈など,多数の系統が必要である。

②耐倒伏性の評価方法

耐倒伏性を評価する方法としては,一定の熟期に地上第2節間の中央部分の5.1cmの稈乾重(40℃—7日間乾燥),油圧計による稈強度の測定,稈壁の厚さ,引抜き抵抗などの利用はアメリカで発達し,わが国にも導入された。しかし,これらの方法は検定のために個体を破壊するので,後代が維持できないという特徴がある。そこで非破壊検定法として発表されたものに引倒し法および引倒し力を用いる方法などがある。

引倒し法は,圃場で簡単に利用でき,作物体を破壊しないで,強いと判断されれば交配して採種し,世代を維持できるという利点があり,品種「ワセホマレ」の育成過程で工夫,利用されたものである。引倒し法は,まず図2-37のように雄穂の下部付近を手でつかんで,円弧を描くように地表に向けて引き倒し,ついで地表近くで離す方法である。この過程およびその後の状態によって,図2-38に示すように4つのパターンに区分し,これによって強弱を判定

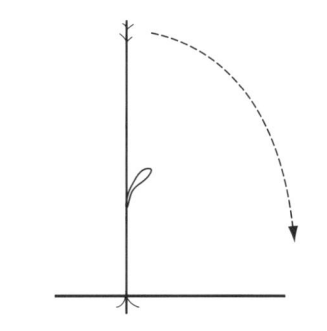

図2-37 耐倒伏性の検定—引倒し法
(戸澤,1979)

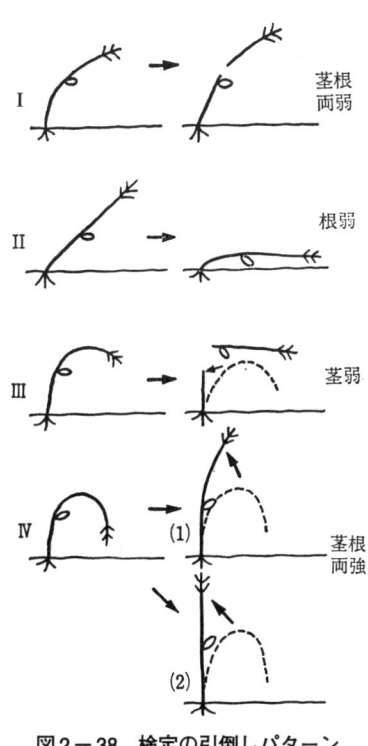

図2-38 検定の引倒しパターン
(戸澤,1979)

する。引倒し法のパターンは，交雑品種の倒伏個体割合とよく合う。

なお，引倒し力を利用する方法は，転び型倒伏の抵抗性に有効な方法として開発された（濃沼圭一）。この方法は，絹糸が抽出する20日前に簡単な機器を用いて引倒し力を測定し，これを桿長×着雌穂高の平方根で除した値で判断しようとするものである。

しかしながら，北海道で生まれた引倒し法は九州で，九州で生まれた引倒し力法は北海道で，それぞれあまり有効でないとする結果がある。これらについては生育の地域的な差に起因しているのかもしれない。

(7) 耐病性

主要なものにすす紋病，ごま葉枯病，黒穂病，すじ萎縮病，黄化萎縮病，北方斑点病，紋枯病，茎枯病，さび病，べと病，モザイク病などがある。これらの病害の抵抗性には品種間差異がみられるので，抵抗性品種育成の可能性がある。また，いずれの病害も，交雑品種には高い雑種強勢が示され，遺伝力も高いが，多数の微働遺伝子が関係している。

わが国の主要な病害は以下のとおりである。

①**すす紋病**（Leaf blight（無性世代はNorthern leaf blight））

1876年にイタリアのパッサーリニ（Passerini）により発見され，ついで1928年（昭和3）に西角義一らにより日本で報告された。1942年にアメリカで大発生している。この病害の抵抗性は一般にスイート種で低く，デント種およびフリント種で高い傾向がある。抵抗性には主働遺伝子による抵抗性と微働遺伝子による抵抗性との2つが知られている。広瀬昌平によれば，抵抗性を支配する遺伝子数は3〜12あり，したがって抵抗性の自殖系統を選抜するには，初期世代における単純な個体選抜でも有効であるとしている。罹病の程度は，エリオット・ジェンキンス指数によって判断される。

②**ごま葉枯病**（Leaf spot（無性世代はSouthern Leaf spot））

1925年にアメリカでドレシュラーにより発見され，ついで1926年（大正15）

に西角らにより日本で発見報告された。1969年にアメリカや日本の採種地帯にも発生した。これらについては，採種法との関連があり，詳細については本節5—（3）—②「細胞質雄性不稔の利用」でのべる。

　ごま葉枯病菌の毒素は，種子発芽のさいの幼根の伸長を抑える働きがあり。これを利用した抵抗性の早期検定法がある。1980年代には，但見明俊により温室内で播種後3週間で抵抗性を検定する方法が開発されている。罹病の程度は，すす紋病と同様に，エリオット・ジェンキンス指数によって判断される。

③すじ萎縮病（Rice black-streaked dwarf virus）

　ヒメトビウンカなどが媒介するウイルス病である。副島四郎ほかによると，フリント種は一般に強いが，デント種は弱い傾向がある。また，交雑品種に現われる抵抗性は両親が弱いと一代雑種も弱く，逆に両親が強い場合には両親と同程度に強いことから，抵抗性の強い交雑品種育成には抵抗性の強い親が必要であるとしている。

④黒穂病（Smut）

　品種間差異は明らかでないが，抵抗性と思われる品種の葉中には菌の生育を阻止する成分が含まれているといわれている。栽培面積の増加によって重要病害となる可能性がある。

⑤紋枯病（sheath blight）

　1980年（昭和55）ごろからにわかに注目されてきた病害で，品種間には明らかな抵抗性があるとされている。

⑥さび病（Common corn rust および Southern corn rust）

　わが国では一部のフリント種が若干の被害を受けた程度で，特に重要でない。しかし，抵抗性獲得の過程が耐病性品種育成上に示唆的であると思われるので，日浦による記述（1977）を述べると次のとおりである。アフリカでは4世紀近くも，さび病の発生はなかったが，空路の発達によって移入され，急速にアフ

リカ全土に広がり，壊滅的被害を与えた。ところが，10～15世代後には圃場抵抗性が現われ，現在ではほとんど被害はない。

ここで重要なことは抵抗性遺伝子の集積が，他の地域から導入したものでなく感受性の在来種の中で行なわれたということである。つまり，種子はすべて小規模の自家採種のため自然の他家受精が行なわれているが，さび病の大発生によって僅かながらも抵抗性のものが選択され，これが10～15世代後には被害が問題にならないまでに集積されたのである。

(8) 耐虫性

耐病性の研究に比べて歴史は浅い。世界的には，ヨトウやヤガの類（Army worm），メイガやメイチュウの類（Corn borer），アブラムシ類（Aphid），コガネムシの類（Beetle），ハムシ類，バッタ類（Grasshopper），ハマキガ類（Leaf roller），イラガ類（Caterpillar）など，対象とすべき種類は多く，研究事例も多いが，画期的成果を得るまでに至っていない。2001年，アルゼンチン産の野生トウモロコシの株の葉に，アワノメイガが卵を産みつけたがらないような物質をもっていることが解明され，今後の研究の進展が期待されている。

遺伝子組換え技術利用の成果として，決定的な抵抗性品種の開発がある。これは土壌細菌 Bacillus thuringiensis の遺伝子（Bt遺伝子と呼ばれる）をトウモロコシに組み込んだものである。この菌の遺伝子には，性質の異なるタンパク質を産生するいくつかの種類があり，その中のアワノメイガなどの鱗翅目害虫に対抗するタンパク質を産生する遺伝子を組み込んだもので，すでに栽培されている（本節1－(3)，3－(12)，表2－2を参照）。この品種の対象となっている害虫は，ヨトウやヤガの類が中心である。これには，いくつかの種類があり，全世界に分布している。アメリカ合衆国では最も重要な害虫で，トウモロコシ全体に使われる殺虫剤の80％はこの害虫のために使われているといわれる。そしてその使用量は年々増え，環境に与える影響が大きな社会的問題に発展している。

現在，この種の遺伝子組換え品種をほかの害虫にも利用する研究が進められ，実用化が期待されている。

(9) 耐干・耐湿性

 耐干性と耐湿性は，品種改良上で検討されることは少ないが，品種間差異の認められることがある。収量以外に現われる特徴としては，一般にデント種では絹糸抽出期の遅延，フリント種では雄穂の発育不良や花粉飛散不良が特徴とされている。すでにわが国では，簡易な検定法も考案されている。

 しかし，耐性の機作は複雑で，たとえば，土壌乾燥が軽度の場合の葉の萎凋は根茎の発達程度による吸水力の差，また重度の場合は葉の調節能力の差が関与しているとする見解がある。また，遺伝的研究の結果，抵抗性に関する遺伝子は10本の染色体に散在して，その働きは複雑であるといわれる。

 耐干性，耐冷性などについては，遺伝子組換え技術利用による活期的な抵抗性獲得の研究も行なわれている。

(10) 耐冷性

 低温発芽性は，北半球の高緯度や高標高地帯で問題となる。また，寒地・寒冷地において早播きを促進し，生育期間の拡大をはかるために重要である。低温発芽性は従来は低温下における種子発芽時の耐病性として扱われていたが，種子粉衣剤の利用により重要性が低下した。そのため，1965年ごろから，低温発芽性は低温下における種子の発芽活動力として扱われるようになり，品種間の程度はシャーレによる下記の比較低温発芽勢により示される。

$$\text{比較低温発芽勢（％）} = \frac{\text{低温条件下の発芽勢}}{\text{常温下の発芽歩合}} \times 100$$

 この場合，種子は殺菌剤を粉衣することが前提である。これによる品種間差異は，冷害年の実際の圃場結果とかなり一致する。現在の交雑品種中では最も低温発芽性の高いとみられている「ワセホマレ」とその構成系統の低温発芽性は，この比較低温発芽勢によって育成された。

 一般に，低温発芽性は，北方型フリント種で高く，デント種で低いが，品種

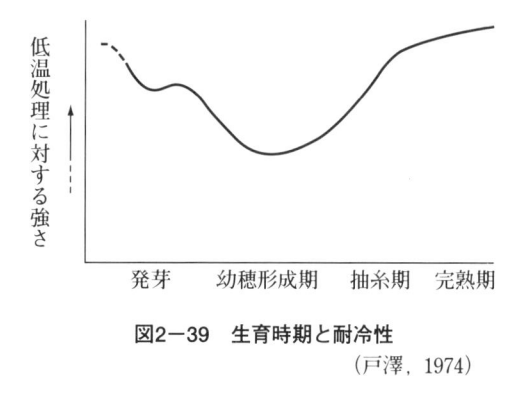

図2-39　生育時期と耐冷性
（戸澤，1974）

や系統間に差がある。また，交配品種に示される雑種強勢は高いが，遺伝力も高い。

初期生育における成長性および低温成長性は，雑草との競合被害を少なくし，また低温下でも成長することは低温被害を少なくするうえで重要である。低温発芽性の高い品種は低温成長性も高い傾向があるが，成長性は品種の種子の大きさとかなり密接に関係している。交雑品種に示される雑種強勢の程度は大きく，遺伝力も高い。一般に北方型フリント種は，ほかの種類よりも高い能力をもっている。

生育期間中の耐冷性は，寒地，寒冷地において生産安定のために特に重視されるが，研究事例は少ない。生育時期別の低温反応は播種後の発芽期を中心にやや弱い時期があり，その後幼穂形成期から抽糸期（絹糸抽出期の別称）前にかけて敏感な時期があり，以後，成熟期にかけては強さが増加する（図2-39）。低温に対して最も敏感な幼穂形成期の反応には品種間差異がみられ，しかも子実重だけでなく茎葉収量にも影響がある。

(11) 耐暑性

温度や土壌水分に対する品種の反応は，相互に関係しているので，耐暑性は，耐干・耐湿性と併行して検討されることがある。

(12) 除草剤耐性

トウモロコシの除草は，古代から栽培上の大きな問題であった。近世に入り，除草剤の登場によって，この問題が解決したかにみえたが，現代においてもやはり十分な解決には至っていない。それは，トウモロコシはイネ科であるので広葉雑草に効果のある除草剤は利用されるが，トウモロコシと同じイネ科の雑

草に効果のあるものを使えないということがある。イネ科雑草に効果のある除草剤では，トウモロコシも枯れてしまうからである。

そこで，トウモロコシに決定的な除草剤抵抗性をもたせ，同じイネ科をも含めた雑草に効果のある除草剤を利用するという考え方が生まれた。すなわち，"品種と除草剤"のセット利用である。現在この対象となっている除草剤にはグリホサートおよびグルホシネート剤がある。これらの除草剤は非選択性で雑草の種類をほぼ問わないという効果がある。すでに述べた虫害に対する抵抗性遺伝子と同じBt遺伝子の1つを単一遺伝子として，1990年代末には導入に成功している。現在実用化されている品種は，虫害抵抗性遺伝子と除草剤耐性遺伝子を併せもっているものもあり，諸外国ではすでに利用が拡大しており（本節1-(3)，3-(8)，5-(3)および表2-2を参照），文字どおりの効果を上げている。

(13) その他

トウモロコシを，できればマメ類並みに窒素施肥量を少なくして栽培するという試みもある。その方法は，作物体に窒素固定能力をもたせるのではなく，窒素固定菌 *Azospirillum* をトウモロコシと共生させるという方法である。

4. 遺伝資源の将来

(1) 遺伝資源の重要性

遺伝資源（Genetic resources）とは，具体的には，生物のもっている特性を構成する遺伝子を保持している品種や系統，個体などをいい，世界中に存在するすべての野生種や在来種などを指している。これらの遺伝資源のすべては，あらゆる面で将来利用される潜在性をもっているので，人類の将来のために今以上に減少させないで確実に確保していく必要がある。

遺伝資源の重要性を大別すると3つの方向がある。1つは，言うまでもなく基本的には生物全体に共通するもので，人類にとってかけがえのない現存の遺

伝資源を，理由はともかく，これ以上失ってはならないということである。2つは，栽培される品種の生産力，耐病性，耐倒伏性などの能力を向上させるとか，利用性を拡大するなどの方向に必要であるということである。この方向は，これまでの品種改良の主流であり，現在のトウモロコシの高い生産力は，その成果である。そして3つは，栽培される品種に多様性つまりいくつかの変化をもたせ，環境に対する作物全体の対抗力を高めようとするものである。かつて，長期にわたってアメリカは「葉枯病類」に悩まされてきた。その原因は，栽培されているほとんどの品種が同じ祖先品種に由来し，そのため変化に富む環境に対して多様性をもっていなかったことであった。また，ごま葉枯病と細胞質雄性不稔の関係については本節5 –（3）で詳述する。

(2) 探索，収集，保存，利用

こうしたことから，世界は早くから遺伝資源の収集と保存に力を注いできた。すでに，1827年（文政10）に，アダムズ米大統領は，海外の領事に種子と植物を集めてアメリカ本国に送るように指示している。また，1853年（嘉永6）7月，ペリー提督は浦賀に入港して開国を促すのと同時に，日本からの植物資源の導入にも努力するように訓令を受けていた。

わが国においては，本節の冒頭で述べたように農水省農業技術研究所生理遺伝部遺伝科が行なった1953～1968年の15年間にわたる日本産在来種の大規模な収集と保存は，将来への大きな資産として高く評価できる。

作物の遺伝資源の保存は，多くは関連する研究機関が個別に保存していたが，重要性が認識されるに伴い，通常「ジーンバンク」（遺伝子保存研究所または遺伝子銀行）が設置されて保存されるようになった。1974年，国際遺伝資源理事会（IBPGR）が発足し，国際的なネットワークが組織され，遺伝資源の探索・収集・保存が行なわれている。世界全体の保存は，約28万点（品種数）に及び，インド，ロシア，アメリカ，メキシコ，その他の世界中の国ないしは組織が行なっている（表2 – 3）。さらには，世界の民間組織もその保存に力を入れている。

1964年に，当時の農業技術研究所にわが国最初の種子貯蔵庫が設けられ，

第2章 作物としての特性と品種改良　*157*

表2-3　世界のトウモロコシ遺伝資源

所属	組織（略称）注1)	保存数
インド	国立農業研究所（IARI）	25,000
ロシア	バビロフ植物生産研究所（VIR）	18,337
アメリカ	アメリカ国立種子貯蔵所（NSSL）	14,091
CGIAR注2)	国際小麦・トウモロコシ改良センター（CIMMYT）	13,070
メキシコ	国立農林研究所（INIFAP）	10,828
メキシコ	国立農業研究所イグアラ試験場（INIA－Iguala）	10,500
メキシコ	国立農林中央研究所（CIFAP－MEX）	9,988
アメリカ	アメリカ中北部植物導入試験場（NC-7）	8,028
ウクライナ	ユリフ植物育種研究所（YIPB）	8,000
中国	中国農業科学院作物品種資源研究所（ICGR－CAAS）	7,999
日本	農業生物資源研究所（NIAS）	3,989
その他		137,046
合計		276,974

出典　The State of the World's Plant Genetic Resources for food and Agriculture, FAO, 1996より

注　1. 保存機関名は以下のとおりである
　　　IARI；Indian Agricultural Reseach Institute, New Delhi, India
　　　VIR；N. I. Vavilov Research Insitute of Plant Industry, USSR
　　　NSSL；National Seed Storage Laboratory（現 National Center for Genetic Resources Preservation）
　　　CIMMYT；Centro Internacional de Mejoramiento de Maiz y Trigo, CGIAR
　　　INIFAP；Instituto Nacional de Investigaciones Forestales y Agropecuarias, Mexiko D. F., Mexico
　　　INIA－Iguala；Instituto Nacional de Investigaciones Agricolas, Estaciuón de Iguala, Iguala, Mexico
　　　CIFAP－MEX；Centro de Investigaciones Forest. y Agropecuarias, Prog. de Res. Gen., Chapingo, Mexico
　　　NC-7；North Central Plant Introduction Station － USDA-ARS, Ames, Iowa, United States
　　　YIPB；Yuriev Institute of Plant Breeding, Kharkiv, Ukraine
　　　ICGR－CAAS；Institute of Crop Germplasm Resource － Chinese Acsdemy of Agricultural Sciences
　　　NIAS；National Institute of Agrobiological Aciences, Tsukuba, Japan
　　2. CGIAR；Consultative Group on International Agricultural Research（国際農業研究協議グループ）

その後，現在の独立行政法人農業生物資源研究所（つくば市）のジーン・バンク（遺伝子銀行）へと発展してきた。1996年におけるわが国全体の保存数は3,989点であった。また2003年には5,390点となり，そのうち4,000点がこのジーンバンクに保存されている。多くの品種等は公表されており，これら品種については，所定の手続きによってほぼ自由に利用できる。

(3) CIMMYT（シミット，国際小麦・トウモロコシ改良センター）

本部はメキシコ市の中心から東北東に40kmほど離れた標高2,249mのテスココ市エルバタンにある。もともとは，1941年にロックフェラー財団とメキシコ政府がトウモロコシとコムギの多収性品種開発の研究を始めたのに端を発する。1966年には，国際農業研究機関の1つとして衣替えした。わが国もこの運営には，主要な資金的および人的貢献を果たしているとともに，その運営に指導的な役割を担っている。

現在の目的は，中南米，アジア，アフリカなどの発展途上国の重要作物であるトウモロコシとコムギの品種改良および生産性向上にある。具体的には，①高能力のトウモロコシとコムギ品種の開発と配布，②トウモロコシとコムギの遺伝資源の収集・保存と配布，③トウモロコシとコムギの栽培法の開発，④トウモロコシとコムギの改良のための基礎的研究，⑤発展途上国の人材育成など，である。メキシコ国内には，本部のほかに5つの試験地があり，国外には14の試験地をもっている。

これまで，トウモロコシとコムギについて多くの研究成果を上げている。特に1970年には，コムギ品種の「緑の革命」に指導的役割を果たしたボーローグ（N. E. Boulaug）がノーベル平和賞を受けている。この成果には，わが国で稲塚権次郎氏らが育成した短稈品種「農林10号」が不可欠の役割を果たしている。

5. 採　種

(1) 自殖系統の採種

　小規模採種では，袋かけによって花粉管理を徹底する必要がある。交配操作としては，個体ごとに自家受粉する個体内交雑（自家授粉）と，複数株の花粉を混合して交配する兄弟間交配がある。

　大規模の場合には，ほかのトウモロコシの花粉から完全に隔離した畑で，自然交配をする。

(2) 在来種の採種

　小規模の場合には袋かけによって花粉管理を徹底する必要がある。交配操作としては，複数株の花粉を混合して交配する兄弟間交配がある。このときに個体数が問題となる。通常は少なくとも20個体以上，できれば50個体以上を確保していないと，在来種の特性を保てなくなる。

　大規模の場合には，ほかのトウモロコシの花粉から完全に隔離した畑で，自然交配をする。また，次代のための採種個体の選定は，在来種の本来もつ特性を維持していくことにねらいがあるから，特別の選抜を加えないことが肝要である。したがってポイントは，①まず，在来種の特性とかけ離れた不良株，および黒穂病などの罹病株を除去する，②交配個体数は集団全体の個体の変異に対応した比率で行なう，ことである。

(3) 交雑品種の採種

　すでに述べたビールは，2つの集団を他のトウモロコシから隔離して同じ畑に交互に植え，花粉が散る前に一方の集団の雄穂を除去する除雄（Detasseling）によって交配した。この方法は以後，交雑品種の種子生産に広く使われるようになり，わが国でも使われた。

①採種性

これは交雑品種の種子が安定かつ安価に生産されるために必要とされるもので，交雑品種の親系統に要求される複数の性質をいう。最も重要なのは，生産される種子が多収であることと耐倒伏性が強いことであり，ついで耐病性，雌穂乾燥の早さなどがある。両親の開花期の差は交配，受粉に支障のない範囲にあり，少なくとも播種期の移動によって調節できることが必要である。

採種性を左右する重要な要素に，雌雄株の栽植畦比がある。この畦比は，雄株の花粉量と，雌株に対する花粉飛散時期および草丈によって決まる。通常，単交配では雌株：雄株の比は2～3：1であるが，4：1や1：1の場合もある。複交雑では，通常3：1または4：1である。雄株の畦数が多いほど採種量は多くなる。

②細胞質雄性不稔の利用

交雑品種の種子の生産は，雌株・雄株とを交互に栽植し，雌株の雄穂は花粉飛散前に除雄して，雄株の花粉だけが雌株の絹糸に受粉するようにする。除雄には10日内外の日数を要するため，多労だけにとどまらず，採種面積を制限するなどの重要性をもっている。もし，雌株に花粉の飛散しない性質をもたせることができれば，これらの問題は解決される。細胞質雄性不稔（Cytoplasmic male sterile）の利用はこのために考えられた。

最初の研究は1931年のローデス（M. M. Rhoades）によるものである。現在までに30以上の種類が発見され，この中で"T型（テキサス型）"の細胞質が実用的であったので，アメリカは1950年代から，少し遅れてわが国でも利用され，交雑の種子生産を省力化した。T型は品種ゴールデン・ジュン（Golden June）がもっていた細胞質である。わが国では，1962年（昭和37）にこの細胞質雄性不稔を利用した「農林交10号」（交7号）およびそれに先立つ1年前には北海道で「ジャイアンツ」（1961年）が発表された。雄性不稔利用にともなう特性の変更については，かなり以前から指摘されていたが，わが国でも館（1960年代初め）はT型細胞質をもつ交配品種が正常細胞質に比べて，①栄養体各器官が全体的に弱勢化する傾向があり，②子実収量は10％あまり減収す

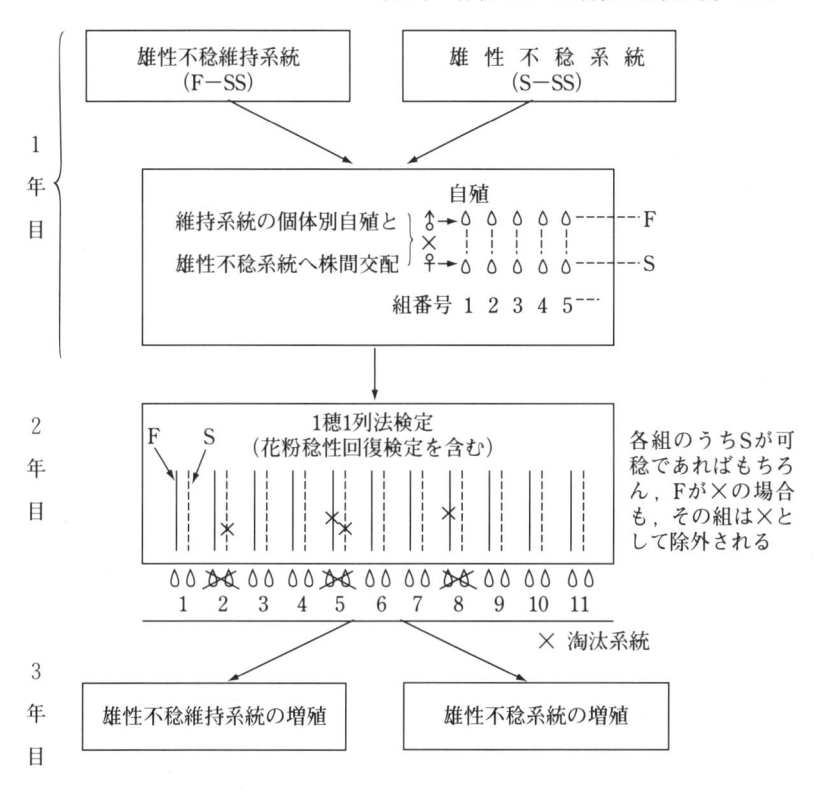

図2−40　雄性不稔系統の原種検定と増殖　　（中村，1965）

る，③雌・雄穂の抽出期などの生育期間には差はないことなどを明らかにしていた。しかし1969〜1970年に，この細胞質をもった品種を特異的に侵すごま葉枯病が多発したため，世界の国々は当面の対策として機械および人手による除雄を復活させるとともに，この細胞質の再検討を行なった。その結果，"C型（チャルア型）"が安全であるとみなされ，その後検討された。C型はブラジルの品種Charruaがもっている。なお，C型に近い性質をもつものとしてRB型がある。これまでの結果では，C型はT型のようにごま葉枯病そのほかの病害により特異的に侵されることもなく，また草勢や収量に及ぼす影響もほとんどない。

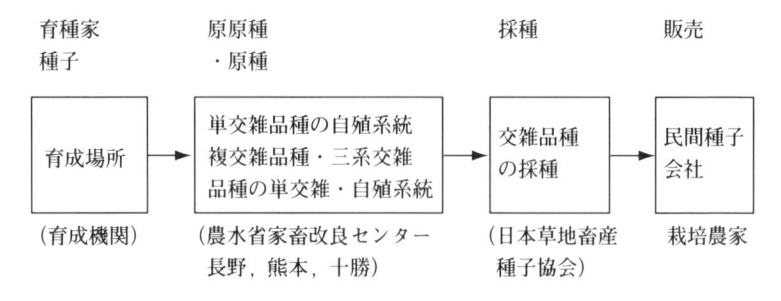

育種家 種子	原原種 ・原種	採種	販売
育成場所	単交雑品種の自殖系統 複交雑品種・三系交雑 品種の単交雑・自殖系統	交雑品種 の採種	民間種子 会社
(育成機関)	(農水省家畜改良センター 長野，熊本，十勝)	(日本草地畜産 種子協会)	栽培農家

図2-41 交雑種の採種組織

雄性不稔系統の原種検定と増殖は図2－40に示すとおりである。維持系統は自殖すると同時に，その花粉を不稔系統にそれぞれ株間交配して1対ずつ対応した多数の組合わせをつくり，これについて原種検定を行なう。これによって，不稔性について表現型でない維持系統の不稔性を検定できる。このようにして選抜した系統の母穂の残余種子は混合して増殖用とされるが，増殖は隔離圃で品種の場合に準じて行なう。不稔系統は維持系統の花粉を必要とするので，一代雑種の採種に準じ，不稔系統2〜3畦対維持系統1畦の割合で栽植して採種する。

(4) 採種組織

国内で育成した交配種の採種体系は，基本的には図2－41のとおりとなる。わが国の採種組織は幾多の変遷を経てきたが，現状では次のように3段階からなっている。①育種家種子つまり自殖系統の種子は，育成場所が維持する，②原原種，原種，つまり自殖系統の増殖および単交配（三系交配および復交配用の種子）の増殖は，（独）農水省家畜改良センター（十勝牧場，長野牧場，熊本牧場）が行なう，そして，③栽培用種子の採種は，（社）日本草地畜産種子協会が窓口になって外国（中国など）で行なう，である。

輸入品種の種子は，すべて外国から輸入される。

[主な引用・参考文献]

有原丈二訳．1979．須藤千春・吉田美夫著．東洋産トウモロコシの特性．東北農試栽培第2部．

Beckett, J. B.. 1971. Classification of Male-sterile Cytoplasm in Maize (*Zea mays* L.). Crop Sci. 11, 724-727.

Gowen, J. W.. 1964. Heterosis. Iowa State College Press. Iowa, U.S.A.

広瀬昌平．1970．とうもろこし煤紋病抵抗性に関する育種学的研究．

北海道草地研究会編．1995．北海道草づくり百年．

Huelsen, W. A.. 1954. Sweet Corn. Interscience Publishing Inc. N. Y.

Inglett, G. E.. 1970. Corn : Culture, Processing, Products. The A. V. I. Publishing Company. London.

井上康昭．1989．長大型飼料作物，トウモロコシ類，トウモロコシ（植物遺伝資源集成　第2巻）．講談社．

石毛光雄・山田実・志賀敏夫．1983．判別関数を用いたトウモロコシの耐倒伏性の評価とその計量遺伝的検討．農技研報告 D35.

Jugenheimer, R. W.. 1976. Corn; Improvement, Seed Production, and Uses. John Wiley & Sons. U.S.A.

梶原敏宏．1971．トウモロコシごま葉枯病と雄性不稔．植物防疫，25, 271-275.

Kovacs, I.. 1971. Proceedings of the Fifth Meeting of the Maize and Sorghum Section of EUCARPIA. Akadémiai Kiadé, Budapest. Hungary.

Kyung-joo Park（ed.）2001. CORN PRODUCTION IN ASIA. FFTC. Taiwan.

門馬栄秀．1989．長大型飼料作物，トウモロコシ類，テオシント．植物遺伝資源集成．第2巻．講談社．

望月　昇．1982．最近のトウモロコシ品種と育種事情．農業および園芸，7-9.

村上寛一監修．1985．作物育種の理論と方法．養賢堂．

中村茂文．1970．トウモロコシにおける雄性不稔利用の現状と問題点．育種学最近の進歩，第10集．

日本農芸化学会．2000．遺伝子組換え食品．学会出版センター．

農技研生理遺伝部．1979．日本産在来トウモロコシの特性．農技研資料 D3.

農林水産先端技術産業振興センター（STAFF）．2003．バイオテクノロジー　パブ

リック・アクセプタンス　ライブラリー（第3報）．ISAAA報告書－商品化された遺伝子組換え作物の世界的概観：2002Btトウモロコシ．

奥野貝敏．1980．トウモロコシ育種における胚乳突然変異体の利用．育種学雑誌，3．

Sprague G. F. ed.. 1977. Corn and Corn Improvement. Ame. So. Agron. Inc. Madison, Wisconsin.

須藤千春．1957．富士岳麓のトウモロコシ在来種．農業技術，12 (5)，207－209．

田中　明・石塚喜明．1969．トウモロコシの栄養生理学的研究（2）．日土肥誌，40．

館　陞．1966．とうもろこし細胞質雄性不稔の遺伝機構ならびに稔性回復遺伝子の農業形質に及ぼす影響．道立農試報告．13．

戸田節朗・阿部幹夫・長谷川春夫・長田進．1967．トウモロコシ「交4号」の育成とその栽培整理に関する知見．北農，34 (12)．

十勝農業試験場とうもろこし科．1976．トウモロコシ高栄養サイレージ原料生産に関する試験．十勝農業試験場成績．

戸澤英男．1981．トウモロコシの栽培技術．農文協．

戸澤英男．1985．寒地におけるホールクロップ・サイレージ用トウモロコシの安定多収への栽培改善と品種改良に関する研究．北海道立農業試験場報告，53．

戸澤英男（分担執筆）．1986．農業技術大系．作物編7．追録8号．農文協．

Walden, D. B. ed. 1978. Maize Breeding and Genetics, John Wiley & Sons.

鵜飼保雄・藤巻宏．1985．世界を変えた作物．培風館．

山田　実（分担執筆）．1986．農業技術大系．作物編7．追録8号．農文協．

山崎義人・清水正照．1943．玉蜀黍の品種間交配における雑種強勢の研究．育種研究，2．

山崎義人．1950．トウモロコシ研究の15年．農業技術，No.6～9．

吉田　稔．1977．トウモロコシの草型基本形質に関する研究（Ⅲ）．北大農学部邦文紀要．10 (3)．

第3章　環境条件と生育

トウモロコシは，高温性で生産力の高い長大作物であるため，その生育には潤沢な光，水，温度，土壌要素（栄養成分）などの気象的・土壌的条件が要求される。また，栽培地域が地球の農業地域のほぼ全域を覆っているので，栽培地を取り巻く病害虫，雑草などの生物的条件が栽培の制約となりやすい。そこで，トウモロコシの栽培的な捉え方は，前者の気象的・土壌的条件を満たし，後者の生物的条件の制約を適度に除くことである。

I　気象条件

トウモロコシは，もともと短日性殖物の性格が強かったが，その後の改良によって，温度と生育進捗の関係が強められている。そこで，トウモロコシの栽培では，これを基本にして，作物学的特性である高温性，C_4植物としての高い光合成能力および生産性（第3章）を生かす気象条件の捉え方が重要となる。

1. 光

光の効果は，日射量と日長に分けられる。

(1) 日射量

一般に日射量が多いと光合成が旺盛となるが，ある程度以上になると光合成はそれ以上には高まらない。この接点となる日射量を光飽和点または飽和照度と呼び，トウモロコシではほかの作物より高い。飽和点は温度，水と密接な関係にあり，低温，水分不足の場合は飽和点が低くなって減収する（表3-1）。したがって，降水量の潤沢なわが国はさておき，世界の乾燥地帯では，光の有効利用には温度とともに灌漑が重要となる。

日射量が少ないと葉数の出現は遅いが，葉および茎は伸長し，個体は徒長軟弱ぎみとなる。煙霧の多い北海道の山麓・沿海部ではこのような状態になりやすく，葉色も淡くなる。これらの不利な光条件を克服するには，できるだけ早

播きをして下位節を頑健にし，また適正な施肥技術と圃場管理によって初期生育を旺盛にする必要がある。

(2) 日　長

短日性の強い品種の開花時期は，日長によっても左右されることがある。この日長効果を日長効果（フォトペリオディズム，Photoperiodism）といい，光周律，光周期律，日長作用，また広く光周反応と呼ぶことがある。しかし，近年の品種は世界的にみても感温性つまり温度反応の比重が増しており，特に寒冷地の品種にその傾向が強い。

表3-1　多収年と低収年の日射量
（1966～1970年の平均）
（大久保，1975から改写）

場　所	多収年	低収年
札　幌	400	361
盛　岡	372	300
塩　尻*	402	455

注　1.　単位：1日当たりcal/cm^2
　　2.　絹糸抽出をはさんで約120日間
　　3.　*低収年は降雨極少

2. 温　度

(1) 温度と生育反応

①生育適温

播種から収穫までの全期間の温度は，日平均気温22～23℃あたりが望ましいとされている。生育時期別には初期と後期が比較的低温で，中期が高温であることが望ましい。夜温はある程度低いほうがよく，暖地では25℃以上，寒地では20℃以上にならないほうがよく，いずれの地域でも15℃前後が望ましい。寒・高冷地において，スイートコーンの甘味が強いのは，夜温が低いことと日較差が大きいためである。

②最低温度と低温障害

生育の最低温度は発芽と登熟時期の反応によって決められる。従来は日平均気温10℃以上でないと生育には有効に作用しないとされていたが，寒地では7

表3-2 低温遭遇時期が登熟期の個体の生育に及ぼす影響

(戸澤, 1981)

遭遇時期		登熟期の稈の形状					雌　穂	
		全出葉数	草丈・稈長	着雌穂高	稈　径	茎水分	形　状	登熟
生育前半	幼穂形成前	不変	不変	不変	やや細(特に下位)	不変	不変	遅延
	幼穂形成期	不変	不変	やや高	細(特に下位)	不変	不変～矮小奇形化	遅延
生育後半	絹糸抽出期	不変	不変	不変	不変	やや多	不変～着粒不良	遅延
	登　熟　期	不変	不変	不変	不変	多	不変	遅延

～8℃でも発芽する品種があり，また14日間の平均気温が7～8℃でも70～80kg/10aの子実重増加がみられる。これらのことから，0.1℃以上の日平均気温をベースにする考え方が強い。

　生育初期に低温下で育ったトウモロコシは，その後の低温と干ばつに対して抵抗力をもつようになり，しかも下位節間が短く茎は頑健になるので，倒伏に対しても抵抗力が高まる。寒地において早播きしたトウモロコシが倒伏に強い理由の1つはこのためである。

　トウモロコシの冷害は，遅延型ないしは生育不良型である。水稲にみられる障害型冷害はほとんどみられない。低温がトウモロコシの生育などに与える影響は，表3-2のように生育時期によって異なる。すなわち，生育前半に低温に遭遇した場合は，登熟期の稈の草丈もしくは稈長はほとんど変わらないが，茎が細くなって徒長ぎみの性状を呈し，倒伏しやすい傾向を示すのが特徴である。また，登熟期に低温に遭遇した場合，登熟期の稈の形状はほとんど変わらないが，茎の含水量が多くなって軟弱ぎみとなる。遭遇時期が長期にわたる場合は，個体全体は矮小化する。

　したがって，冷害対策の基本は生育をできるだけ早めて生育量を増し，強健な個体に育てることである。具体的対策として，耐冷性の強い早生品種を選定することであり，早期播種，リン酸や堆厩肥などを主とする十分な肥培管理な

表3-3 冷害対策技術　　　　　　　(戸澤, 1981)

対　策	目　的	具体的対策技術
基本対策	品種の選定 早期播種 地力培養	・耐冷早生品種の選定 ・できるだけ早期に行なう ・完熟堆厩肥の施用 ・リン酸の多用
応急対策	生育促進 （幼穂形成期前）	・窒素分施は早めに，1回とする。追肥は行なわない ・中耕は断根しないように，深耕する 　（この作業は除草剤効果に優先することがある） ・過湿をともなっている場合は，速やかに排水溝を掘る
	障害回避	・幼害虫の食害防止－捕殺 ・要素欠乏対策－亜鉛などの葉面散布 ・倒伏しやすい生育をするので，間引きをして1本立てに努める
	マルチ栽培に対し	・所定の生育時期までマルチを除去しない ・窒素の分施は早めとし，マルチの除去前に行なう場合はマルチ間の裸地に窒素を分施，深い中耕を入れる

どが必要である。また，発芽時および稚苗時における適度の中耕は発芽，発根，稚苗の成長を促して，生育前半における低温の影響を軽減する。表3-3は冷害年である1981年の北海道の東部および北部地帯において適当と判断された対策技術である。

③生育遅延程度の推定

生育中途における低温の影響は出葉数と草丈によって示される。出葉数は遅延の程度を，草丈は生育旺盛度の低下を推測するのに用いられるが，低温による影響のほとんどは出葉数に示される生育遅延の程度によって決まる。

出葉の遅延は，日数に置き換えると便利である。出葉には規則性があり，1葉が出葉するには次のようにほぼ一定の単純積算温度が必要であり，これは日数に変換できる。

　　幼穂形成期以前　　約65℃
　　幼穂形成期後　　　約80℃

つまり，幼穂形成期前の出葉が平年より2葉少なければ，単純積算温度では

65℃×2 = 130℃の遅延となる。もし，日平均気温が20℃となる絹糸抽出時の日数に置き換えるとすれば，130℃÷20℃ = 6.5日の遅延となる。また，日平均気温が10℃の刈取り時期に置き換えるとすれば，130℃÷10℃ = 13日の遅延と推定できる。

サイレージ用では，登熟期のホールクロップの乾物率が1％上昇するのに必要な単純積算温度は約50℃であり，これもおおまかな遅延日数に置き換えることができる。

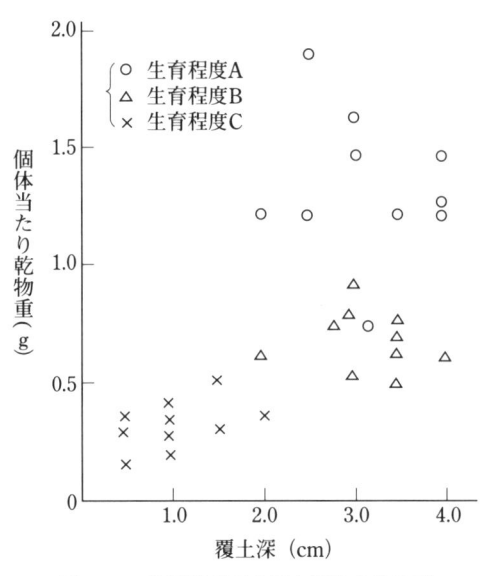

図3-1 晩霜後の覆土深と個体の乾物重
(戸澤, 1981)

注 降霜時葉数：約3.0葉，調査時葉数：約7.0葉

〈生育程度の区分〉 A B C

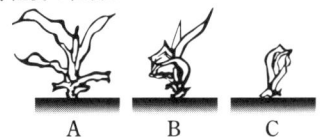

④最高温度と高温障害

実験的には，水分が十分である場合には30℃ぐらいが最も生育がよく，45℃以上では生育を停止することが多い。しかし，通常の畑地においては日平均気温が30℃以上になると生育は明らかに停滞する。さらに上昇すると葉の萎凋，開葯不良，花粉異常などによる受粉・受精不良を生じる。これに乾燥を伴うと症状はさらに悪化し，歯欠けや不稔雌穂が目立つようになる。

このような温度反応は，作物のそれまでの生育前歴や土壌水分ほかの条件によって大きく変化する。本州では，播種期から絹糸抽出期までは25℃まで，絹糸描出期から成熟期までは23℃までが有効な温度とする知見がある。

(2) 霜害

霜害には春の晩霜害と秋の初霜害がある。世界の栽培北限・高標高に位置する限界地帯に共通する障害である。この障害は，主に物理的な凍結障害に限られる。

①晩霜害

1960年ごろまでの北海道では，晩霜時期は播種時期を決定する主要因となっていたが，現在はあまり重視されない。その理由は，晩霜により地上部が枯死しても成長点は地下部にあるので被害を受けず，次の葉が抽出して成長を続け，霜をさけて晩播したり再播したりする場合よりも生育が進んで多収となるからである。しかし，覆土の浅い個体の生育は不良となる（図3-1，3-2）。この生育不良の原因は，成長点近くまで被害を受けて被害の回復に必要な地下部の生存部分が少ないためである。

通常，覆土深が3cmであれば3葉時に地上部全体が枯死しても収量にあまり影響しないと考えてよい。霜害を恐れて晩播きすると，稈は徒長して倒伏しやすくなり，生育期間の短い地域では，登熟が不十分となる。被害対策は被害時期により異なる（表3-4）。

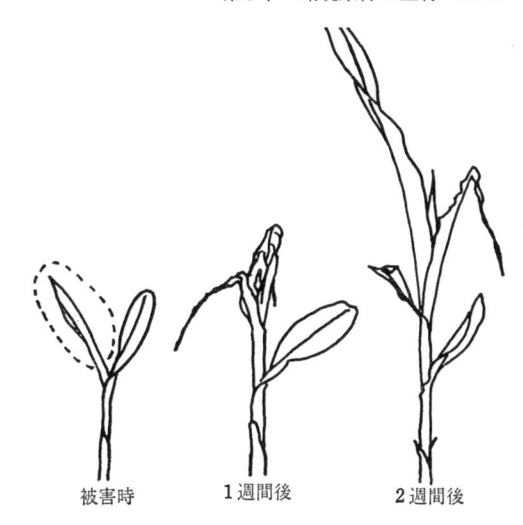

図3-2　晩霜後の回復
（戸澤，1983）

被害時　　1週間後　　2週間後

②初霜害

初霜害は茎葉を枯死させて同化作用と養分の転流を停止させるが，最初の降霜により完全に緑色部を枯死させることはないので，子実用やサイレージ用では被害の程度を十分把握し，それに応じた対応を判断する必要がある。初霜害

表3-4 晩霜害の被害程度と対策 (戸澤, 1981)

トウモロコシ生育期	降霜害程度(注)	覆土深	被害が生育収量に及ぼす影響	対策
発芽～2葉期	軽	問わず	なし	不要
		問わず	なし	不要
	中	0.5cm以下	枯死個体の発生あり	程度により補播または再播
	重	1.5cm以上	なし	不要
3～4葉期	軽	問わず	なし	不要
		問わず	ほとんどないが,稈がわずかに細くなる。減収しない	不要
	中	1.0cm以下	枯死個体の発生あり。稈がやや細くなる。生育が2～3日おくれ,わずかに減収する	程度により補播または再播
	重	2.5cm以上	ほとんどないが,稈がわずかに細くなる。減収しない	不要
5～6葉期	軽	問わず	ほとんどない	不要
	中	問わず	稈がわずかに細くなり,生育は2～3日おくれ,わずかに減収することがある	不要
	重	1.5cm以下	枯死個体の発生あり,稈が細くなり,倒伏しやすくなることがある。生育は5日くらいおくれ,減収する	程度により補播または再播
		2.5cm以上	稈はわずかに細くなり,生育は2～3日おくれ,わずかに減収することがある	不要

注 軽:葉先だけの被害
  中:葉身部のほぼ全体に被害。刺茎部の内外は無被害
  重:地上部全体の被害,または被害部がわずかに地中にまで及ぶ

の程度は登熟と生産物の品質に影響する(表3-5)。しかも,緑色部がほとんど枯死した後でも子実重の増加が認められる。この場合の子実重増加は同化作用によるものでなく,茎葉に蓄積されていた同化産物の転流によるものであろう。

降霜が品質に及ぼす影響としては,サイレージ用では飼料価値の低下や給与時の異常腐敗の発生につながることがあるが,被害が重度でなければ登熟を進めることにより飼料価値は増大し,また水分低下の効果もある。スイート種で

は，作期はごく安全圏におかれることが多いので，問題となることは少ないが，糖分は低下する。子実用では主に粒重低下に起因する品質低下がある。

種子生産を目的とする採種栽培では，種子の凍害が問題となることがある。登熟不十分で子実水分が40％の状態では，最低気温がマイナス5〜10℃で発芽力は低下する。収穫後に雌穂が収納されていても同様である。

表3-5　初霜と子実重増加

(戸澤，1970)

	子実重(kg/10a)	比(％)	千粒重(g)	比(％)
9月23日	411	100	211	100
10月14日	498	121	262	124

注　1.　5品種の平均
　　2.　9月23日の状態は下位葉の一部に緑色部分があるだけ

表3-6　作物の要水量（g）

(Briggs and Shantz, 1917一部改変，石原邦，1972)

作物名	要水量	作物名	要水量
コムギ	826〜1,052	イネ	585〜743
エンバク	760〜1,043	アワ	267〜386
ライムギ	875〜1,100	アルファルファ	906〜1,378
トウモロコシ	210〜263	ソルガム	223〜297

3. 水

トウモロコシの乾物1gを生産するための要水量は他の作物より少ないが（表3-6），乾物生産が多いので多量の水を必要とし，全生育期間では350〜500t/10aを必要とする。

世界の多くの栽培地帯では降水量が不足するので，古くから灌漑の必要な地帯が多い。わが国は降雨が多いので，極端な干ばつになることはないが，地域や生育時期によっては影響がある。幼穂分化形成期に水分不足になると雌穂が矮化し，開花期では受粉・受精に障害があり，また登熟期では雌穂先端の不稔部分が多くなる。雌・雄穂の抽出期前後に水分不足によって葉の萎凋が始まったら，その後の生育収量になんらかの障害があると考えてよい。

4. 風

 大別して，発芽，稚苗時の障害と生育後半の倒伏に対する影響がある。しかし，障害に至らない風は，炭酸ガスの供給により同化作用を増進し，蒸散を活発にして体内代謝を促進し，群落内の水分を調節して病害発生を抑制し，花粉飛散により受粉を助けるなどの効果がある。

(1) 発芽，稚苗時の風害

 発芽，稚苗時の障害には2とおりある。1つは，2～4葉期にみられ，風により苗が同心円に振られて地ぎわ部から地中茎が土砂に触れて損傷し，著しい場合には枯死する。水分が不足している場合この障害はいっそう助長される。もう1つは軽しょう土で土壌水分が不足している場合である。覆土が飛散して，発芽前の種子または発芽直後の種子や幼根が露出して正常な生育ができないか，枯死する場合である。対策としては十分な覆土，軽い鎮圧，灌水，発芽および初期生育の良い品種の選定などがある。

 フェーン現象により極端に高温乾燥した強風が襲来した場合は，晩霜害と似た症状を示すが，土砂の飛散がなければ障害は物理的と考え，晩霜害の場合と同様にそのままにしておくほうがよい。

(2) 倒　伏

 生育後半における倒伏の実際上の対策は，耐倒伏性の高い品種の選定，根群発達を促して断根しないこと，早播きの徹底や過密植をさけることにより強稈とすること，十分な施肥により強健な個体をつくること，などである。

 倒伏は同化機能を低下させて収量を低下させるだけでなく，機械収穫の損失および能率の低下，また土砂の混入や穂腐れの発生によってサイレージの品質を不良にする。著しい場合には収穫不能となることがある。

II 土壌条件

土壌は作物体を保持して,必要な養水分を供給するという基本的条件をもっているが,反面では,成長を阻害する病害虫および微生物などの棲み処ともなる。

1. 物理的条件

(1) 三相分布

トウモロコシの理想的な土壌は,図3-3の(a)のように固相が約2分の1,液相と気相がそれぞれ4分の1で,固相には有機質が適当に含まれている状態とされている。固相と液相は主に無機成分や水分を,気相は酸素などを供給し,三相全体つまり土壌は作物根を保持する。これら三相の働きは,それぞれの比率にも左右されるが,三相の質的な状態に大きく左右される。トウモロコシは

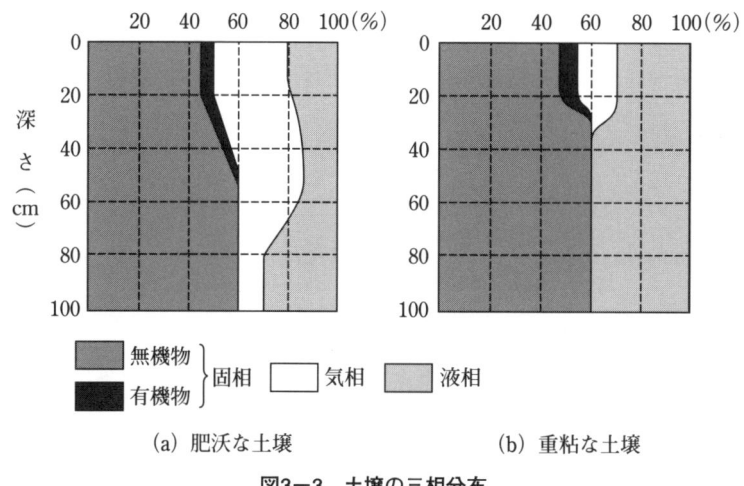

(a) 肥沃な土壌 　　(b) 重粘な土壌

図3-3 土壌の三相分布

(ラーチ,1954から熊田,1965)

表3—7　湿性土壌の排水処理効果

(十勝農試土肥科，1970)

試験区別	6 月 30 日		10a当たり風乾収量 (kg)	
	草丈 (cm)	葉数 (枚)	茎葉重	子実重
1. 無排水, 無堆肥	29.6	5.7	290.0	351.8
2.　〃　, 堆肥2t	31.0	5.7	339.9	373.6
3. 排　水, 無堆肥	35.0	5.9	390.9	451.1
4.　〃　, 堆肥1t	37.0	6.1	392.3	454.3
5.　〃　, 堆肥2t	36.8	6.0	435.7	472.3
6.　〃　, 堆肥3t	38.2	6.0	414.0	477.6

土壌条件を比較的選ばないが，団粒構造の発達した土壌では根系がよく発達し，地上部は頑健となって倒伏が少なく多収となる。

　トウモロコシの最適地温は一般に24℃付近といわれる。地温が低いと養水分の吸収速度は遅くなり，生育は遅れる。地温を上昇させる土壌管理の方法としては，団粒構造の改善，湿潤地の排水対策，生育初期の適度の中耕があり，土壌表面のマルチがある。

(2) 固　相

　土壌の団粒構造は十分に熟成した堆厩肥などの有機質または腐植と微生物の働きにより発達する。熟成の不十分な堆厩肥は団粒構造の発達に寄与しないだけでなく，硝酸態窒素過剰などの障害をもたらし，土壌環境を悪化させることがある。

　団粒構造の発達は三相の相互関係を良好にし，土壌の保水性，通気性，養分の保持力を高め，不良条件に対する緩衝力を増加させる。

(3) 液　相

　液相の多少が作物体に及ぼす影響は，作物の中では比較的受けやすい部類に属する。幼穂分化形成期における不足については，すでに述べた本章Ⅰ—3を参照する。逆に過剰になると，根の働きや葉の蒸散作用を弱め，病害発生の原因となる。

表3-8 土壌pHと作物の収量

(ブラック,1938から原田訳,1960)

作物	各pHにおける平均収量指数				
	4.7	5.0	5.7	6.8	7.5
トウモロコシ	34	73	83	100	85
コムギ	68	76	89	100	99
エンバク	77	93	99	98	100
オオムギ	0	23	80	95	100
アルファルファ	2	9	42	100	100
レッドクローバ	12	21	53	98	100
マンモスクローバ	16	29	69	100	99
ダイズ	65	79	80	100	93
チモシー	31	47	66	100	95

水分過剰の害,つまり湿害を受けた典型的なトウモロコシは黄化し,苦土,カリ,リン酸,窒素欠乏の症状が入り混じった状態を呈する。多雨だけによることは少なく,排水不良などによって過湿となっている場合にみられる。これらに対する,排水の増収効果は大きい(表3-7)。

(4) 気 相

気相と液相は,相互に強い関係にあり,適度のバランスが崩れると生育障害につながる。気相の内容は未熟堆肥などの不適当な有機物投入や低温下での塩安の使用によって悪化し,ガス化した窒素が根系を傷め,生育・収量に重大な影響を与えることがある。

2. 化学的条件

(1) 土壌pH

トウモロコシは土壌の酸性に対しても強く,正常に生育するpHの範囲は広い。栽培可能なpHは5.0～8.0の範囲にあるが,5.5～6.5の範囲が望ましい(表3-8)。

表3-9 トウモロコシの部位別要素含量と吸収量

(田中・石塚, 1969)

要素		収穫期の含有率					全体 (kg/10a)
		子実	雌穂	雄穂	葉	茎	
N	(%)	1.54	0.84	0.90	1.50	0.91	14.9
P	(%)	0.30	0.08	0.12	0.11	0.04	2.2
K	(%)	0.23	0.73	0.55	1.60	2.65	12.0
Ca	(%)	0.08	0.08	0.54	1.11	0.30	3.7
Mg	(%)	0.13	0.20	0.34	0.92	0.32	4.5
S	(%)	0.14	0.10	0.20	0.23	0.16	1.9
Si	(%)	0.03	0.42	3.17	4.24	0.91	12.8
Fe	(ppm)	140	350	1,350	1,050	320	0.42
Mn	(ppm)	12	34	88	125	29	0.05

 pHの変化は土壌成分の可吸態化のバランスを変えるので,急激な矯正は好ましくない。

(2) 土壌要素

①養分吸収の特性

 トウモロコシは多収型の作物であり,根は深根性で強い吸肥性をもっているので,要素の吸収量は多い(表3-9)。

 窒素とカリは吸収量が多く,土壌からの供給量ではまにあわないので,肥料として施す必要がある。リン酸は吸収量が多いとはいえないが,土壌からの供給量があまりに少ないために肥料として施す必要がある。石灰(CaO)と苦土(MgO)はある程度の吸収量はあるが,土壌によってはそれをまかないうる。しかし,地域によっては,かなりの量を肥料として施す必要がある硫黄(SO_2)は三要素肥料中に多量に含まれているので,特に必要はない。

 ケイ酸(SiO_2)の吸収量は著しく多いが,土壌中には通常多量に含まれており,肥料として供給する必要はまずない。

 亜鉛(ZnO)の吸収量も少なく,従来は天然供給量で十分であるとされていた。しかし,諸外国では早くから欠乏症が知られ,わが国でも,1970年代前後,北海道,本州,九州などで認められている。対策としては,肥料として施

用するか，葉面散布することが勧められている。

鉄（Fe$_2$O$_3$），マンガン（MnO），銅（CuO），ホウ素（B$_2$O$_3$）の吸収量はごく少なく，わが国では土壌からの天然供給量で十分であるとされている。

②窒素

・窒素と生育

窒素が欠乏すると葉色が淡色になり，個体は矮小化する。寒地では品種によっては葉身に淡い紫色を帯びることがある。また，窒素の不足により絹糸抽出期や登熟が遅れ，雌穂は矮小化する。窒素多用による増収効果は高いが，過剰ぎみのことがある。発芽から生育初期の過剰施用は発芽不良や生育不良をきたすことがある。過剰吸収の場合は，作物体のタンパク質の生成量が多くなり，葉は大きく濃緑となる。反面，炭水化物の蓄積が低下するので，繊維や細胞膜の形成がうまくいかず，全体としては水分含量が多く軟弱で徒長ぎみの個体となる。串崎によれば，トウモロコシの窒素栄養状態は，図3－4により有効に診断できる。

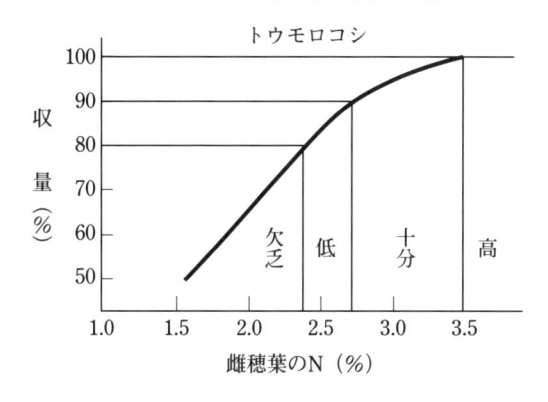

図3－4 雌穂葉（Ear leaf）による窒素診断
（ジョーンズから串崎，1969）

領域	定義
不足（Deficient）	植物は養分的欠乏の外部症状を示す
低（Low）	植物は外見は正常であろうが，テストの結果が低い要素を与えるとレスポンスを示す
十分・中庸（Sufficient）	植物は外見が正常で最大収量に十分な要素濃度をもつ
高（High）	植物は外見正常で最適収量レベルが期待できる。しかし，この要素濃度はふつう予想されるより高い
過剰（Excess）	植物はある養分障害の明らかな外見症状を示すか，正常な外観を示す。収量はこの要素の過剰により，有意の低下をすることもある

・窒素の施用方法

窒素は生育の全期間にわたって吸収されるが，節間伸長開始以降の栄養成長が最も盛んとなる生育中期の吸収量は最も多いので，十分に熟成した堆厩肥の投入によって地力窒素を多くし，窒素の供給はある程度緩やかであることが望ましい。

施肥窒素の多くはアンモニア態であるが，肥料焼けを起こす性質があるので，施肥は分施とする必要がある。尿素態窒素は，施用後に土壌微生物によってアンモニア態に変化し利用されるが，砂質がかった土壌は粘土質土壌より，瘠薄土は肥沃土より，火山灰土は沖積土より，また低温，水分不足の土壌は温度・水分の十分な土壌よりもアンモニア化成は遅い。このため，寒地や乾燥年で尿素を施用すると初期生育が著しく阻害され減収することがあるので，これらが心配される地帯では，窒素全体の3分の1を超えないようにする。

緩効性窒素肥料が，長期間にわたる窒素の緩やかな供給と，肥料焼け防止を目的として利用されることがある。しかし，寒地における肥効は十分でないことがある。

③リン酸

・リン酸と生育

リン酸は幼苗期に要求量が多い。生育初期，特に3～4葉期頃からの欠乏は根系および地上部の生育を著しく不良にし，多くの品種の茎葉は赤紫色を呈する。また，初期の欠乏は分げつ性の品種では分げつの発生が著しく少なくなり，減収程度も大きい。生育の進行にともなって，作物体内のリン酸は古い組織から新しい組織に移行するので，欠乏症状葉は下位葉から上位葉へと移動する。欠乏症状が成熟期まで発現されている場合には葉がもろくなって折損しやすくなり，また雌穂先端の着粒が不良となる。このような場合には，著しく減収する。

寒地の酸性土壌や火山灰土壌においては無リン酸栽培すると，生育初期に欠乏症状が明確に発現する。葉は小型であるが軟弱徒長ぎみとなり，葉数の展開もおくれる。無リン酸栽培したトウモロコシ稚苗の生育量は無窒素栽培のもの

より劣ることがある（図3-5）。過剰による障害はほとんどないが，多量施用により亜鉛欠乏症を起こすことがある。

・地力リン酸の利用

地力リン酸の利用増進は，基本的には土壌中のリン酸含量の増加と可吸態化の促進の両面による。具体的には，リン酸含量の増加はリン酸資材と有機物の投入によらざるをえない。可吸態化の促進には，pHの矯正，有機物の投入，苦土およびケイ酸資材の投入，乾燥土壌への灌水，過湿土壌の排水，地温の上昇などがある。施肥された水溶性リン酸のほとんどは，かなり早く土壌中の無機成分と結合して不溶性となり，一部は土壌コロイドのケイ酸などと結合する。

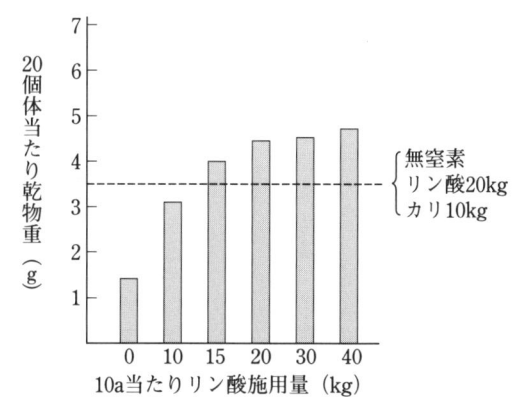

図3-5　リン酸の施用量と初期生育
（戸澤, 1981）

注　播種後35日，交4号，$N:K_2O=12:9$ kg。施肥位置＝種子の両側3cm，下方3cm。P_2O_5は過石，1974年

・リン酸の施用方法

リン酸の土壌中における移動はごく少なく，施肥後1週間でも3〜5cmしか移動しない。したがって，リン酸の施肥位置はできるだけ生育初期の根圏に近いことが必要となる。施肥リン酸が作物に利用される割合は施肥成分量の10〜20％に過ぎない。リン酸の肥効を高めるには，すでに述べた地力リン酸の有効化とともに，施肥技術として①根圏の範囲に施用されること，特に初期生育時に吸収される位置がたいせつであり，種子から3cm以内，少なくとも5cm以内とする（図3-6），②リン酸の吸収利用上で相助関係にある苦土を併用する，③西南暖地のリン酸吸収係数の高い土壌では熔成燐肥のようなく溶性のリン酸を併用すると効果が高い。

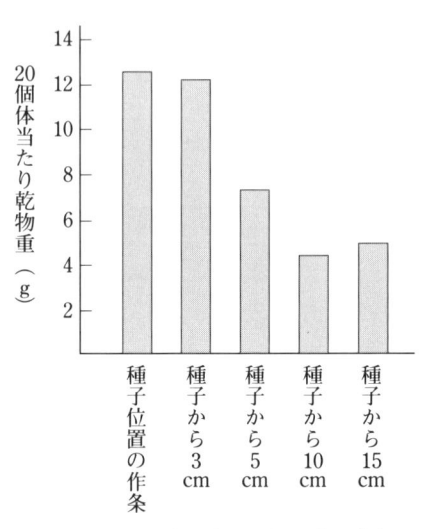

図3-6 リン酸の施用位置と苗の乾物重　（戸澤, 1981）

注　播種後48日目, 交4号, N：K₂O＝12：9kg。施肥位置＝種子の両側3cm, 下方3cm。P₂O₅は20kg（過石）, 芽室, 1974年

(縦軸：20個体当たり乾物重（g）)
(横軸：種子位置の作条／種子から3cm／種子から5cm／種子から10cm／種子から15cm)

④カリ

・カリと生育

　カリが欠乏すると草丈は低くなり, 葉は下位葉の先端および葉脈間が黄化し, しだいに周縁部は黄褐色となって枯死することがある。カリは古い組織から新しい組織に移動するので, 欠乏症状はまず古い葉に発現する。また, カリ欠乏により生育がおくれ, 稈はつまり, 雌穂先端の着粒が不良となって減収する。また, 茎および葉は遊離のアミノ酸が増えて軟弱となり, 耐病性が低下するとされている。

　カリは必要以上に吸収されるぜい沢吸収があるものの, 吸収量が過剰となる害はまずない。しかし, 多量の施用は窒素ほどでないが, 発芽時および稚苗時の肥料焼けの原因となる。また, 過剰の程度が著しい場合には, 石灰, 苦土などとの拮抗作用のために, これら要素の欠乏症を起こすことがある。

・カリの施用方法

　土壌中に含まれているカリが, 有効態になる量は土壌条件により異なる。全カリの多い土壌の場合, 排水良好で温度の高い場合, 堆厩肥が十分施用されている場合に多い。また, 粘土質土壌は砂質土壌より多い。

　砂質がかった土壌や粗粒火山性土壌では溶脱しやすいため, また泥炭土壌では供給力が小さいために, カリは不足しがちとなる。このような土壌では, 施肥カリの保持力を高めるために, 熟成した堆厩肥などの有機質を投入する必要がある。水溶性カリが過剰に施されると, 拮抗作用により苦土の吸収が妨げら

れる。このため，カリの施用量は苦土，石灰とのバランスを考えて決める。

⑤石灰（カルシウム）

　石灰は作物体内では古い組織から新しい組織へ移動しにくい性質があり，通常は古い葉における含量が高い。このため欠乏症は新しい葉にみられる。吸収は生育全期間にわたって行なわれる。

　この成分は土壌中に多量に含まれているので，極端な欠乏症を示すことはないが，酸性土壌や砂質土壌では不足することがある。欠乏した場合は成長点が阻害され，新葉は黄白化し，ついで褐変枯死する。

　過剰による吸収害はみられないが，過剰施用は苦土，カリ，ホウ素，マンガン，亜鉛などの吸収が悪くなる。栽培上重要なのは，石灰は土壌の酸性を中和して，土壌微生物の働きを助けるとともに，各種成分が吸収されやすくする働きをすることである。

⑥苦土（マグネシウム）

　苦土の欠乏症はカリと同様に古い葉から始まる。まず，葉脈間の縁が不連続に抜けて黄化するが，品種によっては赤紫色を帯びる。そして，次第に黄白化し，褐変して枯死する。症状の発生は，石灰やカリの多用により誘発されることがある。苦土の欠乏したトウモロコシは生育がおくれ，稈は軟弱となって倒れやすくなり，耐病性も低下する。症状発現により20％ほど減収する。苦土の過剰は石灰欠乏と併発することが多い。苦土はほとんどの地帯で重要であるが，単肥配合の場合は苦土重焼燐や熔成燐肥に含まれている量で補うことができる。

⑦亜鉛（チンク）

　亜鉛は酵素の働きを助け，タンパク質やデンプンの合成をよくする。
　欠乏症は4葉期頃から認められ，成長中の若い葉の中央部が黄白化し，これが進むと白化してえ死部を生じ，風により葉が折れやすくなる。個体は矮小化し，雌穂は小さくなり，著しい場合には雌穂の着生しない個体がみられる。

欠乏症発生の原因としては，土壌中に有効含量の少ないことのほかに，低温，リン酸の多用，急激な過度の深耕，有機質不足などがある。また，テンサイ（シュガー・ビート，サトウダイコン）跡地で発生することがあり，これはホウ素との拮抗作用によるものと考えられている。この対策としては，基本的には堆厩肥などの投入が必要である。亜鉛資材を肥料としてあらかじめ施用するか，欠乏症発生初期に葉面散布する。

3. 生物的条件

乾燥した自然土壌1gには，数億に上る細菌，菌類などの微生物が棲息しているといわれている。これらの中には，土壌病害の原因となる有害な糸状菌や細菌を駆逐・抑制したりする放線菌や，有機物の分解，土壌養分や施肥成分の可吸態化などにより作物の養分吸収を容易にする多くの有用微生物が棲息している。また，有機物を分解し，土壌構造を改善するミミズや原生動物，その他が棲息している。

これらの有用な生物の働きは，畑地の作物栽培にとっては不可欠であり，その棲息環境を守ることは栽培者の役目でもある。しかしながら，その役目ないしは土壌の健康が過度に強調されて，いたずらに"農薬，化学肥料の不要論"や"誤った有機栽培論"に陥ってもならない。

III 生物環境

1. 病害

(1) 主な病気と対策の基本

世界のトウモロコシ生産量のほぼ10％が病害により減収しているとされて

表3-10 すす紋病の生食加工用トウモロコシに与える影響

(北海道十勝・農業改良普及所, 1980)

罹病程度	皮付き雌穂 (kg/10a)	割合 (%)	剥皮雌穂重 (kg/10a)	割合 (%)	雌穂長 (cm)
0	1,416	100	968	100	15.2
1～2	1,139	80	788	81	11.8
3～4	703	50	449	46	7.2

注 罹病程度はジェンキンス・エリオットの指数

いる。以下で述べる病害以外にわが国で発見された病害にはモザイク病, 縞葉枯病, 褐条病, 条斑細菌病, 倒伏細菌病, 赤かび病, 青かび病, 斑点病, いもち病, 糸黒穂病, 苗立枯病, 根腐病, 黄化萎縮病, 汚点病, さび病, 白絹病, 炭そ病, 北方斑点病, 根腐線虫（モロコシネグサレセンチュウ）がある。なお, 転換畑では, 水稲との共通病害である紋枯病, すじ萎縮病, 黄化萎縮病が重要病害となることもある。

病害の発生は品種の抵抗性と生育上の栽培・環境条件およびこれらの相互関係によって生じる。病害の発生, 被害を少なくするには, 抵抗性品種を十分な肥培管理によって健康な作物体に育てることが基本となる。輪作などの耕種的方法や中間寄主の除去によって, 病害の原因となる菌密度の低下や遮断をはかることも重要である。

(2) すす紋病

発生 温暖（18～27℃）・多湿条件で発生するといわれ, 世界の栽培地帯のほとんどで発生する。わが国では, 関東以西での発生は少ないが, 九州地方でも多発した例がある。寒地では, 茎葉が旺盛に繁茂し, 曇天が続いて, その後高温多湿になったときに発生しやすい。絹糸抽出期前後からの早期の発生ほど被害が大きい。

被害が実際の収量に与える報告は少ないが, 北海道では特にいくつかの被害事例がある。表3-10の例では, 罹病程度の著しい場合には半分以下に減収し, しかも雌穂長が短くなっているので, ほとんどの雌穂は販売用にはできな

い。

　一般にサイレージ用や子実用では，生食加工用よりも発生は少ないが，被害の著しい雌穂の登熟不良は外観よりも顕著である。雌穂を両手で握り，容易にねじることができるほどである。被害の著しい場合には，罹病部の細胞内物質（タンパク・脂肪・糖類など）が低下して乾物収量は10〜15％低下することがある。

　病徴　北海道では8月半ばすぎから，都府県では7月下旬ごろから成葉に発生する。はじめ葉の表面に浸潤状の帯青色の部分が葉脈にそって現われ，しだいに拡大して暗灰色大形病斑となる。病斑の周縁は褐色となり，裏面は暗色を呈し，すす状のカビを生じる。病名はこれに由来する。病徴が進むと苞皮，茎，雌穂にまで及ぶことがある。病原菌には2レースが確認されている。

　伝染経路　トウモロコシまたは他の寄主植物の被害葉で分生胞子または菌糸の形で越年し，翌年これが生育中の葉に寄生し，発病する。種子伝染もする。

　寄主植物　トウモロコシ，ソルガム類。

　防除法　①基本的には連作を避けて適正な輪作を行ない，十分な施肥によって，強健に生育させる，②抵抗性品種を，適期または早期播種する，③被害葉は努めて堆肥として腐熟させるか，焼却または土中深く埋没する，④有効薬剤を利用するなどがある。

(3) ごま葉枯病

　発生　1970年，世界的に大発生した重要病害である。温暖（20〜32℃）・多湿の条件下で発生する。わが国では都府県で発生が多いが，北海道の道央以南でも多発することがある。東北以南では，すす紋病より被害が多い。高温で降雨が多く，肥料切れするような場合に発生しやすい。連作によって発生が著しくなった例が多い。発生による被害はすす紋病に準ずるとみられている（表3-11）。病原菌には2レースが確認されている。

　病徴　一般にすす紋病より早く発生する。下位葉から発生を始め，上位葉に及ぶ。病斑は，はじめ葉の表面に帯褐色の小斑を生じ，それがしだいに拡大して10mm×2mm大の紡錘形または楕円形となる。病斑の周縁には紫色または

表3-11 ごま葉枯病の罹病程度と飼料成分の変化（%）

(伊澤, 1979)

分析項目	罹病程度					
	0	I	II	III	IV	V
有機物	89.5	89.8	89.6	90.2	91.3	91.6
繊維（NDF）	58.0	56.8	56.7	59.2	62.4	65.8
細胞内物質	31.5	33.0	32.9	31.0	28.9	25.8
TDN	56.8	58.4	57.3	55.8	54.2	50.3
可消化粗蛋白質	11.0	10.8	10.3	9.5	8.2	5.9
乾物消化率	61.0	61.8	61.6	59.7	57.4	55.3

紅色の小さいカサ状を生ずることもある。症状が進むと，病斑内部が退色し始め，ついで暗褐色，ビロード状となり，周囲には輪紋を生ずる。葉のほかに，茎，苞皮などの地上部全体に発生することもある。

伝染経路 トウモロコシまたは寄主植物で胞子の型で越冬し，翌年葉などに付着して発病する。種子および空気伝染する。

寄主植物 トウモロコシ，キンエノコログサ，クサヨシ，チガヤ。

防除法 すす紋病に準ずるが，特に適正な輪作体系を組む必要がある。このほかに，寄主となる畑地周縁の雑草刈取りを励行し，また肥料切れをさけ，抵抗性品種の選定にはT型の雄性不稔細胞質をもつ品種をさける。

(4) 黒穂病（おばけ）

発生 古代アメリカ大陸の時代から発生が認められている病害である。わが国でも全国的に発生するが，都府県での発生が多い。北海道においては高温時に多発する傾向にある。稈や雌雄穂に多く発生する。土壌伝染が主体であるので，作付け面積の増加に伴う蔓延が懸念される。

患部は中南米においては現地人によって食用に供されている。

病徴 病菌が成長中の軟らかい部分に侵入して発病する。患部はしだいに異常肥大して，こぶ状となる。こぶは白く軟らかい膜で包まれているが，後に破れて黒い粉（厚膜胞子）が散る。患部のこのような状態が奇異であるので，"おばけ"とも呼ばれる。

伝染経路 患部の中から飛び出した黒い粉は厚膜胞子で，これが種子に付着したり，土壌中に落下するなどして越年し，翌年これが発芽して小生子を生ずる。小生子は多くは風によって飛散して，トウモロコシに付着し，若い組織を侵して発病させる。土壌中の厚膜胞子は最低3年から7〜8年以上生存する。土壌伝染が主体であるが，空気，種子伝染もする。

寄主植物 トウモロコシ，テオシント。

防除法 ①基本的には連作をさけて適正な輪作と施肥を行ない，強健な作物体に育てる，②厚膜胞子は堆肥にしても死滅しないので，病瘤部の早期発見に努め，病

図3-7 黒穂病（おばけ）の患部
（戸澤，1981）

瘤部をみつけしだい切り取って焼却する，などが必要である。土壌中への埋没はさける，③種子伝染するので，種子は健全で，薬剤の粉衣したものを選ぶ，などがある。

(5) 褐斑病

発生 冷涼・多湿の条件下で発生する。1956年に北海道で発生が確認され，その後本州以南でも発生が認められている。開花前に古い葉から発病し始め，葉身枯死が進むと，雌穂や花粉形成が阻害されることがある。地力の乏しい火山灰土壌や夏期低温寡照の年に発生しやすい。

病徴 病斑は，はじめ水浸状，淡緑黄色であるが，しだいに周縁が褐色ないし紫褐色となり，中央部は灰白色となる。葉を透かしてみると病斑のまわりに

は淡黄色，水浸状物が見える。通常，病斑は1～3mmの円形，楕円形または紡錘形である。症状の激しいときは，1mm以内の小斑が密集して，葉全面が灰褐色あるいは灰白色となり枯れる。

伝染経路 分生胞子または菌糸の形で，乾燥した被害葉で越年する。空気伝染が主である。菌が侵入してから発病するまでの潜伏期間は1週間から10日くらいである。

寄主植物 トウモロコシ。

防除法 ①適正な輪作を行なうとともに，十分な施肥をする，②被害茎葉はできるだけ畑地から運び出して焼却するか，堆肥にして腐熟させる，③発病が認められたら直ちに被害部分を切り取り，焼却する，などがある。

(6) すじ萎縮病

発生 播種時期，酷暑が発生誘因となることが多い。1955年に山梨県で被害が報告されてから，関東以南でしばしば被害が知られるようになった。初期の発生を確認することはむずかしい。イネの黒すじ萎縮病と同じ病原体によるウイルス病である。初秋に罹病したイネから，ウンカ類によりムギ，牧草（イタリアンライグラス，ペレニアルライグラス，チモシーなど），雑草（メヒシバ，イヌビエ）に移り越冬して春に発病し，やがてトウモロコシに飛来して媒介するとされている。発生時期の早い場合は矮化の程度が著しく，また出穂しないこともあり，減収の程度は大きい。

病徴 個体全体の節間がつまって矮化し，葉は葉脈が隆起して濃緑となり，葉身は短くなるのでほとんど垂れ下がらない。そして，上位葉の裏面の葉脈は隆起してスジ条となる。また，地ぎわの茎に黒色のスジ状壊疽を生じることもある。症状の著しい場合には葉鞘にもスジが現われる。

伝染経路 ヒメトビウンカ，サッポロトビウンカ，シロオビウンカなどにより媒介される。ムギに黒すじ萎縮病が多発し，ムギの生育が遅れて枯れない場合，ウンカの発生が多くなり，これによってトウモロコシで発生が多くなることがある。

寄主植物 トウモロコシ，イネ，ムギ。

防除法 ①抵抗性品種を栽培する，②播種期をずらして，ウンカ類の発生時期を回避する，③6月下旬～7月上旬のヒメトビウンカ発生期に有効な薬剤を散布する，などがある。

(7) 紋枯病

発生 火山灰土壌で連作し，高温多湿で発生するといわれる。湿潤気候下で過密植した場合にも発生することがある。1980年ごろから西南暖地で被害が急激にふえ，発生の著しい場合には雌穂が腐敗し，大幅に減収する。湿性の転換畑などでは重要病害となることがある。

病徴 下位葉の葉鞘部に小判形の浸潤した斑紋を呈するので，この名がある。病徴が進むとカビが発生し，菌糸が固まって菌核を形成する。また葉鞘部の病徴が進むと，葉身は枯れ上がる。さらに苞皮，芯，子実まで侵される。

伝染経路と寄主植物 病菌は土の中に棲み，温度と湿度が加えられると，菌糸が伸び，まず下位葉の葉鞘を侵す。病状が進むと菌核を形成するが，これは脱落しやすく，地表に落ちて越冬し，次年度の伝染源となる。イネの紋枯病と同じ菌であり，多犯性である。

防除法 明確な方法は明らかにされていないが，連作年限の短縮，過密植を避け，適正栽植密度を保つ，除草の徹底，抵抗性品種の選定などが考えられている。

2. 虫　害

(1) 主な害虫と対策の基本

世界のトウモロコシ生産量のほぼ15％が虫害により減収しているとされている。世界的に重要なものに，アワノメイガ，アワヨトウ，コウモリガ，イネヨトウなどがある。これらの被害は，減収だけでなく，生食加工用では工場内における加工工程に支障を及ぼすこともある。わが国全体では，発芽種子や幼苗を食害するハリガネムシ，ヨトウ類，ヤガ類，また茎葉や雌穂を食害するヨ

表3-12 アワヨトウの産卵　（草地試験場,1981）

産卵部位	トウモロコシ6葉期		10葉期		14葉期	
	除草	無除草	除草	無除草	除草	無除草
トウモロコシ生葉	0.0	0.0	53.0	0.0	10.2	0.0
トウモロコシ枯れ葉	40.2	10.2	23.9	0.0	11.0	4.5
メヒシバ	0.0	89.8	0.0	100.0	0.0	94.5
その他除草など	59.8	0.0	23.1	0.0	78.7	1.0

トウ類やメイガ類が多い。

いずれも，防除の基本は作付け体系の工夫と畑地条件の整備による防除であり，これに殺虫剤等の利用が加わる。

(2) アワヨトウ

発生・被害　年に，北海道で2〜3回（化性），東北で3回，関東で3〜4回，九州では4〜5回まで発生する。1回目が7月上旬，2回目が8月下旬〜9月上旬，3回目が9月上・中旬，4回目が11月上・中旬である。幼植物や成長した個体を階段状に食害するが，中肋を残して，食べつくすこともある。大発生の場合には，群をなして移動する。

形態　十分に成長した幼虫は，体長が約5cmに達するものもある。頭部は橙黄色でハの字形の黒い斜条がある。胴部は暗緑色ないし黒色で，これに白く細い背線，その両側に暗緑色で白い縁のある太い線，黒色の気門線およびその下の暗緑黄色の線があり，きわめてきわだった色彩をしている。腹脚の外側には黒色の斑紋がある。

習性　越冬状態は十分に明らかにされてはいないが，幼虫，蛹，成虫のいずれでも越冬できる。産卵には乾燥した枯れ葉を選ぶといわれ，数十粒〜数百粒をかためて産卵する。また，トウモロコシよりもメヒシバに好んで産卵するという調査結果がある（表3-12）。1〜2週間でふ化し，幼虫は昼夜の別なく食害するが，成長すると夜間や曇天のときにだけ活動する。約1か月で蛹となる。蛹の期間は10日くらいである。大発生の場合は，中国や朝鮮半島から台風にのって成虫が飛来する。

被害植物　トウモロコシ，イネ，ムギ，アワ，キビ，ソバ，イネ科牧草，メヒシバ。サツマイモ，ダイコンなどのアブラナ科も食害する。

防除法　①幼苗時には捕殺する，②幼虫発生時および生育初期に有効薬剤を利用する，③雑草を生やさない，などがある。

(3) アワノメイガ

発生・被害　世界に多くの種類がある。アメリカ，ヨーロッパでは，ヨーロッパアワノメイガ，日本ではアジアアワノメイガの被害が多い。北海道と長野などの高冷地では年1世代であるが，高温年では2世代になることもある。盛岡，宇都宮，長岡，水源などでは2化性，名古屋，今市，徳島，高松では3化性とされている。第1世代より第2世代の被害が大きい。関東以南で多発する。作物体のほとんどの部分が加害の対象となり，茎に侵入した場合は倒伏の原因となる。成虫は夕方から活動し，葉の裏面に産卵する。ふ化した幼虫は葉の裏面を食害し，2～3日で茎，穂などに侵入する。加害の特徴は，侵入口から多量のふんなどが排出され，糸で垂れているのでわかる。減収となるほかに，生食用では販売規格に至らない貧弱な雌穂になることが多い。ただし，関東以西におけるハウス栽培などの極早期栽培での被害はほぼない。

形態　十分に成長した幼虫は2～2.5cmとなる。全身は淡褐色ないし暗褐色で，背の中央線は濃色である。イネヨトウとの区別は腹脚の形状により容易にできる。つまり，アワノメイガの腹脚は円形で，釣爪の配列が環状になっているが，イネヨトウではこれが半月形で釣爪の配列が円弧状になっている。

習性　加害植物の茎などに入って越冬する。春に越冬場所で薄い白繭をつくり，蛹化する。蛹の期間は10～30日で暖地では短い。成虫となったガは，羽化後まもなく産卵し，数十粒ずつ塊にして，約600粒を絹糸抽出前の葉の裏側に産卵する。卵は5～10日でふ化し，葉，雄穂，そして茎，雌穂を食害する。成虫は夕暮れから夜間にかけて活動する。

被害植物　トウモロコシ，アワ，キビ，オカボ，ヒエ，ショウブ，ショウガ。

防除法　①虫ふんの出ている被害株を切り取って焼却し，幼虫の移動を防ぐ，②有効薬剤を利用する，などがある。いずれも成虫の飛来期から幼虫のふ化直

前にかけて利用するが，茎に侵入した後では，効果はあまり期待できない。

天敵であるアワノメイガタマゴバチおよびキイロタマゴバチの利用が検討されている。

(4) ショウブヨトウ類

発生・被害 北海道や高冷地での発生が多い。いくつかの種類があるが，キタショウブヨトウとショウブオオヨトウの被害が多い。幼虫が幼苗を食害する。食害された株はほとんど正常に生育できず，欠株となるので減収する。

形態 2種のヨトウ幼虫の区別は次のとおりである。キタショウブヨトウは，乳白色の地色に3対の紫褐色縦線があり，尾部の最後の硬皮板が黄土色で，先端が丸く凸状になる。これに対し，ショウブオオヨトウは，ほぼ全身が暗褐色で，1対の細い白条があり，最後部の硬皮板が黒色で，先端には5歯状を有した凹形となっている。十分に成長した幼虫の大きさは3〜4cmであるが，キタショウブヨトウはいくぶん小さい。

習性 いずれも年1化性で，秋に牧草などの枯れ葉に産卵する。これが越冬して翌春5月中頃にふ化し，畑地周囲の幼苗を食害する。7月下旬に羽化して成虫となる。食害の仕方は，まず地ぎわ部から茎に穴をあけて食入し，成長点または成長点にごく近い部分を食害する。食害された幼苗のほとんどは萎凋して枯死する。幼虫1匹で数株を食害する。

被害植物 トウモロコシ，イネ科牧草，ムギ，アヤメ科植物。

防除法 ①畑地残渣および畑地の外周部分の枯れ葉などを焼却して殺卵する，②草地跡ではトウモロコシの前に根菜類を栽培して，産卵を回避する，③捕殺する，などがある。加害された幼苗の新葉1〜2枚は萎凋す

表3-13 畑地周辺からの距離とショウブオオヨトウ類による被害株数

(戸澤，1981)

距離 (m)	A (調査幅, 20m) (1977)	B (調査幅, 45m) (1979)
2.5	7	17
5.0	6	22
7.5	4	16
10.0	0	9
15.0	1	0
20.0	0	3

十勝地方の農家圃場

るのですぐ見分けがつく。この幼苗の地ぎわ部をていねいに掘っていくと幼虫がみつかるので，捕殺する。被害のほとんどは畑地周囲5〜10mの範囲に集中するので（表3-13），この範囲を捕殺するだけで被害は最小限に抑えられる。

なお，エゾカタビロオサムシは天敵である。この幼虫の体長は1齢1cm，2齢5cm，3齢3cmくらいとなり，この幼虫も成虫もヨトウ類の幼虫を捕食する。

(5) イネヨトウ（ダイメイチュウ）

発生・被害　九州での被害が大きい。1年に2〜3回（化性）発生する。2回発生の場合は4月から5月と7月から9月にかけての期間である。1回目は早播きの生育中の作物体を食害し，2回目および3回目は茎内に侵入して食害する。1回目の発生が著しい場合にはほとんど収穫皆無に近いこともある。

形態　十分に成長した幼虫は体長約3cmとなり，全体は淡黄色で，胴部の背面は淡紅色である。各体節にある黒褐色の点から1本ずつ短い毛が生えている。

習性　幼虫は，加害植物の刈り株や稈の中で越冬する。翌春，越冬場所となった株や稈を食べるが，まもなく幼植物などを加害する。5月中・下旬に成虫（ガ）が現われ，作物体などに産卵し，6月にはふ化して食害をもたらす。2回目は7月から8月に，3回目は9月に被害が現われる。

被害植物　トウモロコシ，イネ，アワ，キビ，ムギ，サトウキビ，ショウガ。

防除法　①捕殺する，②播種期を移動する。四国では発ガ最盛期の1回目が4月30日〜5月10日，2回目が6月10日ごろとなるので，これらの時期をさける，③有効農薬を利用する，などがある。

(6) コウモリガ

発生・被害　1958年から1961年にかけて，長野県のトウモロコシ採種地帯で大発生し，一部で収穫皆無の被害を受けた。山間地帯の被害が大きいといわれている。1年1回の発生である。主に地ぎわから30cmぐらいまでの高さのところの稈に穴をあけて侵入する。そのため，加害された株は弱い風でも容易に倒伏する。

形態 十分に成長した幼虫は3～5cmにもなる。頭部は褐色，体全体は黄白色で小さい黒点が多数ある。

習性 羽化後，夕方の薄暮のころに飛びながら卵を地上に産み落とす。卵はそのまま越冬し，翌春の5月半ばすぎにふ化し，雑草やムギなどを加害する。7月に入って，1～2.5cmに達した2齢幼虫がトウモロコシの茎に侵入する。8月下旬に蛹となり，9月半ばに羽化し，産卵する。

被害植物 トウモロコシ，ムギ，牧草，ホップ，果樹類，林木，花木，花卉類，野菜類，雑草。

防除法 ①5～6月に畑地周辺の雑草を刈り取るか，除草剤処理し，若齢幼虫の密度を低下させる，②同じ時期に薬剤を畑地およびその周辺に散布する，などがある。

(7) ハリガネムシ類（コメツキ類）

発生・被害 日本全土に発生する。マルクビクシコメツキとトビイロムナボソコメツキの2種類が重要である。発芽前後および幼苗の種子や根を食害する。食害された種子や幼苗がすべて枯死に至るということはないが，発芽や稚苗の成長が著しく低下し，減収につながる。

形態 幼虫は全体が黄色じみた淡褐色で，頭胸部と末端の第9腹節の背面はやや濃い。全身につやがあり，黄銅製の針金のようにみえるところから，ハリガネムシと呼ばれる。十分に成長した幼虫の長さは，2～3cm以上になる。

習性 1世代に3～4年かかるといわれる。幼虫時代が最も長く2～3年である。成虫は土中で越冬し，6月下旬ごろから，地表下1cmくらいのところに数粒ずつまとめて産卵する。2～3週間でふ化し，食害を始める。3年目の夏期，幼虫は土中で蛹となる。蛹の期間は10日くらいであり，成虫となって土中で越冬する。

マルクビクシコメツキは火山灰地帯や沖積地帯の腐植に富む軽い土に発生が多く，トビイロムナボソコメツキは泥炭土壌に多いといわれている。

被害植物 トウモロコシ，バレイショ，ムギ，マメ類，アブラナ科，ビート，ニンジン，イネ科牧草，ウリ類。

地表上に発芽していない場合

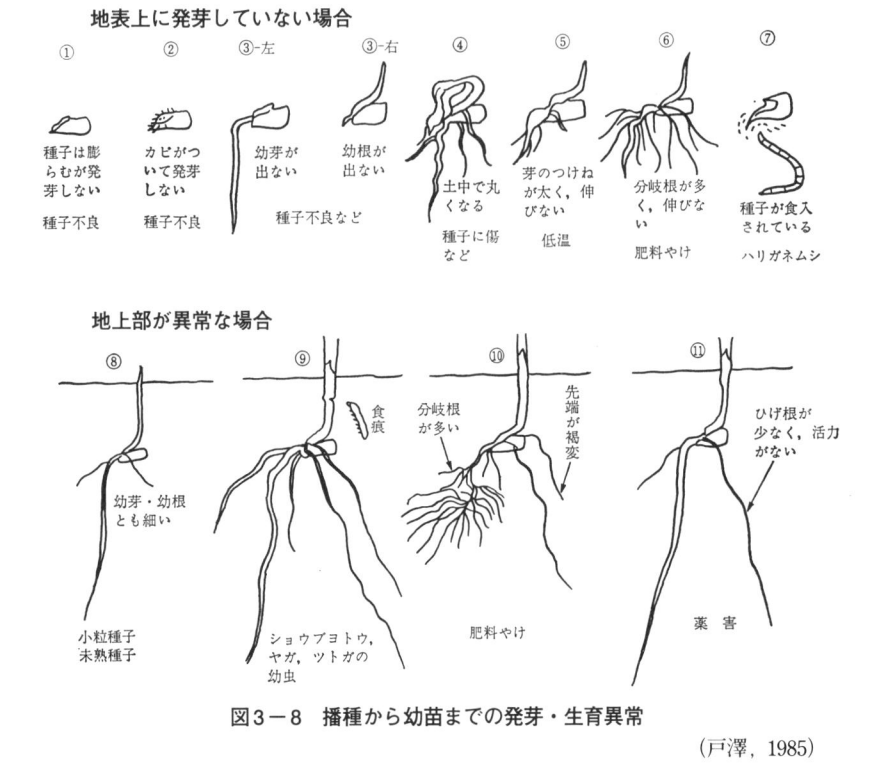

① 種子は膨らむが発芽しない　種子不良
② カビがついて発芽しない　種子不良
③-左 幼芽が出ない　種子不良など
③-右 幼根が出ない
④ 土中で丸くなる　種子に傷など
⑤ 芽のつけねが太く、伸びない　低温
⑥ 分岐根が多く、伸びない　肥料やけ
⑦ 種子が食入されている　ハリガネムシ

地上部が異常な場合

⑧ 幼芽・幼根とも細い　小粒種子　未熟種子
⑨ 食痕　ショウブヨトウ、ヤガ、ツトガの幼虫
⑩ 分岐根が多い　先端が褐変　肥料やけ
⑪ ひげ根が少なく、活力がない　薬害

図3－8　播種から幼苗までの発芽・生育異常

(戸澤, 1985)

防除法　①被害の少ない作物との輪作を行なう，②捕殺する，③播種前に有効薬剤を全面施用する，⑤被害を見越して，播種量を多くする，などがある。

図3－8には，この害虫を含めて播種から幼苗までの生育異常の判断の一例を示した。

(8) アブラムシ類

発生・被害　ムギクビレアブラムシ（キビクビレアブラムシともいう）とトウモロコシアブラムシが重要である。茎葉，雌穂の苞皮，雄穂など，至るところに群集となって棲む。被害の程度などは必ずしも明らかにされていないが，作物体全体が衰弱するほかに，花粉飛散を妨げて受粉を阻害し，葉の同化能力

を低下させて雌穂の登熟を不良にし，著しい場合には不稔雌穂をもたらす。

形態 ムギクビレアブラムシの成虫は2mmぐらいの体長で，体色は暗緑色か緑褐色である。トウモロコシアブラムシの体色は少し淡く青緑色か青灰色である。いずれにも有翅虫と無翅虫がある。幼虫は小さく無翅虫に似ている。

習性 ムギクビレアブラムシは，主にバラ科樹木などの樹皮の割れ目や芽の根元で卵で越冬する。春にふ化し，やがて有翅虫が発生し，トウモロコシを加害する。9月から10月にかけて，越冬のため樹木に移り産卵する。トウモロコシアブラムシは暖地では胎生雌虫で越冬するが，寒地では明確でない。

被害植物 トウモロコシ，イネ科植物，リンゴ，ナシ

防除法 ①群生している部分は早めに切り取って処分する，②天敵のテントウムシを保護する，③出穂期頃から有効薬剤を散布する，などがある。

以上を含め，農林害虫名鑑には，50余の害虫が記載されている。

3. 鳥獣害

(1) 鳥　害

鳥害には，発芽種子，稚苗にみられるものと，登熟期におけるものとがあり，稀には節間伸長後の茎部に対する害がある。

①発芽および稚苗時

この時期の害は，カラス，ハト，キジを主にして，ムクドリ，ヒバリ，ヤマドリ，その他多くの鳥類によっている。食害された個体は欠株となったり，著しく生育が遅延したりする（欠株の収量に及ぼす影響については第4章Ⅰ-5-(4)に述べる）。鳥害は，一般にトウモロコシまたはトウモロコシと同時期に発芽する作物の面積割合が少ない地帯での被害が多い。したがって，播種期の可動範囲の広いところでは，生育および収量に支障のない範囲で播種期を移動すると，被害を回避することができる。

鳥害に対する対策としては，鳥類死体の吊下げ，テープ，ブリキ板，糸の畑

表3-14 トウモロコシ種子の塗沫剤と鳥類の菜食率

(菅原・山田, 1963)

処　理	菜食率(%)	備　考
無処理	19.8	
ウスプルン*	21.6	500倍30分浸漬
クレオソート	4.9	瞬間浸漬
硫黄華	7.5	種子1ℓ当たり20g
石灰硫黄合剤	8.0	瞬間浸漬，水1ℓ，生石灰，硫黄45g
砒酸鉛*	7.5	種子1ℓ当たり10g表面塗沫
鉛　丹*	3.4	種子1ℓ当たり10g表面塗沫
砒酸鉛＋鉛丹*	0	種子1ℓ当たり各15g

注　*はいずれも現在は使用が認められていない

　地周辺の囲い，カカシ，電動カカシ，ラゾーミサイル，爆音器の利用，忌避剤(薬剤，廃油など)の種子粉衣および播種後の地表面散布，目玉模様などの吊下げなどがある。対策のほとんどに対し鳥類は学習能力をもっているので，これらの永続的な効果は期待できないが，死体の吊下げ，有効忌避剤の利用はかなり持続性があるといわれている。近年，鳥の学習能力の通じない方法として，新たに工夫された吊下げ物の利用も試みられており，その実用化が期待されている。

　菅原らは，野鳥の食害防止に関する忌避剤の検討を長年にわたって大面積で検討した。その一例が表3－14である。これらの結果では忌避剤の色，臭気，味が関係しているとされている。表中の最も良い成績を示している砒酸鉛＋鉛丹は現在使用できないので，利用可能な忌避剤の登場が望まれている。

②登熟期

　カラス，カケス，ハト，キジによる害が多い。これらの害は畑地の周囲が多く，その対策としては，テープ，ブリキ板，糸を周囲に張る，カカシや爆音器などの利用がある。これらの対策のうち，白い糸を畑地周囲に張るのは，かなりの効果があるとされている。

(2) 獣　害

ウサギによる幼苗の食害が一般的であるが，タヌキ，シカ，クマ，イノシシ，そのほかの外来獣などによる雌穂の食害も地域的に稀にみられる。いずれの獣害に対しても，鳥害に対する対策と同じ方法で効果をあげることが多いが，決定的効果は少なく，近年は工夫された捕獲檻と餌の組合わせや電気柵などが検討されている。

ウサギに対しては，畑地周囲に30cmぐらいの高さに白い糸を張ると効果が高いといわれている。この方法は，ウサギが障害物の下を潜行することが少ないという性質を利用したものである。

4. 雑草害

(1) 雑草の発生と生態

雑草の発生は，作物と同様に日長や温度に対する適応性の違いに起因している。また，雑草の発生は，種子の休眠特性によっても影響を受ける。効果的な雑草管理には，これらの特性を把握することが必要である。以下に，伊藤操子(1997)，渡辺泰(1994)の記載を主に述べる。

①種類と繁殖

雑草は，繁殖および生育の方式によって，以下のように区分される。

繁殖は，種子繁殖と栄養繁殖に分けられる。種子繁殖のうち，生存が1年のものは一年生雑草，2年のものは二年生雑草と越年生雑草，また生活環が2年以上にわたって栄養繁殖を行なうものを多年草と呼ぶ。

一年生雑草は，春から秋までに発芽・開花・枯死の期間を完了するものをいう。

二年生雑草は，1年目は栄養成長期間で，2年目は生殖成長を過ごして枯死するものをいう。この場合，2か年にわたる発芽・開花・枯死の期間が2年を

表3-15 雑草の特性

(Baker, 1974から伊藤, 1997)

1. 種子に休眠性をもち,発芽に必要な環境要求が多要因で複雑である
2. 発芽が不斉一で(内的制御),埋土種子の寿命が長い
3. 栄養成長が速く,速やかに開花に至ることができる
4. 生育可能な環境が続く限り長期にわたって種子を生産する
5. 自家和合性であるが,絶対的な自殖性や無配偶生殖性ではない
6. 他家受粉の場合,風媒かあるいは虫媒であっても昆虫を特定しない
7. 好適環境下においては種子を多産する
8. 不良環境下でもいくらかの種子を生産することができる(高い可塑性)
9. 近距離,遠距離への巧妙な種子散布機能をもつ
10. 多年生である場合,切断された栄養器官からの強勢な繁殖力と再生力をもつ
11. 多年生である場合,人間のかく乱が及びにくい深い土中に休眠芽をもつ
12. 種間競争を有利にするための特有の仕組み(ロゼット葉,アレロパシーなど)をもつ

超えないことが区分のポイントである。これに対し,越年生または越冬一年生雑草は2か年にわたって生存するが,発芽から開花,枯死に至る期間が1年間を超えないものを指す。以上に対して,多年生雑草は,栄養体の一部また全部を残して冬季や乾期をのりきる種類で,これには栄養体だけのものと,種子と栄養体の両方のものがある。

また,雑草防除上で除草剤を利用する場合の雑草区分として,イネ科雑草,広葉雑草およびカヤツリグサ科の区分がある。前者には文字どおりトウモロコシと同じ仲間の,ヒエ類,エノコログサ類,メヒシバなどがあり,また後者にはタデなどのタデ科,シロザなどのアカザ科,ハコベなどのナデシコ科などが含まれる。

さらに,雑草の発生時期を区分するものとして,夏生および冬生雑草の区分があり,前者にはタデ類やヒエ類があり,また後者にはノミノフスマやスカシタゴボウがある。

いずれの草種も,旺盛な繁殖力と生存のための強い仕組みをもっている(表3-15)。

②種子の寿命および休眠

種子自体の寿命は，環境条件にも左右されるものの，草種によって大きく異なる。一般に土中での寿命は，広葉雑草で長く，イネ科雑草で短い。スズメノテッポウは1年，タイヌビエでは1.5～8年，オオイヌタデでは4年，水田雑草のミズハコベやキカシグサでは30年という記録がある。

表3-16 雑草の種子，栄養繁殖器官の発芽温度
（渡辺，1994）

雑草名	最低温度	最適温度	最高温度
○タイヌビエ	10～15℃	30～35℃	40～45℃
メヒシバ	15前後	30～35	40～45
スズメノテッポウ	5	20	30
ヤエムグラ	0前後	10	30
ツユクサ	5	15～20	35
○マツバイ（根茎）	5前後	30～35	40～45
○ウリカワ（塊茎）	10	25～30	30～35
○ミズガヤツリ（塊茎）	10前後	30～35	40～45
ハマスゲ（塊茎）	15前後	30～35	40～42.5
ヨモギ（種子）	0～5	20～30	35～40

注　○は水田雑草

また，多くの雑草の種子や，根茎などの栄養繁殖器官は，地中にあっては発芽条件が整っても数か月は発芽しないことが多い。これに対して，硬実種子による休眠がある。硬実種子の出現率は，雑草の草種や気象条件などによって異なり，少なくとも0.1％レベルから数十％レベルまである。また，硬実の程度も一様でなく，実験的には，ある条件の下で採種された1草種の発芽が5年以上の幅で発芽を続けることも珍しくない。このようなことから，効果的な雑草防除対策は，一時的でなく，継続することが重要となっている。

③発生条件

雑草種子の発芽には，温度，水分，光などの環境条件が影響する。個々の環境条件の重要度は草種によって異なる。

しかし多くの草種に共通して関与する最大の環境条件は温度である。主要な草種とその発芽温度を示すと，表3-16のとおりである。これ以外に，変温で発芽の促進されるものとして，カヤツリグサ科，メヒシバ，スズメノテッポウ，イヌタデ，ヒユ類（アオビユ）などがある。

表3-17 わが国の主要畑雑草とその地理的分布 (伊藤, 1997)

分布地域	種　類	雑　草　名
全　国	一年生イネ科雑草	メヒシバ, ヒメイヌビエ
	一年生広葉雑草	ツユクサ, イヌタデ, オオイヌタデ, イヌビユ, アオビユ, エノキグサ, ヒメジョオン, ナズナ, ハハコグサ, ヒメムカシヨモギ
	多年生広葉雑草	スギナ, ハルジョオン, ギシギシ, オオバコ, ヨモギ, タンポポ類, ワラビ
寒地・寒冷地 (北海道・東北)	一年生イネ科雑草	アキメヒシバ, アキノエノコログサ
	一年生広葉雑草	シロザ, ハコベ, オオイヌノフグリ, ツメクサ, タニソバ, ナギナタコウジュ, ソバカズラ, オオツメクサ, スカシタゴボウ
	多年生イネ科雑草	シバムギ
	多年生広葉雑草	ハチジョウナ, カラスビシャク, エゾノキツネアザミ, スイバ, オトコヨモギ, エゾノギシギシ, ジシバリ類, エゾヨモギ, ヤチイヌガラシ (キレハイヌガラシ)
温暖地・暖地 (関東〜九州)	一年生イネ科雑草	オヒシバ, エノコログサ, スズメノテッポウ
	一年生カヤツリグサ科雑草	カヤツリグサ
	一年生広葉雑草	スベリヒユ, ザクロソウ, ホトケノザ, ニシキソウ, コニシキソウ, ウリクサ
	多年生イネ科雑草	チガヤ
	多年生カヤツリグサ科雑草	ハマスゲ
	多年生広葉雑草	コヒルガオ, ムラサキカタバミ, ヒルガオ, チドメグサ, カタバミ類, ドクダミ, ヤブガラシ, ワルナスビ

④分　布

　わが国は南北に細長く伸びているので,気象条件が地域によって大きく異なる。そのため,雑草の発生分布は地域により異なり,また季節によっても異なる(表3-17)。

　主な雑草の分布を地域的にみると,北海道にごく限られるものにはシバムギ,

エゾヨモギ，アキノエノコログサなどがある。北海道や東北地方に主に分布するものとしてはナギナタコウジュ，ソバカズラ，ヘラオオバコ，アキメヒシバ，ハチジョウナなどがある。また，関東以西に多く分布するものとしてオヒシバ，ムラサキカタバミ，ヒルガオ，イヌガラシ，ワルナスビなどがある。

⑤強害雑草

イチビとワルナスビについて述べる。

・イチビ（一日。キリアサ（桐麻），ボウマともいう）

アオイ科に属し，草丈が0.5～1.5mに達する一年生雑草である。多くの雑草と同様に外国からの帰化植物である。インドまたは中国原産で，アメリカやカナダでは繊維作物（茎）として栽培され，またわが国でも平安時代には栽培されていたという。諸外国では早くから畑地で問題となっていたが，近年，わが国でも輸入飼料や種子に混じって急激に広がり，サイレージ用では全国的に問題となっている。1株には数千粒の種子がつくといわれ，その中には硬実種子が多く，全種子の発芽には少なくとも5年以上を要するとされる。

イチビの雑草害は，通常の土壌成分の収奪や遮蔽によるトウモロコシ植物の生育阻害だけでなく，アレロパシー物質の放出によって作物種子の発芽や根の伸長，および生育を阻害する。したがって，イチビの生育中だけでなく，イチビの残渣が土中にある場合にも作物の生育に影響を与える。さらに，サイレージ原料中のイチビが5％混入した場合には，乳牛の嗜好性が明らかに劣るという報告もある。防除上は，イチビの弱点である遮光に弱いことを利用して，当面は初期防除を徹底することにより被害をできるだけ軽減するようにする。

・ワルナスビ（悪茄子。オニナスビ，アレチナスビ，ノハラナスビともいう）

ナス科に属し，草丈が50cmほどに達する多年生雑草である。繁殖は地下茎と種子の両方で行なわれる。土壌中の種子の寿命は100年以上にもなるという。北アメリカ原産の温帯から熱帯の草地や果樹園に分布する。日本には昭和初期に関東南部に入ったとされる比較的新しい帰化植物である。ソラニンを含む有毒植物である。

被害としては，通常の雑草害のほかに，茎や葉に着生する棘による影響があ

表3−18　雑草の発生とトウモロコシの生育　　　（戸澤，1981）

区　　別	20個体乾物重 (g)	割合 (%)
3葉期のトウモロコシと同じ草丈の雑草，3葉期除草	2,206	100
3葉期のトウモロコシと同じ草丈の雑草，5葉期除草	1,875	85
3葉期のトウモロコシと同じ草丈の雑草，7葉期除草	1,390	63

注　1.　十勝地方，大樹町農家，9月3日調査（1972）
　　2.　区別の7葉期は推定時期（農家慣行）
　　3.　除草はホーによる

る。サイレージ中の混入率が多いと，草体の棘が乳牛の採食量を低下させる。防除上は，初期防除を徹底することと，土中での地下茎の残存をなくすることが肝要であるが，効果的な除草剤がない。60℃以上の堆肥熱を利用する種子死滅なども含めて防除法の確立が急がれている。また，サイレージ混入への影響の解明も期待されている。

(2) 雑草の被害

　雑草の影響は主に土壌成分，光，水分の奪い合いであり，また病害発生の助長などがある。これにより収量および生産物の品質が低下する。世界のトウモロコシの生産量は雑草の影響によって13％も減収するといわれる。
　一般的には，イネ科雑草は広葉雑草よりも多くの光を要求する傾向がある。トウモロコシの生育初期における地表への光の投射は多いが，生育の進展にともなって投射量は少なくなる。このため，初期にはイネ科雑草，少しおくれて広葉雑草が発生しやすい状態になる。一方，トウモロコシはイネ科であるので，雑草によって光がさえぎられると生育は停滞しやすく，また吸肥力も低下するので，雑草の影響は初期に著しい（表3−18）。

①土壌成分

　雑草が土壌中の成分を吸収する力は意外に大きく，特にトウモロコシが十分に生育しないうちに吸収し，初期生育を低下させる大きな原因となっている（表3−18）。

表3-19　トウモロコシと雑草の土壌中成分の吸収（トウモロコシ単植対比，％）

(ベングリス，1955)

植物名		量	成分の比較吸収量				
			N	P_2O_5	K_2O	CaO	MgO
作物	トウモロコシ単植	100	100	100	100	100	100
	トウモロコシと雑草の混生	63	58	63	47	67	77
雑草	アオビユ	60	102	80	124	275	234
	アカザ	69	120	74	121	281	216
	メヒシバ	67	100	64	157	131	228
	ノビエ	91	105	60	138	430	337

② 光

雑草害は受光量の低下によることも多い。生育初期の雑草繁茂は稚苗時の生育不良にとどまらず，その後の生育や登熟にまで影響する。このような個体は軟弱で倒れやすく減収する。通常，光の影響は土壌中成分の吸収量低下と一緒になって現われるが，寒地の草地地帯では3分の2以下の収量にまで低下したと推定される畑地がある。

表3-20　トウモロコシと雑草の水分要求量

（ロビンソン，1942から植木，1972）

供試植物		乾物1kgを生産するに要する水分（kg）
トウモロコシ		330
雑草	ヒユ	240
	ネバリオグルマ	510
	シロザ	720
	ブタクサ	900

③ 水　分

雑草の要水量は多い（表3-19）。土壌水分の少ない場合には，水分の競争が起こり，トウモロコシの生育が抑えられる。

このように雑草はトウモロコシの利用すべき土中の成分，土壌水分，光を奪ってトウモロコシの生育収量に大きく影響する。また，雑草の繁茂は茎を軟弱にして，倒伏，病虫害の発生を多くする。サイレージ原料に混入した場合にはサイレージの品質が低下する。また，雑草の宿根や種子の越冬は次年度作物の管理作業を困難にする。

(3) 雑草防除の基本

通常，畑作跡地では，一年生雑草の広葉雑草とイネ科雑草が多い。また，草地跡地では一年生雑草のほかに多年生雑草の広葉雑草やイネ科雑草等の発生もみられる。ただ，トウモロコシは深耕栽培ができるので，前作の雑草宿根や種子は埋没することによって，発生を少なくすることができる。

トウモロコシの雑草防除の基本は初期防除である。除草剤利用の場合は，雑草が若いほど除草剤が効きやすいので，初期雑草の防除は，「最少の毒性で最大の効果」につながる。

雑草の具体的防除法は，手段によって耕種的方法と除草剤による方法とに分けられる。

耕種的方法には3つある。1つは前作における雑草管理を十分にし，後作であるトウモロコシ畑地に雑草種子および宿根を残さないことであり，最も理想的である。2つには，秋耕時または春耕時に反転を完全にして，雑草種子および宿根（草地のルートマットも含む）を埋没することである。草地跡地ではこの技術が特に重要である。3つには雑草発生後の除草作業であり，一般的には中耕・軽培土およびホー除草がある。この方法は時期を失すると，雑草繁茂の影響がトウモロコシに表われるだけでなく，カルチベータなどによる場合はトウモロコシの根を傷めて生育を抑制することがある。

なお，現在，マメ科植物などのリビングマルチによる"雑草予防"研究が行なわれており，その成果がサイレージ用で期待されている。

(4) 除草剤の利用

除草剤の利用は，上に述べたトウモロコシの生育時期，雑草の草種および発生時期，地域，土壌条件などによって異なる。

雑草とトウモロコシの関係からみれば，初期雑草防除の効果が最も大きい。また，雑草と除草剤の関係をみると，一般に雑草種子自体は除草剤に抵抗力があるが，芽を切ったとき（種子発芽時）から地表に芽を出すときまでの期間が除草剤に対して感受性が高い。雑草の葉が展開伸長し，成長するにともなって

抵抗力が増す。したがって，除草剤の利用は播種から4葉期に至る早期処理が原則となる。この考え方は，欧米諸国の主流でもある。

①利用体系

トウモロコシの除草剤の利用体系は基本的に3つある（第2章の図2－26を参照）。また，特殊な利用方法として，マルチ資材に練り込まれたものを利用する方法もある。

Ⅰ型　播種後の除草剤散布によって窒素の分施時までの雑草をほぼ完全に抑えるもので，よく管理されて雑草発生の少ない畑地に適する型である。この場合に用いる土壌処理剤には残効期間の長いことが要求される。

Ⅱ型　トウモロコシの初期生育をできるだけ向上させるために窒素の分施時期を早くする場合である。イネ科雑草発生の少ないこと，また，全体としても初期雑草の少ないことが条件となる。6月から7月にかけて，トウモロコシの繁茂度の低い場合には雑草を効果的に抑える体系である。この体系の除草剤には，有効ないくつかの剤がある。

Ⅲ型　湿性畑地におけるように，トウモロコシの発芽やその後の生育促進のために中耕の必要がある場合で，除草剤はⅡ型と同様に，いくつかの剤がある。また，Ⅱ型と同様，イネ科雑草の少ないことが前提となる。

②利用上の留意点

除草剤の利用に当たっては次の諸点に留意する。

①除草剤に対するトウモロコシの感受性は，サイレージ用とスイート種では大きく異なるので，それぞれの使用基準を厳密に守って利用する。

②反転耕起（草地跡では特にルートマットを完全に埋没），砕土，整地をていねいに行なう。播種後の鎮圧はトウモロコシの根系の発達を妨げることがあるので，鎮圧しなくてもよいように上記作業を行なうとよい。鎮圧の必要がある場合でも牧草用のローラでなく，軽いローラを利用する。

③気象および土壌条件によって殺草効果の現われる時期が異なるので，効果がないと誤認することがある。これによる重複散布をしてはならない。

④隣接作物への影響をさけるとともに，多量使用によって後作物への影響が出ないようにする。

⑤使用基準をよく守り，除草剤の毒性および魚毒性に十分留意する。

⑥除草剤散布器具は利用の前後には必ず洗浄する。

③遺伝子組換え品種と除草剤の組合わせ

以上に加えて，除草剤耐性品種と非選択性茎葉処理剤を組合わせた体系がある。この組合わせ体系は，わが国では実用化の段階に至っていないが，アメリカほか10数ヶ国で，すでに実用化され，栽培コストの低減に効果を上げている。その処理法には，おおまかに以下の3つがあり，薬量や散布方法は地域によって異なる。①～③の非選択性茎葉処理剤としては，グリホサートおよびグルホシネート系除草剤が用いられる。

①土壌処理剤の播種後（雑草発生前）処理と非選択性茎葉処理剤の生育期処理（体系処理）。

②非選択性茎葉処理剤の単剤を反復して散布する。この場合，2～4回散布する。

③非選択性茎葉処理剤と既存の土壌処理型除草剤の混合剤を散布する。この場合，複数回散布することが多い。

[主要な引用・参考文献]

Aldrich, S. *et al.*. 1975. Modern Corn Production. A & L. Public. Illinoi, U.S.A.

De Leon, C.. 1984. Maize Diseases-A Guide for Field Identification. CIMMYT.

江崎春雄．1951．米国におけるトウモロコシのメイチュウの防除．農業及園芸，26(3)．

原田登五郎ほか訳．1957．作物と土壌．朝倉書店．東京．

橘元秀教・石川実．1965．堆厩肥の成分組成に関する研究．茨城農試研報，6．

服部伊楚子．1980．日本産アワノメイガ・フキノメイガ群について．植物防疫，9．

平井一男．1984．府県における飼料作物の虫害と対策．牧草と園芸，32 (2)．

Huelsen, W. A.. 1954. Sweet Corn. Interscience Publishing Inc. N. Y.

稲垣栄洋・沖　陽子．2001．イチビ（Abuion theophrasti Mcdic.）の密度の差異がトウモロコシの生育に及ぼす影響．雑草研究，46（4）．

Inglett, G. E.. 1970. Corn : Culture, Processing, Products. The A. V. I. Publishing Company. London.

伊藤操子．1997．雑草の種類と分類．植物防疫講座第3版．日本植物防疫協会．

井澤弘一．1980．トウモロコシの主要病害について，関東飼料作物研究会誌4（1）．

Jugenheimer, R.W.. 1958. Hybrid Maize Breeding and Seed Production. FAD.

金子幸司．1979．トウモロコシ―その栽培から利用まで―．国際農林業協力協会．

神田健一・内藤　篤．1982．アワヨトウの産卵習性とトウモロコシ畑における耕種的防除への利用．草地試研究報告，23．

神田健一．1997．飼料作物におけるアワヨトウの多発要因の解析と耕種的防除法の開発．草地試験場特別報告，第6号．

梶原敏宏．1971．トウモロコシごま葉枯病と雄性不稔．植物防疫，25（7）．

望月　昇．トウモロコシ，細胞質雄性不稔．シーエムシー．

中村茂文ほか．1986．農業技術大系．作物編7．追録8号．農文協．

野口弥吉・川田信一郎監修．1994．農学大事典（第二次増訂改版）．養賢堂．

日本特殊農薬製造編．1966．日本有用植物病害虫名彙．（株）日本特殊農薬製造．

農林水産先端技術産業振興センター（STAFF）．2003．バイオテクノロジー　パブリック・アクセプタンス　ライブラリー（第3報）．ISAAA報告書－商品化された遺伝子組換え作物の世界的概観：2002Btトウモロコシ．

小野寺政行・中村隆一．2002．一目で見るスイートコーンの栄養障害（農産）．原子力環境センター試験研究（9）．北海道原子力環境センター．

大澤勝次・田中宥司編集．2000．遺伝子組換え食品―新しい食材の科学．（株）学会出版センター．

Ostile, K.. 2001. トウモロコシの虫害を形質転換で防御する（訳文）．日経バイオビジネス．2001年9月号．

Pierre, W. H. et al.. 1967. Advances in Corn Production : Principles and Practices. Iowa State University Press. Iowa.

酒井久夫ほか．1964．飼料用トウモロコシを加害するダイメイチュウの薬剤散布について．九州農業研究，第26号．

佐藤節郎ほか．2001．難防除雑草の被害を回避する飼料作物栽培．雑草研究，Vol.6 (1)．

菅原龍幸編集代表．1998．東南アジア植物性食品図鑑．建帛社．

田村市太郎編者代表．1971．原色・作物の病害虫診断．農文協．

田中　明・山口純一・藤田幸之輔．1968．土肥誌，41．

十勝農試とうもろこし科．1981．乾性火山灰土壌におけるサイレージ用トウモロコシの窒素施肥に関する試験．北海道農業試験会議資料．

戸澤英男．1981．トウモロコシの栽培技術．農文協．

戸澤英男．1983．トウモロコシ播種期決定の要因．農業技術，39 (6)．

Williams, W.P. *et al.*. 1983. Southwestern Corn Borer Growth on Callus Initiated from Corn Genotypes with Different Levels of Resistance to Plant Damage. Crop Sci..

山崎　傳．1969．微量要素と多量要素．博友社．東京．

輿語靖洋．2002．除草剤の科学．耕地雑草の生態と防除研究に関する研修テキスト．(独) 農研機構中央農研．

第4章　栽培の基本技術

I 主要な技術の要点

1. 品種の選定

品種の選定は，子実用，サイレージ用および生食加工用ともに，栽培のねらいと栽培地の条件によって異なる（本章Ⅱを参照）。

2. 土地利用と連・輪作

(1) 土地利用からみた位置

①連・輪作特性
概ね，大久保（1976）の区分にしたがって述べる。

・乾物生産特性

地上部と地下部を合計した乾物重は1.3～2.0t/10aに達する。このうち子実重は約40％，その他の地上部は約50％，地下部の根系は約10％である。子実用および生食加工用では全乾物重の約50％，サイレージ用では約10％が有機質残渣として圃場に残る。

・根系分布特性

イネ科作物の特徴として，根系は比較的浅い層に分布している。しかし，かなりの根は1m前後の深層に伸び，2m前後に達するものもある。深層に達した根は有機物源としてだけでなく土層を改良する。

・養分吸収特性

養分吸収量は多い。窒素の吸収量は15～20kg/10aと多い（子実中に約50％，茎葉中に約40％，刈り株および根部に10％）ので，長年の野菜作などによって高まった土壌の塩類濃度を正常化するのに役立つ。リン酸の吸収量は5～8kgである（4分の1は茎葉）。施肥されたリン酸の多くは，土壌リン酸を富化

する。カリは窒素より多く吸収されることがあり（子実中に約15％，茎葉中には約60％），サイレージ用では20kgを超えることが多い。地上部全体を利用するサイレージ用では，収奪量が特に多い。

表4-1　作物の跡地における各種土壌菌の割合（％）
（篠田ほか，1966）

作物	糸状菌	放線菌	細菌
トウモロコシ	3.6	37.9	58.0
ダイズ	4.1	23.2	67.4
ジャガイモ	3.5	37.1	58.7
ラジノクローバ	3.0	18.1	78.4
オーチャードグラス	4.5	33.4	61.4

　このほか石灰，苦土，亜鉛，銅などが吸収される。石灰はリン酸とほぼ同量吸収されるが，子実中含量は約10％と少なく，西南暖地では不足することが多い。亜鉛の欠乏症状は，土壌中の有効態含量が少ないこと，およびリン酸多用によって生じることが多く，肥培管理上重視される（4章Ⅱを参照）。

・非共生的窒素固定

　マメ科におけるアゾトバクターによる共生的窒素固定と異なり，作物の根面微生物による窒素固定である。その利用は，まだ研究段階である。

・土壌病虫害特性

　作付け体系による土壌微生物構成の差異には，作物の種類や残渣量などが関係している。トウモロコシ跡地の有機物量は用途や残渣整理の仕方によって異なるものの，一般的にはイネ科作物の特徴として土壌病害の被害は少ない。なお，トウモロコシはキタネコブセンチュウおよびサツマイモネコブセンチュウの抑制に効果がある。暖地のトウモロコシ跡地では，キュウリのつる割病の被害が著しく軽減されるなどの効果もある。

　また，跡地土壌では，土壌病害の主役となる糸状菌や細菌が少なく，これら有害微生物を駆逐したり，作物にとって有利な働きをしたりする放線菌が増加する（表4-1）。

表4-2 前作の違いによる後作物の収量（%）
(尾崎, 1969から大久保, 1980改写)

前作物＼後作物	インゲンマメ	ダイズ	アズキ	テンサイ
ダイズ	63	85	25	91
インゲンマメ	78	78	71	103
アズキ	96	84	62	97
エンドウ	111	112	117	102
オオムギ	118	108	107	102
コムギ	108	120	118	105
トウモロコシ	**118**	**105**	**130**	**101**
ジャガイモ	115	103	134	116
テンサイ	111	110	140	96

②連・輪作効果

　トウモロコシの栽培には輪作体系をとることが望ましいが，連作を極端に嫌う作物ではない。そして輪作の効果はトウモロコシ自体よりも，後作となる他の作物にとって有利なことが多い（表4-2）。特に，冷害年における後作アズキへの輪作効果は高い。連作4～5年目までの収量変化にはいくつかの結果があるが，土壌条件などを考慮して十分な対策を行なえば，連作障害はほぼ問題にならない程度にまで軽減できる。

　作物の連作障害の一般的な原因としては，①土壌に起因するものとして養分の欠乏・不均衡および土壌物理性の悪化，②有毒物質の集積，③病虫害の発生があげられている。トウモロコシでは，①と③が重要であり，寒冷地では①が，西南暖地では①と③の比重が高い傾向にある。

　サイレージ用は，地上部全体を利用してしまうので収奪量が多い。このため，後作物の養分の欠乏，不均衡については特に考慮が必要である。

　また，連作は土壌の団粒構造を低下させるので（表4-3），堆厩肥などの投入によって土壌の物理性，化学性を改善し，連作害を最小限にする（図4-1）。

　病虫害では，ごま葉枯病，黒穂病，すす紋病などが多発する傾向にあり，生食加工用や子実用では残渣の整理が重要である。

表4-3　作付け様式と団粒構造
(ブローニングら，1948からブラック，1957)

作付様式	直径0.25mm以上の団粒を形成している土壌量（％）
トウモロコシ連作	33
トウモロコシ，エンバク，クローバ輪作のトウモロコシ	42
トウモロコシ，エンバク，クローバ輪作のエンバク	51
トウモロコシ，エンバク，クローバ輪作のクローバ	57
アルファルファ連作	60
ブルーグラス連作	62

注　アメリカのアイオワ州における成績

(2) 耕地別の連・輪作

①畑地跡

畑作物の生育収量は，輪作効果の点からみると前作物の種類とそれにともなう肥培管理によって左右されている。トウモロコシは一般に前作に左右されることが少ないものの，前作物は多肥作物で収穫残渣の多いことが望ましい。

畑作跡では管理作業上の問題は少ないが，乾性火山灰土壌などでは有機質が少なく，土壌が疲弊していることが多いので，堆厩肥などの投入によって地力を高めることが必要である。

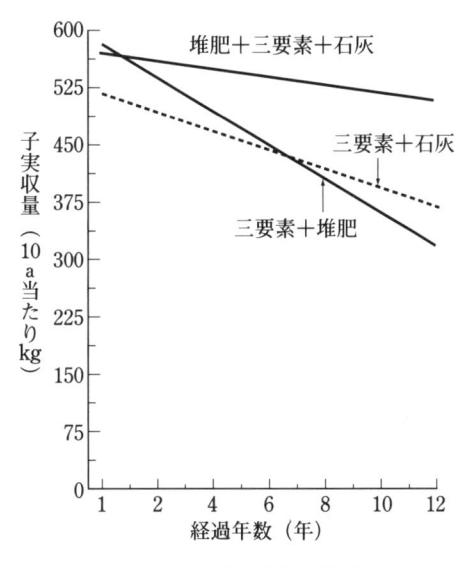

図4-1　連作と堆肥の効果
(浦野ら，1953)

②草地跡

草地跡地ではサイレージ用の作付けが多い。後作トウモロコシの反応と対策

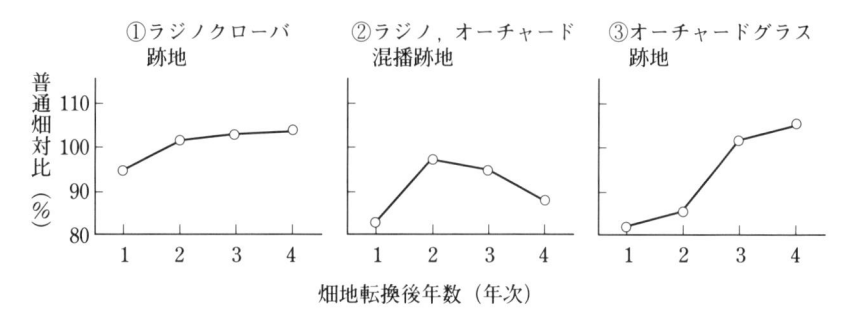

```
                                                  ①ラジノクローバ    ②ラジノ,オーチャード   ③オーチャードグラス
                                                     跡地                混播跡地              跡地
```

図4-2 草地跡地におけるトウモロコシの年次別収量変化

(大久保, 1976)

は草地の年数により異なり，草地が1〜2年の場合は，ほぼ畑作跡地の場合と同様に考えてよい。しかし，いわゆる永年草地の跡地土壌は，畑地跡とは物理性，化学性，生物環境が大きく異なる。

　病害の発生が少ない寒地，寒冷地においては草地跡地におけるトウモロコシの生育収量は転換初年目よりも，2〜3年目で好成績を示すことが多い（図4-2）。その理由としては以下がある。

　1つは，草地跡における土壌または土壌中の根塊（ルートマット）残渣の影響である。転換初年目は草地時の地力に乏しい下層土が反転により上層に移動するので生育に好ましくないが，2年目は牧草の根塊が分解するとともに，初年目にリン酸などが富化された土壌が下層に入ることなどによって，作土全体の地力が向上する。サイレージ用では，窒素，カリ，石灰，苦土の収奪量が多いので，2年目以降の施肥設計は養分収支を考慮すること，また土壌の団粒構造を改善するために堆厩肥などの有機物を多めに投入することが必要である。

　もう1つの原因は，作業上の難易によるものである。特に，永年草地跡では牧草の根塊が大きいので，耕起反転が不十分となることがあり，このため，その後の整地や施肥播種作業が不完全となり，収量低下をもたらすことがある。また不十分な反転は，雑草および雑草化した牧草の発生を多くして，これが生育収量に影響することもある。

　病害虫発生の多い西南暖地では，発生の程度によりできるだけ短年度の連作

にとどめることが望ましい。

③水田跡

水田土壌の種類は多岐にわたっており，転換期は同じものとして扱えないことが多いが，トウモロコシは極端な重粘，過湿，過乾を除く土壌で栽培することができる。重粘土壌でも明渠などで排水を図れば，作付けが可能であり，作業も容易になる。

転換直後の土壌は，物理性や透水性が不良で滞水し，根の伸長が不良になるとともに，寡雨による干ばつも起こりやすく，耕起・砕土や管理作業上の支障も多い。しかし，年数の経過とともに物理性は改善され，転換後2～3年目までは生産力はむしろ向上する。その後の土壌は畑地化が進み，有機物は減少して生産力もしだいに低下し，そして安定する。この過程で有機物を施用すれば生産力の低下を軽減することができる。

沖積土壌の転換畑における変化は，跡地2年目までは，普通畑に比べて透水性が悪く，カリは少ないが，乾土効果により窒素の放出は多く，またリン酸，石灰，苦土などの含有量が高く，地力は高い。3年目以降は物理性が急速に畑地化するが，養分の損耗により地力は低下する。また，火山灰水田の跡地では沖積土壌ほどではないが，はじめは下層の気相が少ないものの，蓄積された有機物からの窒素の放出は多い。なお，初年度の土壌は固結するので砕土に支障を生ずるほどであるが，順次団粒化が進行する。

これらの土壌内容の変化から，水田土壌跡地のトウモロコシ作付けは通常の輪作体系とは異なる点が多いものの，初年目より2年目以降で多収となることが多い。

④野菜作跡

野菜作，特にハウス栽培は多量の施肥量を必要とするので，数年もしないうちに塩基濃度障害，成分のバランスの崩れ，病害発生など，種々の障害が起こりやすい。トウモロコシは吸肥性が強く，残渣量が多く，有害菌の密度低下に効果があるので，野菜との輪作に取り入れるのに格好の作物である。長年野菜

表4-4 野菜跡の生食用トウモロコシの施肥量と収量

(圷・秋山ほか,1979)

施肥区	抽糸期 (月.日)	程長 (cm)	生総量 (kg/10a)	生雌穂重 (kg/10a)	比 (%)
標準肥	7.6	156	4,910	1,760	100
50%減	7.6	161	4,860	1,710	97

注　1.　土壌前歴はスイカ→ハクサイ4年連作畑
　　2.　標準肥はN：P₂O₅：K₂O＝15：15：15kg/10a
　　3.　両区とも堆肥2t/10a, 5,200株10a, 4月12日播種, マルチ栽培
　　4.　生雌穂はいずれも, 雌穂長20cm以上の上物

表4-5 野菜作での生食用トウモロコシ輪作効果

(福島会津市場,1976)

作物名 年次	加工トマトの規格果重 (kg/a)				腐敗果	ハクサイの規格品重 (kg/a)				根りゅう病 (%)
	昭48	昭49	昭50	昭51		昭48	昭49	昭50	昭51	
2年間作	926.2	(ト)	(ト)	607.3	310	1,046.0	(ト)	(ト)	314.8	77
1年間作	ダイズ	1,058.2	(ト)	702.8	303	ダイズ	747.0	(ト)	229.8	83
2年連作	ダイズ	(ト)	1,147.9	607.7	359	ダイズ	(ト)	512.0	11.2	95
4年連作	926.2	926.2	849.4	456.6	434	1,046.0	609.0	0.0	0.0	93

注　(ト)はトウモロコシ（クロス　バンタム　T51)

が連作され塩類の蓄積された跡地において，施肥量を50％に減じた高糖型品種の生育収量には実質的な影響が認められず（表4-4），吸肥力の強いクリーニング作物であることがわかる。また，酸化還元電位（EC）が0.8～1.2の高い野菜ハウス土壌でスイート種を無肥料栽培したところ，ECが0.5～0.7に低下し，その跡地のトマトは以前にはみられない良好な成績を示した事例もある。さらに，間作としてのスイート種の役割はかなり大きい（表4-5）。ハクサイは連作による障害が最も顕著に発現し，2年連作で根粒菌のため減収し，3年連作では収穫が皆無となる。しかし，トウモロコシを間作することにより，連作区に比べて病害の発生が少なく，連作区に比して著しい増収となっている。

　高冷地においてはポリマルチ利用によるレタス，スイート種の二期作が可能であることが認められている。まず，レタスをポリマルチで4月半ばに播種し，これを7月上旬に収穫する。次に，レタスを収穫した後のポリフィルムの穴に

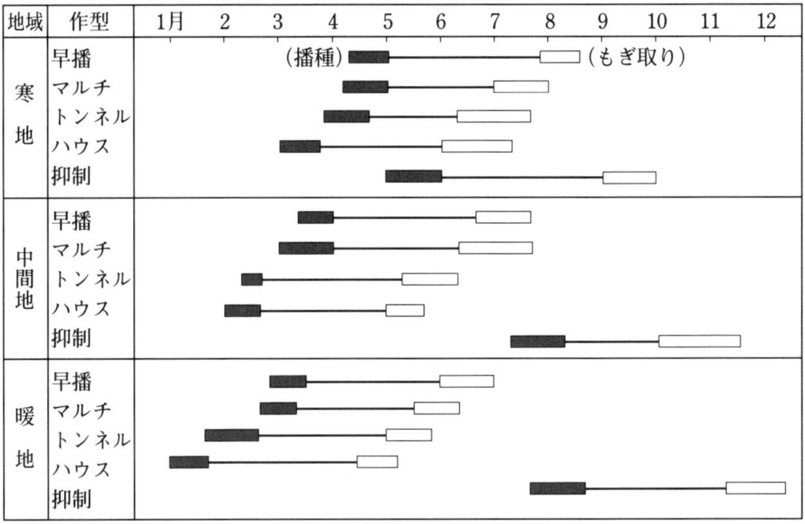

図4-3 生食加工用トウモロコシの地域別作期・作型

(戸澤, 1985)

スイート種を点播きし，10月の半ばに収穫する。施肥はレタス播種の時期に行なうが，スイート種の肥料切れが心配される場合には，フィルムを早めに除去して追肥する。この場合のフィルムの厚さは0.3mmである。

3. 作期・作型と栽培型

　トウモロコシ全体としての作期，栽培型には，いくつかある。特に，生食加工用について，わが国の地域と作期・作型を整理すると，基本的に図4-3のようになる。
　ここでは，通常の普通（露地）栽培に対応して，生食加工用に用いられているマルチ資材，トンネルおよびハウス施設，また耕起段階を大幅に省略するサイレージ用の簡易耕，および移植（紙筒）を用いた栽培型について述べる。

表4-6 マルチの種類と温度，雑草発生
(戸澤まとめ，1981)

マルチの種類	地温（℃）（深さ3cm）			雑草生体重 (g/m^2)
	9時	13時	17〜18時	
透明ポリ	27.0	43.5	35.5	186
黒色ポリ	23.0	35.0	28.0	56
無マルチ	18.0	32.5	26.0	214

注 1．マルチ栽培試験研究成績収録，1972から作成
　　2．試験場所：長野

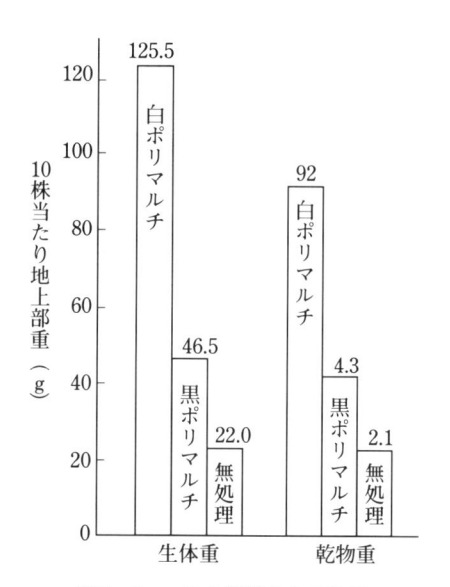

図4-4 マルチ資材の色の効果
(長谷川・戸田・阿部・長田，1966)
注　品種：ゴールデンビューティー

（生体重）白ポリマルチ 125.5、黒ポリマルチ 46.5、無処理 22.0
（乾物重）白ポリマルチ 92、黒ポリマルチ 4.3、無処理 2.1
（10株当たり地上部重 g）

(1) 普通栽培

通常の地域性を生かした作型で，特に施設その他の手段を用いない，伝統的な直播（露地）栽培を指す。本書全体は，これを中心として述べている。

(2) マルチ栽培

①マルチの種類，作業手順

マルチ資材としては，ビニールフィルムまたはポリエチレンフィルムがある。近年は，生分解性の資材が実用化され，利用も増加しつつある。また，マルチ資材としては，いくつかの着色のものがあり，また，除草剤を塗り込んだものもある。それぞれの資材効果には特色がある（表4-6，図4-4）。マルチフィルムはマルチャーまたは手鍬で行なうが，被覆前に畦表面に除草剤を散布すると，マルチ除去後の雑草管理は容易となる。

具体的な作業の順序は，基本的に，①堆厩肥の全面散布，②耕起・砕土，③施肥，④畦立て，⑤除草剤散布，⑥マルチがけ，⑦播種，を基本とする。しかし，機械作業による場合は，作業機の能力に応じていくつかの行程が変わる。また，栽植様式は1畦（ベッド）当たり1条，2条，3条などの植え方がある。

②マルチの効果

マルチ栽培の効果には，大別して生育促進と増収の2つがある（図4－5）。生育促進については，発芽を5～10日，収穫適期を3～5日以上早めることができる。極早播きすることによって，7～10日以上の早出しができる。収量への効果は，普通栽培並みか10～20％増収する。これらの効果の原因としては，地温の上昇や雑草発生防止，良好な土壌物理性の維持向上，土壌水分の保持などがある。また，すじ萎縮病の発生が少ないという例もある。地温上昇効果は透明マルチで高いが，着色の程度が大きくなるにしたがい低下する。黒色マルチは温度上昇効果は劣るが，雑草の発生を抑制する効果が著しく高く，ある程度の温度が得られる都府県では黒色が望ましい（表

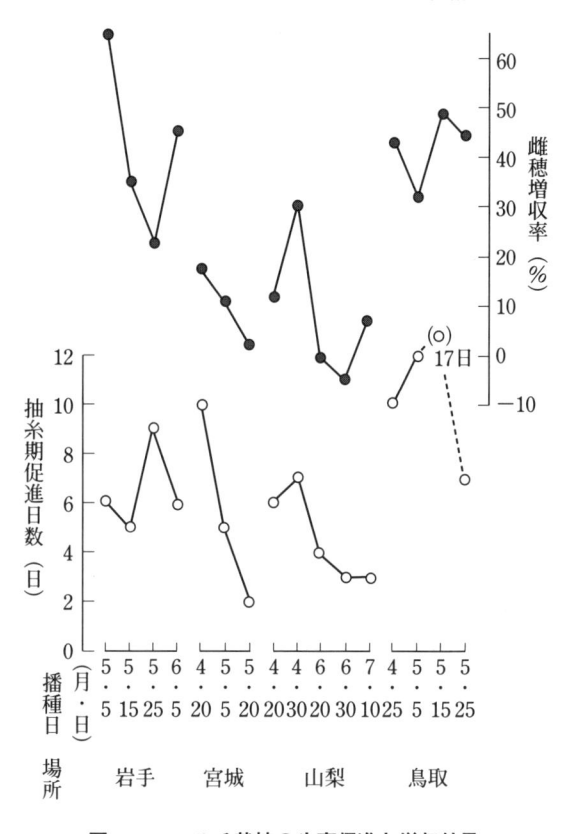

図4－5　マルチ栽培の生育促進と増収効果
（戸澤まとめ，1981）
注　マルチ栽培試験研究成績収録，1972から作成

4－6)。

　マルチ栽培の効果としては以上のほかに，土壌溶液濃度や硝酸態窒素が長期にわたって高濃度に維持されることがあげられる。特に降雨の多い地帯では土壌成分の溶脱防止にも効果的である。また，マルチ栽培の効果は降雨時の余分な水分を排除し，乾燥時には地表からの水分の蒸発を防ぐ働きをする。

　マルチ栽培の早出し効果をさらに高める方法として，移植苗のマルチ栽培がある。栽培技術が適当であれば，収穫期の促進日数には著しい効果がある。しかし，一般には雌穂重は小さく，収量は低下する傾向にある。生育促進をできるだけ最大にし，減収を最低限にとどめるには，育苗中のハードニングと移植時の植傷みの程度をいかに最小限にするかにかかっている。

③マルチ除去の時期と方法

　畦およびトウモロコシに関する一般的な管理作業，すなわち間引き，補植，分追肥など，また雑草および病害虫防除は，露地栽培に準ずる。

・除去時期

　管理の要点はフィルムの除去時期で，管理作業の難易を左右する。フィルムが畑地に埋没されると後作にとって障害となるので，フィルムは畑地から搬出する必要がある。通常，刈取り後に除去する場合は，作業は必ずしも容易でなく，多くの労力を必要とするので，マルチ効果を減殺することなしに，フィルムの風化の進んでいない生育中に除去できると便利である。また，雌穂の収穫後，立毛状態の茎葉をトラクタによりすき込む場合はフィルムが早期に除去されていることが必要である。

　通常，早生品種で草丈（伸ばした状態）が40cmくらい，葉が9葉くらい近くになると（図4－6），この時期以降，どの時点でフィルムを除去しても，抽糸期，生食適期，収穫時の稈の状態，収量（皮付き雌穂重，有効剥皮雌穂重，有効雌穂数）および雌穂の諸形質にはほとんど差がないので，マルチの除去は都合のよい時期に行なえばよい。

・除去の方法

　この時期までは，手により簡単に除去できる。トラクタに着装した作業機を

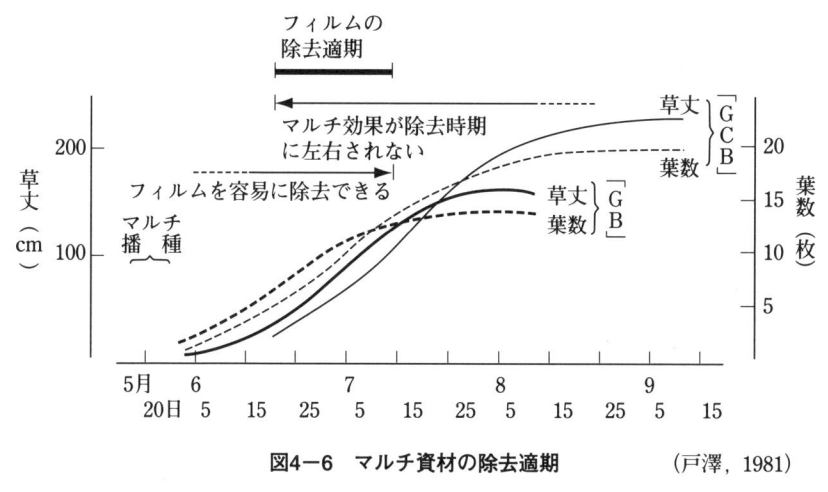

図4-6 マルチ資材の除去適期　　　（戸澤，1981）

注　GBはゴールデンビューティー，GCBはゴールデン クロス バンタム

用いてもよい。これによって，分施および雑草抑制のための中耕・軽培土作業が可能となる。生分解性資材の場合は，作業のポイントをその後の雑草と施肥管理において行なう。

マルチ栽培での作業手順は，播種・マルチ→フイルムの除去・分施・雑草抜取り・中耕（軽培土）→収穫・茎葉すき込み，となる。

雌穂を収穫して残渣整理時にフィルムを除去する場合は，全作業を人力による方法のほかに，トラクタにロータリカッタとビートリフタなどを取り付けて利用するなどの方法，またロータリカッタの利用などいくつかの実用的な作業機がある。しかし，生分解性資材の場合は，マルチの風化が進んでいるので，こうした作業なしに，圃場整理作業を行なうことができる。

なお，マルチ資材の有効利用法として，トウモロコシ残株除去後の植え穴にレタスなどを栽培する二期作技術もある。

④サイレージ用への利用

北海道の道東道北部の酪農地帯では，マルチのサイレージ用への利用が，1980年代に入って検討され，1990年代に入ってからは実規模で栽培されるよ

うになった。そのねらいは、生産コストは高くなるものの、それ以上に雌穂の登熟が進んで黄熟期に達し、高エネルギーのサイレージ原料が得られることに着目している。これによるTDN収量の増加は30～40％になる。

(3) 施設（トンネル，ハウス）栽培

①資材と施設

ここでは、トンネルおよびハウス栽培について述べる。いずれも、トンネルおよびハウスの保温効果にマルチ栽培の保温および土壌水分保持効果などを合体するねらいがある。野菜作の施設を有効利用する目的もある。

トンネルには一重、稀には二重があり、また栽植様式にも2条、3条そのほかがある。ハウス栽培でも、ミニハウスを含め、同様にいくつかのつくり方および栽植様式がある（図4-7）。

②施設栽培の効果

いずれの施設栽培も、生育促進の効果はマルチ栽培を上回る。増収効果は作期の設定により異なる。一般に、生育促進の効果が大きいと、むしろ減収傾向を示すことがある。施設栽培では、地域により作期の設定幅が大きく変わること、品種の選定基準が異なることなどにより、生育促進効果および収量水準は、大きく異なる。

通常、播種期の決定は、収穫時期を明確に想定してから決める。この場合、同一施設内で、品種の早晩性を組み合わせると収穫作業期間を延長でき、労働配分上で都合がよい。これらの計画に際しては、有効なデータ蓄積があるので、それに基づいて行なえば、気象条件の変動を除いて、大きな狂いはない。

③管理作業

畦およびトウモロコシに関する一般的な管理作業、すなわち間引き、補植、分追肥など、また雑草および病害虫防除などは、露地、マルチ栽培に準ずる。灌水は全生育期間を通じて重要である。

いずれの施設でも、発芽までは密封状態にし、以後は、適宜換気をする。あ

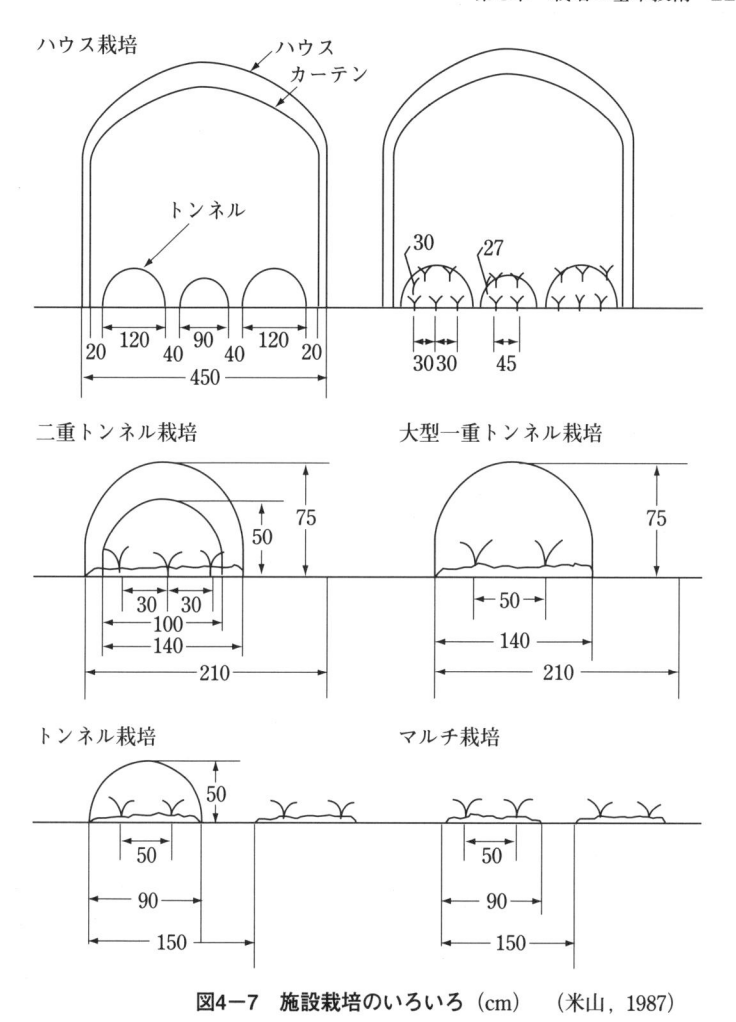

図4−7 施設栽培のいろいろ (cm)　　(米山, 1987)

まりに高温に過ぎると,出穂が異常に早くなって雌穂が小型となって減収することのほか,徒長しやすく,病害が発生しやすい。生育中期までの室温は25℃以上にならないように,換気する。換気の開始は,通常,本葉3〜4葉期からである。特に,二重被覆栽培によるごく早期出荷の作型では,初期生育が軟弱となり,トンネル除去後の低温障害を受けがちなので,留意する。

(4) 簡易耕（部分耕，不耕起栽培）

①乾燥地帯では一般技術

　世界の土壌浸食が起こりやすい乾燥地帯では，簡易耕が一般的に行なわれている。この簡易耕は部分耕ともいい，耕起作業が極端に少ない不耕起栽培も含まれることがある。

　具体的な栽培方法には，いくつかある。子実用トウモロコシやムギ作跡などでは，前作収穫後の茎葉および残株をそのままカバー有機物とする残株（stubble）マルチ耕法として行なわれることが多い。これは，播種のための耕起が土壌浸食を誘起ないしは増長するからである。この栽培法の一般的効果としては①土壌浸食，保水に大きな効果があること，②作業機稼働も含め栽培コストが低くなること，③作業労働が大幅に削減されること，④播種時期を簡単に決定できる，などがある。これには専用の作業機が必要になる。

　基本的な作業体系は，「播種，施肥，除草剤散布の一貫作業」であり，10a当たりの作業時間は10～15分ほどで，作条の幅や深さを調整でき，草地跡でも作業できる。作業機は，施肥装置と播種装置，およびそれらを組み合わせたものである。また，栽培法の要点としては，①地温低下による発芽障害と初期生育の低下，②的確な雑草防除と生育初期の害虫防除，があげられる。土壌浸食の多い地域では，この栽培法の効果は高いが，その有利性を強調するあまり，世界的には"耕起法は悪である"とする意見まである。しかし，簡易耕はあくまで地域条件に対応した栽培法として捉えられるべきである。

②日本での普及と課題

　わが国では1970年代初期に検討され，2000年代に入って北海道および九州などでサイレージ用を主に普及され始めた技術である。自給飼料生産のための二期作ではすでに地域的な実用技術となり，また野菜作と組み合わされる生食加工用でも試みられているが，わが国では，こうした組合わせでの技術的成立が最も高いと考えられる。いずれの場合のねらいも，耕起作業を省略して，部分耕（不耕起）プランタで施肥・播種し，耕起法と遜色ない収益を得ることが

ねらいである。

　この耕起作業を省略できるという利点を生かした暖地における二期作や二毛作では，トウモロコシ1作の収量だけは10％ほど劣るが，ほかの作期を含めた年間の収量ないし収益は増加するという大きな有利性をもっている。北海道では独自に開発した機種が使われている。いずれの機種でも，数年に1回はプラウ耕をする必要がある。ただ，わが国では諸外国でみられるような土壌浸食地帯はほとんどなく，その反面では降雨量が十分であるがために雑草管理は世界にあまり例がないほどに難しいので，この耕法は慎重に検討されなければならない。

図4-8　北海道で使われている不耕起栽培機
（太田，2004）

　実施上の問題としては，雑草防除のほかに，トウモロコシの根張りが倒伏しやすい横張りになることである。そのため，本技術の適用に当たっては，倒伏発生の少ない栽培地および立て張りの根系となりやすい膨軟で有機質に富む土壌を選定することが望ましい。しかし，倒伏は多くならないとする研究事例もあり，適確なデータに基づいた見解は今のところない。そのほか，雑草管理および，発芽と初期生育が良好な品種の選定などが重要である。

(5) 移植栽培

　トウモロコシの作物的特性から移植栽培は，多くの場合，生育量の低下によって雌穂が矮小化し，収量が低下することが多い。

4. 耕起，整地

(1) 耕　起

①目　的
　耕起の目的は整地以降の諸作業を容易にして，作物根系の生育環境をよりよくすることである。このため，作業の基本は完全反転を原則とし，前作残渣や雑草根塊を地表に露出させないことが重要である。

②作業時期
　耕起時期は，一般に秋がよい。秋耕は，①春の早期播種を可能にして，特に不安定地帯では生育を早めて登熟を旺盛にし，雌穂収量を増す，②耕起日を運行上むりなく選べることにより耕起状態がよくなる，③早期埋没による雑草根や害虫の死滅促進により圃場管理を容易にする，などの効果がある。秋耕だけでは整地が十分にできない条件下では，春秋2回耕起する。
　暖地二期作や水田跡地の場合には，前作収穫後にできるだけ速やかに耕起することが必要である。土壌が湿潤の状態にあるときには，明渠排水などにより作業適期を早める。

③作業方法と要点
　一般に耕深は25cm，草地跡地では35cm以上を基本とする。作土層の浅いところでの深耕は作土層全体の肥沃度を低下させるので，堆厩肥その他の土壌改良資材の投入をはかる。
　前作の残渣および雑草根塊がほとんどない場合は，ロータリ耕だけでよいことが多い。しかし，通常はプラウにより耕起する。
　プラウにはいくつかの種類があり，それぞれは土壌および畑地状態によって能力が異なる。前作残渣や根塊の多い永年草地跡などでは，ふつうのプラウでは反転が不完全なので，牧草の雑草化などが進み，また整地以後の作業も困難

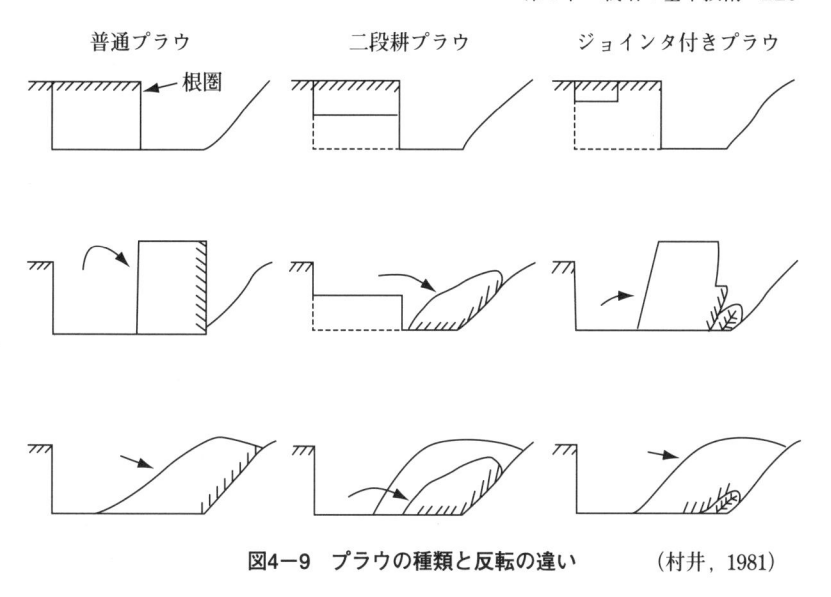

```
    普通プラウ           二段耕プラウ         ジョインタ付きプラウ
```

図4-9 プラウの種類と反転の違い　　　（村井，1981）

となる。しかし，二段耕やジョインタ付きプラウによる耕起は反転状態がよくなるので，反転不良による支障はなく（図4-9），根塊などの分解が進み，生育の中後半または次年度以降に肥効を示すとともに土壌の物理性をよくする。最終的なプラウの能力は使用の方法により変わることが多いので，正しい使用方法に留意する。

　草地跡地において耕起の状態が不良な場合は，次のような問題がある。①整地がうまくいかない。少しでもよくするにはレベラの使用やハローがけを反復しなければならない。②整地が良好でないことと表面の浅いところに前作の残渣や根塊があるために，施肥プランタの正常な運行が妨げられ，播種精度が低下し，肥料焼けが起こる。その結果，欠株が多くなって減収し，生育不揃いと生育遅延により雌穂の登熟が不良となって，サイレージ用の場合は品質の悪いサイレージができる。

(2) 整　地

①目　的
整地作業の目的は施肥，播種以降の作業を良好にし，発芽とその後の根系の発達に良好な条件を与えることにある。

②作業時期
整地作業は施肥・播種の直前が望ましい。整地が早過ぎると土壌が乾き過ぎることがある。また，土壌水分が多い場合には整地後の土壌気相が少なく，トラクタ踏圧により下層が固まりやすいので，整地後の土壌が膨軟となるような土壌水分の日を選ぶことが望ましい。

③作業の方法と要点
適正な整地が行なわれた場合は，耕起深度および仕上がりが斉一となり，砕土も十分となる。膨軟な乾性火山灰土壌ではデスクハローだけでよいこともあるが，通常，デスクハローで粗がけし，ロータリハローで仕上げる。

整地が十分でないと，耕起不良の場合に起こる問題のほかに，除草剤の散布効果を低下させる。除草剤の散布効果を高めるために播種後鎮圧を行なうことがあるが，耕起，整地は鎮圧をしないですむようにしなければならない。特に草地用のローラを用いた場合には，耕起，整地により膨軟となった表層を硬くするため，①発芽および苗の発根を妨げ，②間土の距離を小さくして肥料焼けを誘起することがある。降雨により，土壌が固まりやすい地帯では，生育がかなり進んだ時点でも影響することがある。

水田転換畑や粘質土壌における土塊の粉砕は，一般の畑草地ほど容易でないが，このような地帯ではデスクハローまたはロータリハローをかけた後，ローリングハローをかけるとよい。土塊が大きい場合には不発芽や発芽・生育不良となり，不稔個体発生の原因となる。また，除草剤は土壌表面全体に散布されているとは限らないので，それだけ防除効果が低下する。

過度の砕土は土壌構造を不良にするので，作物根系の発達には不都合である。

特に降雨により固まりやすい土壌では,生育後半の物理性が悪化するので,生育は貧弱となる。したがって,土壌の性質などによるものの,発芽および除草剤の効果などに支障がない範囲で砕土は大きいことが望ましい。

5. 栽植密度と成長,倒伏

(1) 栽植密度と成長

①個体の成長への影響

栽植密度はトウモロコシの生育を左右する。一般に密植すると初期伸長が大で,雑草競合には強い。しかし,葉数は変わらないものの,稈長はやや伸び,稈径が細くなって稈全体は軟弱となり,根系は貧弱となる。このため倒伏しやすく,病害にもかかりやすくなる。

また,雌穂は小さく着粒が不良になり,極端な密植では雌穂が着生しないことがある。これらの程度は,品種によって異なり,耐倒伏性の強弱とともに密植適応性に関与する二大要因の1つとなっている。

1本ずつの雌穂の大きさが問題となる生食加工用の場合,また生食加工用ほどでないものの,雌穂の大きさがある程度重視される子実用では,この雌穂の大きさが栽植密度決定の主要因となる。さらに,密植による雌穂の矮小化や不稔個体の増加は,茎葉への影響よりも大きく,ホールクロップを利用するサイレージ用では,飼料価値の高い雌穂の割合は過度の密植によって低下するので,サイレージの品質は低下する。

②適正栽植密度とは

栽培上重要なのは,個体よりも個体群(面積当たりの成長量)の成長量が重視される。適正な栽植密度とは,個体の成長がマイナスにならない範囲で,面積当たり収量が可及的最大となる密度である。用途別に適正な栽植密度の基準を示したのが図4-10である。

しかし,この図のように,いずれの場合も面積当たり収量が最大を示す栽植

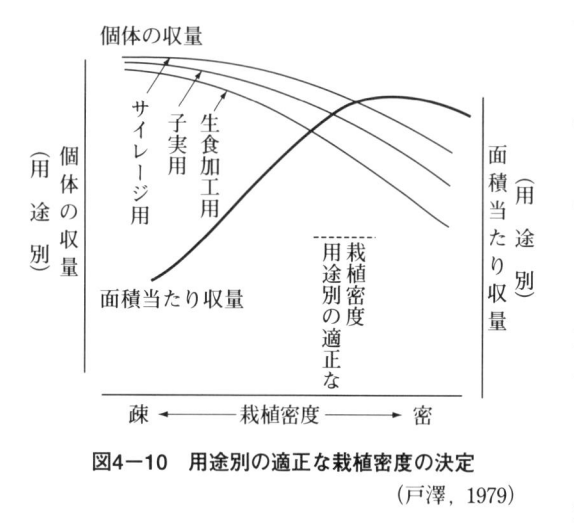

図4-10 用途別の適正な栽植密度の決定
（戸澤，1979）

密度が適正であるとは限らない。その理由は，密植にともなって前述の弊害が出ることと，品質が低下するからである。サイレージ用の場合は，この程度が少ないため，最大収量を示す栽植密度にかなり近いところが適正な栽植密度になる。しかし，生食加工用では，一定の大きさ以下の雌穂はハーベスタにより収穫されなかったり，商品として販売できないので，適正栽植密度は低くなる。

適正栽植密度は，同一用途でも耐倒伏性の劣る品種では低い。また，早生は晩生より，好条件の畑地では不良条件の畑地よりも適正栽植密度は高い。ここでいう好条件とは施肥水準または地力，温度，水，光，諸管理などの栽培条件および環境条件がトウモロコシ生産上にプラスにはたらくことであり，栽培技術上で特に重視されるのは施肥水準または地力である。

③栽植密度の決定に当たって

わが国には，栽植密度決定のために行なわれた膨大なデータがある。適正なデータは，実際の畑地を想定した設計に基づき，また多数年次の気象条件などに対応できるものでなければならない。しかし，こうしたデータの集積には多くの年数と多労を要するので，ややもすれば単一のデータや安易な枠試験で判断されることがある。こうしたことは厳に慎まなければならない。

（2）栽植密度と施肥量

トウモロコシの生育収量に対し，栽植密度と施肥量には強い交互作用がある。

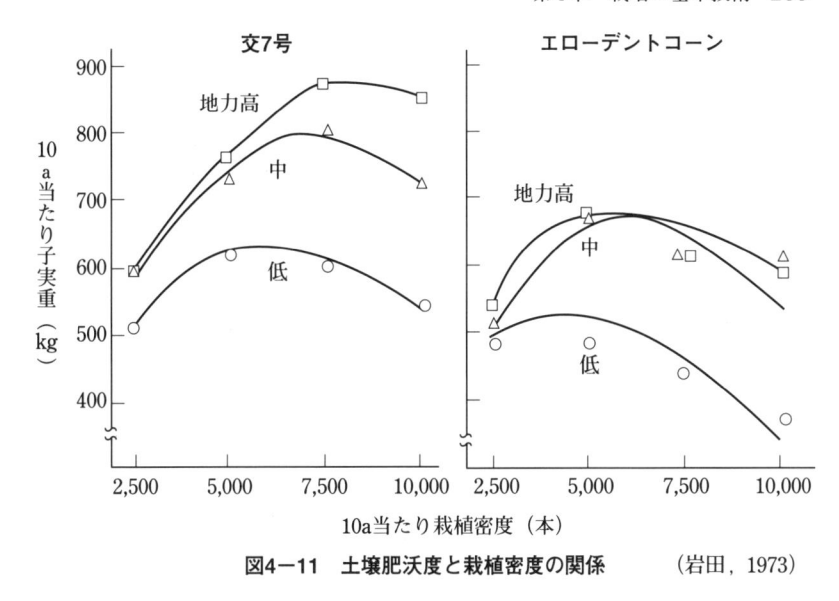

図4−11 土壌肥沃度と栽植密度の関係　　（岩田，1973）

施肥水準や地力の低い条件下での適正な栽植密度は相対的に疎植となり，その収量も低い。しかし，多肥または地力の高い条件下での適正な栽植密度はより密植となり，その収量も多くなる。これは栽植密度が高くとも，それに見合った施肥量が投入されているために，個体の成長の低下が少ないからである。したがって，面積当たりの収量には栽植密度の増加がかなりの比重で寄与する（図4−11）。

トウモロコシの多収のためには，栽植密度をできるだけ高くし，それに見合った施肥条件を与えることが重要となる。しかし，品種「エローデントコーン」の地力"高"における最多収の栽植密度は，ほぼ"低"に近い。これは，「エローデントコーン」が密植によって倒伏するからで，品種の耐倒伏性の重要性を示している。

(3) 栽植密度と栽植様式

畦幅と株間，つまり栽植様式は，畦幅が60〜75cmであれば，生育収量に及ぼす影響はほとんどないので，栽植密度が決まれば，畦幅と株間は作業機の都

合に合わせて決めればよい。しかし，畦幅が90cm以上ではわずかに倒伏が発生しやすくなり，減収の傾向にあるので，このような場合は栽植密度を少し低める。

株立ち本数は，1本立てが原則である。生育初期に成長量が少なく小型に育ったトウモロコシは減収する。この成長量低下の原因には発芽遅延，病虫害，中耕による断根などがあげられる。したがって，2本立てが多くなると個体間競合が生じて雌穂の矮小化や不稔個体が発生したり，倒伏発生を助長したりすることがある。図4－12は普通のトウモロコシ品種とこれより30cmほど稈長の短い矮化型のトウモロコシを利用して，2本立ての株内における個体間の競合をみたものである。これをみると，矮化型トウモロコシが競合に負けて著しく減収し，普通トウモロコシの増収は，その減収を補うほどには多収とならないで，株全体としては減収することが認められる。

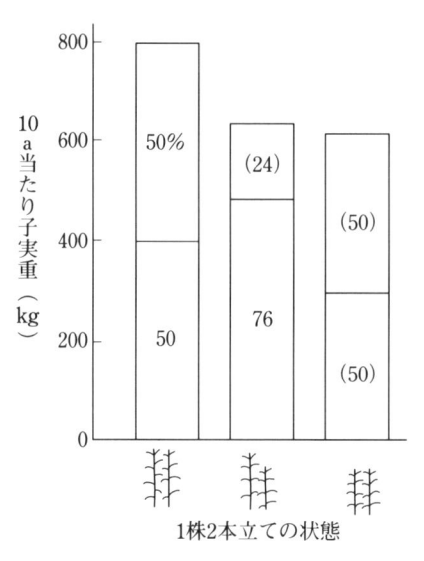

図4－12 株立ち本数と株間の競合
(ペンドルトンほか，1962)

1本立てと2本立てが交互，または2本立ての株が3～5株ごとにできるように播種することがある。これが必要とされるのは，ある程度欠株が予想され，しかも補植されない場合である。この場合の栽植密度は通常の1～2割増とし，播種板の適正な調節が必要となる。

うね幅が広く10a当たり1万本以上の密植が可能な場合は，畦幅と株間の関係から2本立てを5,000株とすると収量的にあまり損失を受けることなく，除草作業などを容易に行なうことができる。このような方法は密植適応性の高い品種の選定が前提となる。

(4) 栽植密度と欠株

①欠株の発生と対策

　トウモロコシの個体間の補償作用は他の作物と異なりかなり小さく，目標の栽植密度が確保されない場合は，ほぼ欠株に比例して減収する。トウモロコシ栽培上で収量に大きく影響するという点で，倒伏発生と同程度に重要である。図4-13は農家圃場における欠株率調査の一例を示したものであり，なかには30％以上の農家事例もある。

　欠株の原因としては，播種されていない，種子発芽が正常に行なわれない，および発芽後に成長が阻止され死に至る，の3つがある。これらに対する防止対策をまとめると，次のようになる。

　①種子を完全に播種する。品種により種子の大きさは異なるので，品種の種子に合った播種板を選定し，その調節を完全にする。ニューマチックプランタは播種精度が著しく高い。

　②肥料焼けによる種子および苗枯死をなくする。すでに述べたように窒素は分施し，施肥プランタの調節と正常な運行に留意し，肥料焼けを起こさないようにする。

　③害虫による稚苗食害を防止する。ショウブヨトウ類，ヨトウガ類，ツトガ類，ハリガネムシなどについて，幼虫捕殺など被害回避に努める。

　④鳥類による稚苗食害を防止する。

　⑤西南暖地では，播種期を早め，虫害を回避する。

　⑥ヨトウガ類などの食害を受けている間は，被害畑地の間引きをおくらせ，

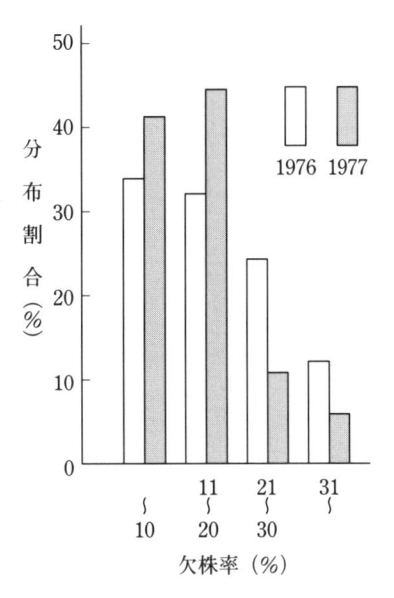

図4-13　欠株の発生割合
(荻間ほか，1979)

注　十勝地方の大樹町
　　1976年は63圃場，1977年は59圃場を調査

ペーパーポット移植　　　間引き移植

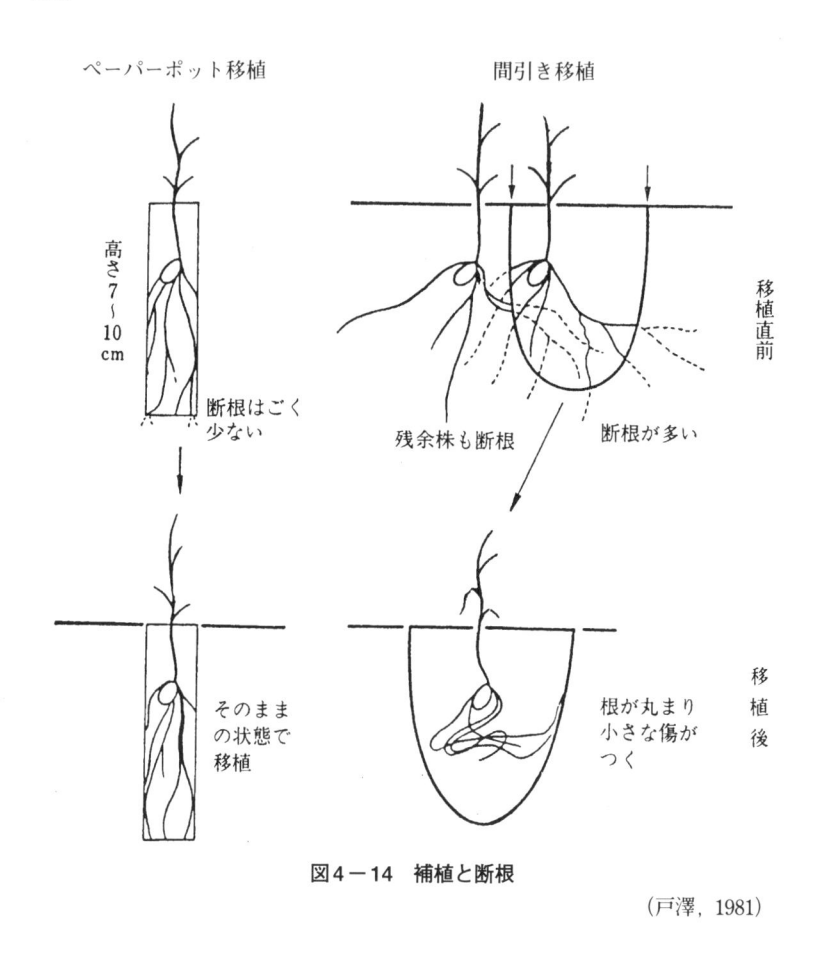

高さ7〜10cm

断根はごく少ない

残余株も断根　　断根が多い

移植直前

そのままの状態で移植

根が丸まり小さな傷がつく

移植後

図4－14　補植と断根

(戸澤, 1981)

立毛の確保に努める。

②補植の方法

欠株が生じたときには，次のような対策をとる。

①補植する。あらかじめ同一圃場の隅に露地で，1〜2日早めにペーパーポットに苗を養成し，これを補植するとよい。移植の時期は早いほうがよい。2本仕立てから移植した苗は断根されるので植傷みし，活着が不良で生育はおく

れる。しかも，残りの苗も断根により傷み，生育の停滞することが多い（図4-14）。

　②補播する。欠株が確認されたら，できるだけ早期に行なう。補播する品種は，すでに播種された品種よりも5～10日早生の品種がよい。

(5) 間引き

　間引きの目的は1株1本立てとして，過密植を防いで適正栽植密度を保ち，個体の揃いを良好にすることである。

　間引きはできるだけ早くし，できれば2～3葉期までに手で抜くのがよい。遅くなると畑地に残す個体の根を傷め，生育を不良にすることがある。葉齢が進んでから手で抜くときは，ねじるようにして地ぎわから切るとよい。ホーにより間引きを行なう場合，浅く切ると成長点が残っているので芽が再生し，また深く切ると残す隣接個体の根を切るので，注意する。

(6) 倒伏と対策

①倒伏の要因

　トウモロコシの倒伏には3つの型がある（谷信輝・鈴木義則，1967）。挫折型は，品種の稈の強さが，個体の地上部重と風雨に耐えられない場合に発生する。転び型は，品種の稈の強さ十分であるものの，地下部の根の保持力が地上部重と風雨に耐えられない場合に発生する。湾曲型は，稈に柔軟性のある場合に生じる。

　稈の強さは，品種的には稈の強度，皮層の厚さ，乾稈重が，また，栽培的には密植，晩播，少肥，過度の多肥，寡照が関係している。

　根の保持力は，品種的には根の張り方と根系の大小が関係する。栽培的には中耕などの断根や作土の栽培環境不良による根張りの発達不良，降雨による根の土壌保持力低下などが関係している。

　このほかに，地上部を安定して保持していくのに，茎の振動周期がある。一般に草丈の高いもの，着雌穂位置の高いもの，雌穂の重いものは周期が1～2秒ほどと長いので倒伏しやすく，稈が太くて短いものは0.7～0.8秒と短いとされている。

表4-7 倒伏に及ぼす播種期の影響

(戸澤, 1979)

年次	播種期 (月.日)	倒伏個体割合 (%)
1978	5.11	23.6
	23	27.3
	31	34.6
	6.23	50.2
1979	5.11	0.1
	21	0.5
	31	3.4
	6.20	12.6

注 1. 8品種3反復平均,芽室
2. 5,555株/10a,$N:P_2O_5:K_2O:MgO=12:15:10:4kg/10a$

②倒伏の防止対策

倒伏の防止対策として,以下がある。

①耐倒伏性の高い品種を選定する。生育時期によって品種の強弱が逆転することもあるので,特性の明確な品種を選定する。

②できるだけ早播きする。早播きは稈の下位を強健にし,倒伏しにくくする。晩播の稈は徒長し軟弱で倒伏しやすい(表4-7)。

③施肥量を適正にして,過度の密植をしない。品種には環境条件に応じた適正な栽植密度がある。これを超えて過度の密植になると,倒伏が発生しやすくなる。この密植による倒伏増加は,稈の長さは変わらないが,稈の軟弱さと根系の貧弱さが助長されることにより起こることが多い。株立ち本数は1本とする。

④過度の中耕や培土により根を切らないようにする。生育が進んでから根を切ると,地ぎわ付近からの倒伏が多くなる。

⑤倒伏した場合の収穫に当たっては,本章のⅡで述べるように,ハーベスタの運行方向や速度を適宜考慮する。

登熟初期までに倒伏した個体は,折損していなければ立ち直るので,そのままの状態にしておく。手で直すと茎や根が折れることが多く,この場合の被害は逆に多くなる。

③トッピングによる防止対策

受粉後に雄穂を含む稈の上部を除去することをトッピングという。主に外力モーメントを低下させ,固定モーメントを相対的に増すことによって倒伏を防止する方法であり,十勝地方の生食加工用に用いられている。ただし,除去部

分を多くすると倒伏防止効果は高いが，収量は減少する。そこで，着雌穂節位葉を含め早生品種では3葉，晩生品種では4葉を残すとほとんど減収しないので，手鎌によるトッピングはこの範囲にとどめるとよい。機械による場合は品種にかかわらず2～3葉を残してトッピングしており，この場合は1割くらい減収する。しかし，倒伏常襲地帯では，倒伏による減収，品質低下，機械収穫作業ができないなどによる損失のほうがはるかに大きいので，トッピングの経済効果は高い。機械としては，バーサ・トラクタにトッパーを装着したデタッセラが使われており，1日当たり20～25haを処理することができる。除去の時期は絹糸抽出期（50％の個体が抽出した日）から10日後ごろがよいが，個体の揃いが不良な場合はこれより数日おくらせる必要がある。

　子実用トウモロコシに及ぼすトッピングの影響としては，子実の減収があるが，処理時期が黄熟期では影響が少ない。西南暖地などで作期の移動が可能な地帯では，台風襲来前に黄熟期となるような栽培を行ない，襲来期直前にトッピングをすることが考えられよう。なお，トッピングにより子実の乾燥も促進され，子実含水率で1～4％の促進効果がある。

6. 施　肥

　世界の施肥法は，自給肥料ないしは有機物資材を基本にして，化学肥料を利用するという点では変わらない。そして，化学肥料の利用の仕方は，肥料資材，施肥機器，栽培地の条件によって変わり，多種多様である。

　アメリカの，灌漑が必須で大規模機械化一貫作業体系をとる地帯では，肥料工場から直接運び入れた安価な液肥を，灌漑水や大型トラクタに着装したインジェクタで施用する方法がとられる。しかし，わが国では，固形肥料とそれに対応した作業機によって行なわれる。以下は，わが国について述べる。

（1）有機質肥料の利用

　重要な自給肥料としては，堆厩肥，家畜のふん尿，生活廃物からつくられた乾燥堆肥などがある。トウモロコシは多肥栽培されるので，生産費中に占める

表4-8 堆厩肥の要素含有率　　　（岡島ほか，1980）

	水分(%)	pH	C(%)	N(%)	C/N	P_2O_5	K_2O	CaO	MgO
稲わら堆肥	75	6.5	34.77	1.13	32.5	1.69	2.00	0.48	0.41
豚ぷん厩肥	67	7.0	29.78	2.28	13.8	7.70	1.93	1.86	1.51
牛ふん厩肥	72	8.0	33.85	1.74	22.1	2.11	5.88	1.52	0.88
馬ふん厩肥	77	7.2	24.09	1.54	16.8	3.94	9.50	0.42	1.85
鶏ふん	63	7.2	19.86	1.55	15.2	7.74	1.49	3.06	1.01

注　単位は乾物当たり%

肥料資材費は大きい。このため自給肥料の利用により，金肥の低下がはかられれば，生産費をそれだけ安くすることができる。

有機質自給肥料の効果は，要素の供給源としてだけでなく，微生物の繁殖効果，土壌物理性と化学性の改善の増大などがあり，土壌の健康回復増大をもたらす。これらの効果には原料，製造方法，熟成程度などが関係する。

①堆厩肥

堆厩肥の要素供給量は化学肥料のように多くはないが，窒素，リン酸，カリの三要素とその他の微量要素，塩基類を含んでいる（表4-8）。

窒素の大部分は有機態で，微生物の分解により利用されるので，ほとんどは緩効性であるが，それでも施用年における利用率は30％に達するとされている。

堆厩肥を多用して栽培されたトウモロコシのサイレージは硝酸過多による害が多いといわれるが，その多くは堆厩肥の多用が問題なのではなく，堆厩肥の熟成が十分でないことに原因がある。一般に未熟な堆厩肥を5t/10a以上施用すると何らかの影響があると考えてよい。十分に熟成した堆厩肥は8〜10t/10a近くまで施用でき，窒素，リン酸，カリ，苦土，石灰，ケイ酸などが生育初期から後期まで長期にわたって有効に利用される。また土壌の物理的，化学的性質の向上や生物相の改善によって，肥料成分保持力の増大，土壌環境変化に対する適応性の増大，要素の可吸態化などをもたらすが，ここで最も重要なことは団粒構造の改善とそれによる気相の拡大である。

表4-9 家畜ふん尿の組成（新鮮物中の割合，%）（橋元，1976）

		水分	有機物	全窒素	可溶性窒素	リン酸	カリ	石灰	苦土	塩素
ふん	牛	80.0	18.0	0.30	0.05	0.20	0.10	0.10	0.18	0.01
	馬	75.0	23.0	0.55	0.06	0.30	0.33	0.23	0.10	0.01
	羊	68.0	29.0	0.60	0.05	0.30	0.20	0.40	0.24	0.10
	豚	82.0	16.0	0.60	0.08	0.50	0.40	0.05	0.02	0.01
	鶏	80.0	—	1.24	—	1.10	0.42	—	—	—
尿	牛	92.5	3.0	1.00	—	0.10	1.50	0.03	0.01	0.10
	馬	89.0	7.0	1.20	—	0.05	1.50	0.15	0.24	0.30
	羊	87.5	8.0	1.50	—	0.10	1.80	0.30	0.25	0.38
	豚	94.0	2.5	0.50	—	0.05	1.00	0.02	0.08	0.10

表4-10 家畜ふん尿の効果（化学肥料対比，%）

（松崎，1976）

種類	ふん			尿			元肥窒素として活用しうる割合
	窒素	リン酸	カリ	窒素	窒素	窒素	
牛	30	60	90	100	100	100	30
豚	70	70	90	100	100	100	60
鶏	70	70	90	—	—	—	60

　十分に熟成させた堆厩肥の利用は，土壌を健全にし，健全な作物体をつくり，化学肥料を大幅に節減できる。

②家畜のふん尿

　家畜ふん尿の利用は十分に熟成したものを用いるという点で，基本的に堆厩肥の場合と同じである。一般にふん中には体内で利用されないで排出された繊維や固形物などの有機質が多いので，遅効性のものが多い。しかし，尿中の要素は，体内で分解されたものが，消化吸収器官に利用されないで排出されているので，ほとんどが速効性とされている。したがって，一般には施用当年におけるふん中要素の利用率は低いが，尿中の要素はほぼ100%利用される。施用当年において利用されなかったほとんどのものは土壌中で富化されて次年度以降に利用される。施肥設計に当たっては表4-9，4-10を参考にするとよい。

施用量の限界は、野中によれば牛ふん20t/10a、鶏ふん8t/10aという。また、連年利用する場合の牛ふんは約10tが限界であるといわれる。多量施用による弊害は無視できないので、1年1作の場合は秋耕時に、春耕時の場合は耕起後から播種までに適当な期間をおくなどの配慮が必要である。

③施用方法

堆厩肥は、堆肥散布機（マニュアスプレッダ）を利用すると、作業が効率的で労力がかからないことのほかに、均一に散布できる利点がある。敷料が少なく尿の多い厩肥などに対してはチェーンフレイル型などがよい。

尿および液状の工場残渣などを散布する尿散布機（スラリースプレッダ）のタンクには容量100くらいから2,000l近いものまである。ポンプ搭載式は羽根車を回転させて遠心力で散布するが、残存量によって散布量にムラが出る。バキューム式は真空ポンプの利用により散布するもので、均一散布ができ、散布時間も少ない。北海道では大型のスラリーローリ（3t、6t、8t車）が利用されている。

土壌改良資材として石灰やリン酸資材なども、原則として耕起前に畑地全面に散布する。ブロードキャスタによると均一で能率よく散布できる。トラクタ直装式は容量が150～300lで旋回半径が小さいので小回りがきき、小面積の場合に都合がよい。けん引式は1,000～1,500lで大面積栽培用としてよい。ライムソワも利用できる。いくつかの型があるが、いずれの型の機種も低い位置から排出するので石灰などは風による影響が割合少ない。一般に利用されるのは、トラクタによってけん引され、攪拌しながら全面散布する車輪駆動型である。

(2) 化学肥料の利用

①肥料の選択と利用

化学肥料には単肥と複合肥料とがあり、複合肥料にはさらに混合肥料と化成肥料がある。単肥を用いる場合は各要素の施肥設計にそって配合し、複合肥料を利用する場合は施肥設計に近い組成のものを利用するか、不足している要素を単肥で補う。

表4-11　三要素の吸収量と施肥量計算の一例（サイレージ用，10a当たり）

(戸澤，1979)

要素	天然供給量* (kg)	雌穂＋その他＝600＋600kg 乾物の生産のための施肥量計算			
		吸収量 (kg)	不足量 (kg)	利用率 (%)	施肥量 (kg)
N	8.70	18.00	9.30	50	18.60
P_2O_5	3.58	6.90	3.32	15	22.13
K_2O	14.51	25.50	10.99	50	21.90

注　1.　＊$N：P_2O_5：K_2O＝9：12：6$kg/10aにより雌穂＋その他＝562＋482kg 乾物重（交4号，1972）
　　2.　雌穂＋その他＝（子実＋芯）＋（茎＋葉＋苞皮＋穂柄＋雄穂）
　　3.　肥沃度がやや低い火山灰土壌

窒素の全量またはほとんどはアンモニア態を用いる。資材は硫安であり，寒地では塩安は肥料焼けの原因となりやすいので利用しないことが望ましい。尿素は利用しても基肥窒素量の30％を超えないようにする。リン酸は苦土重焼燐がよい。配合後固結することがほとんどないので，作業的にも便利である。過燐酸石灰を用いる場合は，苦土を硫酸苦土か熔成燐肥との等量利用により補い，配合後は固結を防ぐために速やかに施肥する。また，施肥時にはときどき攪拌振動させて施肥ムラのないように注意する必要がある。カリは硫酸カリを用いる。

単肥配合は計画施肥と生産費低下のために必要である。作業は人力だけによることもできるが，トラクタ着装または自家動力による配合機が便利である。いずれも人力の10倍以上の能力がある。

②施肥量の決定
・施肥量の考え方

畑地の天然供給量は限られているので，施肥量はテンサイの移植栽培に匹敵するほど多い（表4-11）。本州では乾物収量1.5t/10aの場合，窒素が約20kg，リン酸が約5kg，カリが約25kgを吸収するという例があり，肥料利用率と天然供給量を考えると，かなりの施肥量を必要とする。天然供給量や利用率は土壌条件や気象条件によって異なるので，施肥量の決定は容易でないが，土壌分

析結果などに基づいて行なうことが望ましい。堆厩肥の効果は大きいので、できれば5～7t/10a前後を投入して、金肥(化学肥料)節減をはかる必要がある。

ほとんどの地帯では、このほかに苦土が4kg/10aくらい必要である。また、石灰は本州では100kg/10aくらいが良い成績をあげているが、北海道では効果のない地帯もある。

北海道では亜鉛欠乏症が認められ、症状として欠乏症の認められる程度でも約20％の減収、著しい場合には30～50％の減収となるので、このような地帯では工業用の硫酸亜鉛を2kg/10aくらい肥料と混合施与するとよい。しかし、生育の中途で症状が確認された場合には、硫酸亜鉛＋消石灰を300～500g/10a等量を除草剤と同様の方法で散布するとよい。液が噴霧口に詰まることが多いので、噴霧口は大きめのものがよい。散布後、好天下では翌日から回復がみられ、5日内外で回復するが、温度が低く曇天下では回復が遅く1週間後から始まり、完全に回復するまでに2週間を要することがある。

・施肥量の決め方と計算方法

施肥量を決定するには、①地域の慣行施肥量、②地域別に設定された標準施肥量、および③土壌診断と吸収量から算定される施肥量などを利用する方法がある。正しい施肥設計は②および③に、できれば③に準拠することが望ましい。世界的には、以上のほかにホウ素、硫黄などがそれぞれ1～3kg/10a用いられるところもある。

③の方法による施肥量は、次式により求められる。

$$施肥要素量 = \frac{10a当たり吸収量 - 天然供給量}{肥料要素の利用率} \times 100$$

例として、10a当たり窒素施用量について述べる。サイレージ用原料の乾物重を10a当たり1,500kgを目標として設定する場合、これまでの作物体の分析結果から乾物中の窒素の含有率を1.59％とすると、吸収量は1,500kg×1.5％＝22.5kgとなる。次に土壌診断の結果から、天然供給量が10.0kgであるとすると、肥料として作物体に吸収させなければならない量(つまり、10a当たり吸収量－天然供給量)は22.5－10.0＝12.5kgである。この12.5kg全部を硫安とし

て施用する場合は，土壌診断の結果から硫安の利用率が50％とされたとすると，施肥窒素要素量は12.5kg/0.5 = 25.0kgとなる。硫安の窒素成分を20％とすると，10a当たり硫安製品の使用量は25.0kg/0.2 = 125kgとなる。

吸収されるべき窒素量12.5kgが計算されたとき，牛ふんを10a当たり5,000kg施用するとする。分析の結果，窒素の含有率は0.3％であったとすると，牛ふんによる窒素量は5,000 × 0.003 = 15kgとなる。牛ふんの窒素の利用率は30％であるので，牛ふん窒素の吸収量は15 × 0.3 = 4.5kgとなる。したがって，硫安による要素施用量は12.5 − 4.5kg = 8.0kgとなり，硫安製品の施肥量は8.0 ÷ 0.5 = 16.0kg，16.0 ÷ 0.2 = 80kgとなる。

このように，施肥量が地域別に設定された標準施肥量または土壌診断による場合も，堆厩肥の投入量はもとより，前作物の種類，収穫残渣量などを考慮する。窒素量の多い場合は，一部を分施または追肥とする必要がある。

③肥料焼けと分施
・肥料焼けと原因

種子の発芽時と稚苗時に肥料焼けを起こす成分は，主としてアンモニア態窒素（NH_4-N）およびカリ（K_2O）である。肥料焼けの原因には2通りあり，1つは窒素を多量に施したために，アンモニア態窒素などが過剰になって障害を起こす場合であり，他は施肥位置が種子および発芽，発根部と接触またはかなり接近しているために，種子付近が高濃度となっている場合である。また，これらの2つが同時に重なることもあり，この場合の障害が最も著しい。作物からみた肥料焼けには，①障害を受けた根が正常な活動を妨げられる場合，②根による過剰吸収の場合，③両者を併発する場合がある。一般に①の症状は古い葉に，②の症状は新しい葉に，③の症状は全体に現われる傾向がある。

窒素による肥料焼けの原因としては，以上のほかに塩安の利用がある。塩安は土中へのアンモニア溶解が速いので，北海道のように春季の硝化作用が進みにくい場合は，アンモニア濃度が高過ぎて，肥料焼けを起こすことが多く，雑草まで殺すほど危険なことがある。

・分施の必要性

肥料焼けを起こさせないで，施肥窒素の有効利用をはかる施肥方法としては，以下のようなことが考えられる。

○施肥量の低下（窒素濃度の低下）
  A 分施 現在の施肥機を利用する
      分施は施肥カルチベータによる
  B 分層 新型施肥機の開発が必要
      他の要素，特にリン酸の肥効が減ずる可能性あり
  C 表面施用 窒素の有効利用に疑問
      作業工程が多くなる
      雑草の繁茂
○施肥位置の拡大（種子との距離）
  D 施肥量全体 リン酸の肥効が激減
  E 窒素だけ 新型機械の開発
○緩効性窒素の利用

これらのうち，現実的に利用できるのはAの分施による方法である。BとEは今後の検討に待たねばならない。Cは現在，一部で行なわれているが，その肥効について十分検討する必要がある。Dは窒素による肥料焼けは回避できるが，リン酸の肥効が激減するので，ほとんど実用性がない。リン酸の施肥位置を種子から10cmくらい離すと，寒地では無窒素栽培より初期生育の劣ることが多い。

④**基肥の量と施用方法**

窒素の一部とリン酸，カリ，苦土の全量は基肥とする。基肥作業には，後の(3)で述べる方法があるが，側条（両条）施肥が全面施肥，溝底施肥（条間施肥）・帯条施肥よりも初期生育，根群の発達が良好で，肥料の利用率も高い（図4－15）。側条（両側）施肥の位置は図4－16の状態がよい。この状態は主に窒素による肥料焼けを防止することと，リン酸の吸収をよくする効果がある。

適正な施肥位置（肥料は種子の横3cm，下3cm）と，畦幅66～75cmを前提

として，発芽，初期生育，収量および窒素の利用性から適当な窒素施用量は 7 ～ 8 kg/10a が基準となる。基肥の窒素施用量水準と乾物重の推移を，最大値を 100 とする指数で示すと図 4 - 17 のとおりである。ここで乾物重が最大となった水準よりも低い水準は窒素不足によるものであり，高い水準は肥料焼けによるものである。窒素の吸収量は 7 kg 前後の施肥水準で高く，また 9.7 kg 以上では肥料焼けのためほとんど増収しない（表 4 - 12）。肥料焼けの起こりにくい条件下では 10 kg くらいでもよいが，7 ～ 8 kg を基準とすれば，ほとんどの条件下で肥料焼けの心配はない。また，畦幅により作条に投入される施肥量は異なるので，10a 当たりの基肥窒素量を変える必要がある（表 4 - 13）。

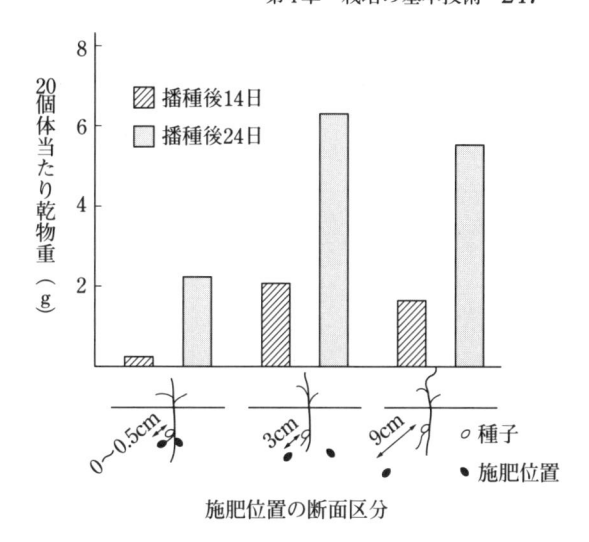

図 4－15　基肥の施肥位置と初期生育
（戸澤，1979）

注　$N : P_2O_5 : P_2O = 9 : 12 : 9 kg/10a$

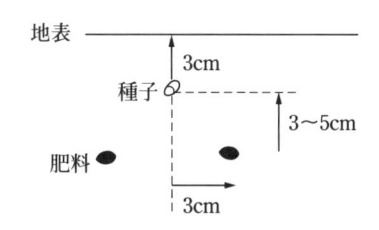

図 4－16　種子と基肥の正しい位置
（戸澤，1979）

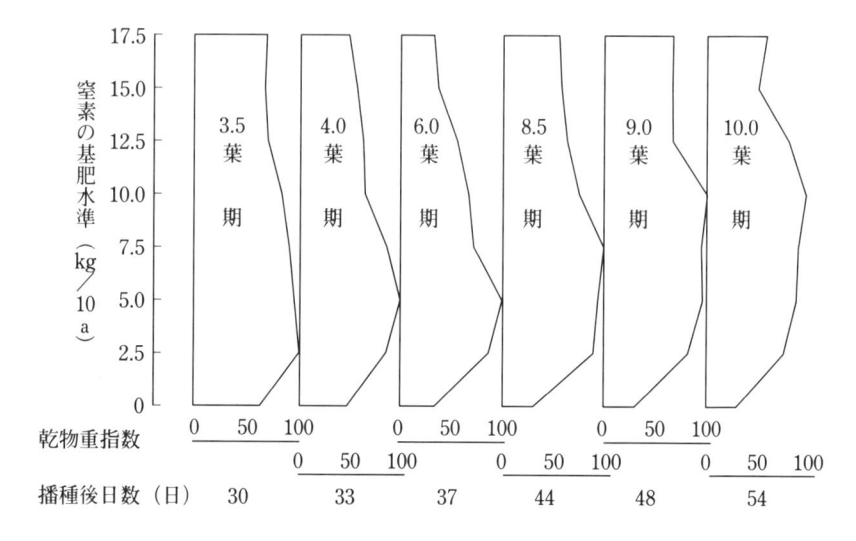

図4－17　基肥窒素水準と生育期別乾物重の推移　（戸澤，1979）

注　1. 芽室，ワセホマレ，畦幅は75cm，1979年
　　2. 施肥プランタ利用の4反復試験
　　3. $P_2O_5 : K_2O : MgO : Zn = 20 : 10 : 4 : 1.5$ kg/10a

表4－12　基肥窒素量が生育収量に及ぼす影響

（戸澤，1979）

窒素量 (kg/10a)	絹糸抽出期 (月.日)	乾総量 (kg/10a)	TDN (kg/10a)	比 (％)
0	8.5	740	531	100
2.4	1	865	631	119
4.9	7.30	998	716	135
7.3	29	1,059	765	144
9.7	29	1,117	803	151
12.1	30	1,106	801	151
14.5	30	1,119	809	152
16.9	30	1,126	816	154

注　1978年と1979年の平均

表4－13　畦幅別の基肥窒素量（kg/10a）

（戸澤，1979）

畦　幅 (cm)	窒素成分 (kg)
55	9.0
70	7.5
85	6.5
100	5.5

注　両側3cmプランタ
　　利用の場合

⑤分施の方法

堆厩肥が十分施されている場合は，分施は不要である。

分施時期は，生育期間が短く初期生育量が重要となる北海道と，後半に肥料切れを起こしやすい都府県では異なる。北海道では，基肥窒素量を7.5kg/10aとすると，4葉期ごろ（6月上旬）をはさんで発芽期（5月下旬）から幼穂形成期（6月下旬）が分施時期として適当である（図4-18）。春季低温で生育が停滞している場合には，窒素の分施は早めに行なう。

長野での結果では，分施時期は幼穂形成期以後の7月中旬が適期となっている。また，青森や九州では幼穂形成期頃，岩手では絹糸抽出期頃が適当であるとされている。このように，都府県では概してやや遅い時期が適当であり，これは肥料焼け回避とともに肥料切れを補う効果が高いためである。

(3) 基肥作業

前記の(2)で述べたように，施肥資材には，混合肥料，化成肥料，単肥配合したものがある。それぞれに特徴があり，肥料吐出し口からの吐出し量は，資材によって異なるので，入念な調節が必要である。

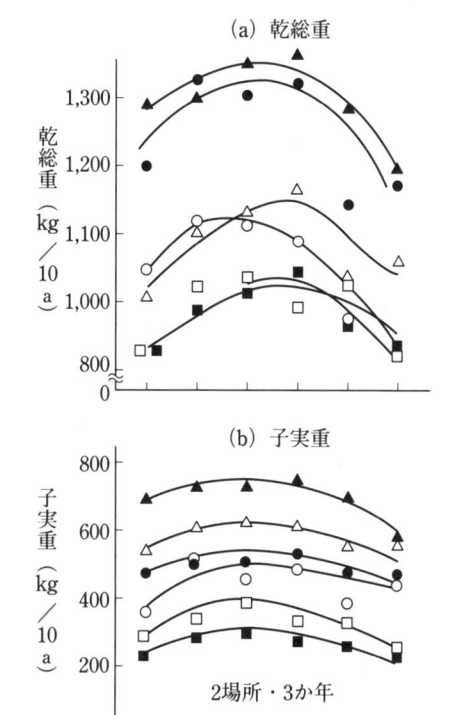

図4-18 分施時期の違いと収量
(戸澤，1979)

注 ワセホマレ，5反復。基肥は施肥播種機，分施は手により畦間散布，のちレーキで攪拌

基肥作業は，播種と同時に行なわれることが多いので，次項の播種も含めて述べる。

①側条（両側）施肥
・施肥機材と調節

　側条施肥は，大規模栽培するときに通常使われる施肥播種機，または総合播種機によるものである。この施肥装置には，両側施肥ができるように施肥装置に分施器が付いている。

　作業は，開溝→施肥→開溝→播種→覆土→鎮圧が1行程で行なわれる。畑地の反転・整地が十分に行なわれている場合，プランタの調整の良否が，発芽と初期生育の良否および播種精度を左右する。所定の位置に施肥されるように，あらかじめ施肥装置のかき出し部，パイプ，開溝器を調節し，試運転して適正な作動を確認する。播種装置では所定の位置に所定の粒数が正確に落下するように調節する。

　種子の繰出し方法としては目皿式が最も多く使われている。播種板または目皿は計画された栽植密度と種子の大きさによって適正なものを選定する。通常，種子の厚さと目皿の厚さは同じでよい。穴の大きさは品種の種子の大きさ（直径）の1.2～1.5倍でよいとされているが，これも作業前に試運転して適正な作動を確認する。品種が複数の場合は品種の数だけ播種板を用意する必要がある。真空吸引式のニューマチックプランタは，播種機の調節が容易で，種子の粒大に多少の変化があってもセレクタによって1粒点播がほぼ完全にできる。

・生育ムラを出さない作業の要点

　稚苗時に畦により生育ムラがみられるのは，施肥装置の調整が不十分だからである。図4-16を基準にして，播種装置と施肥装置の高さの調節は必須である。なお，泥炭土壌や砕土不十分な畑地に，干ばつが重なり，そのために発芽不良が予測される場合には，覆土深を5cmくらいとする。これにより，発芽は早まり，揃いも向上する。

　実際の作業に当たって，土壌水分が多い曇天時でも，作業をていねいに行なえば，適正な施肥・播種ができる。しかし，土壌水分が過多の場合は，作業機

がスリップして播種精度や施肥量に狂いが生じるので排水を待つ。施肥装置の分施器には土が付着しやすいので，常に棒などにより軽く叩いて土落としをする必要がある。土が分施器に付着すると，施肥位置が狂って肥料焼けによる不発芽，発芽不良および生育不揃いの原因となる。

施肥をトラクタによって行ない，その後に人力（1条播き）または，テーラー（2～4条播き）で播種する場合には，施肥位置と播種位置に十分注意し，肥料焼けを起こさないようにする。

播種後または鎮圧後の覆土深は2～3cmが一応の基準となるが，土壌条件により異なるので，表4-14を基準にするとよい。鎮圧は砕土，整地が十分であれば本来あまり必要がないが，表4-15に基づいて軽い鎮圧にとどめる。

②全面全層施肥

整地前に畑地全面に肥料を散布し作土全層を攪拌する全面全層施肥である。この方法で，側条施肥と同水準の収量を上げるには，側条施肥の施肥量の30～100％ほどを増やす必要がある。具体的な作業は，全面全層施肥では，播種前に三要素の基肥全量をブロー

表4-14 覆土の深さの決定基準

（戸澤，1981）

晩霜	土壌条件			適正覆土深 (cm)
	砕土	地温	土壌水分	
有	普通	問わず	問わず	3
	極粗	問わず	普通	3～5
			不足	5～8
無	普通	普通	普通	1～5
			不足	1～3
		極低	普通	1～3
			不足	1～2
	極粗	問わず	普通	3
			不足	5

表4-15 土壌条件と鎮圧の程度 （戸澤，1981）

砕土・整地	土壌水分	鎮圧程度（主目的）
良好	過多	不要
	普通	不要またはごく軽度の鎮圧
	不足	軽度の鎮圧（風食防止）
不良	過多	策なし
	普通	軽度の鎮圧（除草剤効果の増進）
	不足	中程度の鎮圧（除草剤効果の増進，発芽促進）

ドキャスタなどにより全面散布し，ロータリなどで砕土攪拌する。

この場合の特徴は，①リン酸の肥効が著しく劣ること，②肥料焼けによる生育不良個体が散見され，したがって，③特にスイート種の高糖型品種では，発芽と初期生育を低下させる，などである。

③溝底施肥，帯条施肥

この方法は，家庭園芸などで，鍬を用いて作業する方法である。鍬の幅である，幅15cm，深さ15～20cmほどの溝底に施肥する。施肥効率は側条施肥と，全面全層施肥の中間であるが，このとき，底面の両側にスジ条に施肥し，間土して畦中央に播種すると，側条施肥にほぼ近い生育をする。また，同じ幅で帯条の全層に施肥する方法も効果的である。

7. 播　種

(1) 目　的

播種の目的は作物がその能力を十分に発揮できるような状態に種子を定置させることであり，施肥の目的は作物の必要とする各要素量を供給することによって，作物の生育を健全に全うさせることである。

(2) 時期と作業

北海道，東北地方のように1年1作の場合は，早播きが基本である。しかし，作期が十分とれる地域では，早生品種は少し遅めに，晩生品種は早めに播くと多収が得られる傾向がある（本章のⅡを参照）。

作業の仕方は6—(3)に述べたとおりである。

表4-16　畑地条件と中耕・培土の程度　　　（戸澤，1981）

トウモロコシの生育程度	雑草	土壌菌土	土壌水分	中耕・培土の程度（目的）	
発芽時前後	問わず	強	極過多	ごく深い中耕	（土壌を膨軟にして発芽・発根を促進し，初期生育を向上させる）
6～8葉期まで（幼穂形成期）	無～少	問わず	問わず	ごく軽い培土	（雑草の抑制と分施窒素の混入）
	多	問わず	問わず	軽い培土	（雑草の抑制と分施窒素の混入）
7～9葉期以降（幼穂形成期後）	問わず	問わず	問わず	行なわない	（中耕培土は断根するので除草はホーなどによる）

8. 中耕・培土

(1) 目　的

　中耕には，管理作業や降雨などにより固結した土を膨軟にして，根の発育条件を良好にするとともに，分施窒素を土中に埋没させて吸収を助け，軽培土の状態にあっては除草効果の切れた後の根草を抑制する目的がある。
　培土は倒伏防止や土壌成分を有効化するとみられたこともあったが，実際には培土を強めるほど断根がふえ，根の保持力が弱まって倒伏しやすくなり，また吸肥力が弱まって生育は停滞するので，できるだけ行なわないようにする。

(2) 時期と作業

　発芽後やごく幼苗時に多雨によって土壌表面が固まったときの中耕は，成長促進に効果的である。早生品種では6～7葉期，晩生品種では7～9葉期からの，過度の中耕は横に張り出した根を傷めることが多く，このような場合は幼苗が黄紫色を呈して，成長が停滞する。早生品種では，刈取り時期の稈長が低下し，減収することもある。
　中耕回数は1ないし2回とし，苗が膝の3分の2程度の高さになった時点までに終える。表4－16は畑地条件と中耕・培土についての基準を示したもので

図4－19 生育時期と中耕（窒素分施・中耕）の程度

（戸澤，1981）

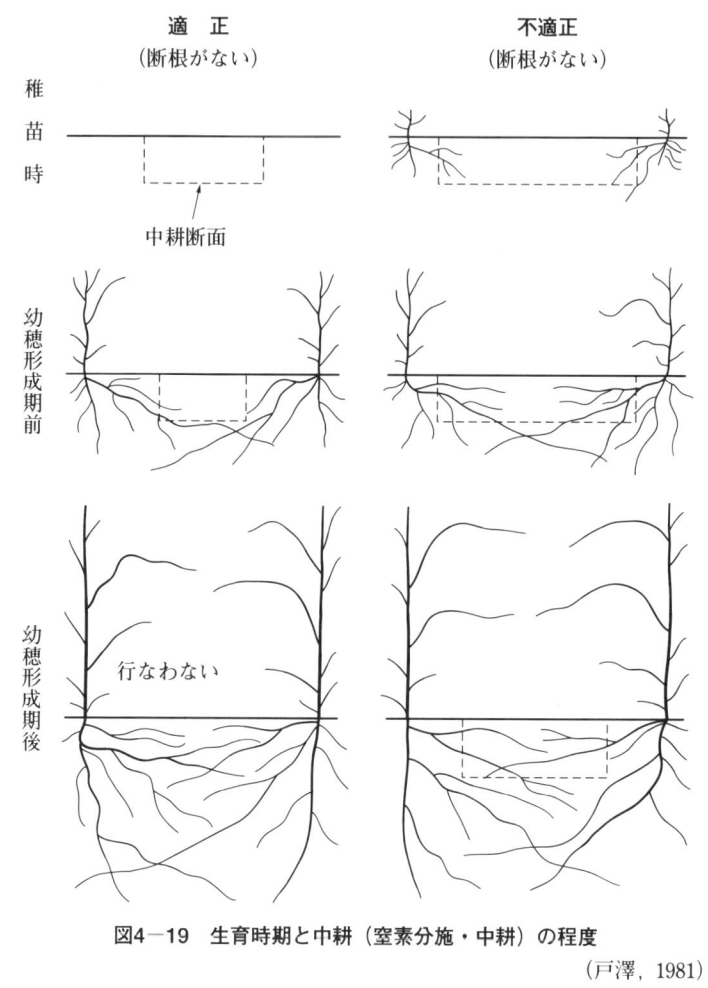

注　分施位置は畦間の中央部がよい

ある。

　中耕の幅は目安としては畦間のあき幅と同じがよい（図4－19）。雑草抑制のためにぎりぎりの時期に中耕する場合には，深さと幅を最小限にする。培土の状態に近づけると，刃が深く入るために断根が著しくなり，そのため倒伏しやすくなり，生育はおくれる。中耕はカルチベータで行なうとよいが，窒素の

表4-17　除げつ時期と生育収量　　　（阿部ほか，1971）

除げつ日 (月.日)	抽糸日数 (日)	稈長 (cm)	着雌穂高 (cm)	分げつ数 (本)	a当たり 有効雌穂重 (kg)	比 (%)
6.31	89	172	61	2.0	108	94
7.10	89	173	59	1.2	102	89
7.20	89	173	61	0.3	100	87
7.30	89	173	63	0.0	106	92
8.10	89	176	63	0.0	102	89
無除げつ	89	176	62	2.7	115	100

注　1.　1965～'67，'69，'70の平均
　　2.　品種はゴールデンクロスバンタム

分施と同時にできる施肥カルチベータを利用すると便利である。

9. 除げつ，除房

　生食加工用品種には，分げつの発生するものがある。この除去（除げつ）の生育収量に及ぼす影響には相反する結果が得られているが，一般的には除げつによる不利益はないと考えてよい。むしろ除げつ時期がおくれると減収となったり，倒伏を助長したりすることが多い（表4-17）。しかし，分げつは収穫作業中におけるハーベスタのもぎ取り部に入るので，スナッピングロールへの茎葉供給量が過剰となり，作業能率を低下させる。この点に，除げつの意味がある。また，疎植に過ぎると分げつが多くなる。欠株も分げつを多くするので適正立毛に努める。

　分げつの発生は下位葉部から始まり，順次上位葉に移っていくが，除去時期が早過ぎると上位葉からの発生が多くなる。したがって，収穫作業を容易にするために除去する場合は，分げつの節間がある程度伸長してから早めに鎌などによって節間を若干残して切る。

　子実用の品種は生食加工用の品種より分げつの発生数が少ないかほとんどない。また，収穫期は成熟期以降となるので，ほとんどの分げつが枯死しており，機械収穫上の支障となることも少ない。したがって，除げつの必要性はほぼない。

10. 灌漑，排水

世界の乾燥地帯で栽培されるトウモロコシのほとんどは灌漑を行なっている。これらの地域では，灌漑なしにはトウモロコシの実質的な生産はほぼ不可能な地域が多く，灌漑を栽培の前提条件としている地域もある。灌漑方法には，単純な明渠水路，明渠水路と灌漑パイプの併用，大，中，小規模のスプリンクラの利用，日本にはみられない灌漑作業機（システム）など，さまざまである（図4－20）。

図4－20 トウモロコシ畑の灌漑状況
(田場；CYMMYT, 2004)
上：大規模灌漑施設，下：小規模灌漑

アメリカのネブラスカ州などの乾燥地帯では，上空から見ると直径1kmに近い円形状のトウモロコシ畑が点在している。これは，センターピポット・システムという灌漑システムに合わせてつくられた畑である。このシステムは，畑の中心から半径に伸びた車輪付きの送水スプリンクラに一定の間隔で散水ノズルが付き，これが畑の円形状に沿って散水しながら走行するという仕組みである。また，灌漑水に工場から運ばれた液状の肥料資材を混入して，施肥作業効率および速効

性を高めることも行なわれている。

わが国では，降雨が多く，湿潤なモンスーン地帯に位置しているので，ハウスなどの施設栽培以外，畑地への灌漑はない。むしろ，水田跡地や湿性地などで，明暗渠排水を図った場合に，高い増収効果のみられる事例が多い。寒地における排水効果は，単に土壌三相の改善だけでなく，明らかな地温上昇効果およびそれに伴う有機物分解促進などをも伴うので，高い増収効果が期待できる。

II　用途別栽培技術

A　サイレージ用

1. サイレージの種類

トウモロコシを原料とするサイレージには利用時期と部位によりいくつかの種類がある。以下に，名久井（1979）（表4-18）のまとめに従って述べる。

（1）ホールクロップサイレージ

地上部の地ぎわ部を残し，雌穂と茎葉の全体を利用するサイレージである。このサイレージは，子実を十分登熟させてサイレージの高エネルギー化をはかり，雌穂と茎葉の両方を利用することによって面積当たり収量を最大にすることをねらうものである。刈取り時の望ましい熟度状態は黄熟期で，ホールクロップの乾物率が25～35％，乾子実の含有率が30～50％，乾物TDNが70％くらいである。タンパク質やミネラル含量が低いので，これを補給する必要がある。

北海道の十勝地方を中心に1970年代から急激に普及が始まり，わが国のほとんどのトウモロコシサイレージはこれに属するか，これを目標として考えられている。本章ではこれを中心に紹介する。

表4-18 サイレージの種類と飼料価値など （名久井, 1979）

種　類	収穫時期	水分(%)	粗蛋白質(%)	澱粉(%)	ADF(%)	TDN(%)	DE	DCP(%)	pH	総酸(meq%)
ホールクロップサイレージ	黄熟期	70.4	8.6	27.8	27.6	71.2	3.05	4.4	3.8	35.0
雌穂サイレージ	黄熟期～完熟期	45.7	9.3	55.6	7.8	78.3	3.28	6.6	4.7	28.1
グレインサイレージ	完熟期	36.4	11.4	68.0	4.1	88.8	3.92	7.5	5.2	15.2
スイートコーン茎葉サイレージ	乳糊熟期	84.5	8.5	—	41.6	54.4	2.39	4.3	3.6	39.8
スイートコーン工場残渣サイレージ	乳糊熟期	85.4	8.2	—	34.3	72.5	3.19	4.9	3.4	38.0
未成熟サイレージ	乳熟～糊熟期	82.2	9.1	10.9	37.1	60.7	2.89	5.1	3.5	43.3
子実用トウモロコシ芯・皮サイレージ	完熟期	65.7	2.3	—	41.2	51.0	2.12	—	4.3	21.9
子実用トウモロコシ茎葉サイレージ	完熟期	79.1	6.6	—	41.4	58.6	2.72	3.2	4.0	32.9

注　DEはkcal/g・DM，総酸は原物中含量で示す

(2) 雌穂サイレージ（イヤコーンサイレージ）

　黄熟後期から完熟期に子実・芯（雌穂）と苞皮を切断してサイレージとする。面積当たり栄養収量はホールクロップサイレージの3分の2程度であるが，栄養価含量は高い。家畜の能力を最大限発揮させるねらいをもつが，わが国での例はほとんどない。サイロへの詰込みには細切断と密封に留意すること，給与にあたってはタンパク質，ミネラル類の補給が必要である。

(3) 穀実サイレージ（グレインサイレージ）

　完熟期の子実だけをサイレージとする。栄養価含量は雌穂サイレージより約10％高い。高水分（ハイモイスチュア）グレインまたはソフトグレインサイレージとも呼ばれる。雌穂サイレージと同様の目的で利用される。大面積で栽培されるアメリカ，カナダなどで利用されている。

(4) スイートコーン茎葉・工場残渣サイレージ

　雌穂を収穫した後の圃場残渣を利用する場合と，加工工場の残渣を利用する場合とがある。

①茎葉残渣サイレージ

　スイートコーンは乳・糊熟期に収穫されるが，このときの残余の茎葉の現物重量は10a当たり2.5～4.5t残る。通常，水分は約80％と多い。収穫はフォレージハーベスタで行なわれる。このときの土砂の混入はサイレージ発酵品質を劣化させ，家畜の好みを減退させる。運搬，詰込み，密封，貯蔵はホールクロップに準ずる。立毛状態で手もぎした場合には，手もぎ後数日放置して水分を低下させてから収穫する。収穫後は排汁抜きが要点となる。スタックサイロに詰め込み，排汁を地面に浸透させると水分がやや低下し，比較的良質なサイレージが得られる。

②工場残渣サイレージ

　工場残渣サイレージは，工場で生産される残渣の苞皮と芯を用いる。子実がかなり混入することもある。10a当たり生草収量は約300kgである。なお，水分調整を主目的にして，水分の少ないビートパルプなどを混入することも試みられている。工場から運び出した原料は簡易サイロに詰め込む。密封・貯蔵はホールクロップに準ずる。多汁質飼料として稲わら，豆がら，乾草などと併給するとよい。

　これらのサイレージは，pHが3.5前後と低いこと総酸の生成量が多いこと，酸臭が強いものが多いことなどから，多給しないようにする。

(5) 未成熟サイレージ（青刈りサイレージ）

　乳・糊熟期以前の状態で収穫し，サイレージとする場合である。単位面積当たり生草収量（ガサ）を多くする目的で，黄熟期刈り以前のわが国における方法である。

表4-19　部位別に調製したサイレージの飼料価値など

(名久井ほか, 1974)

区　分	部位別構成割合	水分含量	デンプン含量	ADF**含量	TDN	DE*
ホールクロップ	100	70	34	22	71.4	3.03
茎　葉	37	79	—	41	58.6	2.72
芯　皮	13	66	—	41	51.0	2.12
子　実	50	39	63	3	91.8	3.84

*DE：kcal/g・DM
**ADF：酸性デタージェント繊維

　以上のほかに，ホールクロップサイレージでも，ごく高刈りをする場合，雌穂と雌穂着生付近の茎葉だけを収穫し，サイレージとすることもある。いずれも雌穂の高エネルギーを利用する目的をもっている。

2. 飼料特性

　自給粗飼料としてのトウモロコシの最大の特徴は，雌穂または子実が十分登熟したデンプンの多い，いわゆるホールクロップの濃厚飼料的高エネルギーと多収性である。黄熟期の乾物率30％のときに刈り取った原料の50％はデンプンを主とする子実により占められ，その可消化養分総量（TDN）は91.8％であり，また可消化エネルギー（DE）は3.84kcal/g・乾物（DM）で，この値は他の部位より著しく高い（表4-19）。単位面積当たりエネルギー生産量は飼料作物の中では最大であり，牧草に比べて1.5倍以上に達するといわれている。

　また，発酵のさいに必要な糖分は15～20％と十分に含まれているので，サイレージの調製が容易であり，サイレージの家畜による嗜好性は高い。しかしタンパク質，ミネラル（特にカルシウム），β-カロテンなどのビタミン類含量は少ないので，正しい飼料給与のためには，パートナーとしての良質乾牧草やその他の適当な飼料との併給が必要となる（表4-20）。

表4-20 2種のトウモロコシと牧草の飼料価値（NRC）

飼料	粗蛋白質(%)	ADF(%)	TDN(%)	ME(Mcal/kg)	NE(Mcal/kg)	無機成分				ビタミンA(1,000IU/kg)
						Ca(%)	P(mg/kg)	Mg	S(%)	
トウモロコシサイレージ雌穂多	8.0	31	70	2.67	1.59	0.28	0.21	0.18	0.03	18
トウモロコシサイレージ雌穂少	8.4	—	65	2.44	1.47	0.34	—	—	0.08	5
アルファルファ乾草	17.2	38	58	2.13	1.30	1.25	0.23	0.30	0.30	34
チモシー乾草	9.5	40	58	2.13	1.30	0.41	0.19	0.16	0.13	21
イタリアンライグラス乾草	10.3	—	62	2.31	1.40	0.62	0.34	—	—	116
ソルガムサイレージ	8.3	—	55	2.00	1.23	0.32	0.18	0.30	0.10	5

3. 栽培目標

(1) 利用の変遷

　北海道における原料生産および利用の分野から時代的変遷をみると，明治時代から始まった茎葉の利用を中心とする茎葉利用期，1960年代半ばからの雌穂の重要性をある程度重視する茎葉主体利用期を経て，1970年代の半ばから現在の雌穂と茎葉のいずれをも重視する黄熟期に刈り取る雌穂茎葉利用期に移行してきた。

　この雌穂茎葉利用期になってからは，原料の雌穂・子実を重視して，原料中に占める雌穂の地位が茎葉と同等かそれ以上に位置づけられている。適正な栽培法により刈取り時に黄熟期に達した原料の乾物およびTDN収量は多収であること，そしてこれによって栽培面積当たりの乳生産量の増加をもたらすというものである。この考え方は北海道の十勝地方で始まり，1980年代には北海道全域にほぼ定着している（図4-21）。本州では若干遅れたものの，同じような経過をたどり，現在ではわが国全体が黄熟期刈りを基本として，品種改良，品種の選定および栽培・調製技術などが成り立っている。その理論的根拠など

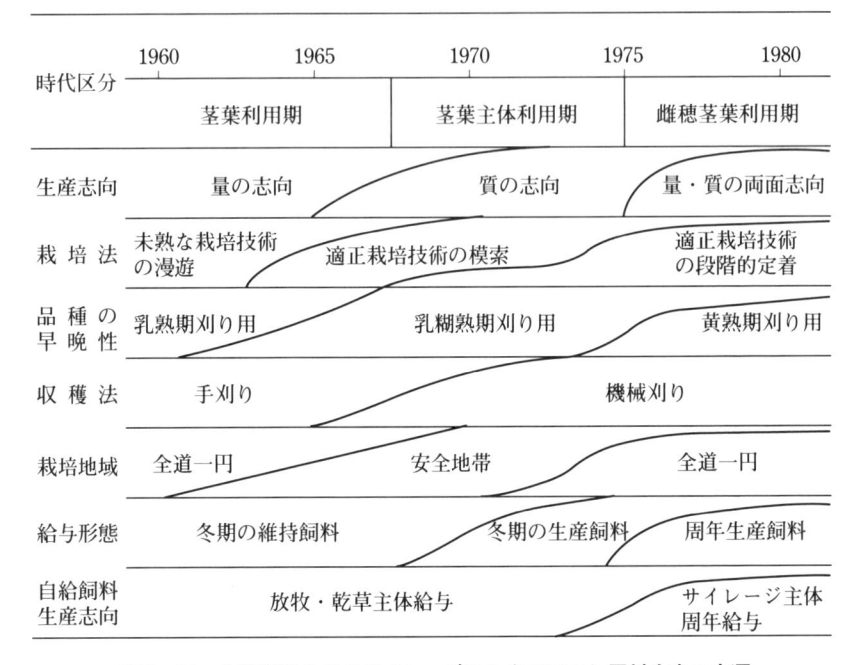

時代区分	1960　　　　1965　　　　1970　　　　1975　　　　1980
時代区分	茎葉利用期 ／ 茎葉主体利用期 ／ 雌穂茎葉利用期
生産志向	量の志向 ／ 質の志向 ／ 量・質の両面志向
栽培法	未熟な栽培技術の漫遊 ／ 適正栽培技術の模索 ／ 適正栽培技術の段階的定着
品種の早晩性	乳熟期刈り用 ／ 乳糊熟期刈り用 ／ 黄熟期刈り用
収穫法	手刈り ／ 機械刈り
栽培地域	全道一円 ／ 安全地帯 ／ 全道一円
給与形態	冬期の維持飼料 ／ 冬期の生産飼料 ／ 周年生産飼料
自給飼料生産志向	放牧・乾草主体給与 ／ サイレージ主体周年給与

図4-21　北海道におけるサイレージ用トウモロコシ原料生産の変遷
(戸澤，1985)

は，十勝農業試験場資料（1976）および戸澤（1980）の論文に詳述されている。

なお，世界のサイレージ原料生産のねらいには，2つの大きな潮流があった。1つは，アメリカを主流とするもので，原料に高エネルギーまたは高栄養を求めた生産であり，その結果，グレインサイレージ，エアコーンサイレージ，センターチョップサイレージがスタートになって，その後，面積当たりの栄養価を重視するいわゆるホールクロップサイレージ原料生産に向かっている。

もう1つは，わが国のように，見た目のボリュームないしは生総重を求めた生産で，その結果，乳熟期や糊熟期刈りの冬季の牛体維持飼料としての役割がスタートになり，その後，黄熟期刈りを前提とする面積当たりの栄養価生産に向かっている。この後者の黄熟期刈りによる栄養価生産は，上述の雌穂茎葉利用期からである。この時期にわが国で定着した頃，ヨーロッパ諸国もようやく

同じ方向を歩み始め，現在は，ホールクロップサイレージの原料を，黄熟期刈りとすることは，世界に共通する考え方となっている。

(2) 栽培目標と技術の要点

サイレージの種類により原料生産の目標と技術の要点は異なる。3つのサイレージ用について述べると，次のようになる。

①ホールクロップサイレージ用

栽培目標は，子実を十分登熟させて，乾物中TDN含量70％の高品質原料を，最多収とすることである。東北地方を中心とする高収量地帯では現時点で乾物・TDN収量は平年で1.5・1.0tが期待でき，その他の地域でも1.2・0.8tが期待できる。

栽培技術の要点の第1は，刈取り時にホールクロップの乾物率25～35％の黄熟期に達する品種を選定することであり，またこの範囲の熟期に刈取りできるような作期を設定することである。第2は，トウモロコシの雌穂および茎葉の健全な生育をはかるために，適正な施肥設計と栽植密度を設定する。第3は，これらの2点に対し適切な管理技術が適期に行なわれることである。具体的に対象となるのは倒伏，病虫害，欠株，不稔個体の発生増加に対する対応策である。

なお，これら第1および第2の要点が守られれば，時折問題とされる硝酸態窒素の原料への含量が問題になることはない。黄熟期刈りはこうしたことも考慮して確立された技術だからである。

②雌穂および穀実サイレージ用

栽培目標は，乾物中TDN80～90％の高エネルギー濃厚飼料の最多収をねらいとする。東北地方を中心とする高収地帯では，雌穂－子実乾物収量が900～800kg以上，その他の地域でも600～500kg以上が期待できる。

栽培技術の要点の1つは刈取り時に雌穂または子実の乾物率が60～70％の黄熟後期，または完熟期に達する品種を選定することであり，2つはまたこの

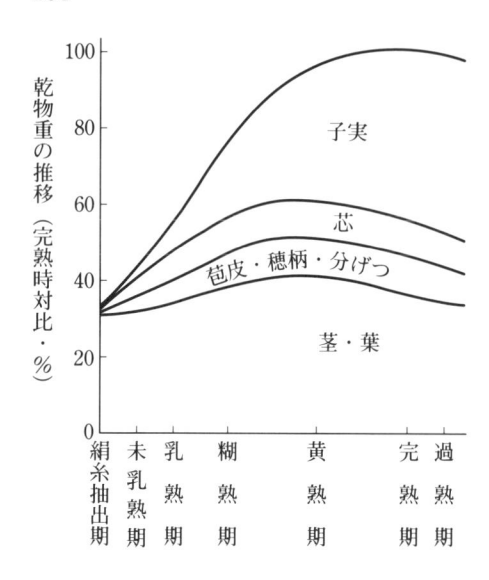

図4-22 熟期別の器官別乾物重推移
(戸澤, 1979)

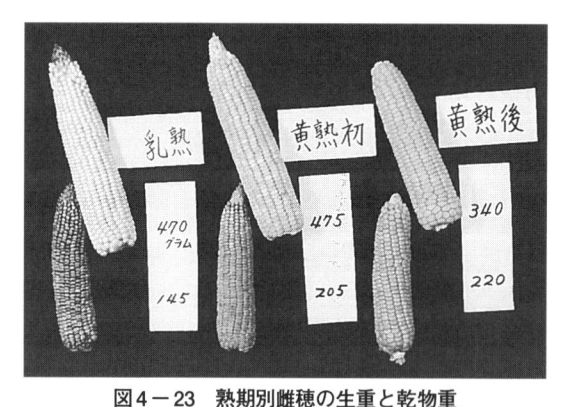

図4-23 熟期別雌穂の生重と乾物重
(戸澤, 1979)
注　上段数字は生重，下段数字は乾燥重

範囲の熟期に刈取りできるような作期を設定することである。3つは，雌穂または子実の多収をはかるために，ホールクロップサイレージ用と同様に適切な管理技術が適期に行なわれることである。

(3) 熟期と収量の推移

収量の標示は生総重，乾総重，TDN，NE（正味エネルギー）などいくつかあるが，目的とするところが栄養収量にあるから，通常，乾総重またはTDNで示される。

①乾総重の推移

絹糸抽出時における乾物の95％は茎と葉によって占められ，残りの5％は未発達の穂芯，苞皮と穂柄である。絹糸が抽出し，受精した後は穂芯が急激に肥大成長し，その後子実が本格的に肥大する。個々の器官の発達は次のとおりである（図4-22，23）。

・子実と芯

　両者をあわせて雌穂という。この部分の乾物中TDNはほぼ85％で，サイレージを考えるうえで，量的にも質的にも最も重要な部分である。

　穂芯は乳熟期から糊熟期にかけて最大乾物重に達し単少糖類の含量も高いが，以後徐々に子実中に転流して乾物重は低下し，刈取り時期に至る。この時期の穂芯は個体全体の乾物重の約10％である。

　子実は受粉後，未乳熟期（または粒形成期から水熟期）までは多くが水分と単少糖類の蓄積によって肥大する。乳熟期近くになってデンプンが蓄積し始め，糊熟期からそれが本格的になって乾物は急激に増加し，黄熟期後半にはほぼ最大乾物量となり，外観は特有の刈取り適期を示す。乾物全体に占める雌穂の割合は，糊熟期では約30％であるが，黄熟期には40〜60％となる。

・その他の栄養体

　茎葉，苞皮，穂柄からなる。乾物中TDN含量は55〜60％と低いが，繊維質源として重要な役割をもち，良好なサイレージでは乾物全体の約半分を占める。苞皮，穂柄もほぼ穂芯と同様に受粉後に急激に発達し，その乾物重は糊熟期—黄熟初期を頂点にして成熟期に向け下降し，この時期の全乾物の約60％を占める。穂柄は単少糖類の含量が多いが，苞皮の栄養価は少ない。

・分げつ

　本来，その他栄養体に含まれるものである。品種や栽培法によってその発生の多少に大きな差がある。分げつの発生は生育初中期であるが，分げつの発生しやすい品種でも適正な栽植密度によって栽培される場合は，刈取り時期までに残るものはほとんどない。したがって，刈取り時期の乾物重に占める割合はほとんどないと考えてよい。

②TDN収量の変化

　TDN収量が多いのは，TDN含量の高い雌穂乾物重が最大となる時期である。絹糸抽出後のTDN収量の増加のほとんどは雌穂乾物重の増加によっている。完熟時のTDN収量を100％とすると，絹糸抽出期のそれは25％，糊熟期60％，黄熟期90％ぐらいに達する。この黄熟期のTDN収量の60％は雌穂による。

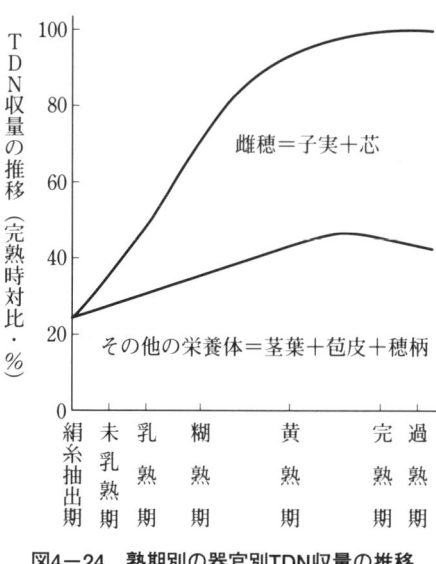

図4-24 熟期別の器官別TDN収量の推移
（戸澤，1979）

過熟期には茎葉の落下が始まるとともに、収穫損失も生じるので、TDN収量はしだいに低下する（図4-24）。また、ビタミン含量が少なくなり、消化率も低下するなどサイレージの品質が低下する。DCP（可消化粗タンパク質）収量もTDN収量とほぼ似たような増加傾向を示す。

（4）熟期と飼料価値の推移

サイレージの飼料価値は栄養価と発酵品質によって決まる。これらは直接間接にホールクロップの乾物率と関連し、また乾物率はサイレージの乾物回収率を左右する。

①栄養価

サイレージの栄養価はおおまかにTDN含量によって示される。未乳熟期から乳熟期にかけては雌穂の割合がごく少ないので、TDN含量は低い。糊熟期ではおおむね良質乾草並みとなって、乾物中TDNは65％になる。黄熟期の乾物率が高いので、ホールクロップへの貢献度が高く（図4-23, 24）、乾物中TDNは70％以上、また現物中TDNは20〜25％となって、濃厚飼料に匹敵する高エネルギーのサイレージが調製できる。しかしタンパク質、カルシウム、ビタミンA、リンなどが不足するから、補給が必要である。

②発酵品質

これは、pH、有機酸の組成（VFA/T-A）および揮発性塩基態窒素の割合

表4-21 熟期別サイレージの飼料価値と発酵品質（乾物，%）

（名久井ほか，1979）

熟 期	乾物回収率	栄養価		乾物率	発酵品質		
		乾物中TDN	生草中TDN		pH	VFA/T-A	VBN/T-N
未乳熟期	85	63～65	10以下	15以下	3.5～4.0	10.0～20.0	5.0～10.0
乳熟期	90	63～65	12	15～20			
糊熟期	90	65	15	20～25			
黄熟期	95	70～73	20～25	25～35			
過熟期	95	73以下	25以上	35以上			

（VBN/T-N）によって決まる。良好なサイレージはpHが4.0，VFA/T-Aが15～30％，VBN/T-Nが10％であり，トウモロコシの発酵品質はきわめて安定している。トウモロコシが牧草などよりサイレージの調製が容易であるのは，このことによっている。しかし，糊熟期以前の刈取りは酪酸などの生成が多くなり，また過熟期の刈取りはpHの上昇や好気性発酵菌の発生する機会が増すので，どんな場合でも安定して良質サイレージが調製されるとは限らない（表4-21）。

③ホールクロップの乾物率と乾物回収率

　サイレージ原料の適当な乾物率は30～35％，少なくとも25～35％の範囲にあることが望ましい。この乾物率の範囲は黄熟期の刈取りによって得られる。糊熟期以前の場合は25％以下，極端な場合は15％に達しないこともある。

　乾物率が低いときは飼料価値自体が低いだけでなく，水分過剰の程度によって多量の養分を含んだ排汁が多くなり，最近増加しつつある大型サイロでは種類によっては水圧により変形破損することもある。これとは逆に，乾物率が35％を超える場合は消化率が低下する。また，サイロへの詰込み密度が粗くなって，二次発酵の原因となりやすい。

　埋蔵後サイレージの熟成中に発酵や排汁のための乾物損失がある。刈取り時期に原料の熟度の進んでいるものでは，この調製中の損失が少なく，サイレージ乾物回収率は高い。乳～糊熟期の原料の乾物回収率は約90％，また黄熟期の原料のそれは約95％である。

(5) 栄養収量の推定

栽培目標の設定やサイレージ給与の計画にあたっては，サイレージの栄養収量を，原料から推定できると便利である。このため，古くはアメリカの研究者によって試みられた。わが国では，1972年に新得畜試による最初の方法が発表された。1983年になって，北海道農試と十勝農試は精度がより高く，簡便かつ実用的な方法として，以下を発表している。

TDN（kg/10a）＝（0.80×乾雌穂重）＋（0.50×乾茎葉重）
NE（サーム/10a）＝（3.3×乾雌穂重）＋（2.4×乾茎葉重）

4. 品種の選定

世界の品種の変遷は著しい。わが国においても，現在の市販品種数は北海道で50ほど，全国では100ほど，そのすべては輸入品種である。品種選定は，地域性などを踏まえた作期の設定と早晩性の決定を経て行なわれる。

(1) 地域, 作期と品種の早晩性

①早晩性品種の配合

早晩性品種群および個々の品種を選定する場合の基本原則は，刈取り時期にホールクロップの乾物率が25～35％の黄熟期に達することである。これを地域および作期で考えると，適期に刈り取るには作業的に同一品種だけではむりで，熟期の異なる数品種を組み合わせて作付けることが必要であり，これを早晩性品種の配合という。生育は積算温度によって左右される。そして早晩性品種の刈取り適期に達するのに必要な積算温度は，地域，年次，播種期の差によってもほとんど変わらないので（表4－22），これを利用して，刈取り時期の幅を広げるのである。

②播種時期

播種時期は，耕起，砕土，整地が適正に行なわれ，特に覆土深3cmくらい

表4-22 乾物率30%に達するのに必要な早晩生品種群の単純積算温度(0.1℃以上)の差 (戸澤,1980)

生育時期	早生(℃)	中生(℃)	晩生(℃)	極晩生(℃)
播 種→発 芽	200	200	200	200
発 芽→絹糸抽出	1,150	1,300	1,450	1,650
絹糸抽出→乾物率30%	950	950	950	950
合 計	2,300	2,450	2,600	2,800

注 早生:ワセホマレ,ヘイゲンワセ,SH250,C535,オーレリア,ブルータス,SH10並み
中生:ホクユウ,SH145並み
晩生:P3715,W573並み
極晩生:ジャイアンツ,P3390並み

が保たれることを前提とし,できるだけ早いほうが望ましい。北海道では,5月10～25日頃までに播種するように努める。草地跡では,特に春の播種作業を円滑にするためにもぜひとも秋耕が必要である。

東北地方のほとんどおよび高冷地を除き,播種期の決定は前後作との関係で決めることができる。これらの地帯では十分な作期幅をもっている。作期の設定と早晩性品種群の選定はほぼ自在である。なお,北部の1年1作の地帯では,播種期を早めて生育期間の延長をはかるとよい。しかし東北南部や東山地方では前後作との関係で6月播種もでき,播種期の可動範囲は広い。

関東,東海,北陸地方では,5月上旬～6月下旬が基準となるが,多くの地帯では4月播種もできる。近畿以西の西南暖地では4～6月播種となるが,3～7月の間に可動範囲がある。

③刈取り時期

北海道の多くの地域では,初霜,低温による雌穂重増加の停止と作業機運行の可否が刈取り期決定の要因となる。9月下旬から10月上旬が刈取り時期となるが,作業機の共同利用や他作物との作業の競合により10日くらいずれることがある。

東北地方のほとんどを除き,都府県は十分な作期幅をもっているので,刈取

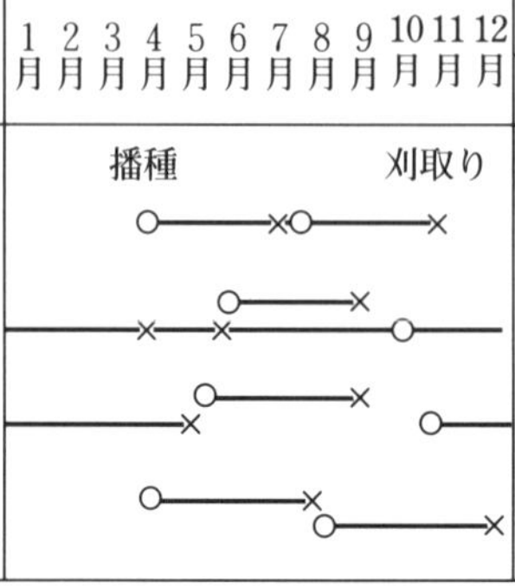

型	草種	1-12月	10a当たり収量(t)			トウモロコシの品種
			生草	乾物	TDN	
Ⓐ	トウモロコシ	播種―刈取り	5)10 5	1.5)2.8 1.3	1.0)1.9 0.9	早生 (中生)
Ⓑ	トウモロコシ イタリアンライグラス		5)13 8	1.5)2.5 1.0	1.0)1.7 0.7	中生 (晩生)
Ⓒ	トウモロコシ 青刈りムギ		6)10 4	1.7)2.7 1.0	1.2)1.8 0.6	晩生 (中生)
Ⓓ	トウモロコシ 青刈りムギ(秋作)		6)10 4	1.7)2.5 0.8	1.2)1.7 0.5	極晩生 (晩生)

図4-25 温暖地のトウモロコシを中心とした作付け体系

(飯田, 1980)

注 トウモロコシはすべてサイレージ用をさす

り時期の決定は前後作との関係から行なわれることが多い。1年1作の東北北部は平年の初霜日（Killing frost）が目安となる。東山および関東，東海，北陸地方では前後作のイタリアンライグラスやムギ類を考慮すると，刈取り時期は8月半ばから9月上旬以降になるが，早生品種を早期播種すれば二期作も可能である。近畿以西の西南暖地では7月以降となり，刈取り期は後作との関連で決められる。また，播種時期と刈取り時期の可動範囲はすでに述べたように，品種ごとに要求される積算温度によって決まる。

④前後作と二期作

東北南部よりも以西の地帯では，トウモロコシとその他の前後作が密接なつながりをもっている。ここでは，サイレージ用トウモロコシの生産を主体にした2つの体系について述べる。

トウモロコシを中心に他作物との粗飼料の多収をねらいとする体系例が図4-25である。この体系では年2作で10a当たり乾物重2.5t以上，TDN1.7t以上を目標としており，そのうち，約60％以上をトウモロコシによって生産するものである。

また，トウモロコシの多収性を最大限に生かして，二期作の数例を示せば図

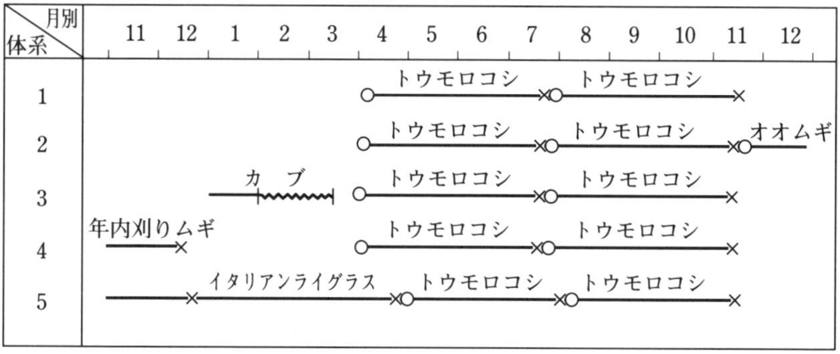

月別\体系	11	12	1	2	3	4	5	6	7	8	9	10	11	12
1						○—トウモロコシ—×○—トウモロコシ—————×								
2						○—トウモロコシ—×○—トウモロコシ—————×オオムギ								
3			カブ〜〜〜			○—トウモロコシ—×○—トウモロコシ—————×								
4	年内刈りムギ———×					○—トウモロコシ—×○—トウモロコシ—————×								
5	———イタリアンライグラス———×					○—トウモロコシ—×○—トウモロコシ—————×								

図4－26　温暖地の二期作栽培　　　　　（井上，1980）

注　○は播種，×は刈取り，〜〜〜は青刈り給与

4－26となる。本州以南における品種の多くは，播種から黄熟期までに達する10.1℃以上の有効積算温度はおおむね1,000〜1,300℃に入る。この図の作成された神奈川県に適応する場合には，以下のような留意点が必要とされている。①温度条件が許すかぎり晩生品種を組み合わせたほうが多収となる。②第2作は7月末日までに播種すると発芽・生育がよいので，第1作は4月にできるだけ早く播く。この場合は中・晩生品種がよい。③第1作の播種が4月下旬〜5月上旬になる場合は，早・中生品種を用いる。④第2作の播種が7月下旬の場合は，中生品種でも糊熟期以上に達するが，8月上旬以降におくれる場合は，その程度に応じて早生品種が安全である。

(2) 品種選定のポイント

早晩性品種群の選定が決まれば，次に個々の品種の選定を行なう。サイレージ用は生産物自体が商品となる穀菽類と異なり，一定の家畜頭数をまかなう必要があるので，年次間の収量，品質の安定性が特に重要となる。

・北海道

このような見地から，北海道における品種選定の主要なポイントは耐倒伏性であり，ついでA，B，C区（Eについては図2－32参照）の条件のよいとこ

ろではすす紋病とごま葉枯病に対する抵抗性，C，D，E区では早熟性および低温発芽性，稚苗の低温成長性（初期生育）が重要である。初期生育向上のために，千粒重の大きい品種を選定することも重要である。また，北海道，特にD，E区では，年次によりかなり厳しい条件となることがある。このため，年次間で安定した品質と収量を確保するには，同一熟期の品種でも複数品種を作付けすることも必要である。

・都府県

耐倒伏性はいずれの地域でも重要であるが，特に関東東山地方以西の台風常襲地帯で重要である。このほかに東北地方ではすす紋病抵抗性，関東地方以西ではごま葉枯病抵抗性が重要である。また，すじ萎縮病抵抗性は北関東などで重視される。一般に温暖地，暖地では，アワノメイガなどに対する抵抗性も重視される。絹糸抽出期前後に乾燥する地帯（中国地方）では耐干性も重視される。

転換畑では紋枯病抵抗性，ごま葉枯病抵抗性が重要で，湿田跡では特に紋枯病抵抗性および耐湿性が重要である。連作畑では上記のいずれの病害虫に対する抵抗性も重要である。

5. 施肥と栽植密度

(1) 施肥量

要素吸収特性 施肥量の決定は，本章Ⅰの項で述べたように，要素の吸収特性，ねらいとする収量と品質，正しい土壌診断および堆厩肥などの投入量などによって決めるのが最もよい。

施肥量と施肥法 実際の施肥量の決定には，既往の蓄積されたデータから決定された施肥基準は有効に利用できる。

北海道における施肥基準は1961年（昭和36）に初めて設けられた。このときのN：P_2O_5：K_2Oは，10a当たり5.0〜7.5：6.0〜7.5：5.0〜6.0kgとされたが，その後，1967年にはより細かな地域区分とともに9.0〜11.0：10.0〜

第4章 栽培の基本技術 273

表4-23 北海道のサイレージ用トウモロコシの施肥基準

(kg/10a, 2002)

地帯	区分	低地土 目標収量	N	P₂O₅	K₂O	泥炭土 目標収量	N	P₂O₅	K₂O	火山性土 目標収量	N	P₂O₅	K₂O	台地・その他 N	P₂O₅	K₂O
道南	1	7,000	14	16	10	6,500	12	18	12	6,500	14	20	12	14	18	11
道央	2~4	6,500	14	16	10	6,000	11	18	12	6,500	15	18	13	13	18	10
道央	5~10	7,000	14	16	10	7,000	13	18	13	7,000	15	18	13	14	18	11
道北	11	6,000	13	15	10	5,500	10	18	14					12	18	10
道北	12A	5,500	10	18	8	5,000	8	20	12					10	20	8
道北	12B	6,000	11	18	10	5,500	10	20	14					11	20	10
網走	13	6,500	16	18	10	6,000	13	18	12	6,000	15	20	12	14	18	10
網走	14	6,000	15	18	10	5,500	12	18	12	5,500	14	20	12	13	18	10
十勝	15	6,000	16	18	10	5,500	13	20	13	5,500	14	20	10			
十勝	16	6,500	17	18	11	6,000	14	20	14	6,000	15	20	11			
十勝	17	5,500	15	18	10	5,000	12	20	12	5,500	14	20	10			
根釧	18A	5,500	15	18	11	4,500	12	20	14	5,000	13	20	14			
根釧	18B	5,000	14	18	10	4,500	12	20	14	4,500	12	20	14			

注 1. 各地域において黄熟期に達する品種の栽培を前提とする
2. 出芽期に濃度障害のおそれのあるときは、基肥Nは10kg/10a（根釧・十勝は8kg/10a）を限度とし、残りを7葉期（根釧では4葉期）までに分施する
3. マルチ栽培にも準用する
4. 苦土の年間施肥量は畑作物に準じ、MgOとして低地土で3kg/10a、その他の土壌で4~5kg/10aとする

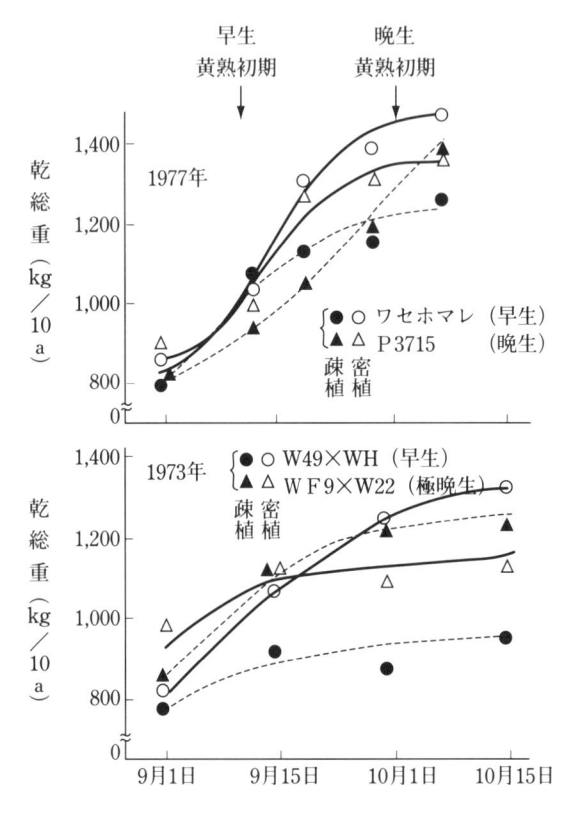

図4-27　早晩生品種の2栽植密度での乾総重の経時的推移　　（戸澤，1979）

注　1．疎植は4,444本/10a（N：P$_2$O$_5$：K$_2$O：MgO＝12：15：10：4kg/10a）
　　2．密植は8,889本（15：20：10：5kg/10a）

13.0：8.0kgが設定され，また，1971年には8.0〜12.0：14.0〜16.0：9.0〜10.0kgとなった。これに加えて1978年，窒素を分施する初めての合理的分施体系が記載され，その後いくつかの変更をしながら，2002年（平成14）には表4-23のように改められている。

この施肥基準のレベルはサイレージ用の収量水準からみて概ね妥当であると考えられるので，これを目安にできる。また，堆厩肥などの多量利用の場合には化学肥料を相応に減らす必要がある。また，地力減耗の著しい草地跡などでは，土壌診断に基づいて，要素のバランスをとることが望ましい。

（2）施肥量と栽植密度の関係

①栽植密度と施肥量

両者には強い関係があり，どちらか一方だけによる増収は少ない。品種には

適当な栽植密度があり,施肥量はこれに見合っていなければならない。ホールクロップサイレージ用乾物の多収は,刈取り時に黄熟期に達する耐倒伏性品種を適正な栽植密度とそれに見合った十分な施肥条件を与えることによって可能となる(図4-27)。

多収を示す栽植密度は年次間の気象条件によって大きく変動し,わが国の研究機関で行なわれている栽植密度には10a当たり4,500〜8,000本ほどの幅がある。施肥水準が十分であれば1万本以上でも増収することがあるが,その多くは雌穂割合の低下や倒伏の増加をともなっているので,適当でない。府県においても北海道と近似した水準が適当であろう。

②播種粒数
1株1本立てを原則とする。

6. 収穫・埋蔵体系

(1) 刈取り適期の判定

①適期は黄熟期
ホールクロップサイレージ用の高品質原料の収穫適期は,すでに述べたように黄熟期である。この時期は,デント種では種子の上面が凹んで硬化し,フリント種では光沢のある硬い粒になる。デント×フリント種では,中間の状態になる。立毛状態の外観は,苞皮(オニカワ)がかなり黄白化し,茎葉は緑色に黄白化部分がかなりの部分を占めたときで,品種によっては黄赤紫色を呈する。

このときのホールクロップの乾物率は概むね25〜35%の範囲にあり,すでに述べたように乾物中のTDNは70%となり,嗜好性の高い良質のサイレージが調製できる。糊熟期以前,特に水熟期における収量は,生重は多いが,乾物率が低いので乾重は低く,TDN含量が低いのでTDN収量は低く,サイレージ原料としても品質は劣る。

②初霜までに黄熟期に達しない場合

北海道の条件の不良な年次や地域では，早生品種でも黄熟期に達しないことがある。この場合には，刈取り時期をできるだけ遅らせる。ここで問題となるのが初霜害である。初霜の程度により異なるものの，初霜害を受けたサイレージは，①pHが少し高く，②酸や窒素の組成も劣化ぎみとなり，③ミネラルやビタミン含量が少なく，④二次発酵が起こりやすくなる。軽度の初霜による被害は少なく，むしろ緑色部の同化により登熟が進むので，晩刈りに問題はない。強霜の場合に被霜による影響は大きいが，登熟の進んでいない場合には水分の多いことによる悪影響も大きいので，初霜を覚悟で刈取り時期をおくらせる必要もある。

③スタックサイロ，トレンチサイロ利用での適期

厚みのないスタックサイロやトレンチサイロの場合は，乾物率が25～30％のとき（黄熟初・中期）に収穫し，二次発酵が起こらないようにする。

(2) 作業体系の種類

作業体系は多岐にわたるが，機械化当初の体系を含めると，以下の5つに分けられる。Ⅰ～Ⅳ型は既往の体系で，タワーサイロやバンカーサイロに使われる。Ⅴ型はグラスサイレージでは一般的になっている体系にそったもので，近年わが国で開発され，今後の展開が期待されている（図4－28）。

①Ⅰ型（モーア型）

機械化の十分進まない段階の作業体系で，人力作業が多く，積込みに多くの労力を要する。鎌で刈ったり，ロータリ型やレシプロ型の小型刈取り機で刈り取る。ロータリ型刈取り機に稈送り装置を装着したものが開発されている。10a当たり2時間くらいの能率がある。小面積，小型サイロ向きである。

②Ⅱ型

刈取りから積込みまでが1行程となるが，運搬・詰込みとの組作業を必要と

第4章 栽培の基本技術 277

	刈取り → 集積 → 拾上げ → 細断 → 積込み → 運搬 → 詰込み → 均平踏圧
Ⅰ型	モーア　　バックレーキ　　　　　トレーラ　吹上カッタ　人力 （レシプロ型）
Ⅱ型	直装式コーンハーベスタ　　　　ファームワゴン　ブロア　人力 　　　　　　　　　　　　　　　（トラック）（エレベータ）
Ⅲ型	けん引式コーンハーベスタ　　　　ファームワゴン　ブロア
Ⅳ型	自走式コーンハーベスタ　　　　クロップ　　ブロア 　　　　　　　　　　　　　　キャリア
Ⅴ型	刈取り　　　　　細断　ロール成型　ラップ　運搬 細断型ベーラ＋ハーベスタ＋ラッパ

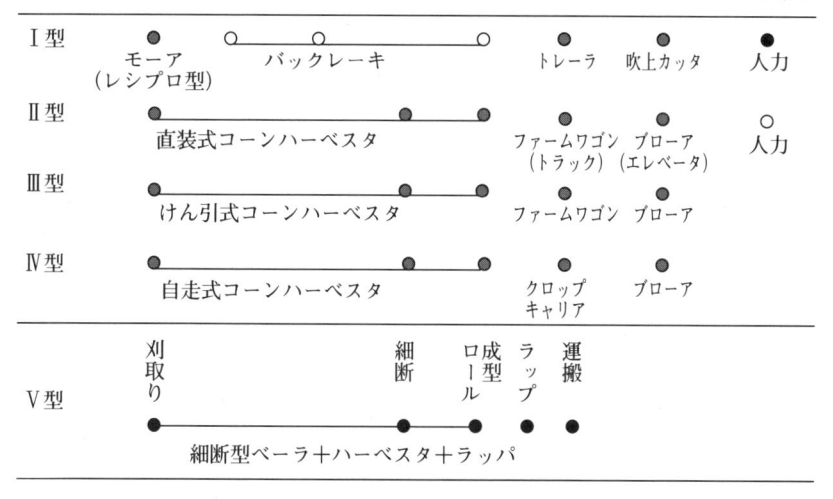

図4-28　サイレージ用トウモロコシの収穫・調製体系

（中澤，1979に加筆）

注　○印は省略される場合がある

するので，共同作業組織の編成を必要とする。直装1条用のため小回りがきくので，区画や地形など土地条件の比較的悪いところに向く。1条用コーンハーベスタで1日当たり0.7～0.9ha（ワゴン，20～30台分）の能率がある。

③Ⅲ型

フォレージハーベスタにロークロップアタッチメントを装備したもので，作業行程はⅡ型と同じであるが，2条用のアタッチメント利用によって作業能率が高まる。多少地形が悪くても畑地区画の大きいこと（2ha以上）が必要で，比較的経営規模の大きな農家集団での共同作業によって能力が発揮できる。

④Ⅳ型

自走式フォレージハーベスタで，主に農協所有の機種を貸し上げ，専任オペレータと5～7戸の部落利用組合による出役者によって行なわれることが多い。

作業能率は高く，けん引式に比べて2倍以上である。

作業を円滑に行なうためには，作業機相互の性能の組合わせ，特にフォレージハーベスタとブローアの組合わせ方が重要で，次の3点に留意する。①ブローアはフォレージハーベスタの能力を上回ること，②運搬車は畑地で少し待つ程度の余裕をもつこと，③ブローアは運搬車を待たせず，少し待つ程度の余裕をもつことである。収穫に先き立ち，けん引式では枕地刈りが必要である。

⑤V型（ロールベーラ型）

細断型ロールベーラ（1.5cmに細断したものを直径80cm，重さ300kgに成型）と専用ベールラッパの組合わせによって，2～3人の組作業でできる"刈取り―埋草の一貫体系"（図4－31，32，33，34参照）である。これについては，8－(2) で述べる。

(3) 倒伏したトウモロコシの収穫

①刈取り方向

ハーベスタが倒伏方向に向かって作業すると収穫速度は半減するが，一般には収穫損失は少ない。特にわん曲型および軽度の転び型ではほとんど損失がない。したがって，例年倒伏方向が決まっている場合には，ハーベスタの運行を想定して畦方向を決めることもよい。

②ハーベスタの運行速度

倒伏したトウモロコシのハーベスタに入り込む量は，時間によって一定しない。特に絡み合って倒れている場合には取込み量の変化が大きく，切断刃につまりを生じたり，ハーベスタに損耗を生じる。これをさけるには運行速度を適宜落とす必要がある。

③切断長

倒伏したトウモロコシは枯死部分が多いので，サイロ内の鎮圧が不十分となりやすく，発酵品質の低下や二次発酵を誘起しやすい。また，期待した切断長

より長めになりやすい。これらをさけるために切断長は短めとなるように留意する。

④収穫期

挫折型で，かつ折損部位が着雌穂節の下位にある場合は，以後の雌穂の登熟肥大が止まるばかりでなく，折損部位が腐敗することがある。このような状態が予想される場合には，できるだけ早く収穫する必要がある。場合によっては手刈りする。また，原料の水分過剰や汚泥の混入を最小限にするために，収穫は好天時に行なう。

早期のわん曲型および転び型の場合は，その後かなり回復して立ち直る。このような場合は，十分とはいえないまでも雌穂の登熟肥大が進むので，収穫をおくらせる。収穫損失を最小限にすれば，倒伏による全体の減収は一般に20％を超えることはない。

表4-24 過熟原料に対する水添加量
（アルドリッチら，1975）

原料の乾物率	乾物率35％になるまでの水量	
40％	76kg	76l
45	165	166
50	272	272
55	403	420

注　水量は原料1t当たり

(4) 過熟トウモロコシの埋蔵

登熟の進みすぎや作業の都合により成熟期以降に刈り取らざるをえない場合，サイレージの熟成～給与時，持に給与時の二次発酵が問題となる。これを防止するために，過熟の程度により埋蔵時に水を添加するとよいとされている。水の添加は詰め込まれた原料中の排気を行なって嫌気性を保ち，サイレージの良好な発酵を促し，また開封後の空気の侵入をおくらせて二次発酵を起こりにくくする働きがある。水の添加量は原料の乾物率により異なる（表4-24）。

先に述べた，コーンクラッシャ装置付きの自走式ハーベスタでは，ロールで固い子実や穂芯をも破砕できるので，過熟トウモロコシの収穫には効果的である。

(5) 埋蔵作業とサイレージ品質

詰込み途中は機器の点検を十分に行ない,原料が均一になるようにデストリビュータを操作する。使い方が悪い場合は,比重の軽い葉やオニカワなどがサイロの周辺部にたまって密度に差が生じ,空気が残るので,カビの発生や,二次発酵の原因ともなる。

サイロ内密度は原料の水分70％前後で700kg/m³が適当な目安とされ,500kg/m³以下では二次発酵が出やすいといわれている。小型サイロやバンカーサイロなどでは十分な密度を保つために原料の詰込み中に踏圧を適宜行ない,また,詰込み後は重石をのせて加圧する。これによりサイロの空気が速やかに排除され,また水分の多い原料では排汁が促進されるので,発酵が良好となって,良質のサイレージが調製される。

密封はサイロの種類を問わず,完全に行なわなければならない。そのねらいは,サイロ内に空気が侵入するのを防ぎ,サイロ内を嫌気的状態にして,発酵を良好にすることである。密封が十分でない場合には,好気性菌が活動してpHが上昇してサイレージの品質は低下し,タワーサイロでも20％以上の腐敗サイレージとなる。詰込み途中においても,1日の作業が終わるごとにビニールシートなどで覆い,できるだけ空気に触れないようにする。

収穫から開封に至るおおまかな手順は,表4-25のとおりである。

(6) 添加物など

良好な乳酸発酵のためには,糖蜜や乳酸菌などを添加する。プロピオン酸なども使われる。原料が低糖含量である場合の糖,水分不足の原料に対する水の添加,さらには,破砕トウモロコシ子実,ふすまなどの濃厚飼料を添加することもある。これによって,pHの上昇を抑制し,タンパク質の分解を抑制して,不良発酵を防止する。

開封後の二次発酵抑制（変敗抑制）のためには,プロピオン酸,尿素,アンモニア水が添加される。これは,好気性発酵による異常高温発熱を抑制する働きがある。また,これとは別にサイレージのDCP含量を高めるために,窒素

表4-25 収穫，調製，開封の手順　　　（名久井，1979）

手　順	主な作業方法	要点と留意事項
収　穫	1. トラクタのための枕地刈りをする（けん引式）	
	2. 適期の確認とサイロの整備・点検をする	適期は黄熟期
	3. 倒伏の状況をみる	程度と方向により，片側刈取りすることも必要
	4. 切断長の調節は5～10mmとする	切断刃の研磨に心がける（特に降霜害の場合に必要）
運搬・詰込み（埋蔵）	〔タワーサイロ〕 1. 作業能率を高めるため，作業機をうまく組み合わせる	事故を起こさないこと
	2. ブロア，デストリビュータなどのサイロ周辺機器を調整する	詰込み中，表面が平らになるよう，また子実と茎葉が分離偏在しないように，絶えずデストリビュータを点検する
	3. 追詰めは1週間以内に行なう	追詰めの際，NO_2ガスの排出を必ず実行する
	（スタックサイロでは十分踏み込みながら，高さは3m以上とする）	過熟により水分が低い材料（65%以下）に対しては水添加も考慮
密封・貯蔵	1. 表面を平均にして，ビニールシートを敷く	30～40日間は開封しない
	2. 次に水ぶたをするか，おがくず，高水分の材料を50cm程度のブローアで吹き上げる	スタックサイロの場合，カバーに小穴などの損傷がないことを確かめる
	3. 貯蔵中は空気の侵入，雨水の浸入がないようにする	カバーのすそには土寄せし，古タイヤ，土を重石がわりにのせる
開封（取出し）	1. サイロ内にブローアで新鮮な空気を吹き込む	NO_2ガスを排除する
	2. トップアンローダを設置する	開封時に発熱の有無を点検する
	3. 取出しの深さは1日当たり7.5cm以上が望ましい	給与量に見合うだけの量をアンローダで取り出す

を添加することがある。ホールクロップ乾物率30～35%のものに，原料重の0.5%の尿素または0.6%のビューレットを添加すると，粗タンパク質含量は3～4%高まるとされている。この場合，TDN含量はほとんど変化しない。

7. サイレージ品質と給与

(1) サイレージの飼料価値と栽培条件

　トウモロコシのホールクロップサイレージの飼料価値は，子実または雌穂がどの程度含まれているかによって決まる。すなわち，適当なサイレージは乾物率が25〜35％の範囲にあり，この場合の子実重の割合（乾物）は30〜50％，雌穂の割合は40〜60％である。乾物中TDNは70％くらいに達し，品質もすぐれている。この範囲を低下させる要因には，大きく分けて①適熟期以前の未熟状態での刈取り，②雌穂割合の低下，③茎葉の栄養価の低下，の3点があげられる。

　①はデンプン含量の多い子実の含量が少ないために，サイレージ品質が低下するもので，作期を越える晩熟品種の作付け，いたずらな早期刈り，干ばつや冷湿害などによる生育遅延があげられる。②は無効雌穂や不稔個体の発生が子実重の割合を低下させることにより，サイレージの品質が低下するものである。過密植，肥料要素の不足，天候不順，倒伏，幼穂形成期の著しい断根などがある。③には冷害年次や寒地の山麓・沿海地帯にみられる乾物率の低下がある。これは天候不順により茎葉の同化能力が雌穂への炭水化物蓄積に追いつかないためであろう。また，茎葉の初霜害や病害によっても低下する。

(2) サイレージの発酵と品質

　詰込み途中からすでに発酵が始まっており，発酵前期の5日目ごろまでは有毒ガスが発生するので注意する。熟成中は絶対開封しない（表4-26）。

　給与時のサイレージはカロチンや糖が少なくなるが，乳酸が多く，pHが4内外となり，甘酸な香味があり，嗜好性が高い（図4-29）。サイレージの品質は原料の水分，刈取り時の熟度により左右され，開封後の品質安定と家畜の嗜好性に影響する。

表4-26 収穫,調製,開封の手順　　　　　　（名久井,1979）

手　順	特　徴	問題点	技術の要点
好気的発酵	植物細胞の呼吸。30℃前後の発酵をともなう	炭酸ガス,水を生じる	炭酸ガスを逃さないようにする
	自家酵素による細胞液の酸化	蛋白質の分解,炭酸ガス,水を生じる	有毒ガスに注意。空気の侵入は絶対にさける
	詰込み後1〜3日で終了	植物細胞が死滅	
発酵前期	可溶性炭水化物が豊富で発酵が順調に行なわれる	乳酸,酢酸,プロピオン酸の生成が始まる	植物汁液の浸出を促進するため,細切する
	亜硝酸塩の分解が進行	N_2O_4,NO_2ガスが発生	有毒ガスであり,注意する
	詰込み後3〜5日で終了		
発酵後期	乳酸発酵の進行とともに30〜40℃に温度が低下する	高温発酵（40℃以上）は,劣質サイレージにつながる	発酵が進行中は絶対開封してはならない
	有機酸が増加する pHが低下する	蛋白分解菌,酪酸菌の増殖を抑制する	サイレージの品質の良否はこの時期にかかっている
	少量のアルコールが生成する		
	蛋白質の分解が起こる	アンモニアなどが生成される	
	詰込み後3〜4週間で終了		
安定期（貯蔵期）	発酵が終了し,温度が低下する	酸の生成が不十分な場合は,pHが高くなり,品質の劣質化が早まる	詰込み後30〜40日経過したら開封する
	pH4.2以下となり,微生物の活動が停止する		
	材料成分の諸変化が停止する		

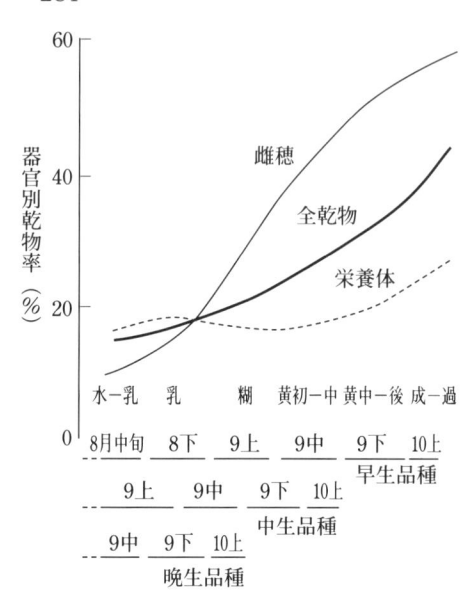

図4-29 サイレージの各種成分の推移
(高野, 1967)

(3) 取出しと二次発酵

①二次発酵の原因

埋蔵後少なくとも30日以上経過してから取り出す。1日当たりの取出し量が少ないと二次発酵の原因となる。通常、タワーサイロでは5cm以上、夏期には10cm以上の厚さ、バンカー、スタック、トレンチなどでは20cm以上の厚さを取り出す必要がある。

取出し時の温度上昇と、酵母やカビの発生をともなって品質が劣化する二次発酵（好気的変敗）は、取出し時にサイレージが空気に触れたために好気的微生物が増殖し、これによりサイレージが変敗して発熱したものである。糖、乳酸および酢酸は減少し、pHは上昇し、著しい場合には堆肥状になる。

②対　策

二次発酵を起こした場合の対策は、カビ防止剤の利用と空気の物理的遮断つまり密封による方法がある。まず、二次発酵が起きたらどの程度の深さまで発熱しているかを確かめる。その後、発熱が30℃以上の部分を外に取り出し、できるだけ早く牛に給与する。

比較的温度の低い部分まで取り出した後、プロピオン酸、蟻酸、カプロン酸などの添加物を1m²当たり0.5～1.0ℓ表面散布する。その上にビニールシートを敷き、その上に水ぶたなどの重石をのせる。およそ10日前後そのまま密封し発熱をしずめる。二次発酵したサイロの再密封はかなり効果があるとされて

表4-27 産乳量別の養分必要量とトウモロコシサイレージの養分含量

(NRC)

養　分		1日当たり乳量区分			トウモロコシサイレージの成分含量
		21〜29kg	30kg以上	(乾乳期)	
TDN	(％)	71	75	60	70
粗蛋白質	(％)	15	16	11	7〜8
正味エネルギー	(Mcal/kg)	1.61	1.72	1.34	1.59〜2.13
粗繊維	(％)	17	17	17	15〜224
ADF	(％)	21	21	21	20〜30
粗脂肪	(％)	2	2	2	2〜4
カルシウム	(％)	0.54	0.60	0.37	0.13〜0.24
リン	(％)	0.38	0.40	0.26	0.20
マグネシウム	(％)	0.20	0.20	0.16	0.09〜0.10
カリウム	(％)	0.80	0.80	0.80	1.05
ナトリウム	(％)	0.18	0.18	0.10	0.01
イオウ	(％)	0.20	0.20	0.20	0.08
コバルト	(mg/kg)	0.1	0.1	0.1	0.06
鉄	(mg/kg)	50	50	50	20
ビタミンA	(IU/kg)	3,196	3,196	3,196	5〜18*
ビタミンD	(IU/kg)	309	309	309	—

注　1.　*1,000IU
　　2.　乾物当たりで示す

いる。再密封後のサイレージ温度は急激に低下し3〜4日目で落ちつく。密封はタワーサイロでは上述のようにビニールシートや水ぶたが利用されるが、角型サイロでホイストおよびチェーンブロックの付いているものでは手間のかからない方法として二次発酵防止板の利用が効果的であるとされている。

(4) 給与方法

1日当たりの飼料中に要求される養分含量とトウモロコシサイレージの養分含量をみると、タンパク質、ミネラル、ビタミンなどの含量は不足している（表4-27）。このため、他の粗飼料や濃厚飼料との併給が原則となる。またTDNは、乾乳期ではむしろ多過ぎるので、トウモロコシサイレージの給与は減らし、乾牧草を多く給与しなければならない。

通常，泌乳牛の1日当たりトウモロコシサイレージ給与量は体重の3～4％である。また，乾乳牛の1日当たり給与量は10kg以内にとどめる。乾乳牛への多給は第四胃変異，盲腸拡張症，ケトージス，産後の諸症状の発生などにつながる。

8. バンカーサイロと細断型ラップサイロ

現在，大規模栽培地帯で広く普及しているものにバンカーサイロがある。また，近年開発され注目されているものに，中規模栽培地帯を対象とする細断型ラップサイレージがある。

(1) バンカーサイロ

以下，名久井によるまとめを中心にして概述する。

①ねらいと特徴

この体系は，大規模栽培地帯でしばらく続いたタワーサイロに代わり，昭和年代終盤から急激に増えたものである。この体系の基本的な特徴は，塔型サイロなどの大型施設なしに，また埋草時の事故もほとんどなしに，安定した発酵品質のサイレージが得られることにある。

その利用が，大規模栽培地帯で増加してきた理由としては，①コントラクタ利用による大量調製が容易であること，②サイロの部位によるサイレージの発酵品質があまり変動しないこと，③取り出し・給与時の作業が混合飼料の給与体系によく合うこと，などがあげられる。しかし，問題点としては，取出し時の発熱などがある。

②作業体系

基本的な作業体系は，刈取り・細断・積込み→運搬→踏圧→密封・加圧である。刈取り・細断には自走式ハーベスタ，運搬にはトラックやワゴン車，踏圧にはトラクタなど，密閉・加圧には廃棄タイヤなどが用いられる。

詰込みおよび密閉のポイントは，①ショベルローダで踏圧する場合，サイロの側面をていねいに踏圧する，②カバーシートは，穴が開いていないことを確認して，詰め込み終了後に素早く密封する，③密封後，上部にタイヤを置き，重石を加える，④ネズミやカラスなどの対策が必要である，などである（図4-30）。

③貯蔵と取出し

貯蔵（サイロの）場所は，できるだけ温度の上がらないことが重要である。

取り出しのポイントは，①開封後はできるだけ空気に触れないように，表面積を小さくすることを心がける，②取出しはサイレージカッタが望ましいが，ショベルローダの場合には，ほじくり返さないようにして取り出す，③取出しが終了したら，カバーフィルムをかけて空気を遮断する，④毎日温度を測定し，発熱の有無を調べる，⑤発熱がある場合は，早期給与に努めるか，カビ防止剤を用いる，である。

図4-30　バンカーサイロの外観
（名久井，2004）
上：作業中，下：作業終了

④サイレージ品質

発酵品質は良好で安定している。

（2）細断型ラップサイロ

以下は，志藤ら（2004）の成果にしたがって述べる。

①ねらいと特徴

　この体系は，牧草のロールベーラ・ベールラッパ体系をトウモロコシに応用したラップサイレージ調製体系である。対象とする規模は，都府県の中小規模栽培である。

　この体系の最大の特徴は，①1～2人が一組となる少人数作業であること，②踏圧などの人手の重労働作業がほとんどないこと，③適期収穫であれば，誰でも容易に高品質サイレージ調製が安定して行なうことができ，1年に及ぶ長期保存性にも優れている，④タワーサイロなどの施設が不要であることなどであり，そのほか⑤作業中の天候の急変にも対応が可能であること，⑥畑が分散していてもロスの時間が少ない，⑦大型機械の走行が困難な狭い農道や圃場でも適用できるなどの特徴もある。

　こうした特徴は，大規模作業体系の特徴である①5～6名の多人数組作業であること，②大規模区画・経営向きであること，③人力労働が多いことなどとは，大きく異なる。

②作業体系

　この体系は，トウモロコシ専用の細断型ロールベーラ（図4-31）とこれに対応するベールラッパ（図4-32）がセットになっており，その作業体系は，以下のようになる。

　　　　　　ハーベスタによる刈取り
　　　　　　　　　↓
　　　　　　細断型ロールベーラの作業
　　（ホッパによる細断材料の荷受け→高密度成形

→ネットによる結束→ロールベールの放出（図4-33））
↓
ベールラッパの作業
（ロールベールの保持→フィルムによる密封→ラップサイロの定置）

なお，具体的な作業方法には3つある。1つは，手持ちのハーベスタを装着したトラクタの後方に細断型ロールベーラを牽引して行なうワンマン方法で，ベールラッパと組み合わせて2人組作業ができる。2つは，圃場の隅でローダーバケットなどから細断材料を荷受けして行なう定置作業である。3つは，ハーベスタに併走して行なう伴走作業で，30PSクラスの小型トラクタでも可能な作業である。

この体系の述べ作業時間は，既往の大型作業体系のものにくらべほぼ半分である（図4-34）。

③貯蔵と解体

ラップサイロは，二段積みの貯蔵ができる（図4-35）。定置場所は，収穫跡地では，刈り株によりラップが破れることがあるので，トラクタのタイヤで刈り株を押しつぶしておくなど

図4-31 細断型ロールベーラ
（生研センター，志藤ほか，2004）

図4-32 ベールラッパ
（生研センター，志藤ほか，2004）

図4-33 放出した細断ロールベール
直径85cm，幅90cm，重さ300kg
（生研センター，志藤ほか，2004）

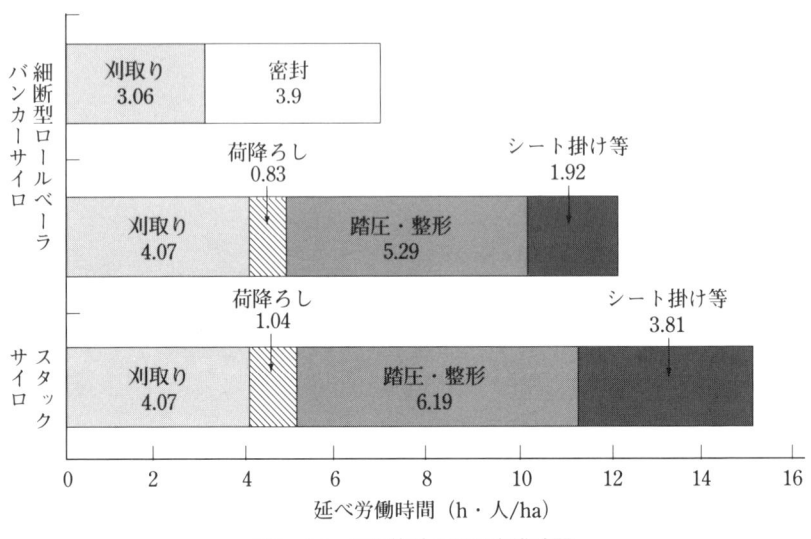

```
細断型ロールベーラ    刈取り 3.06 | 密封 3.9
バンカーサイロ         刈取り 4.07 | 荷降ろし 0.83 | 踏圧・整形 5.29 | シート掛け等 1.92
スタックサイロ         刈取り 4.07 | 荷降ろし 1.04 | 踏圧・整形 6.19 | シート掛け等 3.81
```

図4-34　作業体系の延べ労働時間

（生研センター，志藤ほか，2004）

図4-35　二段積みされたラップサイロ
（生研センター，志藤ほか，2004）

の注意が必要である。

　解体は，フィルムとネットを取り除けば容易に行なえる。具体的には，給与方法に応じた方法をとる。分離給与では，軽トラックの荷台でフィルムとネットを除去してから，牛舎の通路に乗り入れて，ホークなどでほぐしながら給与する方法である。この方法は，畜舎内での作業となるので，雨天でもサイレージに雨を当てないですむという利点がある。対尻式牛舎などでは，給餌車をまたぐ枠などをつくり，そのうえでフィルムとネットを取り去ってから，ほぐしながら下に置いた給餌車に積み込む。コンプリートフィーダへ投入する場合には，フロントローダに着装したフォークで突き刺し，ロールベーラの下側をカッタナイフで

切断して取り出す。

④サイレージ品質

発酵品質は良好であり，給与時取出しのさいのロスと変敗（二次発酵）も少ない。また，1年間ほどの長期貯蔵でも，高品質を保持できる。

B 生食・加工用

1. 利用特性

(1) 生食用

この利用は，わが国で最も多い。これには，煮る，茹でる，焼くなどがある。1940年代までは，フリント種の在来種が，生食用の主柱であったが，その後，普通型がとって代わり，さらに現在は高糖型が主流となっている。市場に出荷されるスイート種にはそれぞれ規格があるが，全国一律ではない。

①高糖型スイート種

この種類は収穫直後，茹でたり，焼いたりして生食するほか，軸（芯）付き冷凍用として生食される。甘味は強く収穫適期に相当する20日および24日の蔗糖および全糖含量は，普通型スイート種の2〜3倍である。収穫後の糖分，食味，水分の低下も少ない。特に4℃前後で冷蔵しておくと蔗糖含量は4日後でも低下が少なく，長距離輸送による青果市場用として高い適性をもっている。

このように甘味が強く，品質保持期間が長いことから，消費者の需要が多く，生産・流通面でも扱いやすいため全国的に急激な伸びを示しており，現在は生食用のほとんどを占めるようになった。

また，1990年代に入ってから，加熱なしに収穫したままの生の状態で食べることのできる"サラダコーン""フルーツコーン""生かじりとうもろこし"

などをキャッチフレーズに販売されているものもある（図4-39，第2章のIを参照）。

②普通型スイート種

甘味と収穫後の甘味保持期間は高糖型よりも劣るが，水溶性多糖類が多いため適度の甘味があり，また特有の香味，皮が薄く粘りのよい食味のあるのが特徴である。茹でたり，焼いたりする方法では，依然根強い人気がある。従来は粒列数が少なく，大粒で雌穂の細長いものが好まれていたが，近年は粒列数の多い品種が好まれる傾向にある（第2章のIを参照）。

③フリント種

1940年代まで生食用トウモロコシの主柱であったが，その後スイート種がとって代わり，現在は全国的に西南暖地で家庭菜園用としてわずかに散在している。粒の大きいものが好まれる。焼きトウモロコシの香り高い風味は秋の風物詩であり，歯に皮の残らない食べやすさが特徴である。

（2）加工用

大別して缶詰用，冷凍用，粉末用，特殊なものではヤングコーン（若齢雌穂）がある。ヤングコーンの多くは，いずれもスイート種が使われるが，本来は種類を問わずに用いることができる。

①缶詰用

・缶詰加工の歴史

ホールスタイル（正確にはホールスタイル・カーネル）とクリームスタイル（スープを含む）とがある。製造の歴史は古く，1839年にウィンスロー（I. Winslow）が研究を開始し，1862年に特許を得た。1868年，アメリカの缶詰業者マックマレイ（L. mcmurray）は，スイート種の缶詰製造を開始し，1870年にはその機械化に成功した。こうしたことからスイート種の缶詰工業は急速に発展し，1966年のアメリカの作付け面積は130万haに達している。当初は白

色品種が使われていたが，1902年のゴールデンバンタム（日本名：黄金糯），1931年のゴールデン クロス バンタム（黄色交雑種）が発表されるに及んで黄色品種が主流となり，現在は缶詰用の約95％が黄色品種によって占められている。

わが国では，1881年（明治14）に初めて試験的に製造された。1920年代以降になって本格的に北海道，静岡，群馬県で製造されたが，第二次大戦で中断された。1946年（昭和21）から北海道で生産が再開されて以来発展を続け，1970年からは急激な増産を続け，1980年代の自給率は3分の2を誇った時期もあったが，現在は3分の1にとどまっている。

高糖型は，導入当初，デンプンの含有量が少なく種皮が厚いなどのため，加工用には適さないとされていたが，1980年代半ばからは缶詰用にも利用され，輸入されるようになり，またわが国でもわずかながら加工用に用いられている。

・缶詰用品種の特徴

ホールスタイルの品種選定にあたっては，粒の形態は細長くくさび型で粒形の揃っていることを重視している。これは粒を穂芯から切り取るときに内容物の流出が少なく，雌穂の粒の割合が高く歩留りがよいからである。このような粒形の条件としては，粒列数が16列以上で，芯が細く真円柱型であることが必要とされている。粒色は光沢のよい黄金色で種皮が軟らかく，香味良好で糖分の高いことが要求される。苞皮内の絹糸色は白色（または透明白）で，離脱しやすいことが必要である。子実の水分が73～75％の熟度のものが利用される。この熟度の付近はデンプンが10％くらいと少なく，果皮は軟らかで，糖分含量，風味，食味が缶詰用として最もよい時期である（図4-36）。また，この時期に至る絹糸抽出後日数は地域，品種，年次により異なる。

クリームスタイルでは，子実の頂部を切断し，その残余からクリーム状の内容物を取り出し，両者を混合し，水またはコーンスターチを使用して粘度を調整して缶詰にする。子実の水分が68～73％の熟度のものが利用される。

・長い収穫適期

加工用は生雌穂の生産という点から果菜類的な意義をもっているが，生産物が加工工場の操業期間と関連していることから，収穫適期が長いことが要求さ

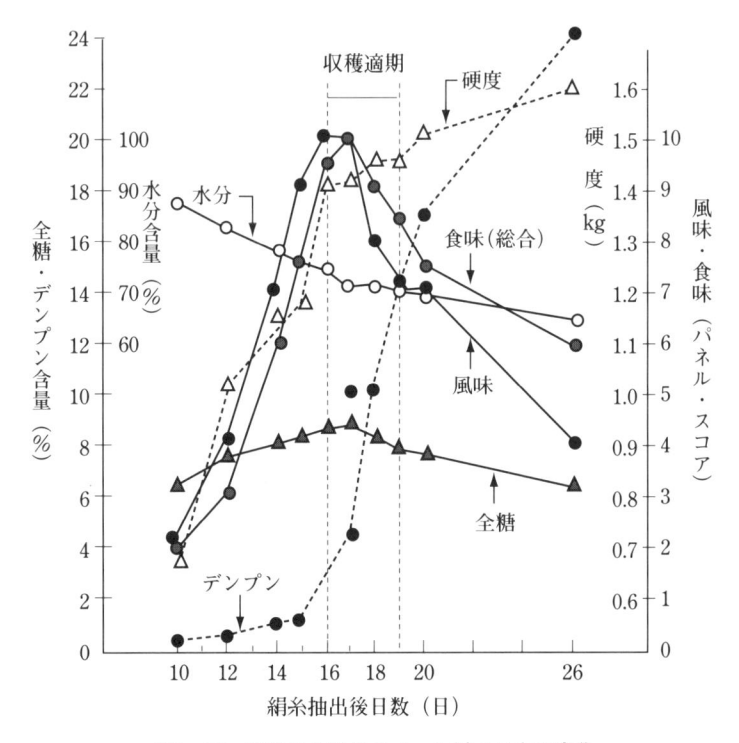

図4-36 暖地におけるスイート種の子実の変化

(万豆ら, 1979)

れる。収穫適期が長いことは, 工場の長期間操業につながり, これは大規模かつ計画的な原料の受入れと製品生産を可能にし, また原料が適期に収穫されるので品質向上をもたらす。十勝地方においては, 播種期の移動, 品種の早晩, マルチ栽培などの組合わせにより, 平年で期待できる収穫期間は約45日である。

また, 収穫期間の長さには品種間で差があり, 晩生品種は早生品種より, また粒列数の多い品種は少ない品種よりも, 収穫適期が長い。なお, 晩生品種で収穫期間の長いのは, その期間の積算温度が少ないことにもよる。

②その他の加工用

軸付きコーン　剥皮後，軸（芯）に粒の付いたまま大きさを揃えて缶に詰め，密封，殺菌した製品で，多くは真空詰めである。原料は，穂の太さ，長さの揃っていることが望ましい。

冷凍用　缶詰用の場合と同様にホールスタイルとクリームスタイルとがあるが，軸付き冷凍が多い。

スープ用と粉末用　風味のよいことが特に要求される。スープ用は粒の水分が71〜72％，粉末用は約68％の熟度で利用される。

ヤングコーン　絹糸抽出直前の5〜10cm前後の幼穂を用いる。剥皮は手作業によるので，人件費が安いことが要求される。家庭用では，生食加工用の1番雌穂をもぎ取った後の2番雌穂を利用することが多い。

2. 栽培目標

（1）収 量

生食加工用の栽培目的は言うまでもなく雌穂の生産である。通常，10a当たりの雌穂収量は本数で4,000〜6,000本である。皮付き雌穂重は約1,500kg，剥皮雌穂重は約1,200kgが標準であるが，適正な栽培法によって20％以上の増収が可能である。

多収栽培の技術的要点は株数の確保と雌穂重の増大である。株数の確保は栽植密度の増加と欠株の防止である。雌穂重の増大は適正な肥培管理によって幼穂形成時に潜在力のある幼穂を形成させるとともに同化能力の高い茎葉をつくり，登熟期には茎葉の十分な同化蓄積力によって雌穂の充実をはかることである。

図4-37，38は1年1作栽培の雌穂の成長経過を中心に示したものである。適正な施肥，播種，雑草管理，分施，中耕および亜鉛などの要素欠乏対策などによって稚苗の生育を旺盛にして，粒列数を斉一にし，1列粒数の多い幼穂をつくる。後半は稚苗の成長量に栽植密度，施肥水準が影響し，さらに病害虫や

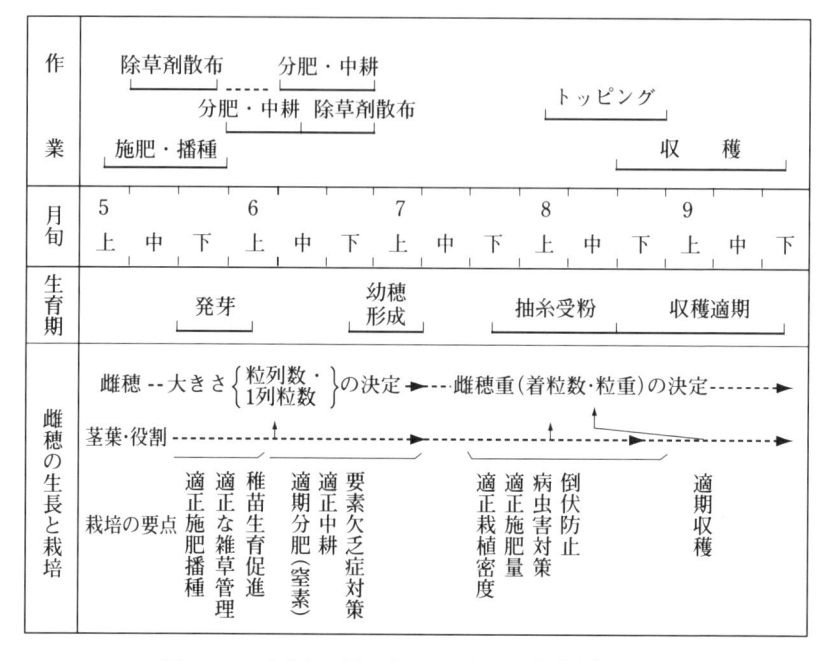

作業	除草剤散布　　分肥・中耕 　　　分肥・中耕　除草剤散布 施肥・播種	トッピング 収　穫
月旬	5　　　　6　　　　7　　　　8　　　　9 上 中 下 上 中 下 上 中 下 上 中 下 上 中 下	
生育期	発芽　　　幼穂形成　　　抽糸受粉　　　収穫適期	
雌穂の生長と栽培	雌穂‐‐大きさ{粒列数・1列粒数}の決定→‐‐‐雌穂重(着粒数・粒重)の決定‐‐‐→ 茎葉・役割‐‐‐‐‐‐‐‐‐‐‐‐‐‐‐→ 栽培の要点：適正施肥播種／適正な雑草管理／稚苗生育促進／適期分肥(窒素)／適正中耕／要素欠乏症対策／適正栽植密度／適正施肥量／病虫害対策／倒伏防止／適期収穫	

図4-37　生食加工用トウモロコシの雌穂重決定と栽培

(戸澤, 1981)

倒伏などの発生が雌穂重を左右する。これらの全期間を通じて，降雨，温度，光などの自然条件が影響する。

(2) 栽培型

　生食用として市場に搬出される場合は，出荷時期が価格を大きく左右する。このために，早晩性の異なる品種を栽培することのほかに，早播栽培，マルチ栽培，マルチトンネル栽培，ハウス栽培が行なわれる。いずれも出荷時期の移動による高収入を目的としているが，これらの栽培型では普通栽培型より20～30％多収となるので，集約栽培ができる。また，暖地では極晩播栽培が行なわれることもある。

　同様に加工用では，工場操業期間の拡大のために早播き，マルチ栽培により

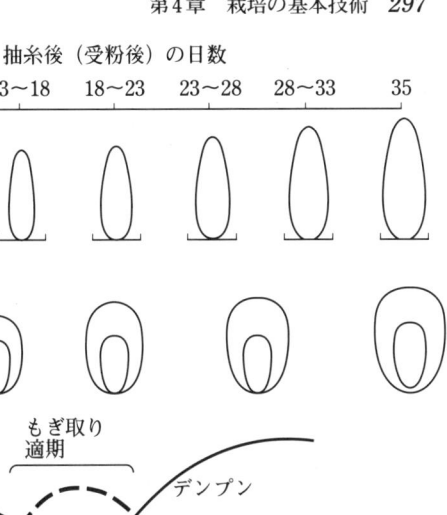

図4−38 生食加工用トウモロコシの雌穂登熟の推移 (戸澤, 1981)

収穫期を移動できる（本章Ⅰ—3を参照）。

(3) 輪作作物としての利用

　生食加工用栽培の目的の1つとして，畑作および園芸地帯における土壌の浄化および有機質投入がある。大規模畑作地帯の十勝地方では，これらの目的が第一義になっている例が多い。

3. 品種選定

(1) 地域，作期と品種の早晩性

播種期は，東北地方，中部地方では4月末から6月上旬，関東，近畿地方では4月下旬から6月上旬，中国，四国地方では4月中・下旬から6月中旬である。九州地方ではサイレージ用と同様に4月上旬から6月下旬である。これらの範囲で早播きすることにより，早期出荷もできる。早期播種の場合，アワノメイガやすじ萎縮病をさけることが必要である。

通常，早生品種はやや遅めに播種すると，幼穂形成時までの成長量が好条件下で促され，したがって形成される雌穂が大きくなり，多収をもたらす。また，晩生品種はできるだけ早播きすると，幼穂形成期までの条件が良好に経過するので，雌穂は十分な大きさになり，登熟遅延の恐れもなく収穫できる。中生品種はこれらの中間の時期に播種する。

収穫期は，基本的には初霜前に終えればよいが，出荷時期，前後作との関係で決められる。作期の可動範囲が広いことと，それに対する早生・晩生品種数の多いことから，品種の選定は北海道と異なり自在である。

実際の作期は，加工用では地域と品種の早晩性，播種期の可動範囲を主に，工場の操業事情を含めて決定される。十勝・北見地方では後作の秋播きコムギの播種が考慮されることが多い。

(2) 品種選定

用途別に，多くの品種があり，また異名同種と思われるものもある。用途に照らし合わせて，正しい品種選定に留意する。

①生食用

普通型では，生食および加工用として世界で最も大きなシェアを誇るジュビリーをはじめ多くの品種があり，地域性を考慮した品種が選定できる。高糖型

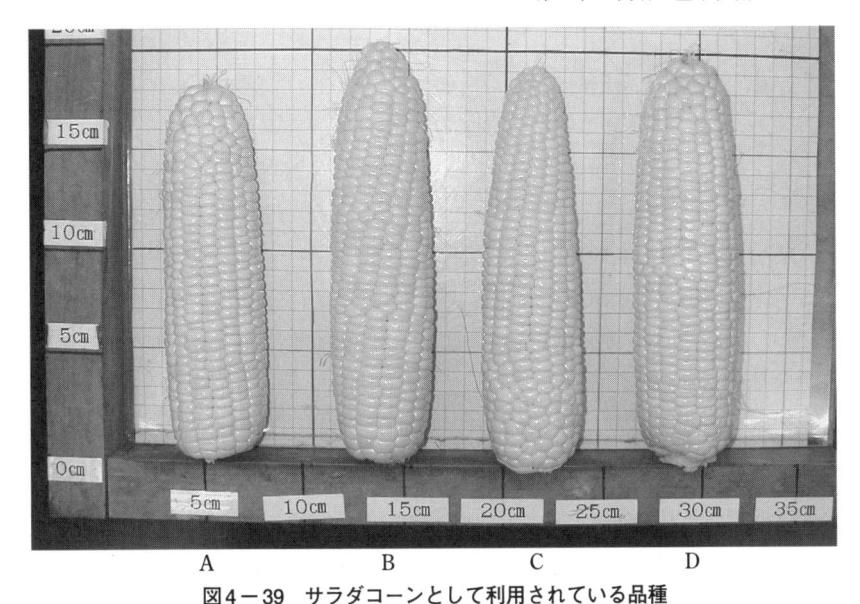

図4-39 サラダコーンとして利用されている品種
注　A：ゴールドラッシュ　B：サニーショコラ　C：味来390　D：恵味86

(松永秀毅, 2004年)

品種も熟期の幅がかなりかなり拡大されてきたので,作期の設定も容易になっている。なお,サイレージ用と同様に,スイート種の場合にも播種から収穫期に至る期間には一定の積算温度が必要であり,年次や場所によってもあまり動かないので,品種選定に利用できる。

フリント種は熟期幅が最も広い。適性に品種を選定すれば,わが国の全土で楽しめる。焼きトウモロコシの香り高い風味は秋の風物詩であり,歯に皮の残らない食べやすさが特徴である。耐倒伏性は一般に弱い。

②加工用など

品種の加工適性として,品種の甘味,果皮,香味,色沢,粒形,デンプン質を前提とすれば,品種の多収性と耐倒伏性が最も重要である。そして耐病性があり,収穫適期間の長短,少分げつ性,個体の揃いが重要となる。以上のほかに前述の利用特性を重視する。

4. 施肥と栽植密度

(1) 施肥量

①肥料要素の吸収特性

普通型や高糖型の肥料要素の吸収特性も，基本的には他の種類と変わらない（本章Ⅰ—6を参照）が，栽培特性から若干の相違がある。いずれも収穫期は乳熟後期から糊熟期にかけての期間であり，登熟中途に早期収穫されるので，要素要求量はサイレージ用や子実用に比較して，1割ほど少ない。しかし，①優良な雌穂生産のためには生育旺盛な茎葉が必要であること，②吸肥力が弱いこと，③初期生育量の劣ること，④耐病性が劣るので，頑健な生育をさせて耐病性を増す必要があること，などに留意する。

②施肥法と施肥量

側条施肥にくらべ全面全層施肥では，施肥量を1.3～2倍ほど増量する必要がある。いずれの場合も，本章Ⅰ—6に準じて，分施体系とする。

表4－28は北海道の施肥基準であるが，この表中のリン酸およびカリの施肥量は，これまでの農家および試験結果の事例からさらに少なくできよう。泥炭土壌，水田転換畑で窒素放出力の高い場合には，窒素量は火山性土の基準よりも2割くらい減らす。また，このような土壌ではカリが欠乏しやすいので，カリ量は多めとする。連年野菜作の畑地やハウス内栽培土壌では塩基類が過剰となっている場合には，土壌診断に基づいて施肥量を適正に減らす必要がある。

(2) 栽植密度と施肥量との関係

①栽植密度

密植および，密植と施肥量との関係による雌穂の増収効果は，他のトウモロコシとほぼ等しく高い。しかし，矮化雌穂や極小形の雌穂は商品になりえないだけでなく，ハーベスタによる場合には収穫されないで残渣となる。したがっ

表4-28 北海道における生食加工用トウモロコシの施肥基準（2002年）

(kg/10a)

土壌区分 作　型	低　地　土				泥　炭　土			
	目標収量	N	P_2O_5	K_2O	目標収量	N	P_2O_5	K_2O
半促成	1,100	12	15	13	1,100	12	15	13
トンネル早熟	1,100	12	15	13	1,100	12	20	13
露地早熟	1,200	12	15	13	1,200	12	20	13
露地直播	1,200～1,500	12	15	13	1,200～1,500	12	20	13
土壌区分 作　型	火山性土				台　地　土			
	目標収量	N	P_2O_5	K_2O	目標収量	N	P_2O_5	K_2O
半促成	1,100	12	15	13	1,100	12	15	13
トンネル早熟	1,100	12	24	13	1,100	12	22	13
露地早熟	1,200	12	24	13	1,200	12	22	13
露地直播	1,200～1,500	12	24	13	1,200～1,500	12	22	13

注　N施肥量の40％を，4～5葉期に分施する

て，適正な栽植密度は収穫される雌穂，すなわち有効雌穂収量の最大を示す密度となる。

適正栽植密度は品種によって異なり，早生，小型，強稈，少げつ型の品種は，晩生，大型，稈の弱い多げつ型品種より高い栽植密度で能力を発揮する。適正栽植密度は好条件（気象条件，肥培管理）のもとで高まるが，耐倒伏性の低い品種では多肥条件下で減収する。これら諸要因を含めて早晩性品種群の適正な栽植密度を求めると，表4-29のとおりである。日照が多く頑強な生育をする場合には，これより1割くらい増し，日照少なく徒長ぎみの生育をする場合には1割くらい少ない栽植密度が適当である。

②播種粒数

現在の品種は，発芽と初期生育は向上しているものの，依然として，サイレージ用と異なり複数粒播いて，発芽後，間引いて1本立てとする必要がある。その理由は，生食加工用品種が一般的に，①種子が弱小で本質的に発芽力に乏しい，②初期生育が劣る，③個体間の変異が大きく，雌穂の着生できない個体がある，④雌穂先端の不稔部分が長くなりやすい，などの特徴があるからであ

表4-29 早晩性品種群の栽植密度基準（10a当たり）

（戸澤, 1981）

品種の早晩性	北海道（株）	本州以南（株）
早生	5,000	5,500
中生	4,500	5,000
晩生	4,000	4,500
極晩生	3,500	4,000

注　品種の早晩性は当該地を基準とする

る。

　小規模栽培の場合に，予定の株数より2割ほど立毛株数を多くして，絹糸抽出の前後に雌穂の着生しないと思われる株を2割ほど手鎌で刈り取ると，収穫雌穂が多くなる。

　加工用で，収穫時に個体間で熟度の揃いが不良な場合は，程度に応じて機械収穫の効率低下，雌穂の損傷増加，収穫損失などが生じ，最終的な収穫量が低下する。現在の品種でも，この点では十分とはいえず，たとえば同一品種内で最初の個体が抽出してから最後の個体が抽出し終わるまでには7～10日以上を必要とする。早生品種「ゴールデンビューティ」と中生品種「ジュビリー」の差が1週間内外であることからすると，いかに幅が大きいかがわかる。このような生育の差を縮めるためにも，1株に複数粒播種し発芽後に1本立てとすると。

　播種精度の高いプランタは，1粒播きをかなり正確に行なえるが，生食加工用では，上記の事柄に留意する。

5. 収穫体系

(1) 収穫期の決定

①収穫適期

　おおむね乳熟後期から糊熟中期が収穫適期であるが，本章Ⅱ　B－1で述べたように，用途により収穫時の粒の適正な含水量は異なる。高糖型品種の場合は，普通型品種に比べ甘さが強いが水分が多いので，収穫は遅めにしたほうがよい。硬粒種の生食適期は嗜好性の差から範囲が広く，乳熟前期から黄熟期までである。

　硬粒種を除くトウモロコシの各熟期の肉眼判定法は，次の基準を参考とする。

乳熟期：子実内の内容は乳状物が多く，粒の色はまだ完全でない。
糊熟初期：子実内の内容物はクリーム状が多く，糊状物がわずかに混じる。
糊熟中期：内容物に占める糊状物またはチーズ状物が増し，子実は品種固有の粒色となる。

　一般に，絹糸抽出期から収穫適期に至る日数は北海道や本州の高冷地では22～30日，その他の地域では2週間から20日の間が基準となる。

②適期の判定法

　適期の判定法としては，水分含量によるのが一般的で，簡便かつ実用的である。ほかに果皮の硬さを測るパンクチュアテスト，糖分を測定するサッカロメータテスト，子実内容物を測定する屈析率テスト，アルコール不溶性固形物含量を定量する方法などがあるが，その利用法は普通型で確立されたものである。しかし，生産と利用の現状は高糖型が増加しており，さらに加工用としての利用が進むこともあり得るので，高糖型の特性に見合った判定法を明らかにしておく必要があろう。

(2) 収穫作業

①手もぎ

　手もぎによる場合は片手で雌穂の付け根を押さえ，もう一方の手で雌穂をつかんで下方に引っ張る。規模の大きい場合は，数人によるもぎ取りと運搬車の組合わせが必要である。通常，手もぎによる1日1人当たりの収穫面積は20aほどであるが，倒伏の著しい場合は約10～15aである。

②ハーベスタ利用

　ハーベスタには1畦用，2畦用，4畦用がある。1畦用はいわゆるコーンスナッパで，ha当たり収穫時間は5時間くらいである。ハーベスタが実質的に利用されたのは，1970年の2畦用と1971年の4畦用ハーベスタが導入されてからである。2畦用も4畦用も自走式で，2畦用はha当たり2時間または1.5時間，4畦用はha当たり1.5時間くらいである。また，いずれのハーベスタも，倒伏し

表4-30 還元有機物のN含有率，N量，C-N比

(農事試成績から，斉藤，1980)

作物名	コマツナ	イタリアンライグラス	オオムギ(出穂期)	オオムギ(成熟期)	スイートコーン	夏ダイコン	ニンジン	カンショ	ラッカセイ
N含有率(％)	3.6	2.7	2.2	1.1	1.7	3.9	2.2	2.3	2.3
N量(g/m^2)	17.5	16.7	17.2	7.7	11.6	14.1	6.2	9.6	9.0
C-N比	14.0	18.3	23.2	43.5	29.3	12.8	23.1	21.5	21.6

てもその程度が軽い場合には片側運行したり，刈り高を適宜下げるなどによって，収穫損失や損傷率は少なくできる。しかし，倒伏の著しい場合には作業能率の低下だけでなく，収穫損失や損傷率が20％近くになることもあるので手もぎとする。

2畦用ハーベスタ1台の1収穫期における収穫能力は150haといわれている。これには1畑地の区画が1ha以上であること，畑地間の移動が円滑にいくように農道が整備されていること，また運搬車が常に待機できることなどが必要である。

(3) 収穫残渣の整理

収穫後の茎葉残渣は，畑地へのすき込みは完全埋没が原則である。機械収穫された後の残渣は切断されやすくなっているので，ボトムプラウで秋耕を兼ねてすき込むことができる。このとき，あらかじめストロチョッパにより細断しておくと，すき込み状態がより良好となり，後作にとっても都合がよい。収穫残渣は青緑で窒素含有率が高く（表4-30），C-N比が低いので，後作物における窒素飢餓の心配はない。瘠薄な土壌で土壌改良資材や残渣分解促進のための石灰などを投入する場合はすき込み前に散布する。

手もぎの後，直立した茎葉をすき込む場合は，あらかじめストロチョッパをかけるか，トラクタで踏み倒してからプラウをかける。また，フォレージハーベスタで細切散布してから，プラウをかけてもよい。

堆肥造成や後作の都合で畑地の外に搬出する場合は，通常，鎌で刈り取り，トレーラで運ぶ。根元と根が後作物の支障となる場合は，ツースハローをかけ

るとかなり細切される。

サイレージにも利用できる（本章Ⅱ—A—1を参照）。

C 子実用

子実用は，世界における最大の利用法である。しかし，わが国においては栽培面積は，1960年頃までの4〜5万haを境にして急激に減少し，現在はほぼ栽培されていない。また，研究もされていないが，将来が懸念される。

1. 利用特性

（1）用　途

世界における子実の用途は，第1章および5章で記述しているように多岐にわたっている。

わが国における子実（穀実）の利用は，年間1,100万t余である。そのうち飼料用は950万t余，工業用は100万t，そのほかはコーンフレークやコーンミールなどの食料，また種子用として利用されている。飼料用は配合飼料用が主であり，工業用はコーンスターチを主とするデンプン用，醸造用などが主である。コーンスターチはプリン，クリーム，ケーキなどの原料として広く使われる。

（2）登熟特性

①子実水分が指標

子実収量の最大を示す時期は成熟期である。熟期別の推移は第2章で述べたとおりである。

収穫期を決める指標は子実および雌穂の含水率である。通常，子実用トウモロコシの成熟期における含水率は子実で30％，穂芯で60〜70％である（図4－40）。また，茎葉では50〜75％である。機械収穫の適期は子実水分が25％前後であるので，刈取り期は成熟期より遅くなる。

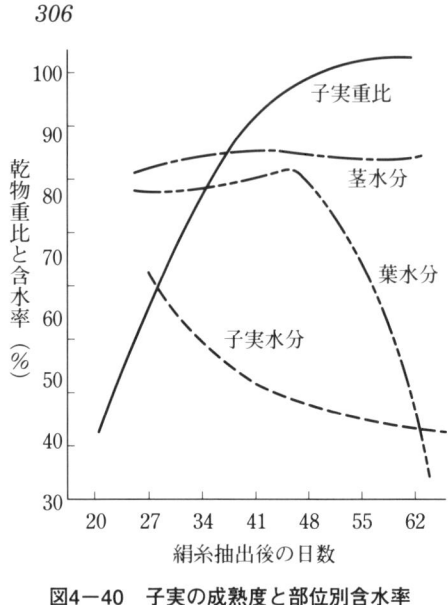

図4-40 子実の成熟度と部位別含水率
(我妻ほか, 1970)

水分が収穫期の指標となる最大の理由は,水分が多いことによって機械収穫時の収穫損失が増加することと,破砕粒が増加して生産物品質の低下をきたすからである。また,極端に過熟となった場合でも粒の飛散や稈の折損などによって収穫損失が生じる。わが国では子実用として過熟になるようなことはほとんどないので,水分過多の状態が問題となることが多い。したがって,小規模栽培で手もぎし,人工乾燥する場合には成熟期直後の収穫でよいが,機械収穫では立毛状態でできるだけ水分を低下させる必要がある。

しかし,成熟期以降も,わが国では機械収穫に適当な程度にまで,含水率が低下することはほとんどない。北海道の十勝地方では最も早熟な品種を用いても子実の含水率は30％を超える。ハーベスタ収穫時の最適水分率は子実で25％であるから,良好年の「ヘイゲンワセ」でも成熟期後,数日経過してからでないと作業できない。不良年では「ヘイゲンワセ」でもハーベスタの利用はむずかしい。

北海道中央部以南においては,早生品種の選定が自在であるので,水分の低下はある程度ははかれるが,モンスーン地帯特有の湿潤気候からアメリカのトウモロコシ地帯のように低くなることはない。それでも,早生品種の選定と収穫時期の選定によって,機械収穫は効率的に行なうことができる。

②雌穂部の含水率を左右する要因

成熟期間中における雌穂部分の含水率を左右する最大の要因は,気象条件,

特に気温である。そのほか品種の特性，栽植密度，施肥水準，特に窒素水準がある。強制的に含水率を低下させる方法としてはトッピングがある。

子実含水率には品種間差異があり，特に雌穂柄が長く雌穂の稈に対する着生角度が大きい品種は含水率の低下が早い。また，一般にフリント種はデント種より，早生品種は晩生品種よりも含水率の低下が早い傾向にある。栽植密度の差による含水率の低下はおおむね疎植条件下で著しい（図4－41）。過度の密植をした場合には，水分の多い矮化雌穂の発生が多くなり，また穂芯の割合も多くなるので，雌穂全体の含水率はかなり多くなる。

施肥水準の影響は主に窒素によるが，過多の場合よりも不足による影響が大きい。窒素不足は絹糸抽出期をおくらせ，登熟を緩慢にし，また雌穂中に占める芯の割合を増すので，含水率の低下は緩慢である。寒地では窒素の分施時期によっても左右される。

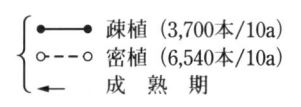

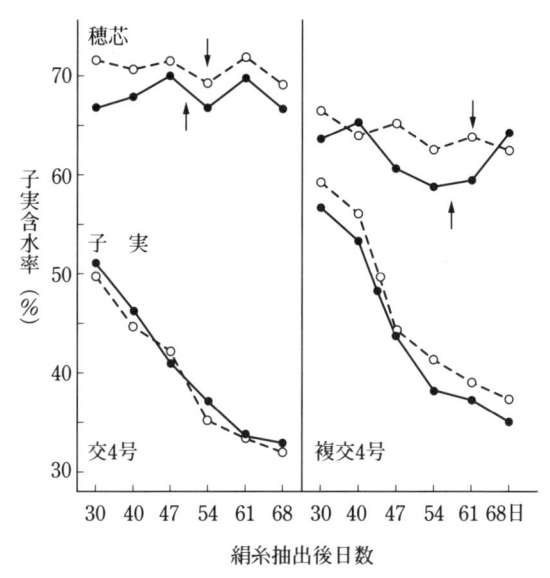

図4－41 栽植密度と雌穂の含水率
（長田・長谷川・金子，1971）

表4−31　子実収量1,000kg/10aを想定したトウモロコシの生育相

(岩田文男，1973)

項　　目	理論値 (A)	実測値 (B)	A/B (%)
絹糸抽出期	8月1日〜10日	8月10日	
1本当たり乾物総重 (g)	160	152	95
葉面積指数 (LAI)	5.5	6.0	109
葉中の窒素 (%)	2.5	3.1	124
葉中のリン酸 (%)	0.34	0.33	97
稈中の有効炭水化物総量 (%)	30.0	27.5	92
成熟期			
〔子実〕対〔茎＋葉＋芯〕比率 (%)	0.80	0.97	121
不稔Ⅰ (E.L.P.) *	0	0	100
不稔Ⅱ (B.E.) **	10	28	280
1穂粒数	540	536	99
千粒重 (g)	250	278	111
1穂粒重 (g)	135	149	122
10a当たり (kg)	1,000	1,120	112

注　1.　品種　交7号，播種期5月10日，栽植密度60cm×22cm, 7,500本
　　　　肥料 (kg/10a)：窒素20 (半量追肥)，リン酸30，カリ20，堆肥4,000
　　2.　*E.L.P. (Earless plant) 出穂しない株
　　3.　**B.E. (Barren ear) 結実しない穂

2. 栽培目標

①収　量

子実用栽培の目的は良質子実の多収である。その地域の作期1週間前に成熟期に達する品種を選定することによって，北海道600kg，東北，関東東山，その周辺600〜700kg，その他地域約500〜600kgが期待できる。これらの収量を左右する主栽培要因は品種，播種期，栽植密度，施肥量である。西南暖地ではさらに病害虫対策が必要となる。これら要因が地域の条件によく合致して設定されれば，上記の収量水準は2割ぐらい増収する。

岩田は東北地方において10a当たり収量1,000kgを想定したときの，必要な生育相と収量構成要素を表4−31のように設定している。そして，この場合の栽培法の主要素は，播種期5月10日，栽植密度7,500本/10a, N：P_2O_5：

K_2O：堆肥＝20（分施を含む）：30：20：4,000kg/10aであるが，これにより期待された多収を実証した。また，滝沢によれば長野農試においては，1963年には「交7号」・5,000本・多肥で1,097kg，1976年には「アズマエロー」・5500本・標準肥で1,048kg，長野県高山村では「交3号」・5,600本で1,254kgを記録している。北海道においても800kg以上の事例がいくつかある。

以上は，1980年以前の成果である。現在の技術を適用すれば，さらに高い収量水準が期待できよう。

②栽培型，輪作

多くは畑作輪作の体系をとる。野菜作との輪作でも特にマルチやトンネル栽培されることはない。また，水田転換畑でも生食加工用のように集約的に栽培されることはなく，通常の畑作として扱われる。

トウモロコシの作物的輪作特性は，すでに述べたとおりである。子実用品種は一般にスイート種よりも耐病性，耐倒伏性が強く，またその他の不良環境条件などに対しても幅広い適応性をもっている。したがって，子実用は地域的にも土壌的にも多様な輪作体系に組み入れることができる。

残渣は生食加工用と異なり，かなりの緑色を失って繊維質が増加し，窒素，リン酸，カリなどの要素は低下する。C-N比は生食加工用（表4-30）より高くなるので，後作物栽培や堆肥造成には，留意する必要がある。

3. 品種選定

1970年代に入って，わが国の子実用の栽培はほぼなくなり，それに伴って，品種の検討もほぼ終息した。したがって，かりに栽培を始めようとすれば，現実的には，サイレージ用品種として認められている早生品種群の中から選定することになる。

(1) 北海道

図2-32の地帯区分，A，BおよびC区の条件のよい2分の1の地帯で栽培

が可能である。作期の設定は基本的にはサイレージ用と変わらないが，収穫適期の決定が子実または雌穂の含水率により行なわれる点で異なる。

①作期と品種群

北海道の地帯区分，A，B区における作期は5月上旬から10月上旬である。早生の晩および中生の早の品種群が適当である。

C区における作期は5月中旬前半から10月初めで，早生の早の品種群が適している。

②品種の選定

一代雑種の品種を利用する。品種選定の多くはサイレージ用として栽培されている品種のなかから早熟なものを選定する。品種選定の第1条件として耐倒伏性はいずれの地帯でも重要である。

AおよびB区の条件のよいところでは，第2条件として，すす紋病，ごま葉枯病，褐斑病に対する耐病性があり，第3条件としては低温発芽性と稚苗の低温成長性がある。B区の条件の不安定なところ，およびC区では第2条件と第3条件が逆になる。個々の品種の特性はサイレージ用を参照するとよい。

（2）都府県

①東北，東山地方

わが国で最も多収な地帯である。品種は，この地帯の早生および中生品種がよい。選定条件は耐倒伏性と耐病性（すす紋病，ごま葉枯病，褐斑病，すじ萎縮病）が主となる。

②関東，東海，北陸地方

北海道と同レベルの収量が期待される地帯である。この地帯の早生および中生品種がよいが，播種期が大幅におくれる場合は早生品種がよい。品種選定の第1条件は耐倒伏性である。ついで，ごま葉枯病やすじ萎縮病などに対する抵抗性が主となる。

③近畿，中国，四国，九州地方

収量水準は低いが，二期作の可能な地帯もある。野菜作との二期作が中心。多くの地帯では台風とすじ萎縮病，ダイメイチュウを回避するための方法として播種時期の変更は効果的である。晩播きの場合は極早生品種がよい。品種選定の第1条件は耐倒伏性であり，ついですじ萎縮病とごま葉枯病に対する抵抗性が主となる。

4. 施肥と栽植密度

(1) 施肥量

①要素の吸収特性

子実用トウモロコシの収穫は完熟させてから行なわれるという点でサイレージ用トウモロコシと異なるが，本質的な要素の吸収特性にはほとんど差がないといってよい。

田中・石塚は $N : P_2O_5 : K_2O = 10 : 15 : 15 kg/10a$ によって，子実収量 680kg/10a をあげたトウモロコシの要素含有率を時期を追って分析し，図4-42の結果を得ている。

①窒素含有率は生育とともに低下していくが，稈における低下が著しい。登熟期では子実や葉の含有率が高い。②リン酸の含有率は生育初期には高いが生育とともに低下し，成熟期頃では子実だけが他の器官より高い。③カリの含有率ははじめ上昇するが，稈の伸長が始まる頃低下する。稈では登熟後半に再び上昇する。④石灰含有率は全期間を通じて葉において高い。子実中含有率は低い。⑤苦土も葉の含有率が高い。各器官とも生育初期に一時低下するが生育とともに上昇する。子実中含有率は低い。⑥他の成分は肥料として特に施用することはないが，それぞれ特有の吸収経過をたどる。⑦10a当たりの $N : P_2O_5 : K_2O : MgO$ の吸収量は $15.0 : 9.9 : 28.0 : 8.0 kg$ である。

312

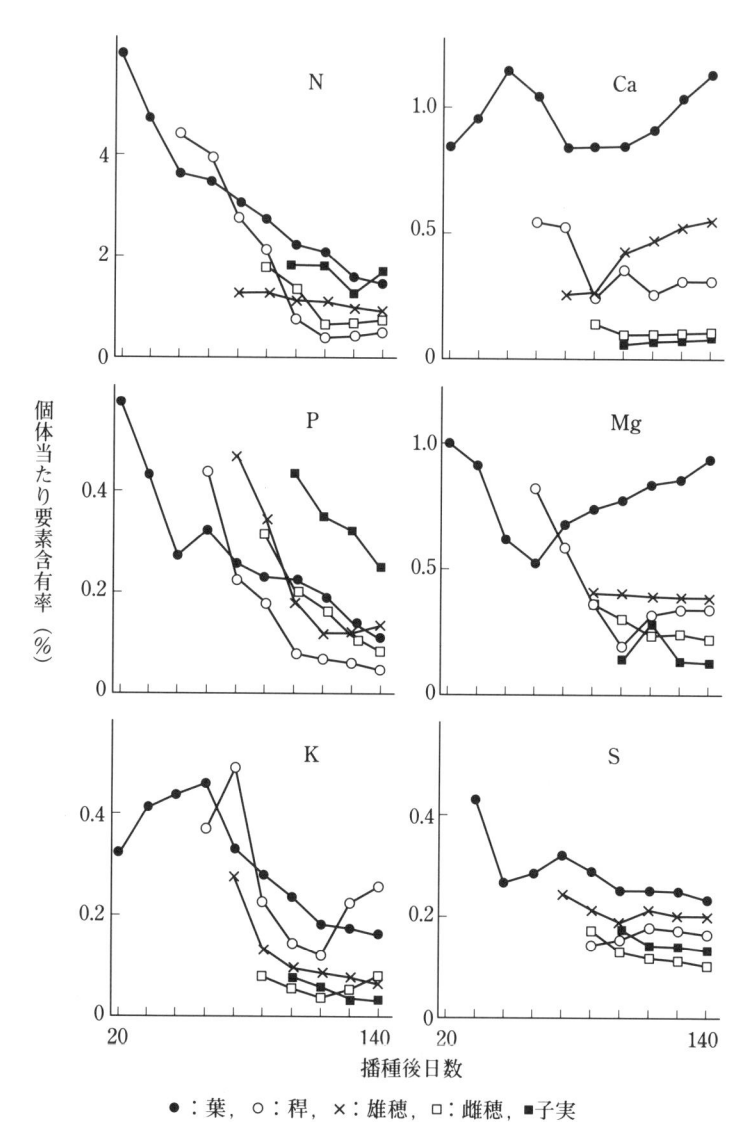

●：葉, ○：稈, ×：雄穂, □：雌穂, ■：子実

図4－42　要素含有率の生育に伴う消長

(田中・石塚, 1969)

注　品種は交504号, $N:P_2O_5:K_2O=10:15:15$ kg/10a, 4,000本/10a, 札幌

表4-32 早晩性品種群の栽植密度の基準（株（1本立て）/10a）

(戸澤, 1981)

品種の早晩性	北海道	本州中部以北	本州中部以南
早　生	6,000	6,000	7,000
中　生	5,000	7,000	6,000

②施肥法と施肥量

　子実用における要素の吸収特性はサイレージ用と同様である。しかし，平年の作期内に完熟期に達する品種が選定されるという点で，子実用品種はサイレージ用品種よりも比較的小型のものが選定される。このため，子実用品種の施肥量はサイレージ用よりも1割くらい減じた程度が基準となる。

　施肥方法はサイレージ用に準ずるが，窒素の分施時期は遅くならないようにする。登熟後期に窒素が効きすぎると収穫時の子実水分の低下が思わしくないので，分施時期と分施量は適正にする。

　子実収量に及ぼす堆厩肥の効果は，他の用途におけると同様に高い効果がある。

(2) 施肥量と栽植密度の関係

①栽植密度と施肥量

　子実用の栽植密度の決定は，基本的に他の用途品種と変わらない。しかし，無効雌穂および矮化雌穂の不利益性がサイレージ用より大きく，また生食加工用ほどでない（本章A―Ⅱ―5を参照）。したがって，一般に子実用品種の適正な栽植密度はサイレージ用より疎植で，生食加工用よりは密植となる。

　適正栽植密度決定に際し最も重要なのは，栽植密度と施肥量（地力）の交互作用を利用することであるが，これには品種の耐倒伏性を特別に重視する必要がある。一般に子実用トウモロコシの適正な栽植密度は，サイレージ用として栽培した同一品種よりも1～2割少ない本数が妥当である（表4-32）。適正栽植密度はおおむね5,500～7,000本/10aの範囲にある。

②播種粒数

1株1本立てを原則とする。

5. 収穫体系

(1) 収穫期の決定

　子実重が最大を示す時期は，子実が硬化し苞皮が黄白化する成熟期であるが，わが国におけるこの時期の子実の含水率は少なくても30％，寒地では40％近い。手もぎして雌穂を乾燥する場合はこの時点で収穫することが望ましいが，機械収穫では25％のときが理想的で，許容範囲は21〜28％の時期である。ピッカー，ピッカーシェラ，コンバインのいずれによる収穫も同様である。

　この範囲より収穫時期を早めると，含水率が高いために損傷粒が増加するなど子実品質が劣化する（図4－43）。子実の含水率30％および40％時における子実の損傷率は8％および15％である。このほか，子実水分が多いと剥皮率や収穫率が低下する。

　また，子実の水分が低すぎると，茎腐敗による稈の折損，穂柄の折損による雌穂下垂（エヤドロップ），また子実が機械のロール部分で地表に飛んで収穫されないなど，収穫率が低下する。

　以上のように，現状の機械収穫上からみれば収穫時期における子実の含水率は高いので，できるだけ収穫期をおくらせて水分の低下をはかる必要がある。しかし，あまりに収穫期をおくらせると，収穫後に人工乾燥を行なう場合は，寒地では外気温が低くなるために人工乾燥の燃料費が多くなり，また倒伏，鳥害など立毛中の障害が増加する。現実的には子実中の水分が30％，雌穂中の水分が35〜40％未満に達した時点が収穫適期である。

(2) 収穫作業

①機械収穫

　機械または機械が中心となる場合　北海道十勝地方でかつて行なわれてい

た，ピッカー，ピッカーシェラ，コンバインで収穫する方法で，コンバインは3畦用である。ピッカーおよびピッカーシェラは1畦用で長方形一筆1ha以上の畑で40a/haほどの作業能率がある。サイレージ用の場合と同様に運搬車の必要なものと，バスケットを積載したものとがあるが，運搬車を2台にすると効率がよい。

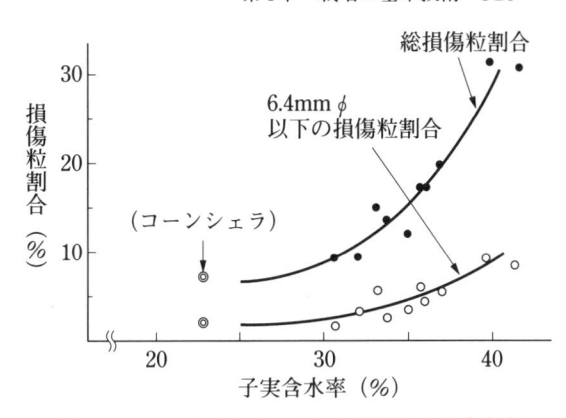

図4-43 コーンピッカーの子実損傷と水分含有率
（北農試畑作部，1972）

子実用の収穫作業での注意点は，早生品種を栽培し，成熟期後数日間経過してから収穫すること。また，着雌穂高の低い品種では下垂した雌穂の先端が地表に接して雌穂腐敗の原因となることがあるので，このような場合には，下垂雌穂はあらかじめ手もぎしておくことが必要である。

実際の機械作業で，子実用で特異的に問題となるのは，絹糸の露である。作業は絹糸が乾いた天候のよい日中が望ましい。

倒伏した場合の収穫方向は，倒伏の程度により異なる。倒伏角度45°，つまりなびいている段階では倒伏方向と逆方向から収穫するとよいが，ほとんど地表近くに倒れた80°の場合は倒伏方向または横方向に収穫するとよい。

② 人力収穫

人力または人力が中心となる場合には，手もぎの方法は乾燥法により異なる。乾燥架を組み立てて雌穂を吊して乾燥する場合には，苞皮を数枚つけてもぎ取る。乾燥網室や火力乾燥の場合には，苞皮を除いてもぎ取る。苞皮をつけた場合は直ちに剥皮しないと発熱し蒸れるので，もぎ取り後ただちにハスカーにかけ収容する。大面積の場合は運搬車に数人が組になるとよい。

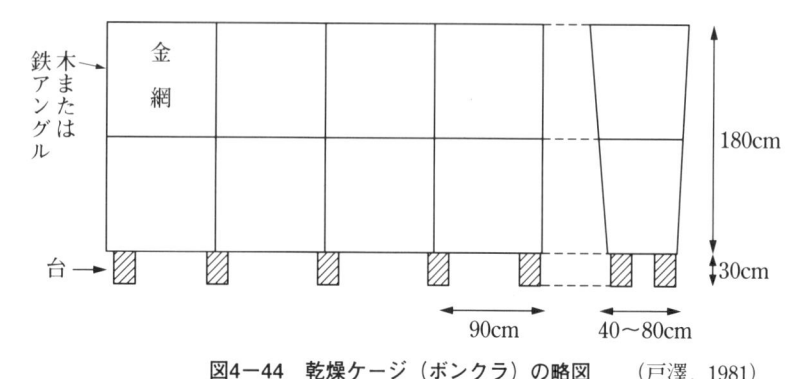

図4-44 乾燥ケージ（ボンクラ）の略図　　（戸澤，1981）

(3) 乾燥，脱粒，調製

①乾燥方法

乾燥方法には自然乾燥と火力乾燥がある。

・自然乾燥

　自然乾燥でも，小面積の場合には数本の雌穂を束にして風通しのよい軒下や乾燥架をつくって吊す。大面積の場合はビニールフィルムを用いた乾燥ハウスや，図4-44のような金網を用いた乾燥ケージ（通称ボンクラ）が用いられる。いずれも雨の入らない工夫が必要である。ケージの大きさは通常，10aに3m^{3}くらいが必要である。ケージの台は木材またはコンクリート角などがよく，高めにすると乾燥効率はあがる。ケージの厚さは狭いことが望ましいが，通常50cmくらいとすると安全である。

　乾燥期間は方法，乾燥初めの含水率により異なるが，収納後30日すれば，20％前後の含水率となり脱粒が可能となる。この時点で脱粒する場合には，その後に子実を乾燥し，15～16％まで下げる必要がある。

　脱粒後，直ちに調製して袋詰めする場合は，子実水分が17～18％程度になるまで乾燥してから脱粒すると，その後の調製過程で15～16％まで下がる。子実水分が17～18％まで下がるには北海道の東部では翌春近くまで乾燥ケージに入れておかなければならないことがあるが，本州以南では早生品種の利用

表4−33 子実用トウモロコシ収穫残稈のすき込み時期が後作に及ぼす影響（長野・桔梗ヶ原分場）

試験区名	すき込み時期	バレイショの総収量（10a当たり）			備考
		個数	重量(kg)	指数(%)	
無すき込み	秋	32,200	3,462	100	前作子実用トウモロコシ収穫後，ロータリカッタで茎葉破砕。秋耕区と春耕区に分けて40cmボトムプラウで耕起しすき込む。後作としてバレイショ農林1号。
	春	30,050	3,387	98	
堆肥	秋	34,320	3,821	110	
	春	32,330	3,936	114	
トウモロコシ残稈・石灰	秋	35,260	3,906	113	
	春	26,390	3,155	91	
トウモロコシ残稈・石灰（倍量）	秋	31,530	3,654	106	
	春	23,750	3,080	89	

によって年内に脱粒できる。

・火力乾燥

火力乾燥は通常，熱風利用によるので，数日の短期間で脱粒可能となり，子実の品質もよいが，経費を必要とする。種子生産を目的とする場合も，子実水分が20％程度になった段階で脱粒し，その後は子実だけを乾燥するという方法をとると，燃料費が少なくてすむ。

②脱粒・調製

脱粒は前述のように，水分20％または17％時に行なう。脱粒作業は，少量の場合は手回し脱粒機や動力コーンセラー，多量の場合は万能動力脱穀機を用いる。万能動力脱穀機を利用する場合，回転数と子実の損傷率の間には関係があり，通常400回転/分とする。

脱粒後はとうみ選を行ない袋詰めするが，乾燥が不十分な場合は，とうみ選の前に子実を乾燥しておく必要がある。

(4) 収穫後残渣の整理

残渣整理の諸作業は生食加工用に準ずる。また，窒素が少なくC−N比が高

めとなるので，生食加工用に比べて分解が遅くなる傾向がある。したがって，早期すき込みに努める。一般にトウモロコシ残渣すき込みの適当な時期は秋である（表4－33）。すき込み時期が早い場合には後作物までの間にかなり分解が進むので影響はないが，後作物直前の春にすき込む場合や，暖地においてすき込み直後に後作物が栽培される場合には，残渣の分解促進のため石灰を併用する必要がある。

搬出して切断し堆肥の造成に利用することもできる。

D その他（ポップコーン，ヤングコーン）

現在，乾燥雌穂の状態で市販されているものを含め，ポップコーンの栽培はサイレージ用および子実用に準じる。ポイントは，できるだけ登熟を進めて，完熟状態で収穫することである。収穫時に熟度が十分でないときには，速やかに乾燥し，子実の表面が硬質デンプンで覆われるようにする。

ヤングコーンは，生食加工用などの2番雌穂を利用することが多い。ここで，1番雌穂が未収穫の場合，母稈の葉身や葉鞘を傷めないようにすることが肝要である。

[主要な引用・参考文献]

Adams, R. S. and S. B. Guiss. 1965. Silo Gas and Nitrate Problems. Feedstuffs. Dec., 4.

Aldrich, S. *et al.*, 1975. Modern Corn Production. A & L. Public. Illinoi, U. S. A.

浅川　勝・西尾敏彦監修. 2000. 近代日本農業技術年表. 農文協.

Charles, Y. Arnold. 1959. The Determination and Significance of the Base Temperature in a Linear Heat Unit System. *Amer. Soc. Hort. Sci.*.

Coppock, C.E.. 1969. Problem Associated with All Corn Silage Feeding. *J.Dairy Sci.*, 52.

Cornelius, P. L., W.A. Russell and D.G. Woolley. 1961. Effect of Topping on Moisture Loss, Dry Matter Accumulation, and Yield of Corn Grain. *Agron. J.*, 53.

Gordon, C.H.. 1967. Storage Losses in Silage as Affected by Moisture Content and Structure. *J. Dairy Sci.*, 50.

Holter, W.E. *et al.*. 1973. Com Silage with and without Grass Hay for Lactating Dairy Cows. *J. Dairy Sci.*, 56.

橋元秀教・松崎敏英．1976．有機物の利用．土つくり講座Ⅴ．農文協．東京．

北海道草地協会創立40周年記念誌編集部会編．1995．北海道草地研究百年．北海道草地研究会．

北海道農政部道産食品安全室編．2004ほか．北海道施肥ガイド．北海道農政部．

北農試畑作部家畜導入研究室．1978．高エネルギートウモロコシサイレージの調製と利用に関する試験．北海道農業試験会議資料．

Huelsen, W.A.. 1954. Sweet Corn. Interscience Publishing Inc. N. Y.

稲垣長典総編集．1985．缶びん詰・レトルト食品辞典．朝倉書店．

Inglett, G. E., 1970. Corn : Culture, Processing, Products. The A. V. I. Publishing Company. London.

岩田文男．1973．トウモロコシの栽培理論とその実証に関する作物学的研究．東北農試研報，46．

三井進午監修．1971．最新土壌・肥料・植物栄養事典．博友社．

Musgrave, R. B. and W.K. Kennedy. 1950. Advances in Agronomy. II.

仲野博之．1972．トウモロコシ．家の光．東京．

中澤　功．1979．酪農経営の機械共同利用の組織化．畜産コンサルタント，169 (1)．

名久井忠．1979．農業技術大系，畜産編7（飼料作物）．

名久井忠．1996．北日本におけるトウモロコシホールクロップサイレージの効率的調製・貯蔵のモデルと栄養価ならびに養分収量推定法の開発に関する研究．北農試研究報告162．

農水省技術会議．1981．北海道におけるサイレージ用トウモロコシの生産と利用．実用化レポート，No. 92．

農水省農林水産技術会議事務局編．1987．日本標準飼料成分表．中央畜産会．

大久保隆弘．1973．輪作の栽培学的意義に関する研究．東北農試研究報告，No. 46．

大久保隆弘．1976．作物輪作技術論．農文協．東京．

Rutzer, J. N.. 1969. Relationship of Corn Silage Yield to Maturity. *Agron. J.*, 61.

志藤博克ほか．2004．細断型ロールベーラの開発と実用化．農・生研機構生物系特定産業技術研究支援センター農業機械化研究所，研究報告会資料．

篠原和毅．2002．有色農産物の重要性．農林水産技術研究ジャーナル，25 (7)．

Sprague, G. F. and Larson, W.E.. 1966. Corn Production. USDA. Washington.

須藤　浩．1958．エンシレージ調製の理論と実際．畜産の研究，12 (7〜12)．

高野信雄．1967．コーンサイレージの品質改善と評価法に関する研究．北農試報告，70．

舘野宏治・小林良次・佐藤節郎．1999．部分耕播種を組み入れたスーダングラスの省力栽培体系の確立．草地試，44 (4)．

十勝農業試験場とうもろこし科．1976．トウモロコシ高栄養サイレージ原料生産に関する試験．北海道農業試験会議資料．

戸澤英男（分担執筆）．1979．農業技術大系．畜産編第7巻．農文協．

戸澤英男．1980．十勝地方におけるサイレージ用トウモロコシ地帯別品種区分図．十勝農協連．

戸澤英男．1981．トウモロコシの栽培技術．農文協．

戸澤英男．1985．スイートコーンのつくり方．農文協．

戸澤英男．1985．寒地におけるホールクロップ・サイレージ用トウモロコシの安定多収への栽培改善と品種改良に関する研究．北海道立農業試験場報告，53．

Ullstrup A.J.. 1978. Corn Disease in the United States and Their Control.

山根一郎．1969．土壌学の基礎と応用．農文協．

第5章　利用・加工

I 貯蔵・輸送，加工

1. 輸入，貯蔵，輸送

　通常，外国から船で運ばれてきたトウモロコシ子実は，陸揚げされると同時に内航船やトラックに積み込まれるか，港の貯蔵庫（サイロ）に運ばれる。この過程では湿度管理が重要で，子実が水分を吸って発芽や病害発生の原因にならないように，通常荷受け作業は雨天をさけて行なわれる。

　輸入トウモロコシでは，ほかの炭水化物性の輸入穀物と同様に，カビ毒素アフラトキシンが特に重視される。この毒素を産する菌は，アスペルギルス・フラバスおよびアスペルギルス・パラジチカスである。ともに，熱帯や亜熱帯に棲息し，収穫前の乾燥・日照りや高温多湿条件下，病虫害発生などの後の登熟中に発生することが多い。有名な汚染例としては，1960年のブラジル産落花生粕を餌とした七面鳥の大量死がある。

　なお，アフラトキシンはマイコトキシンの一種で，16種類あり，そのうち6種類が毒性をもっている。最も毒性の強いB_1の毒性はダイオキシンの10倍といわれ，発ガン性も強い。また，倉田（1972）によると，トウモロコシ子実の水分とカビ類発生の関係をみると，水分18％以上のものには特にペニシリウム属が，それ以下ではアスペルギルス属が多くなること，収穫後間もないものではペニシリウム属やアスペルギルス属のほか，フザリウム，アルタナリアなどの野生カビが多くなること，さらに，貯蔵中のものではペニシリウムとアスペルギルスの類が多くなるといわれる。

　わが国の食品衛生法では，B_1は濃度に関係なく検出されてはならないとされ，例年厳重な検査体制で臨んでいる。また，農水省では，生産技術面から，本病害発生防止のための研究を諸外国と連携して進めている。米国農務省でも，トウモロコシの貯蔵管理の最重要課題と位置づけている。

2. 製粉工業と製品

トウモロコシ工業には，湿式製粉（ウエットミリング）と乾式製粉（ドライミリング）の2つがある。いずれも，中近世からアメリカ大陸で大規模に発展して現代に至っている。

これらの工業技術の進歩は，トウモロコシ利用の範囲と量の飛躍的な拡大を可能にした。

(1) 原料の品質

原料には夾雑物のないこと，カビ類などの微生物汚染のないこと，また比重の高い健全粒であることなどの一般的な品質基準が求められる。

原料の種類は，コーンスターチなどを製造する湿式製粉には軟質デンプンの多いデント種が，コーングリッツなどを製造する乾式製粉には硬質デンプンの多いフリント種が主として用いられる。また，乾式の原料は，原料の品質がそのまま製品に反映されるために，一般に湿式よりも厳しい条件で選ばれる。そのため，製粉業者は，原料の産地と品質の両面を重視している。

(2) 製粉方式と製品

①湿式製粉

この方式は，製粉工業の9割近くを占めている。その工程は，浸漬水，胚芽，種皮，タンパク質，デンプンに分離するのを主工程とする。それぞれの処理はすべて液中で行なわれることから，湿式製粉と呼ばれている。この技術の主な目的は，コーンスターチを得ることである。この基本技術は，1717年に基本特許がイギリスで，またアルカリを用いる特許は1840年のイギリスと1841年のアメリカで成立した。現在のような亜硫酸浸漬が発明されたのは1875年で，これ以後に胚芽の分離，搾油，廃液の濃縮，飼料化などがの技術が確立するようになった。操業は，1842年のアメリカが最初といわれ，わが国では戦後間もない1948年（昭和23）から始まった。

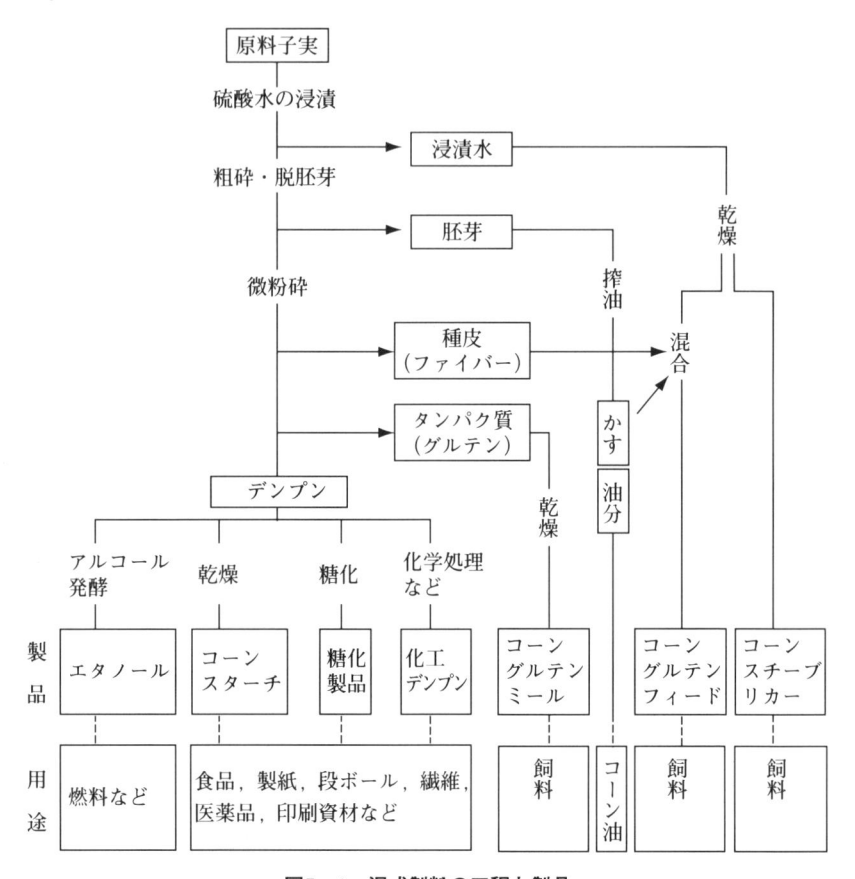

```
                    原料子実
                      │
                硫酸水の浸漬
                      │
                      ├─────────→ 浸漬水 ──────┐
                粗砕・脱胚芽                    │
                      │                        │
                      ├─────────→ 胚芽         │乾燥
                   微粉砕          │搾油        │
                      │            │          │
                      ├──→ 種皮 ───┼──→ 混合 ←┤
                      │   (ファイバー)  ↑      │
                      ├──→ タンパク質   │      │
                      │   (グルテン)   かす    │
                      │               油分    │
                   デンプン            │       │
                      │              乾燥      │
    ┌────┬────┬────┬────┐            │       │
 アルコール 乾燥  糖化  化学処理       │       │
  発酵              など              │       │
```

製品	エタノール	コーンスターチ	糖化製品	化工デンプン	コーングルテンミール	コーン油	コーングルテンフィード	コーンスチーブリカー
用途	燃料など	食品，製紙，段ボール，繊維，医薬品，印刷資材など			飼料		飼料	飼料

図5-1 湿式製粉の工程と製品

現代の湿式製粉の加工工程と生産物およびその用途は，図5-1のとおりである。製品の多くは，コーンスターチとデンプンからできる糖化製品などである。副産物として，グルテンミール，グルテンフィード，スチーブリカー，油がある。

エタノール 自動車用燃料のガソホール（ガソリン9：エタノール1に混合した燃料）に使われる。

コーンスターチ 製紙・繊維のサイズ剤，段ボールの接着剤，醸造原料，ソ

ーセージやカレーなどの多くの食品原料，クッキーなどの菓子類の原料などに用いられる。

糖化製品 コーンスターチを糖化したもので，水飴，ブドウ糖，異性化糖，果糖などの製造に用いられる。

化工デンプン 化学的処理などによって，デンプンの本来もっている性状などを改良したり，新たな性質を付与したものををいう。これには，多くの方法がある。これらにより，トウモロコシのデンプンはほかの作物のものに近い性質をもつものなどができ，したがって幅広い食品や工業製品に利用されている。

油 1960年代から生産され，すべて食用にされる。

グルテンミール タンパク質含量が多いので，養鶏飼料や醸造原料として用いられる。

グルテンフィード 乳牛飼料や豚・鶏の配合飼料の原料として用いられる。

スチーブリカー 飼料用のほか，抗生物質・酵素などの培地用に用いられる。

②乾式製粉

この方式は，製粉工業のほぼ1割を占めている。その工程は，テンパリング脱胚芽方式がとられる。胚芽（タンパク質，油など），種皮，胚乳部（デンプンなど）をほぼ完全にに分離し，胚乳部は粉砕して各種の粉を得る。原料の子実から製品に至る工程が，すべて乾燥状態で行なわれることから乾式製粉と呼ばれている。

この方式の原型は，アメリカ大陸の古代人が行なっていた石器によるものである。近代的な方式が始まったのは1906年で，湿式製粉よりかなり古い。

コーングリッツ 乾式製粉では，粒の大きいコーングリッツをできるだけ多くとることが大事で，これは製粉の代表的製品でもある。製品の中で最も粒が大きい。このグリッツは，粒の大きさによってさらに4段階ほどに区分され，最も大きな粒はホミニーグリッツと呼ばれ，いくつかのシリアルに加工される。これ以下の大きさのものは大きさによって用途は異なるが，グリッツ全体の主な用途には，コーンフレークやコーンコロッケなどの食品，味噌，漬物用，ビールなどの原料，スナックフーズ，クッキーやシリアルなど，また，そのほか

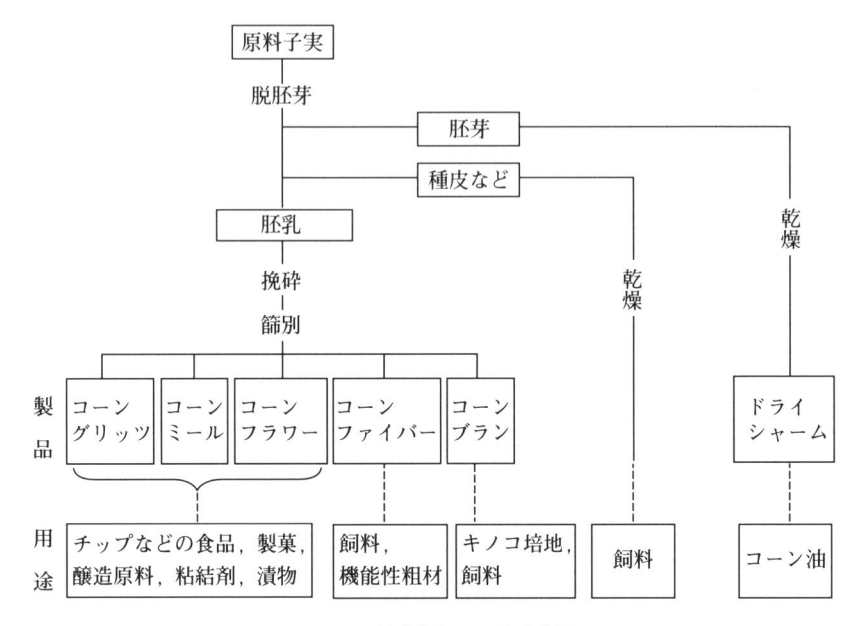

```
                    ┌─────────┐
                    │ 原料子実 │
                    └─────────┘
              脱胚芽 │
         ┌──────────┼──────────┐
         │      ┌───┴───┐      │
         │      │ 胚芽  │      │
         │      └───────┘      │
         │    ┌──────────┐     │
         │    │ 種皮など │     │
         │    └──────────┘     │
    ┌─────────┐                │
    │  胚乳   │         乾     乾
    └─────────┘         燥     燥
       挽砕 │
       篩別 │
```

図5-2 乾式製粉の工程と製品

製品	コーングリッツ	コーンミール	コーンフラワー	コーンファイバー	コーンブラン	飼料	ドライシャーム
用途	チップなどの食品，製菓，醸造原料，粘結剤，漬物			飼料，機能性粗材	キノコ培地，飼料	飼料	コーン油

の菓子類，ミックス粉などがある。

コーンミール コーングリッツとコーンフラワーの中間の大きさの粒である。これには大別して，原料をそのまま細かくしたものと，胚芽を除いてから製粉したものとの2種類があるが，後者が多い。前者は，脂肪が含まれ，保存期間も短い。菓子類やミックス粉，また揚げ物の衣に用いられる。

コーンフラワー（またはパウダー）　コーングリッツの製造過程で得られる最小粒の粉をいう。タンパク質や無機質を含んでいる。外観は，コーンスターチに似ている。スナックフーズなどの菓子類，各種用途のミックス粉，培地，食品の粘結剤などに用いられる。トルティーヤやタマーレスをつくるのによく使われる。

コーンブラン（糠）　飼料や，キノコの培地などに用いられる。種皮などは飼料用とする。

ドライジャーム（乾燥胚）　コーン油を搾り，食用とする。このドライジャ

ームは，湿式製粉によるよりも利用性が高い。

　乾式製粉でも湿式製粉と同様に，ガソホール用のエタノール製造が行なわれている。また，化工デンプンとしたものは，各種ボードの接着剤，油井掘削マッドの安定剤，農薬などのキャリアーなどに用いられる。

(3) デンプン（コーンスターチ）の特性

①粒径と成分

　以下は，貝沼および三浦の記述を主にして述べる。デンプンの粒径は12～15ミクロンで，よく揃っている。粒径はコメよりはかなり大きいが，ジャガイモ，コムギよりも小さい。吸湿性も少ない。アミロース含量は，26～27％とほぼ一定している。粗タンパク質は0.3％ほど，粗脂肪は0.05％，粗灰分は0.06％と含有量はかなり一定で，白度も安定し，均一である。成分は，アミノ酸組成がグルタミン酸やロイシンが少なく，リジンやアルギニンが多い。灰分では，リン酸が最も多く，次いでカリ，マグネシウム，ナトリウムなどが含まれ，重金属類は含まれていない（表5-1を参照）。

②糊化特性

　デンプンを水中で加熱すると，ある温度で糊化を開始する。この糊化温度を糊化点と呼び，デンプンの特性を示す特性となっている。トウモロコシのデンプンの開始温度は62℃，終了温度は74℃である。しかし，完全に固化するには，120℃以上に加圧加熱しなければならない。糊化させない場合の加温は，50～55℃以下である。プリンのようにゲル化しやすいという特徴があり，デンプンを炊いてから冷却してゲルをつくるときには，濃度3.5％程度から軟らかいゲルとなり，6％くらいになるとかなり強い弾性率を示すようになる。この反対に，スープのように粘りは出てもゲルにしない場合は，3.5％以下の濃度にするとよい。

　以上を含めて，トウモロコシのデンプンは，粒子が細かくよく揃い，純度が高く，純白・無臭であること，また吸湿性が低く，糊化温度がやや高く，糊化した後の粘性も安定しているのが特徴である。膨潤力は非常に低く，製菓用，

水産練り製品や，天ぷら粉，即席カレールウなどの食品製造に適している。また，接着剤としても広く利用されている。さらに，糖化していろいろに利用される。

デンプンの利用特性として重要なものの中に，低温安定性がある。これは，冷蔵庫に糊液で貯蔵した際の保存性を示すもので，もともとのトウモロコシのデンプンは劣るが，現在ではかなり改善されている。

③トウモロコシデンプンの種類

なお，デンプンの種類は，普通種からのもの以外に，特殊な種類としてワキシー種や高アミロース種からのものがある。ここで，普通種とは，一般に広く栽培されているフリント・デント種で，飼料用やデンプン工業に広く利用されている種類である。普通種のデンプンはアミロースとアミロペクチンの割合が3：7であるのに対して，ワキシー種ではほぼ0：10，そして高アミロース種では6：4ほどである。したがって，ワキシー種では，希薄ヨード液で青に染まらず，赤褐色に染まる。

(4) 油（コーンオイル）の特性

油は，デンプンを製造するときに分離される胚芽を加熱，圧搾して得る。子実中に4〜6％，また胚芽中に30〜40％が含まれる。脂肪酸組成はリノール酸が50〜60％，オレイン酸が30％，パルミチン酸が12％，ステアリン酸が2％ほど，また多くのビタミンE（表5-1を参照）そのほかを含む。黄色種には機能性の高いカロテノイドのクリプトキサンチンが含まれている。油全体は，適量のリノール酸を含むので，酸化安定性，風味安定性がよい。リノール酸は，血圧降下，高血圧予防などに活用されている。

精製処理された後は，天ぷら油，サラダ油などの食用油，マーガリン，マヨネーズなどに加工される。また，塗料などにも用いられる。

3. 缶詰加工

(1) 原料と品質

　缶詰加工には，通常，スイート種の普通型品種が用いられるが，輸入品の中には高糖型品種の用いられる製品が増えている。前者では，缶詰製造のさいには糖分が加えられるが，後者の場合には，糖分が加えられていないか，ほとんど加えられていない。

　わが国における現在の消費量の3分の1は，国内で生産されている。国内生産の場合も，従来は普通型品種のみであったが，1990年代に入る頃から高糖型品種がわずかに用いられるようになっている。

(2) 用途と加工工程

　缶詰および冷凍加工の行程は，図5-3のとおりであり，製品の種類により行程に違いがある。

　缶詰製造上における熟度進捗の管理は特に重視される。原料は契約栽培により生産され，収穫に至る生育および熟度進行が常にチェックされている。

　また，一方では原料の糖分があまりデンプンに変化していない状態で製品化する必要があるので，収穫から製品化に至る時間は，4時間以内に設定されている。このため，常時巡回中の指導員は，畑での熟度状態，畑と工場の距離および収穫時間などを勘案して収穫適期の判断を下す。収穫は，判断が下されると，直ちに人力の100～150倍の能力をもつハーベスタで行なわれる。

(3) 用途と原料の品質

　加工工程に加えて，加工工場の長期操業と製品特性などから，原料に要求される特性および収穫期の水分は，以下のように異なる。

```
                    ┌─────────┐
                    │ 原 料   │
                    ├─────────┤
                    │ 剥 皮   │
                    ├─────────┤
                    │ 洗 浄   │
                    ├─────────┤
                    │検査・選別│
                    └────┬────┘
         ┌───────────────┴───────────────┐
       (缶詰)                          (冷凍)
```

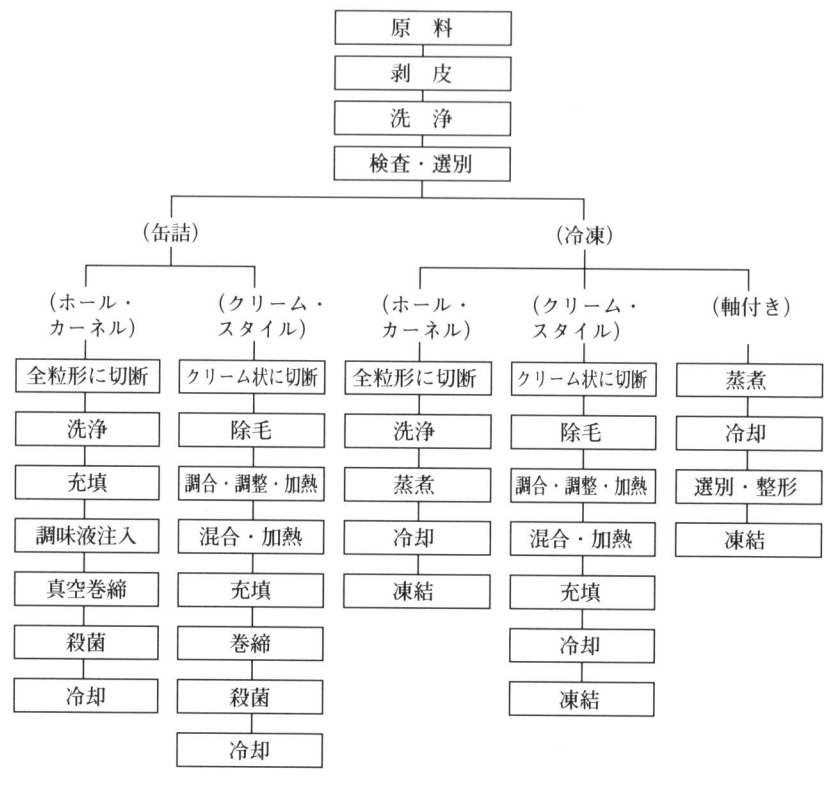

図5-3 スイートコーン缶詰の加工工程　　　　（佐藤，1981）

缶詰工程：
- (ホール・カーネル): 全粒形に切断 → 洗浄 → 充填 → 調味液注入 → 真空巻締 → 殺菌 → 冷却
- (クリーム・スタイル): クリーム状に切断 → 除毛 → 調合・調整・加熱 → 混合・加熱 → 充填 → 巻締 → 殺菌 → 冷却

冷凍工程：
- (ホール・カーネル): 全粒形に切断 → 洗浄 → 蒸煮 → 冷却 → 凍結
- (クリーム・スタイル): クリーム状に切断 → 除毛 → 調合・調整・加熱 → 混合・加熱 → 充填 → 冷却 → 凍結
- (軸付き): 蒸煮 → 冷却 → 選別・整形 → 凍結

①ホール用（缶詰，冷凍）

雌穂の形は細長く，粒はくさび形で粒径の揃っていることが重要である。その理由は，くさび形のものは，粒を穂芯から切り取るときに内容物の流出が少なく歩留りが多くなるからである。粒色は黄金色で，色沢・香味がよく，糖分の多いこと，シルク（絹糸）は白色または透明白で離脱しやすいこと，また収穫期の水分が73～70％の糊熟期に達していること，などが重要である。

②クリーム用

雌穂の形と粒色の制限はホール用より緩いが，粒の内容物に粘りがあること，

シルクは白色または透明で離脱しやすいことが特に要求され，収穫期の水分は68〜73％のやや熟度の進んだ熟期に達していることが必要である。

③ **軸付きコーン**
収穫時期は缶詰用に準ずる。雌穂の太さ・大きさの揃っていることが望ましい。

④ **スープ，粉末用**
収穫期の粒の水分は，スープ用が71〜72％，粉末用が68％である。風味のよいことが特に要求される。

⑤ **ヤングコーン**
4〜5cm前後のときにとる。10cmほどを超えると，歯ごたえが悪くなる。

4. 生食用と輸送

(1) 収穫後の品質低下

一般に，スイート種は呼吸量が多いために，収穫後の品質が低下しやすい果菜類として分類される。特に，普通型では，粒の糖分がデンプンに変わりやすい性質があるので，品質の低下はいっそう著しい。しかし，高糖型ではそれほどではない。

この品質の低下は，収穫物（雌穂）の品温と密接に関わっており，温度が高いほど，また乾燥条件ほど品質の低下は著しい。通常，収穫後に常温におくと，普通型の糖分の低下は1日で半分に，2日で3分の1にまで低下し，それに伴って食味も著しく低下する。高糖型ではそれほどではないが，やはり日数の経過に伴う品質低下は避けられない。このため，販売先との距離があり輸送に時間を要する場合には，冷却ないし予冷はほかの野菜類と同様に必須の措置となっている。

(2) 品質保持対策

こうしたことのために，2つの対策がとられる。1つは低い夜温を利用する早朝のもぎ取りであり，2つには人為的な冷却である。いずれも，収穫直後の雌穂をできるだけ5℃ほどに下げることがポイントである。

スイート種の冷却には基本的に3つの方法がある。1つは，真空予冷による方法で，減圧と気化熱とを利用することによって急速に雌穂の品温を下げる方法で，処理時間20～30分以内で5℃に下げることができる。この方法は最も効果が高いが，施設費の高いのが難点である。2つ目は差圧予冷で，冷気の吹き出し面と吹き込み面に圧力差をつけ，これによって積み上げられた段ボールケースの穴を効率的に通り抜けるような仕組みの方法である。この方法では，5℃に予冷するのにかなりの時間を要する。また，ケースの積み方，大きさ，穴の大きさなどによって，予冷速度は異なる。3つ目は初期に行なわれていた方法で，強制送風方式といい，差圧予冷の原型となったものである。予冷速度には差圧予冷の2倍の時間を要する。

II 栄養

世界的レベルでみると，生産される子実の20％は食品として利用される。その食品別の栄養は，表5-1のとおりである。

1. 子実の栄養

子実全体の成分は，種類および品種による差が大きい。

子実用として栽培される成熟粒の成分（重量比）は，概ね，水分14％，炭水化物70％（主に胚乳に含まれる。アミロペクチン75％，アミロース25％），タンパク質8％，脂質5％（主に胚乳に含まれる），繊維2％，灰分1％である（本章I-2-(3)-②），表5-1を参照）。しかし，以上の成分含量には，種

表5-1 トウモロコシ食品の栄養 (「五訂標準食品成分表」から)

可食部 100 g 当たり

食品名	エネルギー kcal	水分	タンパク質	脂質	炭水化物	灰分	カルシウム	リン	鉄	ナトリウム	カリウム	カロテン IU	B_1	B_2	ナイアシン	B_6	不溶性植物繊維 g
		(........ g ....)					(........................ mg ....)						(........ mg ....)				
玄穀(粒)	350	14.5	8.6	5.0	70.6	1.3	5	270	1.9	3	290	150	0.30	0.10	2.0	0.39	8.4
コーンミール	363	14.0	8.3	4.0	72.4	1.3	5	130	1.5	2	220	160	0.15	0.08	0.9	0.43	7.4
コーンスターチ	354	12.8	0.1	0.7	86.3	0.1	3	13	0.3	1	5	0	0	0	0	0	0
コーンスナック	526	14.0	6.6	2.8	65.3	1.5	50	70	0	470	89	130	0.02	0.05	0.7	0.06	0.8
ポップコーン	484	4.0	10.2	22.8	59.6	3.4	7	290	4.3	570	300	180	0.13	0.08	2.0	0.27	9.1
コーンフレーク	381	4.5	7.8	1.7	83.6	2.4	1	45	0.9	830	95	120	0.03	0.02	0.3	0.04	2.1
スイートコーン																	
生	92	77.1	3.6	1.7	16.8	0.8	3	100	0.8	0	290	53	0.15	0.10	2.3	0.14	2.7
茹で	99	75.4	3.5	1.7	18.6	0.8	5	100	0.8	0	290	49	0.12	0.10	2.2	0.12	2.8
缶詰																	
クリームスタイル	84	78.2	1.7	0.5	18.6	1.0	2	46	0.4	260	150	50	0.02	0.05	0.8	0.03	1.6
ホールカーネルスタイル	82	78.4	2.3	0.5	17.8	1.0	2	40	0.4	210	130	62	0.03	0.05	0.8	0.05	2.6
ヤングコーン	29	90.9	2.3	0.3	6.0	0.6	19	63	0.4	0	230	35	0.09	0.11	0.9	0.16	2.5

類および品種による差がみられ，特に，タンパク質や油含量，またアミノ酸の種類と含量には，これまでの品種改良によって大きな変異がみられる。

タンパク質のアミノ酸組成はツェイン（ゼインともいう）が多く，トリプトファン，リジン，メチオニンのような必須アミノ酸はほとんど含まれていない。また，ビタミンB類のうち，ナイアシンとリボフラビンはほとんど含まれていない。新大陸の先住民は，トウモロコシのほかに野菜類や魚類などを多く食べていたので，これら成分の不足による健康上の問題はなかった。しかし，初期のアメリカ大陸への移民やヨーロッパの人々の中には，トウモロコシの偏食によって生じるトリプトファン欠乏によるペラグラ（皮膚の角化症）の発生に悩まされた人もいた。

2. 缶詰の栄養

缶詰の栄養は，スイートコーンの栄養がほぼそのままの形で示されるが，ビタミン類は多くの加工食品と同様に新鮮物より低下する。一般成分をみると，デンプン，糖類を主とする炭水化物が20％で最も多い。粗タンパク質は3％弱で，ほとんどはツェンである。粗繊維，灰分，粗脂肪がそれぞれ1％くらい含まれている。カルシウム，リン酸，鉄分は著しく低い（表5－1）。つまり，カロリーは高いがタンパク，ミネラルなどに不足しているのが特徴である。

牛乳とスイート種の組合わせ料理が，保健上好ましいということがよく言われる。これは，牛乳はカロリー価は低いがアミノ酸構成にすぐれ，カルシウム，リン酸，鉄分が多く含まれるので，この点で，スイート種の欠点を補うからであろう。

缶詰では，水溶性のビタミンが汁の中にも溶けているので，汁を利用することが大事である。

Ⅲ 利 用

これまでの記述との重複をさけ，以下に整理する。

1. 食品としての利用

(1) 食糧・食料

トウモロコシは，アメリカ東南部，メキシコを含むラテンアメリカ，およびサハラ以南のアフリカでは主食ないしは重要な食糧となっている。また，開発途上国では，ポップコーンやスイートコーンの利用が，年々増加している。

①デンプン製品，缶詰の利用

すでに述べたように，子実自体，および湿式製粉や乾式製粉などによるデンプン製品（コーンスターチの類）は，穀物の中で際だった変化に富む使い方がなされている（図5-1，2図，第1章Ⅱを参照）。

缶詰の内容量は，4号缶で450g（ホールスタイルでは，このうち粒状重は300g），果実7号缶で240g（ホールスタイルでは，このうち粒状重は160g）である。4号缶には約3本，果実7号缶には約1.5本が使われている。スイートコーン缶詰は，そのままでおかずになるだけでなく，和，洋，中華を問わずいろいろな料理に利用できる。また，ヤングコーンは，適当に味付けして，サラダ，おやつになるだけでなく，和，洋，中華風など，ほとんどあらゆる料理に使える。

②家庭での雌穂利用

世界的にみれば，自家用で栽培したトウモロコシを食糧および食料として利用する例は多い。ここでは，わが国におけるスイート種の生食用（雌穂を茹で，蒸す，焼くで加熱など）を対象として述べる。

なお，以下で主対象として述べる高糖型品種は，アメリカのイリノイ大学が

初めて実用化した。当初，アメリカでは人気がなく，いくつかの普及方法も失敗していたが，日本では導入直後から普及し始め，本格的な栽培と利用が行なわれて久しい。世界で最大の利用国ともなっている。

・もぎ取り

　もぎ取り適期の判断については，第4章BⅡ-2を参照する。

　通常，もぎ取り時期で望ましいのは，①温度がまだ上がらないときの早朝もぎ取りで，直後に加熱して食べるのが風味，食味，香味ともに最もよい。これ以外の場合は，②食べる直前にもぎ取り，加熱するか，③早朝もぎ取り後は低冷温条件で保存し，食べる直前の加熱がよい。この場合，普通型では時間の経過とともに美味しさが急激に低下していくので，ぜひとも①か②の方法，しかも収穫後1日半以内に利用することが望ましい。

　しかし，高糖型では，①，②および③の間のおいしさの差はかなり小さく，常温下放置でも数日は美味しさが低下しない。通常，乾燥に留意すれば5～7日ほどは利用に耐える。

　なお，高温下で土壌乾燥状態が続いている場合には，もぎ取りの前日に灌水すると，食味が良くなる。

・加　熱

　茹で時間の基本は，①鍋の水を沸騰させ，②1～2枚ほどオニ皮を残した雌穂を入れて再沸騰した時点，または長くても再沸騰後2～3分で，ザルまたはボールに引き上げる。再沸騰後の引き上げの時間は，お湯が多いと長めに，雌穂の量が多いと短めとなる。また，雌穂を2つ以上に折って入れた場合には少し短めになる。以上のいずれの場合にも，再沸騰した後で引き上げるのが原則である。

　電子レンジでは，軽く水をつけて，1本当たり3分ほどでできる（500Wの場合）。

　蒸す場合には，再煮沸状態から4分ほどでできる。

　焼く場合には，最初から焼くと，汁が吹き出てしまうので，あらかじめ茹でたものを金網などにのせ，焦げあとをつける程度にする。フリント種の場合には，はじめから金網などの上で焼く。

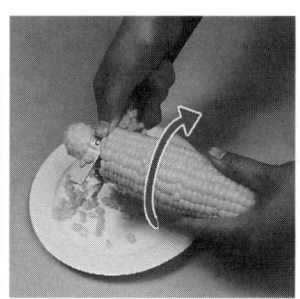

図5-4 粒をほぐすのに便利な道具

　オニ皮付きのままをたき火に入れて蒸し焼きにする方法もある。香りと特有の甘味がある。子供たちの野外活動に適している。この方法では，デント種やフリント種の糊熟～黄熟期のものも利用できる。

・軸付きで食べる

　加熱したものをそのまま，塩，醤油，味噌など種々の工夫をしたたれをつけて食べる。ハーモニカ式で，胚部をボロボロこぼしながら，軸に種皮や尖帽部を残しながら食べるのが美味しい。そのほか，軸付き輪切りの状態で，添え物にしてもよい。

・ほぐして料理へ

　加熱した雌穂から，粒をほぐして冷凍または冷温保存して利用することもできる。冷凍保存すると，1年中利用できる。ほぐし方は，軸付き輪切りのものを包丁でそぐ方法，また，図5-4のような簡単な道具を使う方法もある。いずれも簡単にできる。利用は，缶詰の場合と同じである。

　このほかに，1粒1粒をていねいにほぐし取って乾燥・保存する方法もある。この場合には，油炒めや，湯戻し後につぶして各種料理に用いる。

・貯　蔵

　雌穂をそのまま冷蔵庫で保存するときには，新聞紙やビニールなどで包んで，縦に立てかけておく。粒にほぐし取ったものは，ラップあるいは容器に入れて冷凍庫に入れておくと，缶詰のようにいつでも利用できる。冷蔵庫に入れても

かなりの日数保存できる。

③ヤングコーン

一番雌穂を取った後の幼穂をヤングコーンとして用いる。雌穂を手でもぎ取った後の2番穂を使うのが多い。効率は悪いが，機械収穫した後でも取ることができる。また，フリント種やデント種でも利用できる。

ビン詰の自家加工は，次のようにする。まず①オニ皮をむいたヤングコーンをよく水洗いし，その量にみあった保存ビンを煮沸（消毒）し，2％の食塩水をつくり，蒸し器を準備する。②ヤングコーンを固めに茹でる（煮沸状態で数分）。③茹でたヤングコーンをビンに入れる。④煮沸ずみの食塩水をビンの八分目ほど入れる。⑤脱気のため，ふきんを敷いた蒸し器に湯気が上がる状態になったら，軽くふたをしたビンを入れて20分ほど蒸す。⑥すぐふたを堅く閉めて密封してできあがる。

④ポップコーンおよびドン

ドン，トッカン，バクダン，ハゼ，最近はポン菓子，いり菓子ともいう。アメリカではパッフドコーンともいう。ポップ種は，もともと粒の中心部が軟質デンプン，その外周部が硬質デンプンに取り囲まれているという構造上の特徴により区分され，種類名もこれに基づいている。このため，水分含量の高い中心部（軟質デンプン）が加熱によって一気に圧力を増し，外周部（硬質デンプン）が突き破られ，爆裂（ポッピング，一般的に爆ぜるともいう）する。この爆裂に最適な粒の水分量は13.5～14.0％といわれている。

こうしたことから，品種の大事な特徴は，この爆裂の膨化の大きいことと，粒の揃いのよいことであり，次いで果皮が薄くて柔らかいこと，傷のないことが必要である。爆裂の方法は，きれいに油を拭き取ったフライパンに粒と少量の水と油，砂糖などを入れてふたをし，軽く揺り動かしながら加熱するという簡単なものである。スーパーやデパートには簡易な加熱容器に粒を入れたセットものが販売され，子供たちに人気がある。

在来のフリント種を用いる「和製ポップコーン」がある。もちろん，国内に

お花用として散在する「ストローベリーポップコーン系」や「エンゼルコーン系」は地域によっては花キビ（別に，爆ぜた状態のもの，着色したものの意がある）と呼ばれ，これらでも立派なドンができる。これらは，古くから農山村の手近な駄菓子として利用されてきた。昭和年代後半までは，この爆裂機（現在のポン菓子機。福岡県北九州市戸畑区牧山1-1-3　橘菓子機製作所　TEL 093-882-8675）は，コメ，ダイズなどにも使われ，かなりの市町村で少なくとも1台は活動していた。原料は粒が完熟していることが大事である。

⑤あられ

干した粒をほうろくで炒ったものをいう。干した芋や豆と一緒につくったものを「かしん」とも呼び，ひな祭りなどに使われたという。砂糖，黒砂糖，塩などで味付けをすることもある。ポン菓子のひとつである。また，柿えりこ，とちだんご，コンニャク，ソバのかい，おかき，とちがゆ，茶がゆなどの副素材としてなど，広く使われる。

(2) アルコール飲料

古代からの贈り物チチャについては，すでに述べた。近代に入って，トウモロコシは蒸留酒原料，ビール醸造原料として利用されている。そして，トウモロコシを主原料にしたバーボンウイスキー（原料の51％以上を使用）やコーンウイスキー（原料の80％以上を使用）は，世界的なアルコール飲料になっている。

①チチャ

第1章A—Ⅱ—1—(2) を参照。

②バーボンウイスキー

ウイスキーには，トウモロコシやムギ類などの穀類と10～30％の麦芽からつくられるグレインウイスキーと，麦芽のみからつくられるモルトウイスキーがある。また，グレインウイスキーは，穀類を51％以上含むアメリカ型と，

それ以外のスコッチ型（アイリッシュウイスキーとジャパニーズウイスキー）とがある。バーボンウイスキーは，トウモロコシが51％以上を含むアメリカ型のウイスキーである。現在では，製造法が改良されて，トウモロコシを51％以上にライ麦，オオムギ麦芽などを加えたものを，連続式蒸留機にかけ，内側が焦げた古いオークの樽か新樽で2年以上ねかせて熟成する。

　飲むほかに，消毒薬などの薬用にも使われる。また，鉄道網の発達が十分でないために穀物を大量輸送できなかった西部劇時代，価格の高いウイスキーにして少量輸送できることは経営的に非常に有利であった。

　バーボンウイスキーの歴史は古い。アメリカではもともと糖蜜を原料とするラム酒が利用されていた。ところが，イギリスの政策によって，西インド諸島からそのラム酒を輸入できなくなったことが，独立戦争の主原因となっていた。さて，ペンシルバニア州でライ麦を原料として蒸留酒（スピリット）をつくっていたスコットランド移民のウイスキー製造業者たちは，まもなくして，この酒が課税対象となったので，州政が未確立で課税対象とならないケンタッキーに移動して製造を始めた。ところが，移動先のケンタッキーのバーボン郡ではライ麦が凶作に見舞われたので，一時しのぎにトウモロコシを材料に製造した。これが，バーボンウイスキーの始まりとされている。現在は，多くの種類，銘柄がある。

　今でも，ケンタッキー州では，毎年盛大なバーボンフェスティバルが行なわれる。

③わが国での利用

　古くは，どぶろくなどの原料として使われた。

　つくり方は，トウモロコシ6lに，茶碗2杯分のご飯の入った袋を入れ，2，3日6lの水に浸す。このとき，1日1回布袋のご飯を絞り出すようにしごきながら，全体をかき回す。3日ほどで発酵臭がして元水ができた時点で，ご飯を捨てる。トウモロコシはいったんザルにあげて蒸籠などでふかす。指でつぶれるくらいに柔らかくなったら，むしろなどの上に広げる。冷めたところで麹4lを加えてよくかきまぜ，20lほどの桶に入れる。これに，元水を加えてふた

をすると，3日目ぐらいから発酵し，10日ほどでできあがる。このほかの簡単な方法として，粒を砕いたものを炊いて冷まし，ムギ麹を加えてつくるという方法もある。

甘酒は，コメに粗挽き粉4割ぐらいを混ぜて炊き，コメ麹を加えてつくる。近年は，焼酎もつくられている。また，普通に，味噌や，ビールなどのアルコール類などの醸造用にも広く使われている。

④その他

ウオトカは，もともとはライ麦を利用していたが，19世紀に入ってからはトウモロコシやオオムギも使われるようになった。また，オランダ・ジンにも使われることがある。

(3) 醸造用

各種醸造加工において，粒自体やコーンスターチなどが増量剤的に利用されるのが多いが，単独または単独に近い状態で利用されることもある。

味噌への利用は，特に第二次世界大戦後の日本で励められた。その方法はほぼ次のようなものである。まず，麹をつくる。オオムギ5kgを炊く。これらを浅桶に入れ，トウモロコシとオオムギの粉各5kgを加えて水で練り，むしろなどを被せて，風通しのよくないところに置く。3～5日ほどでカビが生えてくるので，包丁などで裏返しをしてまんべんなくナタネ色のカビが生えるようにする。温もりがなくなったら麹のできあがりである。次に，ダイズ15kgを一晩水に浸け，指でつぶれるくらいに半日煮る。これを，唐臼で搗き，つくっておいた麹を加え，さらによく搗く，これらの作業には1日ゆっくりかける。これに，どろどろ気味になる程度に水と塩を加え，1日ゆっくりかけてよく搗き混ぜる。1～3年後に食べることができる。

近年になって，地域特産的につくられている例がいくつかある。その中で，阿蘇山麓の在来種をコメ麹で発酵させ，ウコンで鮮やかな黄色に染めた「トウモロコシ味噌」が注目を集めている。この方法は，1995年に福岡在住の野見山和子氏（元福岡県生活改良普及員）の特許によるもので，洋風料理向きで，

若い世代にも利用できるのことをねらいとしている。

(4) その他

北海道ではくん製を，また関東では味噌漬けを試みた例がある。

2. 新素材，新エネルギーとしての利用

(1) 生分解性プラスチック

石油化学によるプラスチックは，現在世界で約1億tが生産され，その10％が日本で生産されている。このプラスチックは自然界では分解しないので，1970年代にマルチ栽培やハウス栽培などの残渣問題として浮かび上がっていた。そして，1980年代後半からは地球規模の環境問題として広がり現在に至っている。これに対応して注目を集めているのが"生分解性プラスチック"である。

生分解性プラスチックの特徴は，①自然界の条件下で，たとえば土壌中にすき込むと有害ガスを発生することなく，土場菌によって無害の水と炭酸ガスに分解される，②燃やしても有害ガスが発生しない，③生ゴミなどと混ぜて発酵させメタンガスを熱源として取り出せる，などである。

1973年，英国の化学者グリフェン（G. Griffin）は，デンプンをポリエチレンやポリスチレンなどの既存のポリマーに5〜10％練り込むことにより比較的紙に近いフィルムをつくることに成功し，さらに改良を加えて生分解性を強化したフィルムを完成させ，1977年に英国と米国の特許を取得した。当時はあまり注目されることはなかったが，1985年の米国の大企業は，トウモロコシデンプンの大量消費およびゴミ処理問題の対応策として，この商品化を進め，世界の注目を浴びた。しかし，いくつかの問題があった。その主な問題点は，デンプン以外で化学合成したポリマーの製造は容易であるが，生分解性がないことであった。以来，生分解性に優れるデンプンなどの天然の原料を用いた多くの研究が内外で行なわれてきた。こうした中から2003年に，デュポン社の

トウモロコシを使った生分解性プラスチックを生産する技術は，米国環境保護庁から大統領グリーンケミストリー最優秀賞を受賞している。

こうしたなかで，現在では安価なトウモロコシデンプンを用いたいくつかの製品の実用化が始まり，さらに発展しつつある。わが国では特に，業界団体で組織する生分解性プラスチック研究会（東京）が安全性をクリアした商品について「グリーンプラ」の認定制度をスタートさせたこと，エコマークを取得したものが登場したこと，中央官庁などに環境に優しい文具などの優先調達を義務づける「クリーン購入法」が施行されたこと，地方自治体や企業の間でも同様の気運が高まりつつあること，また対外的には将来の製品の輸出入の増加予定に備え，米国とドイツの認証団体との間に相互認証制度を構築するなど，社会的動きが急である。

トウモロコシデンプンを原料にした生分解性プラスチックからつくられ，市販されているものに以下がある。

生活，事務，機器用品などとしては，食器類，靴下，寝具類，タオル，おしめなどの衣料品，水切りセット，婦人用バッグ，医療や若木の保護用ネット，ゴミ袋，魚箱など，また料金請求書，ボールペン，野菜用・食品用包装フィルムなど，ヘッドホーン，CDやCD－ROM，光デスク，パソコン本体などの情報・電子機器（しかも再生利用する），自動車部品，医薬・機能性成分用のカプセル，廃水処理の濾過フィルター，緩衝材，テニス・ラケットのガットなど。

また，農業用資材としては，マルチフィルム（厚さ，分解速度，強度が異なるもの，肥料分を封入したもの，富栄養価の原因となる排水の肥料分を吸着するもの，分解性のインクをいれたものなどがある），誘引ロープ，ホールラップサイレージ用包装資材，植木鉢，キノコ培地，ペレットがある。

そのほかに化学合成されたポリ乳酸など，ほかの生分解プラスチックに柔軟性をもたせるための副資材として混ぜられる用途が，年々増えている。米国大手企業では，こうした生分解性プラスチックを製造する大型プラントを次々と建設している。

2003年には，新たな人造繊維インジオによる高品質毛布類の発売が発表され，その生産費は，石油を使う普通の毛布に比べて20～50％も低コストにな

るといわれる。

　今後の用途の増加，拡大は計り知れない。すでに，オカラやケナフなどの他の植物性との混合利用や耐熱性も研究され，新たな用途拡大が見込まれている。また，製造コストが半減できる技術や，他の物質も同時に製造できる技術なども進められている。

(2) バイオマス・エタノール

　バイオマスとは，直訳すると「生物量ないしは生物の集団」となるが，ここでは「利用可能な生物性の現存量」とする。

　人類は長い間，植物または薪炭をエネルギーとしてきた。中近世に入って石炭，石油に置き換わったものの，それが21世紀に入ってエネルギーの有限性，地球環境の変動問題などから「植物」が見直され，バイオマスとしての利用が注目されるようになったのである。その最大の理由は，原料が再生可能であること，次に資源量が莫大で場合によっては無制限なことであり，また燃焼により放出される炭酸ガスは常に〔植物燃焼→炭酸ガス→植物成長〕の関係にあるので，地球内では炭酸ガスは常に一定であることである。一方，有効なバイオマスの条件は，面積当たりのエネルギーが多く，安価で，取り扱いやすいことである。こうした点から，森林資源，サトウキビなどとともに，トウモロコシ－燃料用エタノール生産が取り上げられ，今後の研究成果が期待されている。

　バイオマスからのエタノール生産は，すでに20世紀後半半ばにはブラジルでサトウキビのバガスで実用化されている。米国では，トウモロコシを原料とするエタノール生産のため1995年には8,000億円，2000年に1,000億円以上をエタノールの燃料税の減免やエタノール加工業者への補助金として投入し，これにより米国内のトウモロコシの需要は急増し，価格上昇をもたらしている。そして，WEC（世界エネルギー協議会）やEPA（米国エネルギー保護局）などの世界の関連機関は，バイオマスエネルギーを，太陽エネルギーなどとともに，石油に代わるエネルギーとしてかなり早くから重視し検討していた。また技術的には，エタノールを製造するのに必要ないくつかの酵素の製造コストをを10分の1にすることが可能な技術も研究されている。こうした背景を受けて，

今後100年以内に世界のエネルギー供給の3分の1はバイオマスから生産されるという予測もあり，トウモロコシのこの分野における将来の必要性は予測できないほど大きい。なお，わが国でも，昭和年代から若干の検討が進められている。

以上のほかに，トウモロコシ子実中に最も多く含まれるタンパク質のツェインからは，膨化デンプンの被膜に適し，有機溶媒には溶けるが水に溶けない強いタンパク質被膜をつくる技術が開発され，用途開発と実用化が期待されている。

3. 機能・薬理性，嗜好品としての利用

わが国では古くからの民間伝承として，絹糸に利尿効果が認められているにすぎなかったが，現代では，多くの機能・薬理性が認められ，これをねらいとする嗜好品としての利用も工夫されている。以下，現在の利用について整理する。

(1) 機能・薬理性の利用

①子　実
・通常の利用

穀実用（子実）　タンパク質，デンプン，脂肪（胚芽にはリノール酸を含む），糖質，ミネラル（リンが多い），ビタミン類を含む。食品としての効果は，尿の出を整え，むくみを軽くするので，腎臓関連の病気に良いとされている。そのほか，胃腸強壮，食欲増進，病後の回復，胃部の鬱滞感，血糖値や血中のコレステロール値の低下，動脈硬化の予防に効果がある。さらに，呼吸器や声帯を強くし，脳の衰えを防ぎ，老化を遅らせる。

なお，胃腸虚弱や下痢のときは粒食を避け，消化しやすい加工品を用いることが必要とされる。また，単独の長期食用は，ほかの穀類と同様に栄養の偏りを生じるので，避ける。

子実を黄色味が残る程度に黒焼きしたもの15gを，搗きつぶして湯に溶いて服用すると，キャッサバ中毒や食中毒の意識混濁に効果があるという。打ち身

には，黒焼きの外用が効果的とされる。

生食加工用 胚芽には，ビタミンB_1，B_2，C，E，ミネラルが，また種皮には食物繊維とミネラルが多く含まれている。粒の甘みは，ブドウ糖と果糖の結合したショ糖で，消化吸収が早いので，エネルギー補給や疲労回復に効果がある。このほかの効果は，基本的に①便秘の解消，②血液を清浄化，③精神の安定化，④ホルモン機能の向上がある。これらによって，老化防止，美容，滋養強壮，急性腎炎のむくみなどにも効果がある。

摂取法にはいろいろあるが，その一例として，貝柱との料理は，神経を静めるので，目の疲れをとり，イライラ感を鎮めるという。便秘，のぼせ性，イライラしやすい人は，加熱（煮る，焼く，蒸す）したり，スープにして食べると効果があるとされる。

・薬膳利用

中国に古くからある「薬食同源」に基づく薬膳料理がある。利用する原料の効果は，身体を温めるほうから冷やす方向に"熱，温，平，涼，寒"に分類されている。体が"寒"か"熱"のほうに偏ると，体調が悪くなるとする。薬膳の効果は，原料によって決まり，料理法にはあまり左右されないという。"熱"には唐辛子など，"温"にはタマネギなど，"平"にはトウモロコシ，ラッカセイ，ジャガイモなど，"涼"にはダイコン，トマトなど，"寒"にはスイカ，柿，バナナなどがある。

トウモロコシは，"平"であることに加えて，主成分には，デンプン，脂肪酸，ビタミンA・B_1・B_2・B_6・H・K，ニコチン酸，パントテン酸などがある。これらにより，薬膳作用には，調中開胃，益気寧心，利尿，利胆，止血の作用があるとされる。すなわち，まず，食欲増進と通便を良くし，これがもとになって高血圧症，糖尿病，尿路結石，胆石症，慢性胆嚢炎，水腫，鼻血などの補佐治療の効果に結びつく。以上の目的に対して適正な日用量は30〜90gとされる。

②種皮など（食物繊維を対象）

食物繊維が注目されたのは，1965年のイギリスのバーキット（D. P. Burkitt）

の論文，およびそれを重視した1972年のアメリカのスカラ（J. Scals）の論文によっている。すなわち，当時，欧米で社会問題となっていた大腸ガン，便秘などの腸疾患，動脈硬化症などはアフリカにはみられず，その原因を，欧米の高脂肪・低食物繊維食に対し，アフリカの低脂肪・高食物繊維食にあるとした。そして，食物繊維の供給源として，穀物が最も優れているとした。

トウモロコシに含まれる食物繊維は，スイート種の子実100g中に含まれる不溶性の量は2.8gで，ゴボウの3.4g，サツマイモの1.8gと並ぶ。トウモロコシの食物繊維の85％は水に溶けない不溶性である。この繊維は，腸内で水分を吸収してかさを増し，その刺激によって腸が蠕動運動を起こし排便を促すとされる。これによって，ガン誘発物質などの腸内滞留時間を短くし，また有害物質の発生を防いで，大腸ガンなどの予防に効果があるとされる。関連する製品については，後述の「(2) 機能性物質，薬品の生産」を参照する。

マサイ族の食物繊維は，主にトウモロコシでつくる「ウガリ」や「ウジ」から摂取するという

③絹 糸
・生薬としての効果

絹糸（シルク）は，日干しにしたものを南蛮毛または玉米鬚と呼ぶ。一般的には，完全に乾燥しないで保存されると，利尿性をなくして，緩下剤になってしまうという。したがって，ヨーロッパでは，"花粉が散る前に採取され"，乾燥することが大事とする記載がある。成分としては，粘液質のカリウム塩類を主に，有機酸，糖類（サポニンなど），精油（カルバクロールやテルペン油など），ポリフェノール類などが含まれる。

生薬として市販されているアジアやヨーロッパでいわれる絹糸の利尿作用は，比較的多いカリウム塩類によるもので，これが腎臓などから老廃物を出す働きをするとされる。トウモロコシの粒も利尿作用をもっているが，絹糸の効果が強い。また，カフェインの併用は，作用を強化し利尿作用を増強する。なお，絹糸の利用による副作用はない。また，南米の先住民は，古代から特殊な処理により麻酔薬として利用したという。

以上のほか，胆汁の分泌を良好にし，血液中の脂肪を減じ，止血の効用があるとされている。また，糖尿病，胆嚢炎，肝炎，尿路感染に関連する炎症および痛み，尿路結石，高血圧，腎臓病，膀胱炎，膀胱結石，前立腺障害，月経前症候群，肥満，痛風，むくみ，リュウマチおよび関節炎，減量などにも効果があるという。

一般的な利用法は，乾燥した10～15gを2～3カップの水で半量になるまで煎じて濾したものを，3回に分けて空腹時に飲むという方法である。

・民間薬として混合利用例

中国や西洋では，長い間の民間の伝統に基づいて，ほかの原料と組み合わせて用いられる多くの方法がある。以下には，いくつかの例を述べる。原料はいずれも乾燥重である。

尿路疾患，急・慢性尿道炎，膀胱炎 絹糸30g，オオバコ15g，甘草6gを水で煎じて飲む。なお，膀胱炎を対象とする場合は，絹糸，ウスベニタチアオイ，ウワウルシ，バーミューダグラス，セイヨウノコギリソウでつくる混合液が有効であるとされている。

高血圧 絹糸18g，ケツメイシ10g，カンギクカ（甘菊花）6gを湯に浸け，お茶代わりに飲む。なお，鼻血などを伴う場合の高血圧では，絹糸とバナナの皮各30g，オウシシ10gを水で煎じ，冷まして飲む。

胆嚢炎，胆嚢結石，黄だん型肝炎，脂肪肝，糖尿病 絹糸60g，インチン30g，クチナシの実15g，ウコン15gを水で煎じて粕を取り，1日2～3回に分けて飲む。なお，糖尿病を対象とする場合は，絹糸30g，タラノキの皮30gを水で煎じ濃汁をつくり，粕を取って，1日2～3回に分けて飲むのが効果的である。胆石を対象とする場合は，絹糸10g，タンポポの花10g，ヨモギ4gをコップ5杯の水で煎じ，白砂糖を入れて飲む。この場合，1回の量は，コップ3分の2杯程度で，1日3回飲む。3週間続けて飲んだら，1週間休み，また続ける。

浮腫 妊娠中によくある足首のむくみ，また手や顔の腫脹である。これには，絹糸，セイヨウタンポポ葉，およびバーミューダグラスの根茎を熱湯で浸出させたお茶が用いられる。

第5章　利用・加工　*349*

子供の夜尿症　絹糸，セイヨウオトギリソウでつくるお茶が，効果があるとされる。

神経痛，リウマチ改善のため（日本）絹糸5～10gをコップ3杯の水で半量になるまで煎じ，これを1日量として数回に分けて飲む。

④穂芯・茎・根など

以下のように利用する。

発熱のない発汗，盗汗　トウモロコシ稈（茎）の芯と焼成した牡蠣（カキ）30gを水で煎じ，1日2回に分けて飲む。

図5-5　タコスにウィツラコチェ（黒穂病患部）を入れて食べる（メキシコで）

腸炎による下痢　穂芯（穂軸）の黒焼き90g，キハダ樹皮の粉60gをすって粉末にし，これを温水で一緒にして，毎日3gを3回に分けて飲む。

泌尿器系が思わしくないとき　穂芯5～10gをコップ3杯の水で半量になるまで煎じ，これを1日量として数回に分けて飲む。

頻尿，尿道の焼けるような痛み　穂芯と根を各60gを水で煎じて粕を取り，白砂糖を加えて1日に2回に分けて飲む。

⑤黒穂病の患部

黒穂病の患部を玉米黒粉菌(ぎょくべいこくふんきん)という。メキシコでは，ウィツラコチェという。病菌は，糸状菌の*Ustilago maydis* DC. Cordaである。患部には，多種のアミノ酸と黒粉菌酸などを含む。原料の薬用効果は，"寒"である。肝臓や胃腸の働きをよくし，解毒作用があるとされる。

このため，胃病，胃潰瘍，便秘，神経衰弱，小児の栄養不良には，適量を煎って食べる。アメリカ大陸では，今でも不老長寿の効果があるとされて，缶詰

が販売され，トルティーリャでくるむなどして食べる。

(2) 機能性物質，薬品の生産

トウモロコシの各部位からはいくつかの機能性物質が抽出され，また，トウモロコシを素材として新たな物質を生産することも行なわれている。これらの中には，すでに実用化されているものも多い。

①抽出・分離製品

・コーンファイバー（不溶性コーンファイバー）

トウモロコシのデンプンをつくる湿式製粉の過程で分離される種皮から製造する良質の食物繊維素材で，水不溶性の黄白色粉末である。もともと種皮は皮が固いなどのためそのままでは食用にはできず，これまでは家畜の飼料として用いられていた。

本製品は，この種皮に含まれるセルロース，ヘミセルロース，リグニンを，化学薬品なしに機械と精製水の物理処理だけでつくられる。製品の成分合計含量は85％以上，ヘミセルローズが60％以上と純度が高く，体内で食物繊維としての機能を発揮しやすいように加工されている。

製品は高純度の食物繊維素材であるので，少ない添加量で加工食品の食物繊維を強化することができる。利用上の特徴として，吸湿性や吸油性が高いので油脂の粉末化素材や油脂分離防止に効果的であり，低脂肪食品よりもビスケット，クッキー，バターロールなどの高脂肪食品に多く添加できる。また微粉末なので，利用しやすさや食品の風味，食感を損なうことが少ないという特徴がある。

機能性としては，便秘改善，血清コレステロール上昇抑制，ガン関与物質の低下，血中成分の改良，血糖値上昇抑制などが認められている。

・水溶性コーンファイバー

上と同じ種皮から製造する淡黄色の粉末である。市販品の主成分は，5炭糖であるキシロースとアラビノースからなるヘミセルロース"多糖類のアラビノキシラン"である。1g当たり0.6kcalと極低カロリーで，タンパク質は2％と

低い。

機能性としては，便秘改善，コレステロール上昇抑制，肝臓機能改善，血圧低下，耐糖能障害改善などの効果が認められている。市販品には，規格がある。

・難消化性デキストリン

製品は塩酸処理ほかのいくつかの過程を経てつくられる。トウモロコシから製造した製品は，1990年にFDA（米食品医薬局）の認可を受けている。

機能性としては，生活習慣病の血糖の調節，血清脂質の改善，整腸作用などに効果があるとされている。

・キシロオリゴ糖

コーンカブ（トウモロコシの穂芯）などの植物繊維をビフィズス菌で分解して得られたヘミセルロースの分解物である。甘味は砂糖の約40％である。和菓子類，ケーキ，クッキーなどの菓子類や，着色効果を生かしてタレ，ソース類にも用いられる。

機能性としては，ビフィズス菌の増殖，便秘の改善，カルシウム吸収促進，低カロリーなどがある。

・キシリトール

5価の糖アルコールで，キシリットともいう。製品は無臭の結晶で，水溶性である。コーンカブなどを用いる。早くから糖尿病患者や肥満者への治療，また効果的なう触作用防止をもつ砂糖代替甘味料として利用されている。欧米では早くから添加物としての利用が認められていたが，わが国で指定されたのは1997年である。近年，このう触作用防止を利用したチューインガムが販売されている。

・ジェランガム

コーンシロップなどを栄養源として，菌体外に産出する多糖類を分離・生成したもの。難消化性で，食物繊維としての効果が期待できる。

・紫色素（アントシアニン）

紫トウモロコシの種皮や穂芯を中心とする部位から抽出したもの。主成分は，シアニジン-3-グルコシドおよびアシル化アントシアニンである。わが国では，1960年代後半から販売され，清涼飲料水，ゼリー，飴などの食品の着色に利

用されている。

紫トウモロコシは、古代のインカ時代から先住民によって栽培されている濃紫色の在来品種である。日本でも店頭で見かけることがある。これを水煮したジュースなどを利用しているアンデスおよびその周辺では、直腸ガンの発生率が低いとされている。現在は、紫トウモロコシを水煮した汁を布で漉し、砂糖やパイナップル、リンゴなどの果物を加えたものを「チチャモラーダ」といい、一般家庭やパーティーなどで大量に飲用されている。2000年には、紫トウモロコシ色素が、日常的に摂取している環境発ガン物質であるPhIPによる大腸ガンの発生を、有意に抑制することが動物実験で明らかにされている。

・コーンオイル

胚芽を圧搾して搾り取る。スイートコーンで述べたように、いくつかの油脂を含んでいる。このうち、リノール酸は酸化安定性や風味安定性に優れているので、サラダ油などの食用油、マーガリン、ショートニングなど硬化油原料、塗料などに用いられる。このリノール酸の機能性としては、血圧降下、高血圧予防などがある。また、ビタミンEが含まれているので、抗酸化性が高いことのほかに、リノール酸との相互作用によって、血中コレステロールは効果的に降下するといわれる。

・その他

2003年、普通型品種に10％ほど含まれる植物グリコーゲンは、経口投与によって抗ガン作用を示すことが発表された。このグリコーゲンは、水溶性多糖類の一種で、動物のエネルギー源として蓄えられる。もともと、化粧品の保湿剤などに用いられていたが、この研究による新しい用途が期待されている。

以上のほか、必須アミノ酸のメチオニン含量の高い系統が開発されたこと、トウモロコシのタンパク質「γ-ゼイン」を加水分解して得られるペプチドには抗健忘作用があること、また糖尿病の食餌療法や予防の食事に使われる機能性甘味料「アラビノース」の大量生産技術の開発などが相次ぎ、今後の実用化が期待されている。

②薬品の生産

 以上は，トウモロコシが作物として本来的にもっている特性を引き出してつくられたものである。しかし，作物の用途の中で最も先進的といわれているのは，薬の原料になるタンパク質をつくる作物の遺伝子組換え品種の研究である。

 すでに実用化段階にあるリパーゼ（嚢胞性線維症）やアプロチニン（心臓手術に必要なプロテアーゼ阻害剤，現在は牛の肺から抽出）をはじめとするワクチン類や各種の免疫抗体など，実験的には400種に近い薬品成分の合成に成功しているといわれている。すなわち，薬品成分の合成はトウモロコシをはじめとする遺伝子組換えによる栽培中の作物の体内で行なわれ，収穫後にそれを抽出して，薬品とするのである。これらが実用化されれば，作物の畑が製薬工場となり，治療薬は現在よりも桁違いに安価になるはずである。こうしたねらいをもつ作物の栽培，薬の精製加工および臨床試験が環境に十分に配慮され，進められている。こられによって，今後の作物栽培は人類にとって，飛躍的な役割を果たすことになろう。

(3) 嗜好料としての利用

 子実（穀実），種皮，利用済みの穂芯は軽く炒ってお茶にすると，香ばしい風味を楽しむことができる。生食したスイート種の穂芯は，親指の先ぐらいに細断し，乾燥させてから用いる。これらの機能性については，上に述べたとおりである。

4. 装飾・鑑賞用

 すでに述べたように，トウモロコシは，古代アメリカ大陸の人々の衣食住と文化の発展に基本的な要素として寄与していただけでなく，祭祀儀礼，神話，伝説，呪いなどの日常生活の中にも不可欠な存在であった。これらの多くは，新しい工夫を盛り込みながら近世に引き継がれてきた。

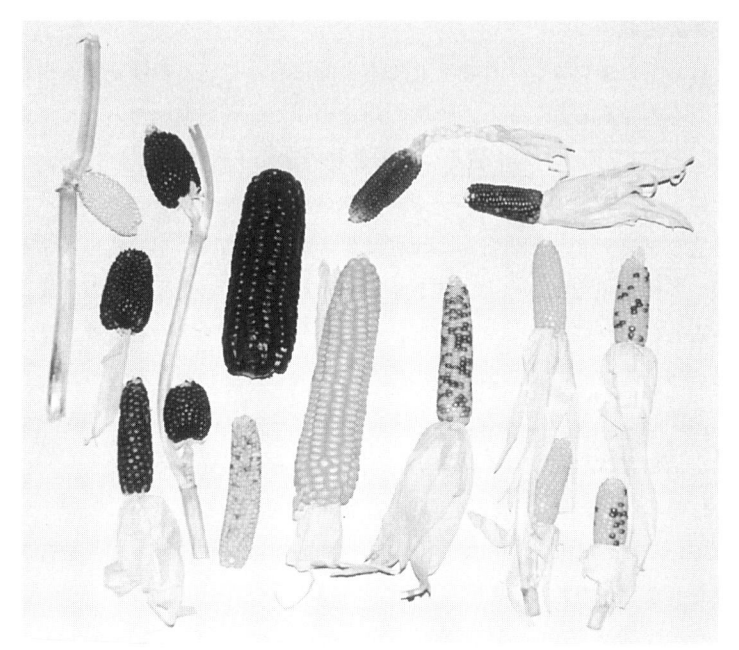

図5-6 生け花の材料となるトウモロコシ（戸澤, 2004）

(1) 生け花など

　生け花の材料としてよく見かけるのは,「ストローベリーポップコーン」系と「エンゼルコーン」系の乾燥した雌穂である。茎に着いた状態で使われることが多い。いずれも小型のトウモロコシで, 生け花の他の素材とよくなじむ。アメリカ大陸では, 色とりどりの25cm前後のサイズの乾燥雌穂を筒に生けて楽しんでいる。

　トウモロコシを単に生け花の素材とするだけでなく, 絵の対象としても扱われることが多く, 新聞や雑誌などには頻繁に登場する。

(2) 人　形

①トウモロコシ人形

　これは, もともとアメリカ大陸のインディオが子供のおもちゃとして広くつ

くっていたものが，トウモロコシの世界への伝搬後，形を変えて世界中に広まっていった。

わが国においては，苞皮および絹糸を使ったトウモロコシ姉様，きび姉様，きびがら姉様，あねさん人形などと呼ばれる日本人形が多かったが，昭和年代後半からはヨーロッパ人形に模したものもつくられている（図5－7a）。外国のものには手足や目のついているものが，また日本のものにはそれらがないものの髪型が豊富であるのが特徴であった。しかし，近年は折衷的なものが多くなっていることのほかに，新たなタイプのものもいくつか試作され，脚光を浴びている。

材料の準備は簡単で，白いオニ皮3枚，赤く染めたオニ皮半枚，スターチスのドライフラワー少々，ティッシュペーパー1枚などですむ方法もある。原料としてのオニ皮は，デント種がすぐれている。スイート種は柔らかいので，顔や細工の細かな部分に使われるが，カビが発生しやすいので注意する。漂白にはさらし粉や次亜鉛素酸が，また各種の色にはそれぞれ適当な染料がいくつかある（図5－7b）。

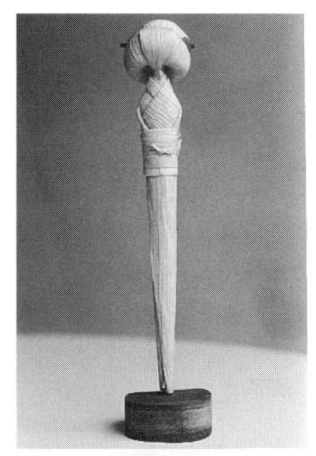

図5－7a　トウモロコシ人形　（中根，1986ほか）

②レースドール

ヨーロッパで高級人形として広く知られるレースドールは，中世における欧米の貴族によりつくり出されたものである。これは，粘土でつくった人形の洋服部分にレースを張り，1,000℃以上の高熱で焼く陶芸品である。レースの焼けた跡が，美しい模様となって浮かび上がることで人気がある。わが国には1970年代初期にその製法が伝えられている。20～30cmほどのものでも，価格は数十万円である。

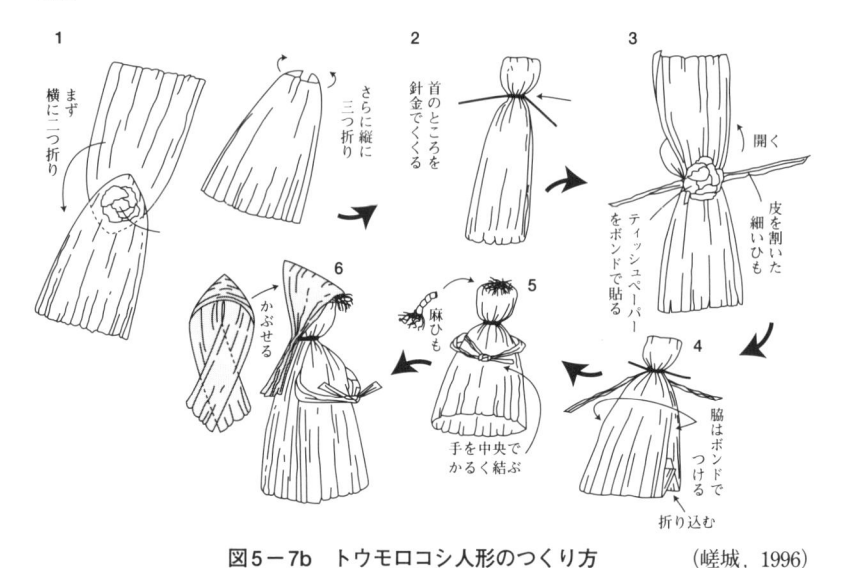

図5-7b　トウモロコシ人形のつくり方　　　　（嵯城,1996）

　近年，この人形をコーンスターチの粘土でつくることに成功し，注目を集めている。つくり方は，コーンスターチに絵の具を混ぜ，薄い板状に伸ばした上にレースを張り，人形の格好に仕上げるという簡単な方法である。焼く必要がないので，窯も不要である。また，これまでのレースドールの欠点であるもろさに対して，柔軟性があって折れにくく，原料費は1万円弱ですむという。

(3) ブローチ

　ブローチ細工には，「ストローベリーポップコーン」系や「エンゼルコーン」系の良く乾燥した粒を主素材にして，ブローチ台，ボンド，ニスなどでつくられる。道具は，ピンセットと楊子だけ。つくり方は，①トウモロコシの粒に虫をつけないために，お湯でよく洗って乾燥させる，②ブローチ台にボンドを塗り，台の外側から円を描くようにして粒をピンセットでのせていく，③ボンドが乾いたらそのつど塗り直し，内側に盛り上がるようにのせていく，④十分に乾かして，ニスを塗ってできあがる（図5-8aとbを参照）。

第5章　利用・加工　357

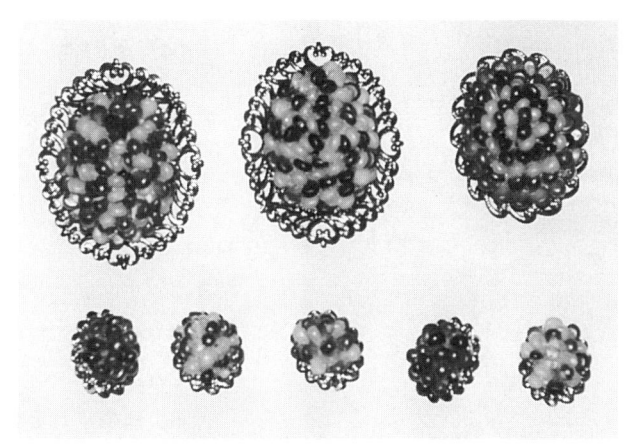

図5－8a　ブローチのいろいろ

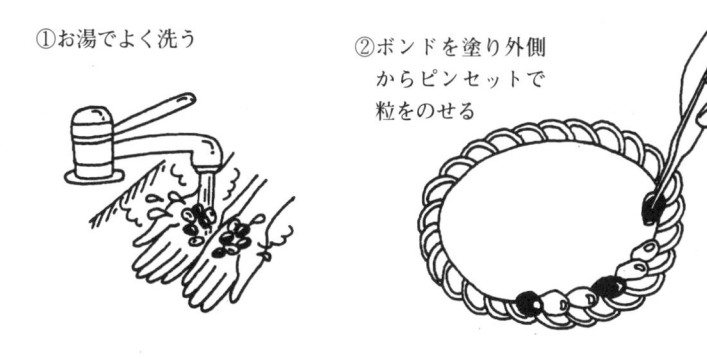

（斉藤康子作）

①お湯でよく洗う

②ボンドを塗り外側からピンセットで粒をのせる

③ボンドを塗りながら内側はもり上がるようにのせていく

④できあがり

図5－8b　ブローチのつくり方

（斉藤康子作）

(4) その他

乾燥した稈（茎）をうまく叩いて，絵筆に利用した例がある。墨の滲みやかすれの変化が楽しめる。

また，オニ皮で，草履やロープもつくられ，これらはよく青空市でみられる。

近年，国際協力事業団の派遣でケニヤで活躍している岸田女史は，オニ皮で草履をつくる方法を現地の学校で教え，足から感染する病気の予防に効果をあげているという。今では2,000人もの子供たちがつくれるようになり，まだまだ増える見込みという。

図5－9 オニ皮でつくった草履
（山梨県） （木下，1998）

5. その他の利用

トウモロコシは早くから，抗生物質などの培地として利用されてきたが，近年はエノキタケやエリンギなどのキノコ培地とする穂芯（コーンカブ）の利用が増大している。その利用法は，米ぬかやフスマなどほかの材料を混ぜて使われる。

また，北海道そのほかの地帯では地上部全体または雌穂を取った後の茎葉を細断して，キノコの培地とする方法が発表されている。

[主要な引用・参考文献]

荒川信彦・大塚恵監訳．1995．J. スカラ著．新・実用ビタミン栄養学．小学館．
綾野雄幸．1982．栄養と食料，35. 431.
Corn Utilization Conference Ⅲ Proceedings. 1988. National Corn Growers Association. USA.
DHC訳．1995．ペネロビ・オディ著，ホームハーブ．法研．
伍鋭敏．1990．薬膳．東京書籍．
東　理夫．2000．クックブックに見るアメリカ食の謎．東京創元社．
不破英次．1991．デンプン科学，38 (5).
石毛直道編．1998．論集　酒と飲酒の文化．平凡社．
伊藤　茂訳．2003．ダナ・R・ガバッチア著，アメリカ食文化．青土社．
貝沼圭二．1980．コーンスターチ．食の科学52．丸の内出版．
菊池一徳．1987．トウモロコシの生産と利用．光琳．
菊池一徳．1993．コーン製品の知識．幸書房．
河野友美篇．1994．雑穀・豆．真珠書院．
久保　明監訳．1999．G. W. ギルホード著．世界の薬食療法．法研．
倉田　浩．1972．カビによる変敗．食の科学，No.6.
真柳　誠・翻訳編集．1993．中国本草図録．巻4, 9．中央公論社．
宮尾興平・西村千夫共訳．2000．マリアとレーベン著．薬用ハーブの宝箱　アドバイスと体験．西村サイエンス．
三輪泰造．1973．トウモロコシデンプン．食の科学，No.14.
二国二郎監修．1977．デンプン科学ハンドブック．朝倉書店．
日本缶詰協会．1969．缶詰製造講義I．日本缶詰協会．
日本缶詰協会．1983．缶詰時報，Vol.62.
日本食品化工研究所．1973．トウモロコシデンプン．No.14.
小沢正昭．1981．食と文明の科学．研成社．
Research Report on Maize Quality Improvement Research Centre Project Post-Harvest. 1992. DAMAC, Thailand. Japan International Cooperation Agency.
左京久代訳．2000．シャーロット・F・ジョーンズ著．生活を変えた食べ物たち．晶文社．

佐藤滋樹．1981．スイートコーン加工の現状と問題点．農業および園芸，56 (1, 2)．
沢田正訳．1997．葉　橘泉編著．難波恒雄監修．医食同源の処方箋．中国漢方．
島田勇雄訳注．1976．人見必大著．本朝食鑑．東洋文庫．
周　達生・東畑朝子・玉村豊男．1987．食の世界地図．淡交社．
白旗節子訳．1988．ドッジ著．世界を変えた植物——それはエデンの園から始まった——．八坂書房．
千藤茂行（分担執筆）．1999．スイートコーン缶詰．地域資源活用　食品加工総覧．素材編．農文協．
滝口龍夫．1981．発酵と工業，39．535．
玉村豊男監訳．橋口久子訳．1998．世界食物百科　起源・歴史・文化・料理・シンボル．原書房．
谷村顕雄監修．1998．植物資源の生理活性物質ハンドブック．サイエンスフォーラム．
戸澤英男（分担執筆）．1999．地域資源活用　食品加工総覧9．素材編．農文協．
戸澤英男．1985．スイートコーンのつくり方．農文協．
八坂安森校注．荒俣　宏監修．1988．高木春山本草図説．1 植物．リブロポート．
吉沢　淑．1972．ウイスキー．食の科学，No.4．
全国粉食普及会編．1949．玉蜀黍の知識と加工調理．文化食糧研究所．

トウモロコシ年表

西暦	事項
(150億年前)	ビッグバン
(50億年前)	太陽系の誕生
(46億年前)	地球の誕生
(36億年前)	地球に生物誕生
(700万年前)	イネ科植物が出現する
(500万年前)	人類の出現
(380万年前)	火の使用始まる
(2万年前)	原始農耕の始まり

【紀元前】

西暦	事項
80000	メキシコの地層からこのころの花粉の化石が発見される（トウモロコシの始原種を含むとする説がある）
35000	アジアからアメリカ大陸への移住始まる（28000年ごろとする説などもある）
21000	今のメキシコ市近郊で人類の活動始まる
18000	人の移動，メキシコに到達する
13000	北米に尖頭石器文化始まる（パレオ・インディアン文化）
10000	中東で小麦栽培が始まる
8000	人の移動，南米南部に到達する
7000〜5000	中米で植物栽培開始
7000	テワカーン盆地で人の活動が起こる
5000	メキシコ南部のテワカーン盆地で人口が増加。穂軸2.5cmほどのトウモロコシが利用される。このころ，中国の長江下流に稲作農耕文化が起こる
4000	シュメール人，ユーフラテス川下流に数個の都市国家を建設 赤ワイン，エジプトで製造
3500	メキシコのテワカーン盆地でトウモロコシ農耕を開始。メターテ現わる
3000	中米でトウモロコシ農耕が発展。コロンビア，エクアドルの海岸で土器

	製作開始
	（このころ，日本からエクアドルへ移住し，アンデスの沿岸の文化発展史上重要な役割を果たしたという説がある）
2600	ベリーズのクエヨで，トウモロコシ，カタツムリ，シカなどが食用に
2553ごろ	エジプトのクフ王，世界最大のピラミッドを建設
2500	テワカーン盆地で通年定住が開始。農業生産が増大し，食物中に占める農産物の比は20％と推定。トウモロコシが常食され始め，宗教的色彩を強める
	中央アンデスで農耕・牧畜が発展する
2400	インダス川流域で都市文明形成
2300	メキシコ，アカプルコで無紋の粗製土器が製作される
2000	中米にコロンビア，エクアドルの文化が伝播していく。アンデスのペルーでは，灌漑農業が始まった模様。クレタ文明栄える
2000代後半	中央アンデスに神殿建築が出現する
1600	中国で殷（いん）王朝成立
1500	このころ，トウモロコシの雌穂が急激に大きくなる
1500～900	テワカーン盆地で大型土偶を製作
1200～1000	中米，オルメカ文化を形成
1200～500	オルメカ文化の最盛期
1100～1000	イオニア人がエーゲ海や小アジア海岸を植民地化
1000ごろ	ペルー北部カハマルカ盆地近くのクントゥル・ワシ遺跡で，このころの黄金製の細工品が多数発見
1000～800	メソアメリカにオルメカ文明，続いてアンデスにチャビン文明の基礎確立
800	メキシコ各地にさまざまな文明が芽生える
753	ローマ帝国建設
5～6世紀	**日本に稲作が伝来する**
5世紀の初頭	ギリシャ文明栄えるが，多くの都市国家が人口増と資源枯渇に悩む
400	メキシコのテオティワカンに集落が興る
323	アレキサンドリア帝国が崩壊する
300～紀元700	アメリカの東部ミシシッピ川流域にウッドランド，ホープウェル文化が栄える

221	秦の始皇帝が天下統一に成功する
202	漢が中国を統一する
200～紀元200	テオティワカン，モンテ・アルバン，少し遅れてミトラなどの古代文明が都市の形態をとり始める
200～紀元650	メキシコ中央高原にテオティワカン文化が栄える
100	オルメカ人，ゼロの概念を発見する。また，マヤ文字とマヤ暦法が確立する
100～紀元700ごろ	メソアメリカに，テオティワカン文化が拡大繁栄する
46	カエサル，ユリウス暦（365日）を制定

【紀元】

1～5世紀	北米にアナサジ文化が栄える
184	**卑弥呼が邪馬台国の女王となる**
3世紀	アンデスで，古シパン王やシパン王が勢力をふるい，生贄の儀式が盛んとなる
300～600	ユカタン半島のマヤ文明，中央アンデスのモチーカ，ナスカ，ティワナコ文明が興り栄える
325	**はじめて，精米のことが史書に見える（『日本書紀』）**
400～700ごろ	北米の南西部で農耕が発展し，土器製作が始まる
589	中国，随が天下を統一

【飛鳥・奈良・鎌倉時代】

593	**聖徳太子，摂政となる**
600～1000	メキシコ中央高原の各地にトルテカ文化が栄える
604	**聖徳太子（574～622）憲法17条を発布**
645（大化元）	**大化の改新**
650～700	テオティワカン，何者かの侵略を受け崩壊。トルテカの時代が始まる
701（大宝元）	**大法律令制定**
710（和銅3）	**平城京に遷都**
712（和銅5）	**古事記，作られる**
738	8世紀ごろペルー海岸のオアシスにトウモロコシが現われる（起源前1500年ごろという説もある）

10世紀	北米，最初のヨーロッパ人バイキングのエリクソンの一隊が北東部を占拠，ヴィンランドと名付け，間もなく去る
10〜12世紀	トルテカ文明が栄える
1113（永久元）	アンコール・ワット建立開始
1192（建久3）	**源頼朝，鎌倉幕府を開く**
1274（文永11）	**元の襲来（文永の役）**
1276（建治元）	アステカ族（メシーカ族），チャプルテペックに落ち着く
1300ごろ	インカ族，クスコに移住
1325（正中2）	アステカ族，テノチティトランに移動

【南北・室町・戦国・安土桃山時代】

1360（天平15）	カナダのオンタリオ州の湖底堆積物に，このころのトウモロコシと思われる花粉を発見
1392（元中9）	**南朝と北朝が統一される**
1434（永享6）	アステカの都・テノチティトラン，テスココ，トラコパンが三都市同盟を結ぶ
1438（嘉吉元）	インカ族の勢力拡大始まる
1441（嘉吉3）	ユカタン半島北部のマヤパンがイツァとシウの連合軍の攻撃で陥落
1467（応仁元）	**応仁の乱が起こる**
1488（長享2）	バーソロミュー・ディアス，喜望峰に到達
1492（明応元）	コロンブスが全長24m，100tの小舟サンタマリア号で，2隻と88人を率いスペインのバルセロナ（サルテス港）を出航，10月12日に西インド諸島のサンサルバドル島を発見，上陸し，そのとき初めてアラワク族と接触する。これによりアメリカ大陸の発見となる
	この時期，北はカナダのローレンス川の河口付近から，南はチリ中部まで，200〜300のトウモロコシの地方品種を栽培
	アメリカ大陸の人口，北米で980〜1,800万人，中南米で8,000万人と推定
1494（明応3）	スペイン，トウモロコシを観賞用として栽培
1498（明応7）	スペイン，コロンブスが第3回航海に出発（1498〜1500），南米トリニダードに到着。これにより，南米大陸発見者といわれる
1500（明応9）	カブラル，ブラジルに漂着

トウモロコシ年表　*365*

1502（文亀2）	コロンブス，第4回航海で中米海岸に至る
1503（文亀3）	フィレンツェ生まれの探検者，アメリゴ・ヴェスプッチが「新世界」というラテン語のパンフレットを発行。この中で，自分の目撃した土地が"新大陸"であると主張したことにより，新大陸は，"アメリカ"と呼ばれるようになる
1520（永正17）	この年から1530年の間に，シリアからレバノンの沿岸地帯と，エジプトにトウモロコシがつくられていたことが確認される
	この年メキシコで，ヨーロッパ大陸起源の伝染病（天然痘，チフス，感冒）の最初の流行が起こる。ペルーを含め各地で，その後もいく度となく蔓延し，多くの先住民が犠牲となった。戦争や社会の混乱により引き起こされた出生率の低下，虐待や獄死などの要因も加わり，インディオ人口は各地で急激に減った。16世紀初めのメソアメリカやペルー人口は，1世紀ほどで5分の1から10の1に減少したと考えられている。人口が増加に向かうのは17世紀になってからである
1521（大永1）	8月13日，アステカのテノチティトラン，コルテスの攻撃を受け陥落
1532（天文元）	スペインのピサロが，ペルーのカハマルカでインカ皇帝アタワルパを捕捉
1533（天文2）	インカ帝国滅ぶ
1537（天文6）	ローマ教皇「インディオは真の人間なり」の回勅を発布
1539（天文8）	**日本鎖国体制完成**
	スペイン人により天然痘が新大陸で猛威を振るう
1540（天文9）	百科全書派のリュエリュ，「トウモロコシはペルシャの我々の祖先によって，フランスにもたらされた」と記す
1543（天文12）	**ポルトガル人種子島に鉄砲を伝える（1541年という記載もある）**
	ポーランドのコペルニクス，地動説を発表
1545（天文14）	ボリビアのポトシやメキシコのサカテカスで銀山発見
1553（天文22）	メキシコ大学開講
1555（弘治元）	中国の年代記に初めてトウモロコシが登場。16世紀中ごろに明朝の皇帝への貢ぎ物となったために，玉米（皇帝の貢ぎ物）と呼ばれる
1561（永禄4）	**8月25日，アルメイダ船長・司令官ほかのポルトガル人一行が薩摩，豊後付近で活動**
1566ごろ（永禄9）	ディエゴ・デ・ランダ司教，『ユカタン事物記』を書く

1569（永禄12）	メキシコの宣教師サアグン，アステカ族に関する著書の翻訳を完成する
	イエズス会のポルトガル人宣教師フロイス，京都の二条城に織田信長（1534-82）を訪問。京都での布教援助を求め，了解される。金平糖を送る
1570（元亀元）	デガナウィダとアインワサ（後のハイアワサ）の指導で，5部族のイロコイ連盟（後に1部族が加わり6部族に）が誕生
	イエズス会士オルガンティノ，通訳ロレンソ（日本人最初の修道士―1551年・天文20年。ほぼ全盲，肥前杵島郡白石出身）を伴って来日。織田信長の厚遇受ける。秀吉時代に一時期長崎に退いたが，ほとんどは教義伝道に尽力した
1572（元亀3）	アルビエート将軍のスペイン軍により，6月24日，ビルカバンバ陥落。2か月後，アマゾン奥地のマナリ族にかくまわれていたトゥパック・アマルと皇妃は捕らえられ，9月23日にクスコで処刑される。これにより，インカは完全に滅びる
1573（天正元）	**織田信長，室町幕府を滅ぼす**
1576（天正4）	**トウモロコシ，ポルトガル船により長崎に伝えられる（1573年からという記録もある）。安土城落成，2月に織田信長移る**
1581（天正9）	**5月下旬，イエズス会の巡察司ヴァリアーノが安土城を訪ねる**
1584（天正12）	イギリスのローリー，最初の植民地をアメリカのヴァージニアに開くが，本国からの応援がなく失敗する
1590（天正18）	**豊臣秀吉，全国を統一する**
1592（文禄1）	**豊臣秀吉，朝鮮侵略（～1597）へ**
1597（慶長2）	イギリスの園芸家ジェラード『植物誌』を出版。「トウモロコシは，どのコムギよりも栄養が少ない。人間よりもブタにふさわしい食べ物だ」と記す
1600（慶長5）	イギリス，アメリカのヴァージニア州のジェームズタウンに交易植民地を開くも，交易は困難を極む
1602（慶長7）	オランダ，東インド会社設立

【江戸時代】

1603（慶長8）	徳川家康，江戸幕府を開く
1607（慶長12）	イギリスのロンドン会社の一行を率いるジョン・スミス，出発5か月後の5月13日にヴァージニア州に到着，入植するも失敗し，現在は廃墟となる
1619（元和5）	アフリカ黒人奴隷，初めて北アメリカ（ヴァージニア）に連れて行かれる
1620（元和6）	12月21日に，イギリスのスタンデシュ率いるメイフラワー号がプリマスに到着する。後に，ここはトウモロコシの作り方を教えるなどの丁重な扱いをした酋長マサソートの名をとって，マサチューセッツ州と名付けられる。また，一行が収穫に感謝して先住民を招き屋外に祝宴を設け，神に感謝を捧げたのが，今に続いている11月第4木曜日の感謝祭（Thanksgiving Day）の起源となる
1630（寛永7）	マサチューセッツ湾岸植民地，先住民から3.5tのトウモロコシを購入
1633（寛永10）	アメリカ，居住する黒人全員を強制的に奴隷にする法律を南部各地で制定
1634（寛永11）	マサチューセッツ湾岸植民地，ナガランセット族からだけでも17.5tのトウモロコシを購入
1636（寛永13）	アメリカ最初の大学，ハーバード大学設立
1637（寛永14）	島原の乱，起こる
1648（慶安元）	『多識篇』に「玉蜀黍」，「玉黍」などの中国名の記載あり
1650（慶安3）	『貞徳文集』に「南蛮黍」の記載あり
	このころ，バルカン半島一帯やドナウ川流域，中央ヨーロッパにまでトウモロコシが栽培される
1680（延宝8）	北アメリカのプエブロ先住民，スペイン統治に最後の大規模な反乱を起こす
1694（元禄7）	カメラリウス，おしべとめしべを発見
1695（元禄8）	『本朝食鑑』で「南蛮黍」に「ナンバキビ」，「唐毛呂古志」に「トウモロコシ」の字を当てる
1697（元亀10）	宮崎安貞の『農業全書』が出版される。ナンバンキビの記載あり
	江戸時代の人見必大『本朝食鑑』に，「南蛮黍すなわち，玉蜀黍のことである。当今，俗に南蛮黍を唐毛呂古志（とうもろこし），蜀黍（たか

きび）を唐岐美と言う。わが国では一般に，形状が大きく普通とは異なるものに，外国名を冠せて呼んでいるが，実際にはその国の産を示すとは言えないのである。例えば，唐黍，南蛮黍，高麗胡椒の類がそれである」と記す

1717（享保2）	イギリス，デンプン製造の特許が成立
1767（明和4）	スペイン，イエズス会員を追放
1772（安永1）	アメリカニュージャージー州の農場主クーパー，ギニアからのフリント種と在来の早生種を混合栽培し，早生で穂の大きい株から種子を採る（品種混植法による品種改良の始まり）。その後この方法は，1世紀近くも用いられる
1773（安永2）	ボストン茶会事件が起こる
1776（安永5）	第2回大陸会議で，ワシントンによりアメリカ合衆国独立宣言が発表
1780（安永9）	スペインの植物探検家フェルナンデス，メキシコでテオシントを発見
1781（天明1）	1780年代のフロリダ（スペイン領），セミノール族とクリーク族がトウモロコシ，ピーナッツの大農園を経営，その収穫物をヨーロッパ人に販売
	トウモロコシの比重はさらに増し，季節移住から定住生活への先住民増加
1787（天明7）	アメリカ合衆国憲法制定
1789（寛政1）	ワシントン，アメリカ初代大統領に就任。フランス革命始まる
1790（寛政2）	アメリカ，第1回人口調査で392万9,627人を確認
1796（寛政8）	バーボンウイスキーが誕生する
	エトモ（現在の室蘭市），トウモロコシとキビ・アワの類がわずかに栽培とされる
	アメリア・シモンズ著の『アメリカ料理の作り方』が出版される
1804（文化1）	フランスのペルト，缶詰の製造原理を発見。ナポレオン，皇帝に即位
1808（文化5）	この年発行のアメリカ誌『フィラデルフィア農学会誌』に，1772年のクーパーの混植栽培による品種改良が載る
1809（文化6）	**北海道の松前，トウモロコシ（モチキビ）が栽培される**
1812（文化9）	イギリスのドンキンとオール，世界初の缶詰工場を設立，翌年陸軍に試売
1820（文政3）	アメリカ人口963万8,453人を確認

1821	（文政4）	メキシコ，ペルー，グアテマラが独立
1824	（文政7）	アメリカ合衆国陸軍省にインディアン局を設置
		メキシコ，連邦国家として憲法が公布され，独立国家の道を歩む
1827	（文政10）	アメリカ第2代大統領ジョン・アダムズ，財務省を通じて，海外の領事に種子と植物を集めて，本国に送るように指示する
		スペイン人，メキシコから追放される
1830	（天保1）	ジャクソン大統領提案の「インディアン強制移住法」成立
1831	（天保2）	キングスボロー卿の『メキシコの古代遺物』の第1巻が出版
1832	**（天保3）**	**『草木六部耕種法』が刊行。「京都，江戸等は焼いて菓子に使う。甲州（山梨），予州（愛媛）の百姓は細末にして食糧となす」とある**
1834	（天保5）	アメリカのマコーミック，刈取り機（ムギ）を発明
1839	（天保10）	アメリカのウインスロー，缶詰研究を開始，1862年に特許を取得
1840	（天保11）	イギリス，アルカリを用いる湿式製粉の特許が成立する
1841	（天保12）	アメリカ，同上の特許が成立
1842	（天保13）	アメリカ東部，コーンスターチの製造が始まる
		ジョン・L・スティーブンスが，『中央アメリカ旅行の出来事』（マヤ諸都市の発見と発掘についての最初の大規模な報告書）を出版する
		ヨーロッパのジャガイモ大不作。これにより，アメリカへのアイルランド移民数が最高に達する。ほとんどが文盲農民である
1843	（天保14）	ユカターン，メキシコへ復帰
1845	**（弘化2）**	**浮世絵師，胡蝶園春升が「玉蜀黍の怪異」を描く**
1846	（弘化3）	この年から翌年にわたるスペイン対メキシコ戦争の結果，カリフォルニア，テキサス，アリゾナ，ニュー・メキシコはアメリカ合衆国に併合される
1848	（嘉永1）	サンタ・アナ，初代メキシコ大統領に就任
		カリフォルニアで金鉱発見，ゴールド・ラッシュ始まる
1850	（嘉永3）	アメリカでスイート種の研究が盛んになる
1851	（嘉永4）	ロンドンで第1回万国博覧会
1853	**（嘉永6）**	ペリー提督，浦賀に入港する。彼はフィルモア大統領から，日本に開国を促すのと同時に，日本からの植物資源の導入にも努力するように訓令を受けていた
1855	**（安政2）**	亀尾（函館市地域）で，トウモロコシの栽培が試みられる

	アメリカの詩人ロングフェローの「ハイアワサの歌」が発表される。ストーリーでは，この歌は，先住民の指導者である主人公がトウモロコシの霊を倒し，トウモロコシの豊作をもたらして民族の英雄となる
1856（安政3）	ネモロ（現在の北海道の根室）でトウモロコシの栽培が試みられる
1857（安政4）	ベツテ（現在の黒松内）でトウモロコシの栽培が試みられ，よく実る
1859（安政6）	ヨイチ（現在の余市町）で，十五夜付御供物に，枝豆，西瓜などとともにトウモロコシを用いる
1861（文久1）	スペインのマドリッドでブールブール，ランダの覚え書きを見つける。これがメキシコ絵文字解読のきっかけとなる
1862（文久2）	アメリカのウインスロー，コーン缶詰製造の特許を取得
	リトル・クロウ率いるミネソタ州の東部スー族が決起するが，1865年までにミズーリ川沿いとロッキー山脈の西部に封じ込められてしまう
	アメリカ農務省（USDA）が設立される
1865（慶応1）	メンデルが遺伝の法則を発見
1867（慶応3）	**徳川慶喜，大政奉還**。7月1日カナダ独立

【明治以降】

1868（慶応4，明治元）
　　　　　　　アメリカの缶詰業者マックマレイ，コーン缶詰の製造を開始
　　　　　　　日本最初のアメリカへの移民，ハワイに到着
1869（明治2）　**日本では飼料用としてのトウモロコシの利用が増える**
　　　　　　　グラント将軍のインディアンとの和平案が決定
1872（明治5）　東京官園で，アメリカからのエンバク，ヒラマメ，トウモロコシを栽培，ウマ，ウシ，ヒツジ，ブタも購入し，飼育を始める
1874（明治7）　北海道の根室郡ミヤサンおよびホニオイ村に官園を創設。トウモロコシ，モロコシ，エンドウ，ヒラマメ，ソラマメ，キャベツ，ゴマなどを栽培
1875（明治8）　アシャーソン，初めてテオシント起源説を提唱する
　　　　　　　アメリカ，亜硫酸を用いる湿式製粉法が発明される
　　　　　　　ウイスキー徒党（リング）事件が起こる（ウイスキー税金逃れを意図した蒸留業者がグラント大統領の側近を巻き込んだ不正事件）
1876（明治9）　津田仙，学農社農学校をつくり，『農業雑誌』を発行する。その第8号に"津田仙；玉蜀黍の説（はなし）"，"二木政佑；玉蜀黍の調理法"が載る

1877（明治10）	札幌地方の農作物は，コメ（粳），オオムギ，コムギ，アワ，ヒエ，トウモロコシ，ダイズ，アズキ，ササゲ，エンバク，ナタネ，ダイコン，ニンジン，ゴボウ，ネギ，タマネギ，ヤマイモ，アサ，アマ，ユリ，ナス，キャベツ，キュウリ，マクワウリ，シロウリ，カボチャ，スイカ，トウガラシ，ゴマという記録あり	
1879（明治12）	北海道の七飯勧業試験場，トウモロコシ焼酎，グースベリー酒，カーレンツ酒，ワサビ液，香水などを試作する	
1881（明治14）	塩川伊一郎，長野県北佐久郡三岡村で山イチゴジャムを用いて缶詰加工の試験製造を始める	
	ド・カンドル，トウモロコシが新大陸起源のものと考える	
1882（明治15）	アメリカ，インディアン人権教会設立	
1887〜1910（明治20〜43）	エドゥアルト・ゼーラー，中央アメリカを探検。考古学，民族学，宗教，地方語を研究する（現代アメリカ原住民研究の創立者となる）	
1889（明治22）	**大日本帝国憲法発布**	
	ペルーに日本最初の移民が到着	
1890（明治23）	インディアンの組織的抵抗終わる。フロンティア・ラインの消滅	
	北海道に初めて，サイレージ用サイロが建てられる	
1893（明治26）	ハーシュバーガー，テオシントをトウモロコシの祖先種と見なす	
	新大陸発見400年を記念して，世界コロンビア博覧会（シカゴ万博）を開催，しかし，先住民インディアンは未開，野蛮の扱いを受ける	
1894（明治27）	アメリカのマーキオニー，コーン入りアイスクリームの特許取得	
	日清戦争始まる	
1897（明治30）	1穂1列法が初めてイリノイ州農事試験場で試みられる	
1898（明治31）	ロシアのS. G. ナワシン，被子植物の重複受精を確認	
	アメリカ農務省に，種子・植物導入局を設置。ここでは海外から導入された種子にPI（植物導入）を，国内からの種子にCIナンバーを付す	
1900（明治33）	このころ，ド・フリース，コリンズ，チェルマクらがメンデルの法則を再発見する	
	札幌麦酒，製壜工場を設置し製壜を開始	
	札幌に日本酒造製造株式会社を設立，ジャガイモ，トウモロコシの酒精製造開始。2年後，旭川工場が運転を開始	

1902（明治35）		アメリカ，普通型スイート種の自由交配品種「ゴールデンバンタム」を発表
1904（明治37）		**日露戦争始まる（〜1905年）。サンフランシスコ大地震** **北海道農試「ゴールデンバンタム」をアメリカから導入**
1905（明治38）		アメリカのイーストとシャルが，別々に同系交配の研究を開始
1906（明治39）		アメリカ，近代的乾式製粉業が始まる **イネの交配始まる。外山亀太郎，蚕の交配で一代雑種の卵を売る事業を発案**
1908（明治41）		アメリカのシャル，トウモロコシの同系交配とこれによる交雑種の利用を提唱。アメリカのコリンズ，中国産の子実の中に「ワキシー」種を発見 **日本，ブラジル移民を開始**
1909（明治42）		アメリカのシャル，同系交配の結果を発表 イースト，この年から同系交配についての一連の論文を発表
1910（明治43）		アメリカに亡命のメキシコのマデロ，メキシコ革命に成功
1911（明治44）		アメリカ・インディアン教会設立
1912（明治45・大正元）		 シャル，ヘテローシス（雑種強勢）の語を発表 ハイラム・ビンガム，マチュ・ピチュとビトコスの古代インカの城砦を発見
1913（大正2）		**堀内豊，米価高騰対策としてトウモロコシの人造米を売り出す。価格は1升13銭で白米の約半額，翌年姿を消す**
1914（大正3）		**「ゴールデンバンタム」が「黄金糯」の名で北海道の優良品種となる** 第一次世界大戦勃発（〜1918年）
1915（大正4）		モーリ，基礎的な『マヤの絵文字研究の序説』を出版する
1916（大正5）		アメリカ，生態学会が設立され国立公園局が設置される アメリカの農務省「トウモロコシの病害に関する公衆布告」を発表。東南アジア，マレー半島，オーストラリア，ニュージーランド，オセアニア，フィリピン諸島，台湾，日本およびその付近の島などからトウモロコシ，テオシント等の輸入を禁止すべきと勧告。これは，*Physoderma maydis*（甘蔗露菌病）の発生による
1918（大正7）		アメリカのジョーンズにより，複交配一代雑種の有利性が提唱される

	北海道の真駒内種畜牧場，場内産の軟石を使った搭型サイロ第1号ができる
1919（大正8）	アメリカ，ヘイズとガーバーにより，同系交配系統による合成品種（多系交雑）育成が試みられる
	渡島管内八雲町の今村牧場に軟石を使った搭型サイロができる
1920（大正9）	アメリカ，大学育成の交雑種の親系統の増殖・販売を民間会社で始める。アメリカ，禁酒法時代に入る（〜1933年） 1月，国際連盟成立
1921（大正10）	アメリカのジョーンズにより提唱された複交雑種が商業化される
1924（大正13）	「ゴールデンバンタム」，「黄金糯」の名で北海道の生食用優良品種に インディアン市民権法制定。アメリカで移民制限条例が制定される
1925（大正14）	白井光太郎が『植物妖異考』を著す。その中に1845年の胡蝶園春升の「玉蜀黍の怪異」を載せる
1929（昭和4）	ブカソフに率いられたロシアの中南米派遣団の調査により，トウモロコシのさまざまな栽培型の地理的位置が明らかにされる アメリカ，大恐慌始まる（〜1930年）。アメリカ農務省，この年から大豆栽培を始める
1930（昭和5）	アメリカ，トウモロコシの交雑品種の作付けが増え始める
1930年代	植物特許（PBR）が効力を発する
1931（昭和6）	メキシコ考古学者アルフォンソ・カソ，オアハカ近くのモンテ・アルパンで，中米で最も高価で芸術性に富む黄金の財宝を発見する
1933（昭和8）	アメリカ，複交雑品種の栽培面積，全作付け面積の1％に アメリカのローズ，トウモロコシの雄性不稔細胞質を発見
1936（昭和11）	四国農試の伊東健次，北満辺境地域から発見したトウモロコシのモチ品種について，交配育種の方法などについて研究を始める
1937（昭和12）	北海道農試および長野県立農試（農林省育種指定試験地）で育種事業が始まる。わが国最初の自家授粉が行なわれる
1939（昭和14）	アメリカ，1930年代末，大学や公的機関で育成のパブリックラインによる交雑種育成の種子会社が現われ始める リーブスとマンゲルドルフによる起源の三部説が唱えられる 第二次世界大戦始まる
1940（昭和15）	アメリカ，複交雑品種の栽培面積，全作付け面積の50％に

北海道は，トウモロコシ，アマ，ナタネなどの種子の売買，配給が統制される。これにより，穀類を道外に移出する場合は道庁長官の承認が必要となった

普通型の白色スイート種，自由交雑品種「ストーエル・エバー・グリーン」が，アメリカより北海道に輸入される。主に缶詰加工用の優良品種として栽培される

『牧野日本植物図鑑』発行される

1941（昭和16）　マクリントック女史，遺伝学の雑誌『Genetics』にトウモロコシを材料として転移遺伝要素に関する論文を発表する

生食用が農林統計に初めて記載（1,600ha）。それまでは，換算して子実用に含められていた

12月8日，日本はアメリカに対し宣戦布告し，太平洋戦争開始

1944（昭和19）　アメリカ，複交雑品種の栽培面積，全作付け面積の80％に

全国アメリカ・インディアン会議設立

1945（昭和20）　フィンランド生化学の父ともいわれるビルターネン，オキザロ酢酸，サイレージ調製技術の確立などによって，ノーベル化学賞を受賞する

広島（8月6日）と長崎（8月9日）に原爆投下。8月15日，ポツダム宣言を受諾，第二次世界大戦終結

マッカーサーが日本で，コーンパイプを愛用する

1946（昭和21）　南メキシコのマヤ地域，アメリカの若い写真家ヒーレーが，ラカンドン・インディオに導かれて，1,100年前ごろのボナンパック（彩られた壁）の遺跡を発見

戦後の厳しい時期，北海道第2師範学校予科の寄宿舎の朝食は粒状のトウモロコシに米2分，大根を煮たもの，汁は塩汁に大根菜がわずかに浮いたも，という記録あり

11月，日本国憲法公布

1月，国際連合第1回総会

1948（昭和23）　ハーバート・デックら，ニューメキシコ州のバットケイブ（コウモリ洞窟）の中に，多くの炭化したトウモロコシ穂軸を発見

日本のコーンスターチ工業スタートする。原料は，アメリカ，メキシコ，アフリカ南部諸国から輸入した白色のデント種

日本農産缶詰株式会社（今の日本缶詰株式会社），高碕達之助，平塚常

	次郎，川南豊作が発起人となって設立
	農業技術協会『トウモロコシの作り方』（農林省編纂 農民叢書 第35號 農林省農業改良局編集）を出版
1949（昭和24）	農業技術協会，『サイレージとサイロ』（農林省編纂 農民叢書 第43號 農林省農業改良局編集）を出版
	北海道十勝地方でスイートコーンが経済作物として栽培され始める
	メキシコの考古学者アルベルト・ルスがパレンケの神殿の中に支配者の墓を発見。これは，エジプトのように御陵として用いられた可能性を示す最初の証拠となる
1950（昭和25）	アメリカ，1950年代から1960年代にかけて，不稔細胞質を積極的に利用
	バビロフ，トウモロコシ発祥の中心地を中米とメキシコ南部，また副次的中心地を南米（ペルー，エクアドル，ボリビア）と予測する
	日本農産缶詰（株）北海道十勝工場，わが国最初のスイートコーン缶詰を製造。原料は普通型スイート種の単交雑「ゴールデン・クロス・バンタム」で，国内最初の契約栽培による
	朝鮮戦争始まる（～1953年）
1951（昭和26）	松岡洋一，零細経営・高泌乳牛飼育を可能にする作付け体系，トウモロコシ→サツマイモ→ナタネ→……の年3毛作を提案
1952（昭和27）	「ゴールデン・クロス・バンタム」の両親系統が導入される
	アメリカ，水爆実験に成功する
1953（昭和28）	アメリカ，1954年まで最初のターミネーション政策（連邦管理終結）をとり，先住民の自治権を奪う。これを機に先住民政策が同化主義の方向へと回帰
	ワトソン・クリック，遺伝子（DNA）の二重螺旋構造を発表
1954（昭和29）	カナダ国立博物館のマクネイシュ，メキシコのタマウリーパス州で，2つの洞窟から，紀元前2500年ごろの原始的な小さい栽培品種とみられる炭化穂軸を発見。また，メキシコ市の地下10mで19粒の花粉を発見する
1955（昭和30）	クレードル興農が北海道の喜茂別でスイート種の缶詰生産を開始
	ロシアのクノロゾフ，マヤ絵文字の解読の試みを出版する
1956（昭和31）	マクリントック女史，「動く遺伝子」を発見する

1957（昭和32）	日本で，ポップコーンの製造が始まる
	ソ連，最初の人工衛星スプートニクを打上げ
1958（昭和33）	コーネル大学のビードル，ショウジョウバエやアカパンカビを用いた「遺伝子の組替えと細菌における遺伝物質の形成に関する研究」で，生化学遺伝学の新分野の開拓により，ノーベル賞（生理医学部門）を受ける
	日本，この年を境に子実用（約5万ha）は，価格の安い輸入ものに押されて急減
	「ゴールデン・クロス・バンタム」の採種が北海道で始まる
	アメリカ初の人工衛星，打上げ
1960（昭和35）	マクネイシュ，メキシコ市の南約240kmのテワカン渓谷の洞窟の中で，多数の炭化した穂軸を発見。最下層の2.5cm長さの穂軸は約7000年前と推定
	日本，生食用は，フリント種から普通型スイート種に移っていく
1961（昭和36）	**日本初の雄性不稔細胞質を用いた品種「ジャイアンツ」を北海道で発表**
	北海道，トウモロコシで初めての施肥基準を作成する
	デージー食品が北海道の富良野で缶詰生産を開始する
1962（昭和37）	**北海道立十勝農試と宮崎県農業試験場に，それぞれ山形県立農業試験場の作付け改善および宮崎県農業試験場の陸稲育種の関する指定試験地を振り替えた，トウモロコシ指定試験地の設置が決定される。実質的稼働は翌年から**
	農水省北海道農試，わが国最初の雄性不稔細胞質を用いた農林登録品種「農林交7号」（交7号）を発表する
	キューバ危機が起こる
1963（昭和38）	ケネディ大統領が暗殺される
1964（昭和39）	メルツ，オパーク-2遺伝子を発見する
1965（昭和40）	ネルソン，フラーリ-2遺伝子を発見する
	中国文化大革命始まる
1966（昭和41）	**このころから，サイレージ用では雌穂がある程度重視され，乳・糊熟期刈りが増える**
	ロックフェラー財団とメキシコ，エルバタンにCIMMYT（国際小麦・トウモロコシ改良センター）を設置

	1960年代後半，米民間のファウンデーションシード社，パイオニア社，デカルブ社などの総合種子会社でも，プライベトラインの育成が始まる
1968（昭和43）	日本，アメリカの高糖型スイート種（ハニーバンタムと俗称）を導入
	日本とカンボジアのトウモロコシ生産開発，およびインドネシアのトウモロコシ流通改善などに関する技術研究協力が始まる（前者は〜1971年，後者は〜1974年）
1969（昭和44）	アメリカ，100％が交雑品種で占められる
	十勝地方では，スイートコーンのハーベスタが導入され始める
	このころから，十勝地方を中心に晩霜害が的確に判断されて，サイレージ用の播種期が10日内外早くなり，またそのためそれまで栽培できないとされる地帯にまで栽培が広がっていく。また，スイート種では分げつの役割が正しく理解されて，除げつをしないことが急激に拡大されていく。いずれもその後に全国に定着する
	ミネソタ大学に留学していた日本人研究者，藤巻宏は農林省から「長野県で栽培の交雑品種の畑に，ごま葉枯病が大発生。この病気に強い品種を入手せよ」の電文を受け取る。しかし，返事は「アメリカでも大発生し，来年の種子の準備に困っている」。この病害の原因はT型細胞質雄性不稔をもつ品種がかかりやすいことによる
	夏，アメリカのアポロ11号，史上初の月面着陸に成功
1970（昭和45）	前年からの世界的なごま葉枯病大発生により，この年からT型細胞質雄性不稔に代わるC型の導入研究が世界的に盛んとなる
	アメリカ，このころからプライベトラインの交雑品種育成が急速に増加
	北海道クノール，北見から芽室に移り，スイート種のパウダー製品の生産を開始
	北海道では，生食加工用のFMC自走式二条ハーベスターが導入される。次年度にはMF540自走式四条ハーベスターが導入され，これらによって，作付け面積急増。十勝農試，正式に無除げつ栽培法を発表する
	このころから，スイート種のフイルムマルチ栽培が増加していく
1971（昭和46）	アメリカ，雄性不稔T型細胞質によるごま葉枯病で採種除雄作業は，手作業に戻る
1972（昭和47）	『トウモロコシ』（仲野博之），出版
1974（昭和49）	世界全体の流通品種305種を確認

1975（昭和50）　ベリーズのクエヨで紀元前2600年のマヤ遺跡が発掘される
1976（昭和51）　財団法人杉山産業化学研究所，イングレット（G. E. Inglett）の訳本『とうもろこしー栽培，加工，製品ー』を出版
十勝地方，倒伏防止のためのトッパー（上部茎葉切除作業機）が導入され，その後のスイート種の安定作付けに寄与していく
タイのトウモロコシ生産技術向上に関する技術研究協力が始まる（～1984年）
全農，独自にベトナムでのトウモロコシ生産開発を始める
1977（昭和52）　十勝農試，黄熟期刈りの端緒となった研究資料「とうもろこし高品質サイレージ原料生産に関する試験」を発表する。同時に，サイレージ用品種の対象を乳・糊熟期刈りから黄熟期刈りに変換することを明確にする
このころから，スイート種のトンネル栽培などの施設栽培が増え始める
イギリスのグリフィン，生分解性ポリフィルムの特許をアメリカ，イギリスで取る
1978（昭和53）　サイレージ用の黄熟期刈り品種として，わが国最初の品種「ワセホマレ」（農林交21号）を登録。このころから全国的に黄熟期刈りの考え方が広がっていく
1979（昭和54）　北海道の道東地域で，大型FRPサイロが次々と破壊事故を起こす。乳・糊熟期の多水分の原料が大きな原因である
『生食加工用トウモロコシー各種栽培法の実際ー』（町田 鴨）出版
1月，米中国交回復
1980（昭和55）　このころ，北海道のサイレージ用では，黄熟期刈りが定着し，輸入品種のすべては黄熟期刈りを前提とするようになる。これはその後，全国的に定着する
1981（昭和56）　十勝農試，本格的な施肥体系を発表する
日本，トウモロコシなどデンプンの異性化糖が増え，砂糖の消費が減る
北海道，スーパースイートコーンが冷凍軸付，冷凍ホール，レトルトパウチ，パウダーの主流となる
戸澤英男，9月3日にアメリカ・メキシコからトウモロコシ35，テオシント22（わが国に初めての多年生4を含む），トリプサクム2品種（多年生）を十勝農試に持ち帰る。直ちに交配母本用として出穂期調整のために温室に播種する

『トウモロコシの栽培技術』(戸澤英男)出版
アメリカ,薬品化学会社による品種育成への資本参加が進み,中小のファウンデーションシード会社や種子会社の系列化が進む

1982(昭和57)　**日本,高糖型スイート種のバイカラー品種「ピーターコーン」を導入**

1983(昭和58)　コーネル大学のマクリントック女史,「動く遺伝子」でノーベル医学・生理学賞を受ける

1月,レーガン大統領が議会にターミネーション政策の廃止を要求

1984(昭和59)　**サイレージ用では,本州においても黄熟期刈りを前提とする栽培が,ほぼ定着する**

1985(昭和60)　アメリカ大企業,トウモロコシからの生分解性ポリ商品化に着手する

十勝農試とホクレン,スイート種の共同育種を開始

『スイートコーンのつくり方』(戸澤英男)出版

1986(昭和61)　**タイの収穫後の品質低下(病害)防止に関する技術研究協力が始まる(〜1991年)**

アメリカ,遺伝子組換え作物の野外試験を始める

アメリカ,1980年代後半,民間育成のプライベトラインの交雑品種が急増

1987(昭和62)　スイスやイギリス,アグロバクテリウムを用いた組換え遺伝子技術によるトウモロコシへの遺伝子導入に成功する

『トウモロコシの生産と利用』(菊池一徳)出版

1988(昭和63)　スイスサントス社のローデスら,電気パルスで世界初のトウモロコシの組換え体の作出に成功

日本のサイレージ用トウモロコシの労働時間,1970年の56%(北海道は17%,都府県は61%)に半減

1989(昭和64・平成元)

このころ,北海道の道東地帯で,サイレージ用のフィルムマルチの栽培が始まる

日本,生分解性プラスチック研究会発足

農水省,組換えDNA技術の産業化のための指針を制定する

アメリカ,トリプトファンによる健康障害が発生。日本メーカーを相手どったPL(製造法)訴訟が多数発生

1990(平成2)　アメリカのモンサント社と農務省,遺伝子銃によりトウモロコシの遺伝

子組換えに成功
アメリカのワーナー・ランバート社，トウモロコシの生分解性プラスチックを開発。3年以内の量産を発表
10月，東西ドイツ統一。7月，ペルーのフジモリ，大統領に就任

1991（平成3） 北海道農試，ニンジンを含む畑作物の帯状施肥法などを発表する
日本，イネゲノム計画がスタート
12月，ソ連解体

1992（平成4） **日本，工技院微工研，トウモロコシから抗健忘作用のあるペプチドを抽出**
先住民の声を訴え続けてきたインディヘナのリゴベルタ・メンチュー，女性初のノーベル平和賞を受賞
アメリカ，遺伝子組換え技術で育成した日持ちのよいトマトの自由栽培を許可
スペイン，コロンブスのアメリカ大陸発見500年を記念したバルセロナ・オリンピックとセビリアの万国博覧会を開催

1993（平成5） チバ・ガイギー社，遺伝子組換えトウモロコシの圃場試験をアメリカ環境保護庁に申請
農水省食総研，トウモロコシのツェインから水に強いタンパク質皮膜を開発

1994（平成6） **野見山和子「トウモロコシ味噌」製造法の特許を取得する**

1995（平成7） サントリー社とヘキスト・シェーリング・アグレボ社，遺伝子組換えトウモロコシ，カーネーション，ナタネの隔離圃場での栽培開始へ
日本たばこ産業（JT），電子銃の10倍の効率をもつアグロバクテリウム利用のトウモロコシなどの遺伝子導入法を開発
イギリスのロスリン研究所，世界初の体細胞クローン羊誕生に成功
石川県畜総センターと近畿大学，世界初の体細胞クローン牛誕生に成功。この年，受精卵移植牛が全国で1万3,248頭誕生

1997（平成9） アメリカ，食品評価・EPAずみの遺伝子組換えのナタネ，トウモロコシ，ダイズ，バレイショ，ワタ，アマ品種の自由栽培を許可
フランスのアベンテス社，アメリカのデカルブ社に対し除草剤ラウンドアップ耐性の特許侵害で訴訟を起こす（後にこの訴訟は認められる）
『トウモロコシの絵本』（戸澤英男）出版

	『成形図説』に，「粘るもの，粘らないもの，はじけるもの」とトウモロコシの3系統が掲載
1998（平成10）	十勝農試とうもろこし科（育種指定試験地）が廃止される
1999（平成11）	コーネル大学のジョン・ローシーら，遺伝子組換えトウモロコシの花粉がオオカバマダラチョウに影響していると発表，波紋広がる。これに対し農水省，生態系に影響を与えないとの見解を発表。直ちに省内に「専門委員会植物小委員会」を設置
	国内の消費者団体，市販のスナック菓子に安全性未確認の品種混入の可能性があると発表（しかしその後の詳細な調査で否定される）
	7月，「食料，農業，農村基本法」が成立
2000（平成12）	日本たばこ産業（JT），アグロバクテリウム利用の遺伝子導入技術のライセンス使用契約を，アメリカのパイオニヤ（本社：アイオワ州）との間で締結
	明治製菓社がコーンスナック菓子の原料を非遺伝子組換え品種に変更。この後，品種の変更が続出
	飼料作物種子協会と草地畜産協会が統合し，日本草地畜産種子協会として発足
	「バイオセーフティー議定書（カルタヘナ議定書）」が採択
	中国，スーパーイネ交雑のゲノム解析プロジェクトが本格的に始動
2001（平成13）	世界55か国，6地域の環境・消費者団体135団体が，アメリカ産トウモロコシの輸出停止を求め，アメリカ大統領宛に書簡を送る
	アメリカの環境保護庁（EPA），遺伝子組換えトウモロコシの審査体制を食品と飼料用と分別せず，一括審査・承認とする方針に転換
	カリフォルニア大学バークレー校の研究者ら，メキシコの山間部の野生トウモロコシから組換え遺伝子が見つかったと発表
	厚生労働省，スイート種初の遺伝子組換え品種の輸入・販売を承認
	農水省，ブロイラーとホルスタインへの給与等の結果から，遺伝子組換え品種の給与が「血液，筋肉への影響はない」とする実験結果を発表
	日本が輸入する食品用トウモロコシのアメリカ産離れが一段と進む
	このころから，北海道と九州で，簡易耕栽培が始まる
2003（平成15）	厚生労働省，アメリカ産ポップ種に基準値を超える農薬を検出，検査強化を発表。いずれも，昨年に次いで2度目の違反

	イタリア北部のピエモンテ州，遺伝子組換え技術を使ったトウモロコシの混入が確認されたとして，州内の計381haのトウモロコシ畑を処分
	アメリカのデュポン社，トウモロコシからの生分解性ポリ開発で，大統領グリーンケミストリー最優秀賞を受賞する
2004（平成16）	イギリス，遺伝子組換えトウモロコシ栽培を限定的に解禁すると発表。EUでは，これまでスペインだけだった
	トウモロコシの細断型ラップサイレージ装置が完成，発売される。この装置は1996年に開発を開始している
	「農業用生分解性資材研究会」設立。業務は，優良製品の認証や試験委託など

索 引

【英字】

CIMMYT	157
floury-2	146
Heat unit	125
HRM	126
opaqu-2	146
RM	125
TDN	265

【あ】

アイスクリーム ……69
アイマ・ライミ ……44
アィリワイ ……44
亜鉛 ……122, 183
アキリャ ……37
アジア型在来種 ……94
アシャーソン ……5
アシュビー ……141
アステカ ……14, 33, 34, 39, 44, 47
アステカ帝国 ……22, 23
アストゥリアス ……38
アタワルパ ……26
アッベ ……119
アデナ人 ……28
アトラトナン ……42
アトレ ……35
アナサジ人 ……27, 28, 31, 33
油 ……325, 328
アフラトキシン ……322
アプロチニン ……353
甘酒 ……341
あまつぶ種 ……89
アミノ酸 ……334
アミロース ……91, 328, 332
アミロペクチン ……328, 332
アラビノース ……79, 352
あられ ……339
アルコール飲料 ……339
アルゼンチン・フリント種 ……93
アルパカ ……55
アレーパス ……33
アンタ・シトゥワ ……44
アンデス ……22, 24, 26, 33
アンデネス ……15
アントシアニン ……79, 147, 351
E神 ……49
イースト ……135, 141
イェイ ……51
維管束鞘 ……102
生け花 ……354
石川啄木 ……74
移植栽培 ……227
イツァムナー ……50
一穂一列法 ……132
一般組合わせ能力 ……142
遺伝子組換え ……76, 139, 208, 353
遺伝子ファミリー説 ……141
移動式農耕 ……12
イヤティク ……51
イラマテクートリ ……49
いり菓子 ……338
医療問題 ……139
イロコイ（族，連盟） ……14, 29, 32, 36
インカ ……14, 15, 26, 35, 44, 50
インカ大帝国 ……24, 26
インティ・ライミ ……44
ウイシュトシワトリ ……42
ウィツィロポチトリ ……43
ウイツラコチェ ……36
ウィンスロー ……292
ウエイ・テクイルウイトル ……43

ウエイ・トソストリ（大徹夜会）………42
ウェザーワックス………………………7
ウエットミリング……………………323
ウオーター・ローリー卿………………29
ウオーレイ……………………………141
ウガリ…………………………………66
浮島……………………………………17
歌………………………………………55
畦幅…………………………………233
ウマ・ライミ…………………………44
占い，呪い……………………………53
AIV法…………………………………70
栄養…………………………………332
栄養価………………………………266
栄養収量の推定……………………268
栄養成長期…………………………121
エーゲ型在来種………………………95
腋芽…………………………………109
液相…………………………………176
エスニック料理………………………65
エタノール……………………324, 344
エツァリ………………………………34
絵筆…………………………………358
絵文書…………………………………38
"LFY"遺伝子………………………146
沿岸熱帯フリント種…………………92
遠距離交易…………………………11, 20
黄熟期…………………………124, 265
黄熟期刈り……………………145, 262
おねり………………………………66, 67
帯条施肥……………………………252
お焼き………………………………67, 68
オルメカ文化…………………………22
オレイン酸…………………………328

【か】

ガードナー…………………………140
開花…………………………………111
階段畑農法………………………12, 15, 16

害虫抵抗性…………………………138
ガ・ガアー……………………………51
化学肥料……………………………242
化工デンプン………………………325
加工用……………………62, 90, 291, 292, 299
過熟期…………………………125, 279
課税……………………………………58
かたつぶ種……………………………89
カトー……………………………………6
加熱…………………………………336
カパック・シトゥワ……………………44
カパック・ライミ………………………45
カハマルカ王国………………………24
果皮……………………………………95
カピア…………………………………34
カフ……………………………………34
株立ち本数…………………………234
株間…………………………………233
花粉………31, 108, 112, 113, 116, 122
カラル遺跡……………………………23
カリ…………………………………182
刈取り適期……………………269, 275
ガリネート……………………………6, 8
カリビア型在来種…………………92, 94
火力乾燥……………………………317
カルロス一世…………………………57
ガレット………………………………33
皮剥き人の州…………………………75
簡易耕………………………………226
灌漑技術………………15, 16, 17, 25, 256
灌漑農法…………………………12, 16
環境問題……………………………139
稈径…………………………………103
乾式製粉………………………323, 325
鑑賞用………………………………353
含水率…………………………306, 307
乾総重………………………………264
乾燥方法……………………………316
カンタクゼノス公……………………58

索引

カンチャ	36, 66, 69
稈長	123
缶詰	78, 330, 334, 335
缶詰用	292, 293
乾物回収率	267
乾物重	114
乾物生産特性	212
乾物率	114, 267
γ-ゼイン	79
甘味種	89
キープ	25
機械収穫	112, 306, 314
起源の中心地	2
キシリトール	79, 351
キシロオリゴ糖	79, 351
キセニア	116
気相	177
機能性	79, 345, 350
機能性物質	80
キノコ培地	358
休耕期間	12, 14
吸肥力	117
休眠	201
強害雑草	203
強化チチャ	37
共生	19, 20
強制送風方式	332
玉米鬚	347
魚, 鳥糞の肥料利用	20
キルヒホフ	21
絹糸	79, 110, 112, 113, 122, 347
絹糸抽出	112
グアノ	20
茎	102, 104
茎折り	13
クック	15
苦土	183
組合わせ能力	142
クリームスタイル	292, 330
グリーン・コーン・ダンス	46
グリーンプラ	343
クリック	137
グリフィス	137
グリフェン	342
クリプトキサンチン	328
グルテンフィード	325
グルテンミール	325
グルホシネート	138
クレオール料理	65
クレショフ	2
黒穂病	30, 71, 151, 187, 349
黒焼き	346
くん製	69, 342
ケイエム	35
形質転換	137
形態	95
系統間交雑法	142
軽培土	122
茎葉残渣サイレージ	259
茎葉主体利用期	261
茎葉利用期	261
ケツァルコアトル	42, 47
欠株	235
原産地	2, 4
原種検定	161
建築物, 工芸品, 装飾	55
コイエム	65
高アミロース	147
広域交易	29
高エネルギー	144
高温障害	170
耕起	228
工業製品	69, 71, 78
光合成	101, 104, 117
交雑技術	133
交雑種	162
交雑品種	140, 142, 143
抗酸化性機能	147

工場残渣サイレージ……………259
合成品種………………142, 143
高糖型スイート種………90, 147, 291
高トリプトファン………………146
高メチオニン………………146
コウモリガ………………194
高油分………………147
高リジン………………146
硬粒種………………89
コーンウイスキー………………339
コーンオイル………………328, 352
コーングリッツ………………325
コーンスターチ…69, 76, 324, 327, 341
コーンパレス………………75
コーンファイバー………79, 350
コーンフラワー………………326
コーンブラン………………326
コーンベルト…11, 57, 62, 63, 88, 146
コーン・マザー………………51
コーンミール………………326
コーン油脂………………76
糊化特性………………327
穀実………………95, 345
穀実サイレージ………258, 263
黒層………………125
糊熟期………………124, 265
呼称………………8, 9, 10
固相………………176
古代＝アメリカ大陸時代………10
個体の部位………………96
コチセ文化………………26
五訂標準食品成分表………333
こなつぶ種………………90
コノパ………………51, 54
小花………………108, 109
コマール………………32
コマンチ族………………20
コリカンチャ………………56
コリンズ………………4

転び型………………148
コロンブス………………2, 29, 56, 57
根系分布特性………………212
混合播種………………131
混植技術………………19, 27
混成品種………………142, 143
コンテナ………………80

【さ】

サ………………34, 35
差圧予冷………………332
最高温度………………170
祭祀儀礼………13, 16, 26, 56, 72, 80
採種栽培………………134
採種組織………………143, 162
栽植密度…231, 232, 233, 235, 272, 274, 300, 311, 313
栽植様式………………233
細断型ラップサイロ………286, 288
最低温度………………167
最適LAI………………100
栽培型………………219, 296, 309
栽培種………………3, 4, 7, 131
栽培地域………………62, 127
細胞質雄性不稔………………151
在来種………………91
サイレージ………………280
サイレージの発酵………282, 288, 291
サイレージ用…61, 64, 70, 88, 89, 257
サイロ………………61
作型………………219
作期………………127, 219, 268, 298
サコタッシュ………………65
殺菌剤………………120
雑種強勢…57, 134, 139, 140, 141, 148
雑草……199, 202, 204, 205, 206, 207
サヤトウモロコシ………………91
サラママ………………51, 54
サラ・ラワ………………35

索引

三系交雑 …………………………142, 144
残渣 ………………………………………317
三姉妹 ………………………12, 19, 20, 27
三相分布 ……………………………175
3大穀物 ……………………………………75
3大食材 ……………………………………30
詩歌 …………………………………………74
C4植物 …………………………………101, 117
ジェランガム ……………………………79, 351
自給肥料 ……………………………………239
軸付きコーン ………………295, 331, 337
始原種 ………………………………2, 8, 21
枝梗 ………………………………………110
嗜好料 ……………………………………353
自在経路 ……………………………………61
脂質 ………………………………………332
子実 …………………………………88, 95, 114
子実用 ……………………………61, 89, 305
自殖 ………………………………………140
自殖系統 ……………135, 137, 140, 142, 143
自殖系統間交雑品種 ……………………134
雌ずい ……………………………………108
雌穂 ……………………108, 110, 114, 122, 123
雌穂茎葉利用期 …………………………261
雌穂サイレージ ……………………258, 263
雌穂重 ……………………………………114
雌穂長 ……………………………………114
自然乾燥 ……………………………………14
自然受粉品種 ………………132, 133, 142
膝高期 ……………………………………121
湿式製粉 ……………………………78, 323
シペトテク ……………………………………49
姉妹系統 …………………………………137
ジャグー ……………………………………66
シャル ………………………………134, 140
雌雄異花 …………………………………108
収穫期 ………………………………278, 279
収穫残渣 …………………………………304
収穫体系 ……………………302, 303, 314

収穫適期 ……………………293, 294, 302
熟期 ……………………………144, 264, 266
受光態勢 …………………………………102
種子 …………………………………………95
種子根 ……………………………………114
種子戦争 ……………………………………80
種子の寿命 ………………………………201
受精 ……………………………………111, 112, 122
出芽 ………………………………………121
種皮 …………………………………………95
受粉 ……………………………………112, 113, 122
シュランケンコーン ………………………90
循環選抜法 ………………………………142
純系 ………………………………………134
小規模栽培 ……………………………62, 63
醸造用 ……………………………………341
焼酎 ………………………………………341
生薬 ………………………………………347
ジョージ・ワシントン ………………………57
ジョーンズ …………………………135, 141
植物（ファイト）グリコーゲン …79, 352
食物繊維 ……………………………346, 347
食糧問題 …………………………………139
除げつ ……………………………………255
除草 …………………………………………13
初霜害 ……………………………………171
除草剤 ………………………………206, 207
除草剤耐性 …………………………138, 139
ショチケツァル ……………………………43
ショチピリ ……………………………………49
除房 ………………………………………255
ジョン・ムラ ………………………………19
飼料価値 …………………………………282
飼料特性 …………………………………260
飼料用 ………………………………70, 76, 78
シローネン ……………………………42, 43, 48
シワトランパ ………………………………43
真空予冷 …………………………………332
信心の華 ……………………………………71

人造繊維 …… 343
新大陸説 …… 2
シンテオトル …… 42, 43
人類創造 …… 39
神話，伝説 …… 38, 40, 72
スイートコーン …… 89
スイート種 …… 77, 89, 116
水熟期 …… 123
穂芯 …… 109, 114
垂直統御・出作農法 …… 12, 15, 18, 19
水田跡 …… 217
水分 …… 205
水溶性コーンファイバー …… 350
スウェッデン …… 14
スーパースイートコーン …… 90
スープ …… 31, 331
スープ用 …… 295
ススナテル・グラシア …… 50
スターチ・スイートコーン …… 90
スターチ・スイート種 …… 90
スタックサイロ …… 276
スチーブリカー …… 325
砂絵（サンド・ペインティング）…… 46
ズニ族の出産 …… 52
生育遅延 …… 169
生育適温 …… 167
製菓 …… 78
成（完）熟期 …… 124
生産地 …… 56
生食加工用 …… 64
生殖成長期間 …… 120, 121
生食用 …… 78, 89, 90, 291, 298, 335
精神医療 …… 80
整地 …… 230
成長点 …… 103, 119, 121
生分解性プラスチック …… 78, 342, 343
製粉工業 …… 69, 323
生理説 …… 141
世界の生産 …… 75

積算温度 …… 119, 121, 125, 126, 128
石灰 …… 183
節間 …… 102
切断長 …… 278
セット販売 …… 81
施肥 …… 239, 300, 311
施肥位置 …… 246
施肥法 …… 242, 243, 272, 274, 313
繊維 …… 332
前後作 …… 214, 270
センテオトル …… 48
センテオワシトル …… 49
全面全層施肥 …… 251
戦略物資 …… 80, 81
千粒重 …… 96
霜害 …… 171
葬儀・埋葬 …… 53
総状花序 …… 108
装飾 …… 353
早生化 …… 144
創世紀 …… 38, 41
相対熟度 …… 125, 126
早朝もぎ取り …… 336
相反循環選抜法 …… 142
早晩性 …… 13, 125, 268, 298
草履 …… 358
ソース …… 122, 145
側条施肥 …… 250
祖先 …… 4
ソブ …… 50
ソフトコーン …… 90
ソフト・スイートコーン …… 90
ソラ …… 36

【た】

ダーウィン …… 140
大規模機械化一貫作業体系 …… 62, 63
堆厩肥 …… 240
大統領グリーンケミストリー最優秀

索 引

賞	343
耐病性	150
耐冷性	154
唾液法	36
タコシェル	65
タコス	32, 65
タコライス	68
多収性	118, 145
タシュカリ	50
他殖性	131
多穂型	146
タッセルシード	106
タマーレス	33, 35, 43, 65
タマウリパス	21
単交雑	134, 140, 142, 144
団子汁	67
単純積算温度	119, 128
ダンス	55
段々畑	15
タンパク質	332, 334
団粒構造	215
チェイス	137
チェインジング・ウーマン	51
地球環境	344
チコメコアトル	42, 47
チチカカ湖	16
チチャ	24, 25, 36, 37, 44, 45, 339
チチャモラーダ	37
窒素	179, 180
チナンパス	17, 18
チムー帝国	24
着雌穂節	99, 100, 103
チャパティ	66
チャビン文化	22, 50
中央アンデス	18, 23
虫害	190
中茎	96, 102
中耕	122, 253
抽出期	122
柱頭	113
中米	30
チュチョ	34
鳥害	197
鳥獣害	26
調製	317
重複受精	113
超優性説	141
チョクトー族	34
チョクロ・ラワ	35
貯蔵	14, 99, 322, 337
チョチョカ	36
チラム・バラムの書	33
ツェイン	79, 334
積上農法	12, 18
ティアワナコ連合王国	24
ディエゴ・リベラ	71
DNA	4, 137
低温障害	167
ティピーナ	14
テオシント	5, 6, 8
テオシント説	5, 7
テオティワカン文明	22
適応性	118, 119, 131
適正栽植密度	231, 232
テクティ	37
テスカトリポカ	42
手もぎ	303
テワカン	2, 21
添加物	280
電子レンジ	336
伝説	41, 72
デントコーン	88
デント種	88
伝播	57, 60, 64, 69
デンプン	115, 329, 342
デンプン工業	144
デンプン構成（粒質）	88
デンプン製造用	76

デンプン製品 …………………335
ド・ウェ ………………………8
糖化製品 ………………………325
とうきびめし …………………68
トウキビ焼きだんご …………68
とうきびワゴン ………………66
洞窟 ……………………………3
登熟 …………………114, 146, 305
登熟期 ………………116, 120, 123
倒伏 ……123, 148, 174, 231, 237, 238
東部森林地帯 …………………45
糖分 …………………115, 329, 331
トウモロコシ州 ………………75
トウモロコシ雑炊 ……………68
トウモロコシ展示会 …………132
トウモロコシ人形 ……………354
トウモロコシの母 ……………5
トウモロコシの祭り …………45
トウモロコシ文化圏 ……21, 22
ド・カンドル …………………2, 58
特定組合わせ能力 ……………142
トシュカトル …………………42
土壌菌 …………………………213
土壌構造 ………………………184
土壌pH ………………………177
土壌要素 ………………………178
トスターダ ……………………65
トッピング ……………………238
トップ交雑 ……………………144
ドブレィ ………………………6
どぶろく ………………………340
ドライミリング ………………323
トラカシペワリストリの祭り……39, 43
トラカトローリまたはトラカトラオリ 43
トラコロル ……………………14
トリプサクム …………………8
トリプサクム説 ………………7
トリプトファン ………………91
トルティーヤ ………32, 35, 65, 69
トルテカ帝国 …………………22
トレンチサイロ ………………276
トンネル ………………224, 225

【な】

ナーン …………………………66
ナガランセット族 ……………14
ナスホマレ ……………………135
ナッチェス族 …………………45
ナバホ族 ………………………31
軟甘種 …………………………90
難消化性デキストリン ……79, 351
南西経路 ………………………58
南蛮毛 …………………………347
南方デント ……………………91
軟粒種 …………………………90
二期作 …………………14, 270
ニシタマール …………………32
二次発酵 ………………280, 284
ニシャヌ・ナチタック ………51
二穂型 …………………………146
二段穂 …………………………53
日平均気温 ……120, 126, 127, 130
日射量 …………………………166
日長 ……………………………167
日本の生産 ……………………76
乳熟期 …………………124, 265
根 ………………………104, 105, 106
熱帯フリント型在来種 ………94
ネルソン ………………………146
農業用資材 ……………………343
農耕儀礼 ………………41, 42, 44
農耕文化圏 ……………21, 22, 27
農林交1号 ……………………134
ノーベル ………………5, 38, 71

【は】

葉 ………………………………99
バーキット ……………………346

索 引　391

ハーシェイ …………………………137
ハーシュバーガー …………………5
バーディ・ブーディ ………………65
ハーベスタ …………………………303
バーボンウイスキー ………69, 339, 340
バーボンフェステバル ……………340
胚 ……………………………96, 114
バイオマス ………………78, 344, 345
バイオマス・エタノール …………78
排水 …………………………………256
背地性 ………………………………103
培土 …………………………………253
胚乳 …………………………88, 95, 116
灰分 …………………………………332
ハウス ………………………………224
爆裂種 ………………………………90
馬歯種 ………………………………88
播種 ………………………120, 121, 268
播種粒数 …………………275, 301, 314
バスケット・メーカー文化 ………27
発芽 …………………………95, 120
発芽温度 ……………………97, 98, 201
発芽阻害条件 ………………………98
発芽と熟度 …………………………98
発酵品質 ……………………………266
パッサーリニ ………………………150
初霜 …………………………………173
はったい粉 …………………………67
バットケイブ（洞窟） ……………3, 26
はつぶ種 ……………………………88
バビロフ ……………………………2
パラカス文化 ………………………24, 36
ハル …………………………………141
バルカルセル ………………………44
パルパ ………………………………30, 34
パルミチン酸 ………………………328
バンカーサイロ ……………………286
繁殖儀礼 ……………………………55
晩霜害 ……………119, 122, 171, 172

ピーキー ……………………………33
ビーズ ………………………………78
Bt遺伝子 ……………………………138
ビードル ……………………………4, 8
ビール（人名） ……………………133
ビール（飲料） ……………………339
光 ……………………………166, 205
引倒し法 ……………………149, 150
引倒し力 ……………………………149
ピキブレッド ………………………31
非共生的窒素固定 …………………213
挽き割り ……………………………69
ピサロ ………………………………26
ビスコチュエロ ……………………33
ピタオ・コソビ ……………………49
ビタミンE …………………………328
必須アミノ酸 ………………91, 334
ピッタン ……………………………66
人身供儀 ……………………………39
ヒューロン族 ………………………14
ビュルム氷期 ………………………1
病害 …………………………………184
病害抵抗性 …………………………138
ピラコチャ …………………………50
肥料焼け ……………120, 122, 245, 251
ピルグリム・ファーザーズ ………64
ビルターネン ………………………70
品質 …………………………………148
品種改良 ……………………………144
品種間交雑品種 ……………133, 143
品種系統間交雑品種 ………………143
ビン詰 ………………………………338
ファー ………………………………66
風害 …………………………………174
プエブロ族（文化） ……20, 27, 31, 46
プエブロ・ボニート ………………27
フェラデルフィア農学会誌 ………132
ブカソフ ……………………………2
複交雑品種 ……134, 135, 136, 137, 142

複対立遺伝子説 …………………141
副中心地 …………………………2
覆土 ………………………103, 119
袋栽培 ……………………………80
不耕起栽培 ……………………226
二股穂 ……………………………53
普通型スイート種 …………89, 292
普通栽培 ………………………220
部分耕 …………………………226
浮遊菜園 …………………………17
フラワーコーン …………………90
フラワー種 ………………………90
プリッカ …………………… 35, 65
フリントコーン …………………89
フリント種 ……………89, 116, 292
フレモント文化 …………………28
ブローチ …………………… 78, 356
プロモロコシ ……………………7
分げつ ……………106, 107, 121, 265
粉質種 ……………………………90
分施 ………………………122, 245, 249
粉状利用 …………………………78
フン・ナル ………………………50
ふん尿 …………………………241
粉末用 ……………………295, 331
平均気温 ………………………130
ヘイゲンワセ …………………135
壁画 ………………………………71
ペプチド …………………… 79, 352
ペラグラ ………………………334
ペルー ……………………………23
ペルシャ型在来種 ………………94
ヘルナンデス ……………………7
膨化デンプン ……………………79
ホーガン …………………………54
方言 ………………………………10
放線菌 …………………………184
放任受粉品種 …………………143
苞皮 ………………………109, 110

ホープウェル文化 ………………28
ホールクロップサイレージ ……257
ホールクロップサイレージ用 …263
ホールスタイル ……………292, 330
ボーン ……………………………34
北米 ………………………………26
北米型在来種 ……………………93
北米南西部 ………………………46
補植 ……………………………236
母神エスタナトレーヒ …………39
ポソレ ……………………………35
北海道経路 ………………………59
北海道相対熟度 ………………126
ポッドコーン ……………………91
ポッド種 ………………… 5, 8, 91
ポップコーン …36, 77, 78, 90, 318, 338
ポップ種 …………………………90
北方型フリント種 ………………93
ポド・ポップコーン ……………4
ホピ族 ……………………………31
穂柄 ……………………………109
母本 ………………………142, 143
ポリッジ …………………………35
ポレンタ …………………… 35, 65
ポン菓子機 ………………………69

【ま】

マイコトキシン ………………322
埋蔵作業 ………………………280
埋蔵体系 ………………………275
マクネィシュ ……………………2
マクリントック女史 ……………4
マコーミック ……………………62
マサ ………………………… 32, 33
マサムラ …………………………35
マックス・プランク進化人類学研究所…4
マックマレイ …………………292
マノ ………………………… 30, 69
間引き …………………………237

ママリガ …………………………35, 65
マヤ（王国, 族）…12, 14, 17, 18, 22,
　33, 35, 39, 49, 52
マヤの生誕式 ……………………………52
マルチ栽培 ………………220, 224, 225
マルチフィルム ………………………343
マンゲルドルフ …………………4, 5, 7
マンコ・カパック ………………………50
まんじゅう類 ……………………………67
ミシシッピー文化圏 ……………………28
ミシュカタッシュ ………………………34
水 …………………………………………173
未成熟サイレージ ……………………259
味噌 …………………………………68, 341
溝底施肥 ………………………………252
味噌漬け ……………………………69, 342
密植適応性 ……………………………145
ミティマエス ……………………………25
ミラス ……………………………………65
ミルパ ……………………………………12
民間薬 …………………………………348
民話 …………………………………41, 73
無霜期間 ………………………………130
紫トウモロコシ …………35, 79, 351
迷路 ………………………………………74
メーフラワー号 …………………………29
メキシコデント種 ………………………91
メキシコ品種 ……………………………3
メソアメリカ ……21, 22, 23, 27, 28
メタテ ………………………………30, 69
メチオニン …………………………79, 91
メルツ …………………………………146
メンチュー ………………………………38
メンデル ………………………………140
もぎ取り ………………………………336
モクテスマ ………………………………22
モチーカ文化 ……………………………24
糯種 ………………………………………91
もちつぶ種 ………………………………91

モテ ………………………………35, 66, 69
基肥 …………………………………246, 249
戻し交配法 ……………………………142
モヤシ法 …………………………………37

【や】

焼きとうきび ……………………………67
焼畑 ………………………………………14
焼畑農法 …………………………………12
焼払い ……………………………………13
薬膳利用 ………………………………346
薬品 …………………………………80, 350, 353
薬理効果 …………………………………79
薬理性 …………………………………345
野生種 ………………………………3, 8, 131
山崎義人 ………………………………134
ヤレ ………………………………………36
ヤワール・サンコ ………………………45
ヤングコーン…69, 77, 78, 295, 318,
　331, 338
有機質肥料 ……………………………239
有効積算温度 ……………………119, 130
雄穂 …………………………102, 108, 110, 111, 122
優性遺伝子連鎖説 ……………………140
雄性先熟 ………………………………112
有稃種 ……………………………………91
輸送 ………………………………322, 331
輸入 …………………………………76, 322
ユム・カーシュ …………………………50
ゆめそだち ……………………………135
羊糞 ………………………………………69
葉群配置 ………………………………117
葉身 ………………………………99, 100, 102
幼穂形成期 ………………………110, 120, 121
要水量 …………………………………173
要素の吸収特性 …………………272, 311
用途一覧 …………………………………78
幼苗期 ……………………………121, 122
養分吸収 …………………………178, 212

葉面積 …………………………123
葉面積指数（LAI）…………99, 146
葉緑体 …………………………102
ヨーロッパ型在来種 ……………93
与謝蕪村 …………………………74

【ら】

ライジャン・ブレッド …………65
ラワ ………………………………35
ランダ ……………………………38
リーブス ………………………5, 7
リジン ……………………………91
利尿作用 …………………………79
リノール酸 ……………328, 352
リパーゼ …………………79, 353
リャマ ………………………44, 55
両側施肥 ………………………250
利用特性 ………………291, 305

輪作 ……………………218, 297, 309
リン酸 ……………………180, 181
ルパカ ……………………………19
冷凍 ……………………………330
冷凍用 …………………………295
レースドール …………………355
レオン ……………………………16
連・輪作 ………………212, 215
ロールベーラ型 ………………278
ロカホモニエ ……………………35

【わ】

ワカ ……………………45, 51, 54
ワキシーコーン …………………91
ワキシー種 ………………………91
ワセホマレ ……………135, 149
ワル・ワアル ……………………16

あ と が き

　作物の生産ないし栽培技術が生産する側だけのものであってはならないという考えは，30歳前後の若いころからもっていた。それは，生産技術が単に科学の進歩によってのみ生まれるのではなく，その時々の社会の諸情勢の変化をも受けて発展してきたからである。大げさに言えば，生産技術は生産者のものであると同時に，生産物を消費し利用しそれに触れるすべての人びとのものであるということになろうか。

　私がトウモロコシの仕事に携わったのは，北海道十勝での1963年（昭和38年）春から1982年半ばにかけてである。その後，ムギ類の育種，畑作の作付け体系，今では普通に見られる野菜類の大規模畑作型化の技術開発，研究管理，そして退職へと変わっても，この考えはほぼ変わらなかった。

　一方では，40代半ば前にトウモロコシを離れてからも，小人の運命か，最初の仕事であるトウモロコシへの執着からどうしても脱皮することができず，日々，細々と思いをはせてきた。ただそのなかで，ささやかながらも，トウモロコシのもつあらゆる面，あらゆる魅力に迫ることを心がけてきた。

　こうしたこともあって，本書の構成はトウモロコシとその周辺世界について，生産技術はもとより，食品，薬理・機能性，生活資材を含む製造・工業関係への利用，そして歴史や文化との関わりなど，これまでの書籍にはない幅広い範囲を盛り込むことになった。

　しかしながら，稿を終えてみると，こうした思いとは裏腹に，その内容には不備な部分が少なくなく，本著の構成は著者の身には余るものであったが，これについては，トウモロコシへの思いに免じて，お許しをいただきたい。願わくは，農業はもちろんのこと，食品，流通，歴史，生活，文化等々に関心のある多くの方々の手に取っていただき，ご批判をいただければと思うばかりである。

　この稿を草するに当たり，桂　直樹博士（生研センター理事），貝沼圭二博士（国際農業研究協議グループ'CGIAR'科学理事会理事，前 生研機構理事），

ならびに西尾敏彦博士（農林水産技術情報協会顧問，元 生研機構理事）には，準備段階を含めて一貫して特段のご鞭撻とご指導をいただいた。また，先輩やかつての同僚諸氏からは資料提供など，多くのご支援・ご協力をいただいた。記して心から感謝の意を申しあげる。

　　　平成17年1月24日夜　　足立区千住龍田町のマンションにて

　　　　　　　　　　　　　　　　　　　　　　　　　　　著　者

著者略歴

戸澤　英男（とざわ　ひでお）

1940年　青森県生まれ（南津軽郡平賀町大字町居）
1953年　青森県立柏木農業高校卒
1959年　弘前大学農学部卒
1963年　北海道立十勝農試（研究員）
1982年　農水省 農業研究センター（主任研究官）
1985年　同 北海道農試（研究室長，総合研究チーム長）
1993年　同 中国農試（研究交流科長）
1995年　同 四国農試（地域基盤研究部長）
2001年　生研機構，現農業・生研機構 生研センター（研究リーダー）

1983年　農学博士
1986年　日本育種学会賞

著書など
単行本に『トウモロコシの栽培技術』(1981)，『スイートコーンのつくり方』(1985)，『そだててあそぼう⑤　トウモロコシの絵本』(1997)（いずれも農文協）ほか，編・共著に『傾斜地農業技術用語集』(1997，四国農業試験場）ほか。共著に，『作物育種の理論と方法』(1985，養賢堂）ほか多数。

トウモロコシ
―歴史・文化、特性・栽培、加工・利用―

2005年3月31日　第1刷発行

著者　戸　澤　英　男

発　行　所　社団法人　農山漁村文化協会
郵便番号　107-8668　東京都港区赤坂7丁目6-1
電話　03(3585)1141(営業)　03(3585)1147(編集)
FAX　03(3589)1387　振替　00120-3-144478
URL　http://www.ruralnet.or.jp/

ISBN4-540-04180-0　　　　　制作／(株)新制作社
〈検印廃止〉　　　　　　　　　印刷／藤原印刷(株)
©戸澤英男2005　　　　　　　製本／(株)石津製本
Printed in Japan　　　　　　定価はカバーに表示
乱丁・落丁本はお取り替えいたします。

―――― 農文協の農業書 ――――

自然と科学技術シリーズ 現代輪作の方法
多収と環境保全を両立させる

有原丈二著
1,800円

作物の養分吸収機構の最新知見から迫る輪作の新しい意義と方法。難溶性リンを吸収する作物を生かして増収とリンの有効活用を図り、有機物の吸収など冬作の特異な特性を生かして大半が秋～冬に起こる窒素流亡を防ぐ。

ここまでわかった 作物栄養のしくみ

高橋英一著
1,940円

海から陸に上がり環境に適応・共生する過程で獲得してきた植物の光合成、チッソ同化、養水分吸収などの機能のしくみを、細胞生物学の新しい見地からわかりやすく解説し、栽培技術を根源から問う。

コシヒカリ

日本作物学会北陸支部・北陸育種談話会編
16,400円

倒れやすくいもち病に弱いが故に巧みな調節技術をもたらし、「短稈多肥」による多収理論をしのぐ日本型稲作を完成させたコシヒカリ。育種・生態・技術、各地の栽培体系、新技術への対応などその全てを描いた大著。

解剖図説 イネの生長

星川清親著
3,060円

イネの生長過程を正確な図で克明に追った図説集。発芽から登熟まで、葉、茎、分けつ、根の生成発達を外形の変化から内部構造、環境条件による形態変化、さらに生育診断へと解析したイネの形態図説の決定版。

大潟村の新しい水田農法
苗箱全量施肥・不耕起・無代かき・有機栽培

庄子貞雄監修
1,800円

良質安全米生産、減農薬・減化学肥料栽培、農業環境の保全と省力技術を目指して全国の稲作農家が注目している新しい水田農法について、農家の取組みと試験場やメーカーでの研究をまとめた実際的手引き。

（価格は税込。改定の場合もございます。）

———————— 農文協の農業書 ————————

イネゲノム配列解読で何ができるのか
矢野昌裕・松岡信編
研究目標と戦略策定のために　　　2,800円

　イネの全ゲノム塩基配列が解読されたが、それによって今後のイネ研究や栽培技術、さらには収量・品質の向上にとってどのような可能性が開けるのか、イネ研究者グループが将来の目標と戦略を提案する。用語集付き。

ダイズ　安定多収の革新技術
有原丈二著
新しい生育のとらえ方と栽培の基本　　　1,950円

　ダイズは地力消耗型作物、開花期以降は根粒の同化活性が急速に低下、発芽時の酸素量が収量まで左右するなど、これまでのダイズの常識が根本的にちがうことを明らかにし、新しい生理のとらえ方と安定多収技術を提案。

新特産シリーズ　赤米・紫黒米・香り米
猪谷富雄著
「古代米」の品種・栽培・加工・利用　　　1,600円

　水田がそのまま活かせ、景観作物としても有望な赤米・紫黒米、香り米。品種の特性と選び方、色や香りを活かす栽培・加工・利用法から、混種の防ぎ方も解説。各地の導入事例、伝播と歴史、海外での栽培・利用も紹介。

新特産シリーズ　雑　穀
及川一也著
11種の栽培・加工・利用　　　2,100円

　豊富な食品機能性、安全で美味しい健康食として注目の雑穀11種の栽培から加工、食べ方までを1冊に。ヒエ、アワ、キビ、モロコシ、アマランサス、ハトムギ、ゴマ、エゴマ、シコクビエ、キノア、トウジンビエを詳解。

日本茶全書
渕之上康元・渕之上弘子著
生産から賞味まで　　　3,500円

　日本茶の持ち味、成分・機能性を明らかにし、チャの木の生育・栽培から加工（製茶）、流通・消費に至る各段階での基本技術と改善策を示す。釜炒り茶など各地の多様な茶種、品種、製法、利用法も紹介。

（価格は税込。改定の場合もございます。）

---── 農文協の農業書 ──---

農学基礎セミナー
新版 農業の基礎

生井兵治・相馬曉・上松信義編著
1,850円

イネ・ダイズ・スイートコーン・主な野菜10種・草花・ニワトリ・イヌなどの栽培方法と育て方、観察方法をリアルな図解を中心に丹念に解説した初心者向け入門書。土・肥料や病害虫・雑草対策の基礎も簡潔に紹介。

農学基礎セミナー 新版 作物栽培の基礎

堀江武編著
1,950円

イネ、ムギ類、豆類、雑穀、イモ類、工芸作物26種を紹介。生理と生育・収量の成り立ち、栽培と生育ステージごとの診断・管理、経営の基本を図解中心に解説。基礎をわかりやすく解説した農業高校テキストを再編。

図集 作物栽培の基礎知識

栗原浩監修／千葉浩三著
1,430円

イネ・ムギ・トウモロコシ・ダイズ・ジャガイモの生長の姿と生理の営み、技術のポイントが図解でわかる。入門者、観察眼を高めようという人のために内外研究者・精農家の蓄積を結集。

作物栽培入門
生理生態と環境

川田信一郎著
1,680円

"生理の知識は農家まで広く浸透したが、作物を深く理解する武器にはなっていない"との問題意識でまとめられた。進化や生態系の視点まで含めて作物生理、栽培を総合的に理解できる思想に裏打ちされた基礎知識。

作物の連作障害

平野暁著
2,650円

あらゆる作物で問題になっている連作障害の機構に多角的にメスを入れる。内外の研究成果をまとめ、原因を深く解明すると同時に解決への道すじも示唆。連作をつづけている大産地、専作経営では必読の本。

（価格は税込。改定の場合もございます。）